Jesco v. Puttkamer

Von Apollo zur ISS

Jesco v. Puttkamer

Von Apollo zur ISS

Eine Geschichte der Raumfahrt

Aus meinem Weltraumjournal

Mit 101 meist farbigen Fotos

Herbig

Bildnachweis:

NASA: 5, 14, 15, 17, 18, 19, 21, 22, 23, 24, 25, 26, 27, 28, 29, 30, 31, 32, 33, 34, 35, 36, 37, 38, 39, 40, 44, 47, 48, 49, 50, 51, 52, 53, 54, 55, 56, 58, 59, 60, 61, 62, 63, 64, 65, 66, 67, 68, 69, 70, 71, 72, 73, 74, 75, 76, 77, 78, 79, 80, 81, 82, 83, 84, 85, 86, 88, 89, 90, 91, 92, 93, 94, 95, 99, 100, 101; NASA/STScI: Vor- und Nachsatz; ESA/NASA: 57; Autor: 12, 16, 20, 41, 42, 43, 45, 46, 87, 96, 97, 98; Privatarchiv des Autors: 4, 6, 7, 8, 9; RKK-Energija: 1, 2, 3, 10, 11, 13.

Vor- und Nachsatz: Den tiefsten Blick, den der Mensch bisher in den Kosmos getan hat, zeigt diese Ansicht vom Hubble-Teleskop (1996), komponiert aus 342 Einzelaufnahmen über fast ein Jahr.
In dem winzigen Ausschnitt des Universums, gesehen wie durch ein Schlüsselloch, entdeckte Hubble mindestens 1500 Galaxien in verschiedensten Entwicklungsstufen. Forscher nannten die Abbildungen »das astronomische Äquivalent der Schriftrollen vom Toten Meer«.

Besuchen Sie uns im Internet unter
http//www.herbig.net

Gedruckt auf chlorfrei gebleichtem Papier

© 2001 F. A. Herbig Verlagsbuchhandlung GmbH, München
Alle Rechte vorbehalten
Umschlaggestaltung: Wolfgang Heinzel
Umschlagbild: NASA, Donna Felsenheld
Gesetzt aus: 11,5/14 Punkt Adobe Garamond auf Apple Macintosh, in QuarkXPress
Satz: ew print & medien service gmbh, Würzburg
Druck und Binden: Freiburger Graphische Betriebe, Freiburg i. Br.
Printed in Germany
ISBN 3-7766-2243-1

Inhaltsübersicht

Vorwort: Vorspiel der Zukunft
Auf Besuch im Kosmodrom 13

I   Raumfahrt im Werden

31 Geschichte: Meilensteine der Luft- und
       Raumfahrt 111
35 Geschichte: Anfänge der Raumfahrt 126
39 Geschichte: Von Utopie und Sciencefiction zur
       Raumfahrt 138
62 Geschichte: Geburtswehen der Weltraumrakete . 210

II   Pionierprogramme Apollo, Skylab und Apollo/Sojus

51 Huntsville/Alabama:
       Als wir die Saturn V bauten 173
20 30. Jubiläum von Apollo 8 82
34 30. Jubiläum von Apollo 9 123
40 30. Jubiläum von Apollo 10 141
47 30. Jubiläum von Apollo 11 161
49 Apollo 11 – Wie die Welt reagierte 166
64 30. Jubiläum von Apollo 12 215
82 30. Jubiläum von Apollo 13 285
50 Apollos Nutzen für die Welt 170
45 Station Skylab: Feuriges Ende vor 20 Jahren . . . 153
97 25. Jubiläum von Apollo-Sojus-Testprojekt . . . 329

III Raumtransporter Spaceshuttle

10 Spaceshuttle: John Glenns Rückkehr ins All ... 58

13 Spaceshuttle: STS-95 – John Glenns Mission .. 66

33 Spaceshuttle: Rettungsambulanz zum
Hubble-Teleskop 120

42 Spaceshuttle: Wartungsmission STS-96 zur
Raumstation 147

48 Spaceshuttle: STS-93 – Eine Frau führt das
Kommando 164

52 Spaceshuttle: Röntgenobservatorium Chandra .. 181

57 Spaceshuttle: Die Namen der Orbiter 196

72 Spaceshuttle:
Ergebnisse von John Glenns Raumflug 248

75 Spaceshuttle:
STS-99 – Radar-Topographie-Mission SRTM .. 260

86 Spaceshuttle: Ein modernisiertes Cockpit 298

105 Spaceshuttle: Wartungsmission 2A.2b 355

108 Spaceshuttle: Der 100. Shuttleflug 363

IV Die internationale Raumstation ISS

1 Internationale Raumstation ISS:
Montagesequenz 33

3 Internationale Raumstation ISS:
Namensuche 37

4 Internationale Raumstation ISS:
Unity ist fertig 42

5 Internationale Raumstation ISS:
Wozu das alles? 43

7 Internationale Raumstation ISS:
Neues aus Russland 49

11 Internationale Raumstation ISS:
STS-88 mit Unity 61

15 Internationale Raumstation ISS:
Sarjas Start in Baikonur 68

18 Internationale Raumstation ISS:
Ständiges Leben an Bord? 76

22 Internationale Raumstation ISS:
Ein neuer Stern am Himmel 87

26 Internationale Raumstation ISS:
Europas und Deutschlands Rolle 95

29 Internationale Raumstation ISS:
Neue Entwicklungen 104

36 Internationale Raumstation ISS:
Das Servicemodul verzögert sich 129

41 Internationale Raumstation ISS:
Zwei wichtige Schritte weiter 144

43 Internationale Raumstation ISS:
Erster Besuch durch Menschen 148

44 Internationale Raumstation ISS:
Mission STS-96 erfolgreich! 149

76 Internationale Raumstation ISS:
Die doppelte Proton-Schlappe 263

81 Internationale Raumstation ISS:
Wie stopft man ein Leck? 282

83 Internationale Raumstation ISS:
Rollout von Columbus 288

87 Internationale Raumstation ISS:
Wartungsmission 2A.2a 301

90 Internationale Raumstation ISS:
STS-101 von ISS zurück! 309

98 Internationale Raumstation ISS:
Beim Swesda-Start in Kasachstan 334

100 Internationale Raumstation ISS:
SM »Swesda« – der Wendepunkt 340

103 Internationale Raumstation ISS:
Neues auf der All-Baustelle 349

106 Internationale Raumstation ISS:
Letzte Schritte zur Bewohnung 356

109 Internationale Raumstation ISS:
Transport 3A bringt Zenit-1 371

110 Internationale Raumstation ISS:
Wieder in Moskau 374

111 Internationale Raumstation ISS:
Wosskressenje an der Moskwa 375

112 Internationale Raumstation ISS:
Russische Impressionen 376

113 Internationale Raumstation ISS:
Abenteuer Baikonur 378

114 Internationale Raumstation ISS:
Menschen nun ständig im All! 385

V Forschungsmaschinen im All

8 Saturnsonde Cassini bricht auf 52

9 Ionenantrieb DS-1 startet ins All 55

16 DS-1: Triebwerkstart gelingt! 71

17 Mondmission Lunar Prospector 73

27 Stardust – die Kometensonde 99

53 Cassini nimmt Kurs auf Saturn 184

54 Besuch am Neptun: Zehn Jahre danach 187

69 Das Hubble-Teleskop versagt! 230

77 Asteroidensonde NEAR am Ziel 267

80 Pioneer 10 – Sonde der Rekorde 278

84 Zehn Jahre Hubble-Teleskop: Eine Bilanz 291

88 Satellit Terra – Beobachtung der Erde 304

93 Ende für Compton 318

VI Neues aus Kosmostiefen

12 Neues vom Kosmos: Leben im All? 63

14 Neues vom Kosmos: Die Leoniden 66

21 Neues vom Kosmos: Überraschungen im
Universum 85

25 Neues vom Kosmos: Lebensbausteine im
Weltraum 93

55 Neues vom Kosmos: Chandras »First Light« –
eine Sensation 190

59 Neues vom Kosmos: Supersonde Galileo
auf Entdeckungsflug 202

61 Neues vom Kosmos: Pluto enthüllt sich
im Okular 208

78 Neues vom Kosmos: Hubble und Chandra
entdecken das All 270

85 Neues vom Kosmos: Die Anfänge des
Universums 295

VII   Der Weg zum Mars

23 Der Weg zum Mars: Neue Forschungssonden
unterwegs 90

24 Der Weg zum Mars: Mars-Millennium-Projekt . 93

32 Der Weg zum Mars: NASAs Langfristziel 115

58 Der Weg zum Mars: MCO – Verlust am Roten
Planeten 199

65 Der Weg zum Mars: MCO – Diagnose einer
Panne 218

66 Der Weg zum Mars: Mars-Polarforscher MPL . 221

67 Der Weg zum Mars: MPL: Enttäuschung
Nummer zwei 225

94 Der Weg zum Mars: Neuer Wind und
neue Pläne 321

96 Der Weg zum Mars: Wasser in Hülle und Fülle? 326

102 Der Weg zum Mars: Neue Sondenmissionen
in Vorbereitung 346

VIII   Russlands Raumstation Mir

2 Raumstation Mir: Legende Mir – quo vadis? . . . 35

56 Raumstation Mir: Libelle im All!
Kommt das Ende? 192

IX   Europa im All

38 Europa im All: Die ESA bilanziert 135
60 Europa im All: ESA fliegt Achterbahn 205
68 Europa im All: Start des Röntgenteleskops
XMM 228
91 Europa im All: 25 Jahre ESA 312

X   Helden der Raumfahrt

46 Helden der Raumfahrt: Charles »Pete« Conrad † 156
63 Helden der Raumfahrt: Oberst John P. Stapp † . 213
107 Helden der Raumfahrt: German Titow † 361

XI   Raumfahrtkultur

6 NASA feiert 40-jähriges Jubiläum 46
19 Zukunftsnutzen der Raumfahrt 79
28 Raumfahrt: Kritische Fragen unter der Lupe . . . 101
30 Antriebssysteme: Letzter Stand 107
37 Weltraumtourismus – Sinn oder Nonsens? 131
70 Das Ypsilon-Zwo-Kilo-Problem 234
71 Raumfahrt 1999: Rückblick 239
73 Raumfahrt und die Rolle des Menschen im All . 252
74 Kalendernotiz 260
79 Die größten Ingenieurleistungen des
20. Jahrhunderts 272
89 Aufgaben der bemannten Raumfahrt 307
92 NASA wird multimedial! 315
95 Astrobiologie: Es geht ums nackte Leben 323
99 Weltraumbahnhof Kennedy wird fünfzig! 337
101 Außerirdische Welten mit Götternamen 343
104 Intelligente Roboter im All? 352

Nachwort: Raumfahrt im 21. Jahrhundert

Visionen und Perspektiven 393
ISS: Testbett für Zukunftstechnologien 394
Raumfahrt bedeutet Umweltwissen 396
Vernetzungen charakterisieren die Zukunft 397
Menschliche Exploration ins All – eine
Kulturpflicht 400
Weltraumkommerzialisierung bedeutet Geschäfte
mit dem All 403
Menschen streben ins Sonnensystem 405
Mensch und Raumfahrt: Schlüssel zur Zukunft . . . 406

Anhang

Raumfahrt im Internet 409
Personenregister 415
Sachregister 421
Inhaltsverzeichnis 427

Vorwort:
Vorspiel der Zukunft

Auf Besuch im Kosmodrom

»Hier begann die Geschichte!«, dachte ich, vor meinen Augen die wuchtige Anlage »Platz 1«. Sie hat für mich etwas Sakrales ... und dahinter die endlose, windgefegte, erbarmungslos dürre Wüste! Kisil-Kum, die Hungersteppe.

Hier begann das Abenteuer Raumfahrt, der Schritt des Menschen ins All, den Wernher von Braun anlässlich von Apollo 11 mit dem Schritt des Urfisches *Eusthenopteron* im späten Devon aus dem Wasser ans Land verglichen hat. Auf diesem Betontisch vor mir, so dachte ich, fing mein eigentliches Leben an.

Und hier beginnt auch diese Geschichte.

Denn da vor mir startete Sputnik 1, der Welt erster Erdsatellit. Am 4. Oktober 1957. Er gab dem Kalten Krieg eine neue Wendung, hin zur nuklearen Parität, und sein nachhaltiger Schock weckte den schlafenden Riesen Amerika: Die USA starteten im Gegenschlag ihren ersten Satelliten, Explorer 1, auf einer Jupiter-C, Wernher von Brauns dreistufiger Modifikation seiner Heeres-Mittelstrecken-rakete Redstone. Am 31. Januar 1958. Kurze Zeit danach rief der US-Kongress die NASA ins Leben. Der Riese war hellwach.

Und dreieinhalb Jahre später begann an dieser selben Stelle auch die bemannte Weltraumfahrt – mit dem Flug von Jurij Alexeje-witsch Gagarin in Wostok-1. Am 12. April 1961.

Die mächtige geschichtsträchtige Betonfläche vor mir erstreckt sich 50 m über der umliegenden Steppe. Eingebettete Eisenbahn-schienen schlängeln sich hinter mir zum Industriegelände zurück, sich mehr und mehr verzweigend. Vor mir in der Plattform gähnt das riesige quadratische Loch für das Raketenheck, und am jen-seitigen Rand stürzt der Monumentalbau in den tiefen Abgrund der Flammengrube ab. Ein paar Wachleute in Zivil, allesamt be-tagte, lang gediente *Deduschkas*, stehen zwischen mir und der Grube, um bärbeißig-freundlich, aber bestimmt dafür zu sorgen, dass die Besucher von der NASA nicht aus Dummheit in die Tiefe purzeln.

Auf beiden Seiten der Welt nahmen die Entwicklungen damals nach Sputnik rasch gewaltige Ausmaße an, als die zwei Großmächte zum Wettlauf im All ansetzten. Auf dem Gebiet der Raumfahrt errang die UdSSR überraschend schnell ein riesiges Forschungs-, Entwicklungs- und Industriepotenzial, und der Wettlauf wurde zur Gigantomachie, einer Schlacht der Riesen, deren Schwung die USA zum Mond und damit zum Sieg brachte, aber auch die Sowjetunion zu Leistungen anstachelte, die der Welt auf Jahre hinaus den Atem verschlugen, weil man sie von der »Traktor- und Lokomotivtechnik« eines kommunistischen »Bauern- und Arbeiterstaats« nicht erwartet hatte.

Verschwindend wenig ist heute davon übrig geblieben, dachte ich, immer wieder erschüttert durch den Anblick der noch funktionierenden Anlagen des Baikonur-Kosmodroms, dessen einst von Menschen wimmelnde Riesenhaftigkeit auch heute noch deutlich erkennbar, zumindest erahnbar ist. Die sowjetische Raumfahrt stand zweifellos auf gigantischen Füßen, aber es waren teilweise tönerne, und diese krümelten allmählich weg.

Sein heutiges Bestehen verdankt Russlands Programm hauptsächlich drei soliden Standbeinen seiner sowjetischen Vergangenheit: Sergeij Pawlowitsch Koroljow, Walentin Petrowitsch Gluschko und Wladimir Nikolajewitsch Tschelomej. Auf Koroljow gehen die bewährte Trägerrakete Sojus und die Sojus- und Progress-Raumschiffe zurück, auf Gluschko die Weltklasse-Triebwerkstechnik und auf Tschelomej das schwere »Arbeitspferd« Proton und das Erbgut der ersten Almas-Raumstationen. Unverzichtbare Beihelfer heute wie damals: das Kosmonautenausbildungszentrum J. A. Gagarin in Swesdnij Gorodok (Sternstädtchen), das Flugkontrollzentrum ZUP in Koroljow und das Institut für Biomedizinische Probleme IBMP in Moskau. Über allem aber steht heute die »russische NASA«: die Luft- und Raumfahrtbehörde Rosaviakosmos (RKA) unter der fähigen Leitung von Jurij Koptjew.

Die Startrampe »Platz 1« vor mir ist ein einmaliges Monument für die alles überragende Person Koroljows, die auslösende Kraft hinter Amerikas Entschluss zu den Apollo-Mondlandungen. Ohne ihn hätten diese gewiss nicht so frühzeitig stattgefunden und möglicherweise erst nach der Einrichtung einer bemannten Außenstation der Erde und nicht davor. Das Monument ist gewaltig, maßgeschneidert für Koroljows höchst ungewöhnlich konfigurierte Weltraumrakete R-7: Die Plattform, auf der ich staunend stehe, ist 250 m lang, 100 m breit und 50 m hoch.

An sich wurde die R-7 aber nicht als Weltraumrakete konstruiert, sondern als zweistufiger Interkontinentalträger (NATO-Bezeichnung SS-6 »Sapwood«) mit Europa überdeckender Reichweite. Ihre politische Förderung kam vor allem von Wjatscheslaw Malischew, dem damaligen Vizevorsitzenden des Ministerrats, der als Augenzeuge der ersten sowjetischen Wasserstoffbomben-Explosion am 12. August 1953 in Semipalatinsk die Idee einer Langstreckenrakete für den Transport der Bombe sofort befürwortete (sein Tod 1957 wurde angeblich auf Strahlungsschäden zurückgeführt, die er als Zuschauer von Bombentests erlitten haben soll). Er beorderte sofort Koroljow zu sich, und zehn Tage später hatte dieser den ersten, einem Vorschlag von Michail Tichonrawow um 1947 nachempfundenen und von Sergeij Krukow hergestellten Entwurf der Rakete vorliegen, die zur legendären R-7 werden sollte, bald besser bekannt als »Semjorka«, die »gute alte Sieben« (von »sem« = sieben). Ihre Weiterentwicklung gipfelte später in der bewährten Sojus-Rakete, auch heute noch Russlands einziger Träger bemannter Flüge, der seit 1980 über 560 Starts erlebt hat, mit einer Zuverlässigkeitsrate von 97,7 Prozent.

Für den Abschuss des klobigen, bulligen Semjorka-Monstrums brauchte man ein neues Gelände, weit abgelegen von den sowjetischen Staatsgrenzen, um geheim gehalten werden zu können, dabei mit annehmbaren Wetterbedingungen und nach Osten hin weitreichenden freien Wüstenflächen für den Einschlag ausgebrannter Raketenstufen. Die bereits existierenden Startanlagen des Staatlichen Testzentrums Nr. 4 (GZP-4) von Kapustin Jar südlich der Stadt Wolgograd an der Wolga genügten Koroljows Mammutanforderungen nicht; zudem lag Kapustin Jar zu nahe bei den amerikanischen Radarstationen in der Türkei. Auf Befehl von Marschall Georgij Schukow wurde nach einem neuen Gelände gesucht, und die Wahl einer Sonderkommission unter Generalmajor Wasilij

Wosnjuk fiel auf eine Dürrsteppe in der sowjetischen Republik Kasachstan, Oblast (Bezirk) Kisl-Orda. Anfang 1955 ordnete der Ministerrat durch das Dekret Nr. 292-181 den Bau des neuen Kosmodroms in der endlosen Wüste an. Unter dem Namen Wissenschaftliches Forschungs- und Testgelände Nr. 5 (NIIP-5) entstand es unmittelbar an der wichtigen doppelspurigen Eisenbahnstrecke Moskau–Taschkent. Hier gab es eine kleine kasachische Bahnstation mit einer Siedlung namens Tjuratam.

Bereits im Januar 1955 traf die erste Arbeitervorhut ein, um die gottverlassene Wüstenei als zukünftige Baustelle für die bald anrollenden Baukolonnen vorzubereiten. Tjuratam liegt am Nordufer des majestätischen Flusses Syrdaja, der 270 km weiter westwärts in den Aralsee mündet, und nordöstlich der Siedlung war schon Jahrzehnte vorher im offenen Tagebau nach Kupfererz gegraben worden. In den 30er Jahren soll es hier ein Gulag-Todeslager gegeben haben, und offenbar benützte davor schon das Zarenreich die Einöde als Strafkolonie. Einer der hierher Verbannten war Ende des 19. Jahrhunderts ein gewisser Nikifor Nikitin, den man in die Kupferminen steckte, weil er – Ironie des Schicksals! – »aufrührerische Pläne für einen Flug zum Mond« propagiert hätte. Später baute eine britische Bergwerksgesellschaft das Kupfererz ab. Der von hier zur südlich gelegenen Hauptlinie Moskau–Taschkent führende Bahndamm von rund 30 km Länge hat sich inzwischen zu einem ganzen Bündel von Schienenwegen zu den Montagehallen und Startplätzen verzweigt. Auf ihnen treffen heute die von der ISS benötigten Systeme ein: Sojus-Raketen aus Samara (dem vormaligen Kujbischew) sowie Proton-Träger und Sojus- und Progress-Schiffe aus Moskau.

Die erste Baubrigade kampierte in Bahnwaggons; dann wurden Pflöcke gesetzt und Zelte errichtet. Bald stampften die rasch wachsenden Arbeiterkolonnen nicht weit von Tjuratam die erste Wohnsiedlung für das Testgelände aus dem Boden – einfache robuste Betonkästen. Im Mai 1955 erhielt die entstehende kleine Ortschaft nach Fertigstellung der ersten Behausung den Namen Sarja (Morgenröte). Bereits kurze Zeit später trafen täglich bis zu 1000 Eisenbahnwagen mit Baumaterialien und frischen Brigaden ein.

Die gewaltige Startrampe Platz 1 für das *Isdelije* (Erzeugnis) 8K71, wie das ballistische Ferngeschoss R-7 offiziell hieß, wurde 20 km im Norden der Siedlung abgesteckt, wo sich ein bereits existierender Steinbruch aus den Bergwerkstagen zum Bau der künftigen Flammengrube eignete. Hoch über dem gewaltigen Abgrund bewegten riesige Arbeiterheere in wenigen Monaten 150 000 m³ Erde; bereits im April 1956 floss der erste Beton für die massiven Fundamente und Standbeine des titanischen Bauwerks: 30 000 m³ davon verschlang die Herstellung der ragenden Startplattform, und sie dauerte knapp fünf Monate. Acht Kilometer südwestlich davon zogen weitere Bautrupps das Objekt Platz 2 hoch: ein 100 m langes, 50 m weites und 20 m hohes Montage-Testgebäude, in dem noch heute Sojus-Trägerraketen horizontal schlussmontiert werden.

Die ungewöhnliche Konstruktion der R-7 erforderte eine ungewöhnliche Startanlage, und die Startmaschinerie wurde mit besonderer Sorgfalt entwickelt. Vor ihrer Errichtung in Tjuratam konstruierten die Ingenieure ein exaktes Duplikat der Monsteranlage in Leningrad, komplett mit einem vollmaßstäblichen Modell der R-7, dessen Tanks man mit Wasser füllte. Nach erfolgreicher Erprobung wurde das Riesengebilde auseinander genommen, nach Kasachstan transportiert und über der inzwischen fertig gestellten Flammengrube und Betonrampe installiert.

Die Semjorka hatte eine 26 m lange, im Querschnitt hammerkopfförmige Kernstufe (»Blok A«), umgeben von vier konisch zulaufenden »angeschnallten« Schubraketen (»Bloks B, V, G, D«) von 19 m Länge. Kernstufe und Boosterblocks verfügten über je ein Triebwerk: vier RD-107 außen, ein RD-108 in der Mitte, alles Vierkammertriebwerke, sodass die R-7 insgesamt zwanzig Düsenglocken am Heck aufwies und damit eine Weite von zehn Meter erreichte. Eine entsprechend große Aussparung erforderte dieses kleeblattförmige Heck im Starttisch: das vor mir gähnende Riesenloch.

Die ungewöhnliche Startmethode der R-7, die auch heute noch bei der Sojus in Anwendung kommt, ist so einfach und genial, dass selbst gestandene NASA-Fachleute bei ihrem Anblick in Jubelrufe ausgebrochen sind. Die Idee für sie geht auf Wasilij Pawlowitsch

Mischin zurück, Koroljows ersten Stellvertreter, und gebaut wurde sie unter dem damaligen Chefkonstrukteur für Startanlagen Wladimir Barmin.

Neu (beziehungsweise dem Vorbild der deutschen A-4/V2 und ihrem Meiller-Wagen nachempfunden) war zunächst die Montage der Rakete in horizontaler Lage in Anlage Platz 2, gefolgt von Schienentransport zur Rampe und dortiger Aufrichtung in die Vertikale. Anders als bei den Startanlagen der NASA im Kennedy Space Center steht die Rakete auf Rampe 1 nicht auf entsprechend konstruierten Stütz- und Rückhaltesockeln, wie es unsere Saturn-Raketen erforderten, sondern sie ... hängt!

Sie wird hoch über dem Schwerpunkt, 20 m über dem Heck, an ihrer »Taille« an vier gewaltigen identischen Stützstreben aufgehängt, die von außen herangefaltet werden und an Blütenblätter erinnern. Daher erhielt ihr Design schon frühzeitig von den Technikern die Bezeichnung »Tjulpan«, die Tulpe. Die Rakete ruht beim Start mit ihrem Taillenring auf den Tulpenblättern, bis die Triebwerke auf Hauptschub gehen und damit die Auflager entlasten. Augenblicklich klappen die Streben dann zurück und geben das Gerät frei. Und es sind weder Elektromotoren noch Hydrauliken, die dies bewerkstelligen, sondern ganz einfach ein genial ausgeklügeltes System von Gegengewichten an den Hebelstreben, die allein dank Schwerkraft arbeiten. Mehr als 400 Raketen und über 100 Menschen sind inzwischen von Rampe 1 gestartet, und nicht ein einziges Mal hat das Tulpensystem versagt – was bei Hydrauliken nur mit erheblich größerem Aufwand erreichbar wäre.

Dem Start von Sputnik 1 am 4. Oktober 1957 waren nur zwei erfolgreiche Starts der R-7 vorausgegangen. Ihr Jungfernflug am 15. Mai 1957 misslang zu Chruschtschows großer Enttäuschung 98 Sekunden nach dem Abheben, als sich der Anschnallblock D losriss. Beim zweiten Versuch im Juni kam es dreimal hintereinander gar nicht zur Triebwerkzündung, weil ein Stickstoffventil verkehrt herum eingebaut war. Beim nächsten Versuch am 12. Juli versagte die Steueranlage, und es gab einen »Luftzerleger«. Doch am 21. August klappte es endlich: das ICBM flog zum ersten Mal erfolgreich, und wenige Tage später verkündete TASS stolz aller Welt die Geburt einer »Super-Langstrecken-Interkontinal-

Mehrstufen-ballistischen Rakete«. Der nächste Testflug am 7. September gelang ebenfalls. Und dann kam Sputnik, eine Kugel aus Aluminiumlegierung von 58 cm Durchmesser mit zwei Radiosendern, drei Silberzinkbatterien und dem Beginn des Raumfahrtzeitalters.

Die R-7 für den Satelliten wurde am 3. Oktober auf der Rampe errichtet; einen Tag später begann ihre Betankung. Leiter der Betankungsbrigade war Georgij Gretschko, ein 26 Jahre alter Ingenieur aus Koroljows Sonderkonstruktionsbüro 1 (OKB-1), der 18 Jahre später von derselben Rampe als Kosmonaut mit Sojus 17 ins All flog, und danach noch zweimal, mit Sojus 26 und Sojus T-4. Er wurde der erste Postmeister im All, der in der Raumstation Saljut-6 ganz offiziell Briefumschläge für Philatelisten in aller Welt stempelte. Ich lernte Georgij einige Zeit danach kennen, als wir beide als Vortragsredner auf jener Hamburger Verkehrsausstellung waren, auf der erstmals der später von Deutschland so schnöde im Stich gelassene »Transrapid« vorgestellt wurde (wir durften ihn beide vom Führerstand aus steuern). Besonders unvergesslich für mich: unsere Unterhaltung unter vier Augen bei einer von den Veranstaltern arrangierten feuchtfröhlichen Hafenrundfahrt zu zweit, bei der es Georgij gelungen war, seinen KGB-»Schatten« am Ufer zurückzulassen.

Sputnik 1 sendete seine Piep-piep-piep-Töne 21 Tage lang aus dem All und blieb bis 4. Januar 1958 im Orbit. Er entzündete in Amerika den Volkswillen zur aktiven Inangriffnahme der Weltraumfahrt für Forschung, Technologie und Entdeckung. Das ist Koroljows Verdienst.

Auf dem Weg zurück von Startplatz 1 zum gewaltigen Montagegebäude Platz 2 komme ich an dem Holzhäuschen vorbei, in dem »Jura« Gagarin und sein Ersatzmann German Titow (später zweiter Wostok-Kosmonaut) die Nacht vor dem Start verbrachten, daneben Koroljows Wohnhaus mit der Gedenkplakette an der Außenwand, beide nicht größer als eine Garage. Die Gagarin-Hütte nannte man vor seinem Flug noch das »Marschall-Häuschen«, denn hier hatte stets Marschall Mitrofan Nedjelin gewohnt, der Chef der Strategischen Raketentruppen, wenn er in Tjuratam war. Aber das sagte man Gagarin und Titow an jenem Vorabend wohlweislich nicht, denn Nedjelin war nicht mehr am Leben. Er war sechs Monate zuvor ein Opfer der größten Katastrophe der Raumfahrt geworden, als am 24. Oktober 1960 auf Rampe Platz 41 eine Rakete des neuen Typs R-16 (NATO-Code SS-7) von Michail Jangel explodierte, die als erster wirklich interkontinentaler Nuklearbombenträger amerikanisches Festland erreichen konnte. Die Zahl der bei der Feuerkatastrophe umgekommenen Offiziere, Chefkonstrukteure, Ingenieure und Techniker wird heute mit 126 angegeben. Bei der Einfahrt in Baikonur ist für den Besucher die Gedenkstätte für die R-16-Opfer nicht zu übersehen.

Gagarins Flug hätte ursprünglich schon im Dezember 1960 erfolgen sollen, aber die Nedjelin-Katastrophe machte Koroljow erst einmal einen Strich durch die Rechnung. Am 12. April 1961 war es dann so weit, dass der 27-jährige Fliegeroffizier, der im Verlauf des Fluges zum Major befördert wurde, in Wostok-1 als erster Mensch ins All startete, mit dem traditionellen russischen Aufmunterungsruf: »Pojechali!« – Auf geht's! Let's go! Sein Puls stieg beim Start auf 158. Die IBMP-Mediziner hatten tags zuvor sogar seine und Titows Matraze heimlich mit Dehnungsmess-Streifen instrumentiert, um etwaige Schlafstörungen in der Nacht vor dem Flug zu registrieren, aber beide hatten offenbar gut geschlafen.

»Juras« Leistung steht auch heute noch in einsamer Größe vor uns, und ich kenne keinen NASA-Kollegen, der nicht vor dem Gagarin-Denkmal in Baikonur tiefste Bewunderung für den Mut des jungen Mannes und echte Dankbarkeit für seine bahnbrechende Pioniertat empfindet. Wer weiß, wie die Geschichte der Raumfahrt heute aussähe, wenn es zu jener Zeit keinen Koroljow und keinen Gagarin-Flug gegeben hätte – und bei uns keinen Wernher von Braun und John F. Kennedy? Denn drei Wochen später, am 5. Mai, flog »Big Al« Shepard auf Wernher von Brauns Redstone-Rakete mit der Mercury-Kapsel »Freedom 7« für 15 Minuten 22 Sekunden einen suborbitalen Parabelflug bis zu einer Höhe von 185 km (was ihm die Astronautenschwingen eintrug), und am 25. Mai rief Präsident Kennedy vor der Plenarversammlung des US-Kongresses zum Mondlandeprogramm Apollo auf.

Das kommunistische Regime in Moskau hatte sich damals freilich nicht gescheut, eine mögliche Schmälerung der weltweiten

Einschätzung von Gagarins Erstleistung zu riskieren, als es im Zusammenhang mit seinem Flug der Welt drei tolle Schwindelgeschichten auftischte.

Die erste war die große Fiktion des Startorts selbst, den man zur Täuschung des Westens seit Jahren mit einer 370 km weiter nordöstlich liegenden Ortschaft namens Baikonur identifiziert hatte (obwohl die USA von Anfang an durch ihre U-2-Aufklärungsflüge und später, nach dem Abschuss der U-2 von Francis Gary Powers, mittels Aufnahmen von Corona-Spähsatelliten genauestens über die geografische Lage des Kosmodroms von Tjuratam und seiner Anlagen Bescheid wussten, nicht zuletzt auch dank einer deutschen Generalstabskarte von 1939).

Die zweite Lüge war das Wostok-Landeverfahren, das bei der Registrierung des Gagarin-Weltrekords bei der Internationalen Luftfahrt-Föderation (FAI) in Paris durch die Angabe, der Kosmonaut sei in seiner Kapsel gelandet, falsch beurkundet und erst viel später richtig gestellt wurde. Aus Gewichtsgründen besaß die Kapsel gar kein Weichlandesystem, und Gagarin musste sich in sieben Kilometer Höhe aus ihr herauskatapultieren und getrennt am Fallschirm niedergehen.

Und die dritte Lüge bezog sich auf den Landeort und die Mission selbst, denn Gagarin landete nicht in Kasachstan, wo er gestartet war, sondern 1500 km weiter westlich: 26 km südwestlich von Engels im Bezirk Saratow am Ufer der Wolga. Er hatte also gar keine volle Erdumkreisung durchgeführt, wie es die sowjetische Propaganda sogar mit einer Grafik behauptete, und somit keinen geschlossenen »Orbit« absolviert.

Gagarins und Koroljows spartanische »Gartenlauben« sind heute ein Teil des sehenswerten Raumfahrtmuseums Platz 113 in einem ehemaligen Haus der militärischen Kommandantur (alle Start- und Bodenfunkanlagen Russlands unterstehen den militärischen Strategischen Raketenstreitkräften, in Baikonur dem Kommando eines Generalleutnants). Die südlich vom Museum neben der alten Siedlung Tjuratam liegende Ortschaft Sarja, die zum Kosmodrom gehört, wurde 1958 in Leninsk umbenannt und erhielt am 20. Dezember 1995 auf Betreiben seiner Einwohner den ehemaligen Tarnnamen Baikonur offiziell als neuen Namen. Die

Einwohnerzahl dürfte sich derzeit auf 90 000 belaufen, einst lag sie bei 110 000. Kasachstan ist heute eine selbstständige Republik, von der Russland die weitere Benützung des Kosmodroms gepachtet hat. Die dort beschäftigten russischen Wissenschaftler, Techniker, Zivilangestellte und Militärs leben somit in einer echten Enklave im Ausland.

Am Nordrand des Städtchens liegen das Hotel Baikonur, in dem wir gewöhnlich beköstigt werden, und genau gegenüber das Hotel der Kosmonauten, wo die Raumfahrer vor dem Flug wohnen. Alte Tradition verlangt, dass sie sich jeweils mit ihrer Unterschrift an der Zimmertür verewigen. Im Garten des Hotels erstreckt sich die Baumallee, an der jeder Kosmonaut vor seinem Flug ein Bäumchen pflanzt, mit Namensschild davor. Tradition und Rituale spielen in der bemannten Raumfahrt für die Russen eine große Rolle: Was bei Gagarins Flug gemacht wurde, muss beibehalten werden, denn offenbar hat es ja *stschastje* gebracht – Glück!

Zum Ritual gehören auch die Geldmünzen, die von Kosmonauten und Technikern als Glücksbringer auf die Schienen gelegt werden, damit sie von der Rakete auf ihrem majestätischen Weg zur Startrampe platt gequetscht werden: *monetku na stschastje*. Dazu gehören das Blumenniederlegen der Kosmonauten vor den Grabmälern ihrer gefallenen Kameraden an der Kremlmauer auf Moskaus Rotem Platz, das Fahnenhissen vor dem Flug, der Besuch der Wohnhäuser Koroljows und Gagarins, die Übergabe des symbolischen Raketen-Zündschlüssels an die Crew im Beisein der Startmannschaften, der Weihwassersegen des russisch-orthodoxen Priesters (seit 1991), die letzte Sitzung der Staatlichen Kommission vor der Unterzeichnung des Flugauftrags, die salutierende Bereitmeldung der Crew an den Kommissions-Vorsitzenden und den Kommandeur von Baikonur, die Verabschiedung durch Jurij Semjonow von RKK-Energija (eine von Koroljow begonnene Tradition), das Bepinkeln des Hinterreifens des kleinen Transportbusses zur Startrampe usw.

Auf der schnurgeraden Fahrstraße von Baikonur zum westlich liegenden Flugplatz Krainij (etwa: »Endstation«) blicke ich nordwärts zum Kosmodrom, das sich von West nach Ost über 125 km, von Nord nach Süd über 85 km erstreckt. Im Vordergrund wiederkäuen ein paar Kamele, und am Horizont ragen die Türme mit den Schüsselantennen der Bahnverfolgungs- und Fernmess-Stationen Vega (Platz 21) und Saturn (Platz 23) gen Himmel.

Man hat das Kosmodrom in Abschnitte eingeteilt. Genau nördlich liegt im Zentrum der »Koroljow-Bereich« mit Startrampe Nr. 1, Montagehalle Nr. 2 und den inzwischen hinzugekommenen zwei weiteren Sojus-Startplätzen. Dort entstanden in den 60er Jahren auch die Startanlagen für die mächtige Mondrakete N1, die noch unter Koroljow entworfen und nach seinem Tod 1966 von seinem Nachfolger Mischin weitergeführt wurde. Viermal startete die 110 m hohe Superrakete, die unserer Saturn V entsprach, doch endete jeder Flug in einer horrenden Katastrophe.

Auf der »rechten Flanke« im Osten führen Straße und Bahnschienen zum rund 50 km von Baikonur entfernten »Jangel-Arm« mit den Startplätzen für die Erzeugnisse aus dem Konstruktionsbüro Jangel. Dort befand sich auch Rampe 41, auf der die furchtbare Nedjelin-Katastrophe mit der R-16 geschah.

Die »linke Flanke« erstreckt sich etwa 70 km nordwestlich von Baikonur. Sie war der »Tschelomej-Arm«, mit den Startrampen der Proton- und Zyklon-Raketen, Montagehallen, einem Wohnbereich für 10 000 Menschen und den alten Bürohäusern, in denen einst Ingenieure des ehemaligen Sonderkonstruktionsbüros OKB-52 von Wladimir Tschelomej an »Projekt U« arbeiteten. Dort liegt auch Chrunitschews »Proton-Club« (Nr. 95), wo erfolgreiche Proton-Starts an langen Büfett-Tischen wodkafröhlich gefeiert werden, begleitet von nicht enden wollenden Trinksprüchen.

Im OKB-52 (später ZKBM, ab 1984 NPO Maschinostroenije und KB Saljut, heute Chrunitschew Co.) unterstand die Entwicklung von Interkontinentalraketen dem Hauptkonstrukteur Wiktor Bugajskij und ihre Herstellung der angegliederten Maschinenbaufabrik M. W. Chrunitschew in Fili am Stadtrand von Moskau. 1922 kam in dieser ehemals russo-baltischen Fabrik das erste sowjetische Auto zur Welt, der »Russo-Balt«, und 1923 erhielt die deutsche Firma Junkers die Konzession, dort Flugzeuge zu bauen. 1927, als man offenbar von der Dessauer Spitzenfirma genügend über den Flugzeugbau gelernt hatte, wurde das Abkommen gekündigt, und hinfort entstanden dort sowjetische Flugzeuge beachtlicher Güte – bis zur Fusion 1960 mit Tschelomejs »Firma«.

Tschelomej entwickelte Trägerraketen für schwere Nuklearsprengköpfe: zunächst die UR-200, deren Produktion jedoch bald gestoppt wurde, da ihr Jangels R-16 und deren modernere Version R-36 überlegen waren (die heutige Zyklon geht auf letztere zurück), dann die ICBM-Familie UR-100, und schließlich die schwere UR-500, mit deren Vorarbeiten er 1961 begonnen hatte. Seine Pläne für die Mondrakete UR-700 wurden durch Koroljows Konkurrenzprojekt N1 zunichte gemacht, und Tschelomej trug sich sogar mit Plänen für ein bemanntes Marsprojekt. Sein Chefkonstrukteur Piljugin machte aus der UR-500 die dreistufige Weltraumrakete UR-500K, deren erster Start am 16. Juli 1965 erfolgreich den schweren Forschungssatelliten Proton-1 auf eine Umlaufbahn brachte. Daher hieß der Großträger UR-500K fortan Proton, und bis heute sind davon über 280 zum Einsatz gekommen, mit einer Zuverlässigkeit von 94 Prozent.

Die Hauptschwäche der sowjetischen Raumfahrt lag in der Unfokussiertheit des in zahlreichen Einzelprojekten verzettelten Programms, mit denen die häufig zu politischen Einflussnahmen und Intrigen greifenden »Chefkonstrukteure« gegeneinander konkurrierten. So fehlte die zentrale Führung und Zielausrichtung, wie sie die USA im Apollo-Programm demonstrierte, und das ist eine der erstaunlichsten Idiosynkrasien und Paradoxien der doch ansonsten von einem »Zentralkomitee« totalitär geführten Sowjetunion: die kreativ-genialen Raumfahrtentwickler genossen *zu viel* Freiheit. Koroljow hatte sich zwar um eine Zentralisierung bemüht, war aber gescheitert und viel zu früh gestorben, am 11. Januar 1966 auf dem Operationstisch im Kremlkrankenhaus durch Herzversagen während einer Darmkrebsoperation (Wernher von Braun verschied elf Jahre später, am 16. Juni 1977, ebenfalls an Darmkrebs). Koroljows Nachfolger wurde Wasilij Mischin.

Als die UdSSR Ende der 60er Jahre einsah, dass der Wettlauf zum Mond verloren war, wandte sie sich der Entwicklung militärischer Raumstationen für den erdnahen Bereich zu. Entwürfe dafür hatte Tschelomej bereits seit 1964 mit dem Projekt Almas (»Diamant«) erstellt, und deshalb wurden die Arbeiten an der N1 unter

Mischin trotz der ersten Startkatastrophen zunächst nicht gestoppt, da man damit Raumstationen von einer Größe einzusetzen hoffte, die zumindest dem 1973 auf einer von Braunschen Saturn V gestarteten NASA-Skylab gleichkamen. Doch Walentin Gluschko, ab 1974 Mischins Nachfolger im NPO Energija, ehemals OKB-1, hatte eigene Pläne: Buran (»Schneesturm«), der sowjetische Spaceshuttle. Er wurde »der Mann, der die N1 killte«, wie man auch heute noch oft von »Oldtimern« zu hören bekommt. Damit schrumpfte natürlich auch die Größe der angedachten Raumstationen, aber Tschelomejs Proton ermöglichte immerhin den Start von Stationen von 18–20 t Masse (Skylab: 90 t).

Die erste, eine Almas-Modifikation, startete unter dem Namen Saljut am 19. April 1971, aber ihre einzige Crew Georgij Dobrowolskij, Wladislaw Wolkow und Wiktor Pazajew starb bei der Rückkehr zur Erde. Es folgten weitere Stationen, von denen nur Saljut-2 (Almas-1) wegen eines Lecks an Bord unbemannt blieb. Saljut-3 (Almas-2) und Saljut-5 (Almas-3) waren militärische Stationen mit einem Bodenbeobachtungsteleskop von 1 m Öffnung und bei Saljut-3 sogar mit einer rückstoßfrei auf Luft gelagerten Schnellfeuerkanone Marke Nudelman. Doch erwiesen sich Raumstationen für den militärischen Einsatz wenig geeignet, und daher entschied sich die Führung für die von Mischins ZKBEM entwickelten zivilen DOS-Stationen (*Dolgowremennaja orbitalnaja stanzija* = Langzeit-Orbitalstation), von denen Saljut-4 bereits im Dezember 1974 gestartet war. Es folgten Saljut-6, Saljut-7 und zum Schluss Mir, letztere unter Jurij Pawlowitsch Semjonow, dem Nachfolger Gluschkos bei NPO Energija. Mit Mir endete die sowjetische Raumfahrt, aber mit Mir begann auch das neue Programm der internationalen Raumstation ISS.

Es wird oft davon gesprochen, die moderne Raumfahrt habe ihren Anfang mit dem ersten erfolgreichen Start der deutschen A-4 (Aggregat 4)-Rakete am 3. Oktober 1942 genommen. Die Peenemünder Entwicklungen der ersten Flüssigkeits-Großrakete der Welt, die als Terrorwaffe V2 unter den Nazis traurige Berühmtheit erlangte, kamen bei Kriegsende beiden Großmächten zum Aufbau ihrer eigenen Raketenprogramme äußerst gelegen. In den USA war die Rolle Wernher von Brauns und seines Teams von 132 Peenemünder Spezialisten von vornherein einsichtbar. Doch welches war der deutsche Anteil bei den Sowjets, deren gewaltige Leistungen selbst den NASA-Menschen beim Rückflug von Baikonur (auf dem Flugschein steht freilich noch immer »Leninsk«) zutiefst beeindrucken und mit Bewunderung erfüllen?

In Deutschland gab es für die A-4/V2 neben den Entwicklungsanlagen in Peenemünde nach deren Bombardierung durch die Engländer vor allem die Produktionsanlage Mittelwerk bei Nordhausen im Harz, die ihre größtenteils aus Zwangsarbeitern bestehende Belegschaft aus dem angeschlossenen KZ Dora bezog. Bis nahezu Ende Mai 1945 war in den dortigen unterirdischen Anlagen unter grauenhaften Bedingungen und tausenden von Opfern pausenlos produziert worden, immerhin bis zu 35 komplette Geschosse täglich (darüber hinaus aber auch zahlreiches andere Kriegsgerät).

Während Wernher von Braun und die Spitzenschicht seiner Spezialisten bei Kriegsende zu den Amerikanern stießen und nach USA gingen, formierten die Besatzer in Ostdeutschland zur Weiterführung der A-4-Arbeiten eine sowjetisch-deutsche Koordinationsgruppe unter Boris Tschertok, Nikolai Piljugin und Günther Rosenplenter, das so genannte Institut Rabe (*Ra*keten*b*au und *E*ntwicklung) mit Hauptquartier in der Villa Franke in Bleicherode. Andere A-4-Werke in der DDR waren die Zentralwerke in Klein-Bodungen, wo deutsche Ingenieure die erste Serie von A-4s (»Serie N«) montierten, und die Triebwerk-Testanlagen in Lehesten unweit von Nordhausen im südlichen Thüringen, mit insgesamt etwa 200 deutschen Technikern, die im Krieg an Raketengeschossen gearbeitet hatten. In der »Operation Ost« bemühte man sich um die Anwerbung weiterer deutscher Fachkräfte, um die A-4 auszuwerten und letztlich zur Interkontinentalrakete weiterzuentwickeln. Zu den führenden deutschen Kräften gehörten Helmut Gröttrup, Werner Albring, Johannes Hoch, Kurt Magnus, Franz Matthes, Joachim Umpfenbach und Waldemar Wolff.

Die wichtigste Raketentriebwerksentwicklung der Sowjets lag während des Krieges in den Händen des Wissenschaftlichen Forschungsinstituts 3 (NII-3). Hier war das berühmte Katjuscha-System entwickelt worden, von deutschen Landsern als »Stalinorgel« gefürchtet. Unter dem Namen Staatsinstitut für Reaktionstechnik verschmolz man NII-3 mit einer anderen Gruppe und machte daraus das NII-1. Angesichts der Leistungen der A-4 (Russlands stärkster Raketenmotor hatte bei Kriegsende einen Schub von anderthalb Tonnen, gegenüber 27 t bei der V2) gewann die Idee der Rakete als strategische Waffe beim sowjetischen Politbüro zunehmend an Interesse. Die sich in diesem atemberaubend dynamischen Prozess rasch profilierenden Rollenspieler entstammten drei verschiedenen Richtungen: Flugzeugbau, Artillerie und Verteidigungsindustrie. Mit ihnen baute die sowjetische Führung in Windeseile im Umfeld von Moskau, vor allem in den Vorortbezirken Chimki und Kaliningrad, eine gewaltige Organisation aus Entwicklungsbüros, Forschungsinstituten, Herstellungswerken und Testanlagen auf.

Das staatliche Wissenschaftliche Forschungsinstitut 88 (NII-88) in Kaliningrad, dem heutigen etwa 16 km im Norden Moskaus gelegenen Koroljow, wurde zum Nervenzentrum der sowjetischen Entwicklung ballistischer Raketen. Das ursprünglich 1866 in St. Petersburg gegründete Werk M. I. Kalinin Nr. 88 war 1918 in diesen Vorort verlegt worden (Kaliningrad ist auch der Name des ehemaligen ostpreußischen Königsberg, Geburtsort von Immanuel Kant). Nahezu alle Impulse, die die russische Raumfahrt bewegen, gehen bis auf den heutigen Tag von diesen Anlagen an der Jaroslawskaja Straße aus, die jetzt den Namen *S. P. Koroljow Raketno-Kosmitscheskaja Korporazia Energija* tragen, kurz RKK Energija, und zu einem großen Anteil »privatisiert« worden sind. Gleich nebenan entstand als Teil des dazugehörigen Zentralen Wissenschaftlichen Forschungsinstituts für Maschinenbau (ZNIIMasch) das Flugkontrollzentrum ZUP (»Zentr Uprawlenija Poljetami«), von dem bis auf den heutigen Tag alle bemannten Missionen geleitet werden, sobald sie im fernen Baikonur von der Rampe abgehoben haben.

In der Sowjetunion waren bei Kriegsende drei Hauptschwerpunkte der Raketenentwicklung entstanden: Die Gruppe Raketa im bereits genannten NII-1 zur Untersuchung der A-4/V2-Rakete unter Petr I. Fedorow, das Sonderentwurfsbüro für Spezielle Triebwerke (OKB-SD) unter Walentin Gluschko in Chimki bei Moskau und das erwähnte OKB-Werk Nr. 52 von Tschelomej. Als sich die Sowjets 1946 vor die Aufgabe gestellt sahen, die in Nordhausen and anderswo eroberten V2-Geräte zu überholen und flugfertig zu machen und darüber hinaus eine sowjetische Kopie der A-4, unter der Bezeichnung R-1 (russ. »raketa«), herzustellen, wurde diese Aufgabe einem 40-jährigen Mann namens Sergeij Pawlowitsch Koroljow übertragen.

Geboren am 30. Dezember 1906 in Schitomir in der Ukraine, hatte sich Koroljow in den 20er Jahren durch die Arbeiten von Konstantin Ziolkowskij, Hermann Oberth, Robert Goddard und Jurij Kondratjuk (Alexander Sachargei) für die Visionen der Raumfahrt begeistern lassen. Er hatte sich bereits als hochbegabter Flugzeugingenieur einen Namen gemacht, als er im Juli 1938 wegen »antisowjetischer gegenrevolutionärer Untergrundsbeziehungen« von Lawrentij Berijas NKWD verhaftet und im Moskauer Lubjanka-Gefängnis bis zum »Geständnis« gefoltert wurde. Im September 1938 verurteilte man ihn zu zehn Jahren in den Todeslagern des sowjetischen Gulag-Systems, und im August 1939 traf Koroljow in den Goldminen des sibirischen Kolima ein, dem grausamsten und brutalsten von Stalins Arbeitsstraflagern. Von den 600 Insassen bei seiner Ankunft waren vier Monate später nur 200 noch am Leben.

Bis Juli 1944 schmachtete Russlands genialste Raumfahrtkoryphäe in weiteren Gulag-Institutionen, etwa im Moskauer Butirskij-Gefängnis, dann im Zentralentwurfsbüro Nr. 29 (ZKB-29), einem *scharaschka*-Sondergefängnis für Flug- und Raketeningenieure in Stachanow bei Moskau. Nach seiner Entlassung arbeitete er bis August 1944 im OKB-SD als Gluschkos Stellvertreter an Starthilferaketen für Jagdflugzeuge. 1945 beorderte ihn schließlich eine von der sowjetischen Artillerie speziell zur Untersuchung der deutschen Raketenentwicklungen eingesetzte Technische Sonderkommission (OTK) unter dem Fliegerass Nikolaj N. Kusnetzow nach Ostdeutschland, um den deutschen V2-Nachlass zu untersuchen. Im September traf Koroljow in Ostberlin ein, bald gefolgt von Gluschko.

Mit der A-4/V2 zog erstmalig der Begriff der Langstreckenrakete in die sowjetischen strategischen Planungen ein, und es war

Koroljow, dem ab 1946 die Entwicklung dieser neuen Technik im NII-88 unterstand. Sein erster Stellvertreter war Wasilij Mischin. Noch im gleichen Jahr, und zwar am 22. und 23. Oktober, wurde die ostdeutsche Gruppe unter Helmut Gröttrup mit Kind und Kegel, Sack und Pack per Eisenbahn in die Sowjetunion gebracht, insgesamt etwa 495 Personen. Am 28. trafen sie in Moskau ein; die rund 150 Raketentechniker wurden in zwei Gruppen eingeteilt, von denen die eine auf die 240 km entfernte Gorodomlja-Insel im Seliger-See geschickt und die andere in den Vorort Kaliningrad kam, von wo sie Anfang 1948 ebenfalls nach Gorodomlja verlegt wurde.

Der erste Start einer »echten« A-4 auf russischem Boden fand am 18. Oktober 1947 in Kapustin Jar statt, dem ersten sowjetischen Großstartzentrum GZP-4 etwa 90 km südöstlich von Wolgograd an der Achtuba, einem Nebenfluss der weiter südlich liegenden Wolga. Anwesend waren etwa 2200 Zuschauer, darunter höchste Regierungsvertreter, Generäle, Sergeij Koroljow und eine Gruppe deutscher Ingenieure unter Gröttrup. Insgesamt umfasste das historische erste Langstreckenraketen-Programm in Kapustin Jar elf A-4-Geräte, von denen fünf noch in Nordhausen, sechs bereits im NII-88, der heutigen Firma RKK-Energija, gebaut worden waren. Alle elf Starts waren erfolgreich, obwohl die zweite A-4 vom Kurs abkam und 180 km neben dem Ziel einschlug.

Der Gestaltung und Ausrüstung nach war Koroljows R-1 (*Isdelije* 8A11) eine A-4-Kopie mit einigen Abweichungen, hauptsächlich aufgrund damals nicht verfügbarer Rohstoffe und Herstellungsverfahren. Es war dabei jedoch wichtig, dass das Gerät aus eigenständig produzierten Werkstoffen und Bauteilen hergestellt werden musste. Selbst die von den Deutschen entwickelten Legierungen mussten im Land nachfabriziert werden. Das Gerät hatte eine Reichweite von 270 km, wog 13,4 t und wurde von einem RD-100-Motor angetrieben, einem Nachbau des V2-Triebwerks aus Gluschkos Sonderkonstruktionsbüro.

Um die multilaterale Zusammenarbeit der verschiedenen sowjetischen Organisationen am A-4-Rekonstruktionsprojekt produktiver zu machen, hatte Koroljow den Ratsausschuss der Hauptkonstrukteure ins Leben gerufen, der heute ein wichtiger und formeller Bestandteil der russischen Raumfahrt ist. Mitglieder des ersten, noch inoffiziellen Ausschusses unter Koroljows Vorsitz waren Gluschko, Piljugin, Barmin, Riasanskij und der durch 37 Abschüsse berühmt gewordene Fliegerheld Kusnetzow. Die Ratsbeschlüsse des Ausschusses (den die NASA mit Council of General Designers bezeichnet) entscheiden über die Startbereitschaft jedes Raumfahrzeugs bis hin zu den russischen Anteilen der ISS, und nur noch die Staatliche Kommission hat dann das letzte Wort.

Eine Reihe weiterer R-Typen folgte. Koroljow war von Anfang weniger an der deutschen R-1 interessiert, als an der unter russischer Leitung weiterentwickelten R-2, die mehr als doppelt so weit fliegen sollte: bis zu 600 km. Ausgerüstet mit wichtigen Neuerungen wie einem integralen Brennstofftank, abtrennbaren Gefechtskopf, besseren Flugführungssystem und dem von Gluschko entwickelten stärkeren Triebwerk RD-101 mit 35 t Schub, kam die R-2 nach Vorversuchen am 21. Oktober 1950 zu ihrem Jungfernflug, der jedoch schief ging. Von den insgesamt zwölf gestarteten R-2 konnte keine einzige einen vollen Erfolg »einfliegen« – es gab mengenweise Triebwerkversager, Steuerfehler, Flugbahnabweichungen usw. Spätere Serien waren erfolgreicher, und 1951 übernahm das Militär die R-2 formell als ballistisches Ferngeschoss.

Das von der Gruppe Gröttrup in Gorodomlja als Alternativprojekt entworfene Gerät G-1 war der R-2 technisch wesentlich überlegen, hatte aber angesichts Koroljows Opposition gegen die deutsche »Konkurrenz« keine Chancen. Die Repatriierung der Deutschen in die DDR war bei den Sowjets bereits seit August 1950 beschlossene Sache, denn bei ihnen gab es offenbar nichts Neues mehr zu lernen. Die ersten beiden Gruppen verließen Gorodomlja im Dezember 1951 und Juni 1952. Die letzten acht, einschließlich Gröttrup, sagten der Sowjetunion am 22. November 1953 ade.

Im März 1953, Stalin war wenige Tage zuvor gestorben, begann Koroljow mit der Flugerprobung der R-5, einer Zwischenstufe zwischen der auf dem Reißbrett weitgehend entwickelten Rakete R-3 und dem bereits skizzenhaft vorliegenden Langstreckengeschoss. Von den in zwei Serien gestarteten 15 Geräten erreichten nur zwei ihr Zielgebiet nicht, ein Zeugnis für das inzwischen »mündig« gewordene Können der russischen Raketeningenieure. Die R-5 hatte eine Reichweite von 1200 km, die sie zum ersten mit einem Nuklearsprengkopf ausgerüsteten strategischen Ferngeschoss im sowjetischen Arsenal machte.

Aber Koroljows geheimer Traum war nach wie vor der, den auch Wernher von Braun verfolgte: die Weltraumfahrt. Um zu ihr zu gelangen, gab es freilich keinen Umweg um den nächsten Schritt – die Interkontinentalrakete, das ICBM (russisch MBR). Auf sie stürzten sich die besten Konstrukteure, die die sowjetische Raketenentwicklung, aufbauend auf deutschen Vorbildern und Anregungen, bisher hervorgebracht hatte: Koroljow, Gluschko, Mischin, Tschelomej, Jangel, Piljugin, Barmin, Tschertok u.a.

Die Arbeiten an der R-3 wurden auf Anraten Koroljows eingestellt. Die benötigten Dimensionen der angestrebten neuen Großrakete waren klar: Am 12. August 1953 detonierte die Sowjetunion ihre erste Wasserstoffbombe in Semipalatinsk, 20-mal stärker als ihre erste Atombombe. Der berühmte russische Atomphysiker Andrej Sacharow lieferte dem zuständigen Maschinenbau-Minister und Vizevorsitzenden des Ministerrats Malischew die Grundparameter für Masse und Abmessungen der H-Bomben-Nutzlasten. Damit entstand ab Herbst 1953 das *Isdelije* 8K71, die »Semjorka« R-7.

Und damit begann die wirkliche Weltraumfahrt.

Als meine Maschine nach dreieinhalbstündigem Flug im Moskauer Flughafen Wnukowo aufsetzt, hat sich bei mir unter den immer wieder intensiven Eindrücken Baikonurs das Vorhaben für den vorliegenden Band meines Raumfahrtjournals verfestigt. Ausgehend von der Zuhörerreaktion auf meine regelmäßige wöchentliche »Weltraumtagebuch«-Sendung 1998-2000 beim ORB/Antenne Brandenburg glaube ich, dass das Interesse des deutschen Publikums, vor allem der Jugend, an unseren weiteren Schritten in den Weltraum im Wachsen begriffen ist – Schritte, die heute von Ost und West gemeinsam getan werden, weil jede Seite die Leistungen, Erfahrungen und Initiativen der anderen Seite benötigt, um darauf aufzubauen.

1 Internationale Raumstation ISS: Montagesequenz

Freitag, 26. Juni 1998

Ich kann es kaum glauben: Jetzt scheint es mit unserem uralten Traum einer ständig bemannten Außenstation im Weltraum endlich Ernst zu werden! Nach Jahrzehnten des Wartens auf diesen nächsten logischen Schritt und fortwährenden Terminverschiebungen in den letzten Monaten, die die Medien gerne, aber in Anbetracht der Erstlingsnatur des Unternehmens unrichtig, »Verspätungen« genannt haben. Biegen wir damit wirklich in die Zielgerade ein auf dieser sich über schwierige Jahre erstreckenden Achterbahnfahrt?

Jetzt haben wir nämlich mit den an der internationalen Raumstation ISS beteiligten Partnernationen bei einem quasi-historischen Meeting im Kennedy Space Center in Florida die (wie ich hoffe) nunmehr endgültige Montagesequenz dieses Bauwerks im All festgelegt, die bisher komplexeste und größte Weltraumkonstruktion, die in den kommenden Jahren die Größe eines Fußballstadions erreichen wird. Nach der neuen Montagesequenz startet das erste Bauteil diesen Herbst, der in amerikanischem Auftrag von Russland, genauer: von der Moskauer Maschinenfabrik Chrunitschew, gebaute Kontroll- und Energieblock »Sarja«, der am 20. November auf einer Proton-Rakete vom Kosmodrom in Baikonur, Kasachstan, aus starten soll.

Als zweites Element folgt dann der von Boeing gebaute amerikanische Mehrfachkopplungsknoten »Unity«. Als erster von drei dieser Art (die anderen kommen aus Italien) folgt er zwei Wochen später, am 3. Dezember, mit der Raumfähre Endeavour vom Kennedy-Startzentrum in Florida aus. Ihre fünfköpfige Besatzung soll die beiden Teile in einer Erdumlaufbahn von 350 km Höhe und 51,6 Grad Bahnneigung zum Äquator zusammensetzen und betriebsklar machen. Auch Details stehen schon fest: Die eigentliche Führung des Telemanipulatorarms, mit dem Sarja in der Shuttle-Nutzlastbucht auf Unity aufgesetzt wird, ist der Astronautin Nancy Currie übertragen worden, die bereits hart trainiert. Dann werden ihre Kollegen Jerry Ross und Jim Newman in Raumanzügen in den

Weltraum aussteigen und in drei mehrstündigen Ausflügen, so genannten EVAs, die gemeinsame Funktion der beiden Bausteine herstellen und überprüfen.

Das dritte Element, und der erste ausschließlich russische Beitrag, ist das 20 t schwere Servicemodul. Ursprünglich von den Sowjets als Nachfolger der erfolgreichen Raumstation Mir bei der staatlichen (heute halb privaten) Raumfahrtfirma RKK-Energija in Auftrag gegeben, ist es mit zum Teil fortschrittlicheren Bordsystemen ausgerüstet worden. Dem neuen Plan gemäß soll es am 20. April des nächsten Jahres starten, um automatisch an den wartenden Komplex anzudocken. Danach folgen noch zwei weitere Zubringerflüge mit der Raumfähre, und dann startet am 20. Juli die erste ständige Raumstationsbesatzung in Baikonur auf einer Sojus-Rakete: der amerikanische Expeditionskommandant William »Shep« Shepherd sowie die beiden altgedienten Kosmonauten Jurij Gidsenko, als Sojuskommandant, beziehungsweise ISS-Pilot, und Sergeij Krikaljow, der Flugingenieur.

Insgesamt benötigt die Montage der ISS nach gegenwärtiger Planung 45 Zubringerflüge – 33 davon mit dem Spaceshuttle, weitere zwölf mit russischen Proton- und Sojus-Trägern. Fertigstellung des Projekts ist für Januar 2004 vorgesehen. Das ist freilich ein »vorläufiger« Termin, denn bei der so genannten Montagesequenz müssen wir auf Revisionen durch unerwartete Verzögerungen gefasst sein.

Unsere technischen Besprechungen mit dem Partner Russland haben ferner zu dem Übereinkommen geführt, dass der Betrieb der derzeitigen Raumstation Mir nächstes Jahr, 1999, eingestellt werden soll. Mir wird demnach unter sorgfältiger Steuerkontrolle in einem Stück zum Absturz in die Atmosphäre gebracht werden, dergestalt, dass Bruchstücke, die das feurige Zerstörungswerk der Luftreibung überstehen, in einem abgelegenen Gebiet des Pazifischen Ozeans niedergehen. Das soll spätestens zur Weihnachtszeit 1999 geschehen, kann aber bereits in den Sommer, Anfang Juli, vorverlegt werden. Diese Entscheidung hat jedoch noch Zeit, und ich kann mir noch nicht so richtig vorstellen, dass es auch wirklich geschehen wird.

2 Raumstation Mir: Legende Mir – quo vadis?

**Dienstag,
25. August
1998**

Die heutige Rückkehr der Mir-25-Crew bringt erneut die Frage auf den Punkt: Soll wirklich am Himmel ein Stern einem anderen weichen?

Seit dem ISS-HOA (Heads-of-Agency)-Meeting letzten Juni bewegt das Schicksal der russischen Orbitalplattform Mir viele Menge Gemüter, »hüben« und »drüben«. Sie ist eine der ganz wenigen Institutionen der Sowjetunion, die den Kollaps des Kommunismus und den sich derzeit mit chaotischen Wirtschaftszuständen auswirkenden Wechsel von zentraler Staatskontrolle zur kapitalistischen Marktökonomie so gut wie unberührt überstanden haben. Die sowjetische Kosmonautik war mit ihren Erstleistungen der ganze Stolz des damaligen Regimes, eine ehrgeizige und prestigeträchtige Demonstration der Spitzentechnologie und Zukunftsvision eines Volkes. Und Mir war und ist das Juwel und Vorzeigestück. Auch in den zunehmend schwierigen Jahren nach der ideologischen Wende scheuten die Verantwortlichen keine Opfer, um immer wieder einen Weg zu finden, dieses letzte stolze Relikt einer vergangenen Supermacht am Leben zu halten.

Ohne die Hilfe der USA und die Beteiligung zahlender Gastkosmonauten anderer Länder wäre dies freilich nicht möglich gewesen. Für 477 Mio. Dollar machte sich die NASA in den letzten fünf Jahren die Orbitalplattform zunutze, als Vorbereitung auf die internationale Raumstation ISS, deren Montagebeginn derzeit (noch immer) auf den 20. November festgesetzt ist. Insgesamt neun Spaceshuttles klinkten sich im Verlauf von drei Jahren an Mir an, und sieben US-Astronauten verbrachten über 900 lehrreiche Tage an Bord (sie waren tatsächlich lehrreich: an die 500 dokumentierte »Lessons learned« sind den daran interessierten Ausschüssen des US-Kongresses von der NASA vorgelegt worden). Obwohl die Station in den Augen ihrer NASA-Gäste keineswegs ein »Schrotthaufen im All« war und ist, wie sie Pressemedien genannt haben, sondern eher eine Wundermaschine, wäre Mir ohne den an Bord der US-Raumtransporter herangekarrten Nachschub heute kaum mehr in Betrieb.

Neulich ist Mir zwölf Jahre alt geworden, am 20. Februar dieses Jahres. Nur durch ständige Wartung, Instandhaltung und Reparaturen kann sie von ihren Besatzungen hinlänglich funktionstüchtig gehalten werden. Bordsysteme können zwar ersetzt werden, aber kritische Elemente ihrer Zellenstruktur selbst nähern sich der Gefahrenzone. Für Wissenschaftsexperimente bleibt bei alldem wenig Zeit. Ihr Ende ist in Sicht, denn für den Mir-Betrieb und die gleichzeitige Einhaltung seiner Partnerschaftsverpflichtungen bei der ISS fehlen Russland die Mittel. Der Entschluss der russischen Raumfahrtagentur RKA steht angeblich fest: Im Juni nächsten Jahres, wahrscheinlich am 8., soll Mir zum Absturz gebracht werden.

Schon heute verliert die Station durch natürliche Luftreibung ständig an Höhe – in den vergangenen zwölf Monaten waren es 20 km (ihre mittlere Höhe beträgt derzeit 368 km). Auch ohne menschliches Zutun würde sie Mitte 1999 abstürzen, aber eine unkontrollierte Rückkehr wäre gefährlich, wenn sie über bewohnten Gebieten erfolgte. Der Eintritt in die Atmosphäre über unbewohnten Bereichen, des Pazifiks in diesem Fall, muss jedoch gesteuert werden, und das erfordert rund vier Tonnen Treibstoff für eine Serie von Bremsschubmanövern. Vorbereitet werden dafür angeblich drei automatische Transportschiffe vom Typ Progress: zwei reguläre Geräte mit je einer Tonne Treibstoff sowie eine modifizierte Progress M1 mit Tanks für zwei Tonnen. Sie haben ihre eigenen Raketenmotoren für die Schubmanöver und sind unbemannt.

Die vorletzte Mir-Crew, Mir-26, ist bereits an Bord. Sie traf vor wenigen Tagen, am 15. August, mit Sojus TM-28 ein. Zwei der Kosmonauten, Gennadij Padalka und Sergeij Awdejew, bleiben für die nächsten sechs Monate an Bord. Der dritte, Jurij Baturin, kehrt heute mit der alten Mir-25-Crew zur Erde zurück. Wie es heißt, kommt Ende Februar dann die letzte Besatzung, Mir 27. Ihr obliegt die traurige Aufgabe, die Orbitalplattform für das Ende vorzubereiten. Erst kurz vor dem letzten Bremsmanöver gehen die beiden Kosmonauten von Bord, da die Station in unbemanntem Zustand nicht lange kontrollierbar bleibt.

Wenn Mir dann im Juni, RKA nannte den 8., flammend in der Atmosphäre auseinander bricht, wird sie die Erde rund 75 970-mal umrundet und dabei 1,8 Milliarden Kilometer zurückgelegt haben, weiter als von hier bis zum Planet Saturn. Rund 85 Menschen hat sie in den 13 Jahren ihrer Existenz an Bord beherbergt, und letztlich damit unschätzbare Vorarbeit geleistet für die fast dreimal größere ISS, deren Montage im All dann bereits voranschreitet.

3 Internationale Raumstation ISS: Namensuche

Freitag, 28. August 1998

Diese Eintragung schreibe ich in der Ramada Inn in Clearlake bei Houston, Texas, in meinen Laptop. Heute bin ich im Johnson-Raumflugzentrum der NASA zur Teilnahme an intensiven technischen Meetings in Vorbereitung des bevorstehenden Beginns der Montage der Raumstation ISS. Dabei brachte eine Vertreterin des PAO (Public Affairs Office, das Pressebüro) die Sprache auf den Namen der ISS, beziehungsweise den fehlenden Namen.

Namen gibt's freilich schon seit ein paar Tagen, doch nur für ISS-Bauteile: Sarja, Unity und Leonardo, drei Begriffe, die wir im Laufe der nächsten Monate zunehmend in den Medien lesen und hören werden.

»Sarja« ist russisch und bedeutet »Morgenröte« (»dawn« auf Englisch). Es ist der Name des ersten Bauelements der Raumstation, ein 20 t schwerer Brocken aus Aluminium und anderen Werkstoffen, der in diesem Moment im russischen Weltraumbahnhof (Kosmodrom) in Baikonur in der zentralasiatischen Hungersteppe von Kasachstan zum Start vorbereitet wird. Sarja hieß bis vor kurzem noch FGB, ein Kürzel für »*Funktsionalnji-Grusovoi Blok*« (Funktions- und Lastenblock), und der hoffnungsfrohe Name geht auf Raumfahrzeug-Typen der sowjetischen Raumfahrt vor Jahrzehnten zurück. Angeblich wollten die Konstrukteure damals bereits ihre erste Raumstation Saljut-1 so nennen, wurden aber von

Moskaus Nomenklatura »überstimmt«. Die NASA hat das ursprünglich in der Almas-Reihe entstandene Gerät den Russen für rund 200 Mio. Dollar abgekauft und es durch Chrunitschew auf den letzten technischen Stand bringen lassen. Zu seinem Start dient eine mächtige Trägerrakete vom Typ Proton, und festgesetzt ist der Start in Kasachstan nun auf den 20. November. Sein Chefingenieur Sergeij Schajewitsch versichert, dass der Zeitplan eingehalten wird.

Wenn Sarja die gewünschte Erdumlaufbahn erreicht hat, wird die Fernsteuerung des in der Anfangsphase der Stationsmontage als Kontroll- und Antriebsblock dienenden Bauteils vom Flugkontrollzentrum Koroljow bei Moskau, dem früheren Kaliningrad, übernommen. Währenddessen werden wir auf der anderen Seite der Welt, in Florida, den Spaceshuttle Endeavour startbereit machen. An Bord hat es das zweite Bauelement – und damit komme ich zu »Unity«, auf Deutsch »Einheit«. Das ist der Name des ersten Vielfach-Kopplungsadapters, bisher Knoten 1 (oder auf Englisch Node One) genannt, ein schweres angenähert würfelförmiges Bauteil mit sechs Luken, beziehungsweise Andockstutzen, an denen dann weitere Bausteine angeklinkt werden können. Gebaut von der Firma Boeing für die NASA, wird Unity derzeit im Kennedy Space Center letzten Vorbereitungen unterzogen, um dann am 13. September, also heute in zwei Wochen, an Bord des Shuttle Endeavour gehievt und in seinem Laderaum festgezurrt zu werden.

Der Start von STS-88, wie die Mission beziffert ist, erfolgt nach derzeitiger Planung 13 Tage nach dem Start von Sarja – am 3. Dezember (mal sehen, ob wir das einhalten können!). Die sechsköpfige Crew der Endeavour besteht aus Kommandant Robert Cabana, Pilot Frederick Sturckow, den Missionsspezialisten Nancy Currie, Jerry Ross, Jim Newman und dem russischen Kosmonaut Sergeij Krikaljow, der auf zwei Mir-Missionen bereits 15 Monate im All verbracht und außerdem im Februar 1994 bei der Shuttle-Mission STS-60 teilgenommen hat. Die Crew wird Unity an Sarja andocken und mit drei Raumausflügen die entstandene Zweierkombination funktionsbereit machen.

Und damit komme ich zu Leonardo. Leonardo ist vor ein paar Tagen, am 1. August, aus Italien gekommen (woher sonst wohl) und am Kennedy Space Center in Florida eingetroffen, und zwar im Großraumflugzeug »Beluga« der europäischen Raumfahrtagentur ESA. Leonardo ist der von Italiens Raumfahrtbehörde ASI gewählte Name des ersten italienischen Beitrags zur ISS, ein wiederverwendbares zylindrisches Vielzweck-Nachschubmodul von 6,5 m Länge, 4,5 m Weite und fast 4,5 t Masse. Gebaut von der Firma Alenia Aerospazia in Turin, wird Leonardo an Bord des Spaceshuttle periodisch Vorräte, Experimente, und andere Nachschubgüter zur ISS bringen und mit anderer Fracht auf die Erde zurückkehren. Sein erster Flug erfolgt nach gegenwärtiger Planung im Dezember 1999 an Bord der Shuttle-Mission STS-100. Zwei weitere MPLMs *(Multi-Purpose Logistics Module)*, wie das Modul technisch bezeichnet wird, werden von Italien später geliefert. Auch sie haben klingende Namen: Raffaello, das nächstes Jahr bei uns eintrifft, und Donatello, das für 2001 vorbereitet wird.

Warum hat eigentlich die ISS selbst bisher keinen eigenen Namen erhalten? Das ist eine kuriose Sache, die eine Eintragung in mein Weltraumjournal durchaus verdient.

Raumfahrtprogramme haben es an sich, dass sie zur Identifizierung einen Namen brauchen, so will es die Tradition. Begonnen hat sie in den USA mit Begriffen aus der klassischen Mythologie: Mercury, Gemini, Saturn und Apollo, aber auch mit mehr technofunktionsnahen Namen wie Skylab, Spacelab und Spaceshuttle, während in der alten Sowjetunion zum Teil ideologisch motivierte Bezeichnungen den Vorzug hatten: etwa Wostok (Osten), Wos'chod (Aufgang), Sojus (Union), Saljut (Gruß) und Mir (Friede, Welt). Doch für das Multi-Staaten-Projekt der internationalen Raumstation erweist sich die Namenfindung als wesentlich mühsamer. Die Bemühungen der mit dieser Aufgabe betrauten internationalen »Namensgebungskommission« sind bisher gescheitert, und so läuft das Großprojekt, dessen Montage im kommenden Herbst beginnt, auch weiterhin unter der Kürzel-Bezeichnung ISS (für *International Space Station*), in Russland unter MKS *(Meschdunarodnaja Kosmitscheskaja Stanzia).*

Das Problem? Das sind die zum Teil gewaltigen kulturellen Unterschiede zwischen den beteiligten 15 Nationen wie auch die Tatsache, dass dem Namen dieses neuen, in der ganzen Welt sichtbaren Morgen- beziehungsweise Abendsterns in der Öffentlichkeit zweifellos starker Symbolgehalt und große Suggestivkraft beigemessen werden wird. Während amerikanische und russische Ingenieure und Manager dank der Universalität von Mathematik und Physik, wie überhaupt der Systemlogik der Technik, trotz der erheblichen kulturellen Differenzen ihrer beiden Raumfahrtprogramme inzwischen prima zusammengefunden haben (wenn auch nicht ohne Mühe!) – ein wesentliches Verdienst des gemeinsam durchgeführten »Phase 1«/Shuttle-Mir-Programms –, ist der Weg zu einem globusweit für alle akzeptablen und aussprechbaren Namen für die ISS offenbar bedeutend holpriger.

Am Anfang der bunten Namenpalette stand »Freedom« (Freiheit), der unter den US-Präsidenten Ronald Reagan und George Bush entstandene Stationsentwurf, als ideologisch motiviertes Gegengewicht zur sowjetischen »Mir«. Nach seiner von den Politikern geforderten »Abspeckung« unter Präsident Bill Clinton verblieben drei Alternativvorschläge, von denen das Konzept »Alpha«, eine interne Bezeichnung des Entwurfsteams, den Zuschlag bekam. Die Aufnahme Russlands als Hauptpartner in das Projekt 1995 erforderte weitere Designänderungen. Dadurch war der Name Alpha hinfällig, und als Lückenfüller wurde die gegenwärtige Bezeichnung ISS eingesetzt.

Die erste Verhandlungsrunde der Namensgebungskommission illustriert das kuriose Dilemma: Der Vorschlag, für die nun zur Ausführung kommende Station zum Namen »Alpha« zurückzukehren, für den sich vor allem der zukünftige erste Raumstationskommandant, Bill Shepherd (vormals technischer Manager des »Alpha«-Entwurfsteams), stark machte, fand bei den Russen keinen Anklang. Begründung: Der durch »Alpha« suggerierte Anspruch auf eine Anfangs- oder Erstposition treffe auf Russland, wo die ISS immerhin bereits die achte Raumstation wäre, nicht zu. Den russischen Gegenvorschlag »Atlant« verbanden die Amerikaner ihrerseits mit Atlantis und lehnten ihn deshalb ab, da es bereits ein Spaceshuttle dieses Namens gibt und, wie es hieß, ein schmählich untergegangener Kontinent außerdem kein guter Name für eine Raumstation wäre. Dem russischen Gegenargument, dass es sich bei Atlant doch um den mythischen Titanen mit der Weltkugel auf den Schultern handele (den wir als Atlas kennen), stellten sich sowohl Westeuropa entgegen, mit der Begründung, dass man sich im Volk darunter eher ein geografisches Kartenwerk vorstelle, als auch die Amerikaner, bei denen bereits eine Trägerrakete so heißt. Es kommt noch besser …

Die Japaner, für die seit dem Zweiten Weltkrieg keine Namen von Personen für Schiffe und dergleichen mehr in Frage kommen, bevorzugen musische Naturbegriffe wie Pflanzen und Bäume, oder allenfalls »Kibo« (Hoffnung) für ihr eigenes ISS-Labormodul JEM. Sie hatten sich bereits mit den Russen besprochen und für den Namen »Camelia« entschieden. Der aber traf wiederum bei den Vertretern des deutschsprachigen Raums, wo es gleichnamige Hygieneartikel gibt, auf Befremdung und entschiedene Ablehnung. Der vielen von uns am vernünftigsten erscheinende Vorschlag, die Schuljugend der Welt im Rahmen eines Wettbewerbs bei der Namensuche einzuschalten, ist bisher ebenfalls nicht angekommen, da die befragten Jugendlichen erfahrungsgemäß vorwiegend zu national orientiert seien.

Bis man sich eines Tages doch einigt – vielleicht, wie heute bei Autos und Markenartikeln üblich, auf einen nichts bedeutenden Kunstnamen –, wird es bei der gegenwärtigen Lösung bleiben, für die sich die Kanadier ausgesprochen haben: dass die Raumstation nämlich überhaupt keinen eigenen Namen brauche und es schon genüge, wenn die einzelnen Bauteile eigene Namen tragen.

Und hier hat es inzwischen tatsächlich die ersten fröhlichen Taufen gegeben: Unter den in USA, Russland, Japan und Europa entstehenden Bausteinen der ISS, insgesamt 36 bei Montageende, gibt es mittlerweile eine bunte Vielfalt von Namen wie Sarja und Unity, die ersten beiden Bausteine, dann Leonardo, Raffaello und Donatello, drei Vielzweck-Nachschubmodule aus Italien, und Columbus, ein 6,5 m langes, 4,5 m weites Labormodul, das Europas Beitrag ist und den Namen eines italienischstämmigen Seefahrers trägt. Seine Zelle entsteht gleichfalls in Turin, und nach gegenwärtiger Planung wird es sich gegen Mitte 2003 dem bis dahin so gut wie abgeschlossenen ISS-Komplex beigesellen, der dann wohl, so hoffen viele, einen eigenen, des Beginns eines neuen Jahrtausends würdigen Namen hat.

4 Internationale Raumstation ISS: Unity ist fertig

Freitag, 4. September 1998

Heute ist ein besonderer Tag. Je näher wir dem ersten Start für die internationale Raumstation ISS im November rücken, desto mehr steigert sich das Tempo zum Endspurt, und die Ereignisse beginnen sich zu bedrängen. Das neueste Ereignis war heute die Schlüsselübergabe des ersten amerikanischen Bauteils durch den Hersteller, die Boeing Company, an die NASA. Es handelt sich um den Vielfachkopplungsadapter »Unity«, den wir jedoch meistens »Node One« (Knoten Eins) nennen.

Hergestellt wurde »Unity« (Einigkeit, Gemeinschaft) von Boeing an NASAs Marshall Space Flight Center in Huntsville im Bundesstaat Alabama, dem Entwicklungszentrum, wo ich von 1962 bis 1974 bei Wernher von Braun und seiner ursprünglich Peenemünder Raketengruppe mitgewirkt habe. Rund zehn Meter lang und 4,5 m weit, ähnelt Unitys Zentralkern ungefähr einem Würfel, der an jeder seiner sechs Seiten eine Andockluke trägt. Dadurch gewinnt die ISS Wachstumsmöglichkeit, denn an den Knoten können andere Bauteile angesetzt werden, und das gibt ihm seine kritische Bedeutung. Im Juni 1997 wurde das Element von Alabama zum Kennedy-Raumflugzentrum in Florida transportiert, wo es jetzt für den Start vorbereitet wird. Vorne und hinten an Unity sitzen je ein konischer Adapterstutzen zum Andocken an das erste Bauteil Sarja auf der einen Seite, und am später nachfolgenden amerikanischen Labormodul auf der anderen. Mehr als ein halbes Dutzend weitere Bausteine werden neben ihm derzeit für den Flug ins All im nächsten Jahr und danach vorbereitet.

Bei der feierlichen symbolischen Schlüsselübergabe im Kennedy Space Center in der ersten Septemberwoche, sagte Randy Brinkley, der derzeitige Direktor des ISS-Programms aus Houston: »Die Wahl des Namens Unity für dieses Modul war nicht von ungefähr. Er steht für die harte Arbeit, die das Boeing-Team, die Teams der NASA und das weltweite Raumstationsteam geleistet haben. Das Modul Unity war eine große Gemeinschaftsleistung.«

Der Start des Knotens an Bord des Spaceshuttle Endeavour, unter der Missionsbezeichnung STS-88, ist gegenwärtig noch immer für den 3. Dezember dieses Jahres geplant, zwei Wochen nach dem Start des ersten Bauteils FGB/Sarja in Kasachstan. Nach erfolgtem Rendezvous soll die Astronautin Nancy Currie mit dem Manipulatorarm Sarja ergreifen und den Energieblock in der Endeavour-Nutzlastbucht auf einen der Tunnelstutzen von Unity aufsetzen. Mit drei mehrstündigen Raumausflügen stellen die Astronauten Jim Newman und Jerry Ross danach alle äußeren Strom- und Datenverbindungen zwischen den beiden Bausteinen her und bereiten sie auf den bemannten Betrieb vor. Unity enthält bereits einen Geräteschrank sowie Platz für drei weitere, die später angeliefert werden. Vorerst bleibt die Station jedoch noch unbemannt, bis zur zweiten Hälfte nächsten Jahres. Bin jetzt schon sehr gespannt, wie meine Journaleintragungen dann lauten werden!

5 Internationale Raumstation ISS: Wozu das alles?

**Montag,
7. September
1998**

Heute wurde mir von einem deutschen Hörer meines wöchentlichen Radioprogramms im ORD/Radio Cottbus in einem E-Mail mal wieder die übliche Frage gestellt: »Internationale Raumstation ISS – wozu das alles? Was soll das Ganze?«

Unternommen von 15 Nationen, wird das fußballstadion-große Bauwerk in der Erdumlaufbahn unbestritten das mächtigste internationale technische Gemeinschaftsprojekt, das der Erdenkreis je gesehen hat. Schön und gut ... aber vor allem für Außenstehende und Laien ist es nicht sofort verständlich, dass es sich dabei auch um ein Projekt von gewaltiger Bedeutung auf gesellschaftlicher, wissenschaftlicher, technologischer und weltpolitischer Ebene, also für uns alle, handelt. Das kann ich gut verstehen.

Um es kurz zu fassen: Die ISS befasst sich mit Dingen, die uns vorrangig sind, denn es geht bei ihr um Leben und Lebensqualität auf der Erde, um die Befreiung von althergebrachten und überholten Methoden in Forschung und Entwicklung und um technologische Wettbewerbsfähigkeit; es geht um politische Bindungen, Weltfrieden und Welteinheit, um katalytische Aktion im Schulunterricht und Universitätsstudium und um Wirtschaftsstimulans und Arbeitsplätze. Doch noch wichtiger, wie ich es sehe, ist ihre Realisierung als Erfüllung eines alten Sciencefiction-Traums: Im Kleinen repräsentiert sie eine Prototyp-Weltgemeinschaft, eine Art Vereinte Nationen des Weltraums, und damit auch ein Pilotmodell für größere gemeinschaftliche Unternehmungen im Weltraum – etwa die bemannte Mars-Mission. Schon die frühesten Visionäre und Pioniere der Raumfahrt haben in ihr die unabdingbare Vorstufe und Absprungbasis für die weitere Exploration des Weltraums durch den Menschen gesehen.

Zwei fundamentale Lektionen aus der Raumfahrt besagen: Erstens: Die angenäherte Schwerelosigkeit des Alls, wir nennen sie Mikrogravitation, ist etwas, das wir zu unserem Vorteil verwenden können, und zweitens: Schwerkraft wird im All zu einer Forschungsvariablen, die wir beliebig untersuchen und manipulieren können. Was freilich bisher zu solchen Untersuchungen gefehlt hat, ist in erster Linie Zeit, d. h. längere und ununterbrochene Verweildauer in diesem »unirdischen« Zustand. Ebenfalls gefehlt haben forschungsessenzielle Ressourcen wie Volumen, Energie, instrumentelle Flexibilität und Vielseitigkeit, Astronautenzeit, Kühlung, Heizung usw. Dafür schafft die ISS Abhilfe auf Dauer: Mit sechs voll ausgerüsteten Weltklasse-Laboratoriumsmodulen wird sie der Forschung fast viermal mehr umschlossenen Wohn- und Werkraum als die russische Mir bieten; sie hat sieben ständig präsente hochtrainierte Besatzungsmitglieder und verfügt über modernste High-Tech-Instrumentarien für wissenschaftliche, technische und kommerzielle Experimente. Ihr frei zugänglicher Innenraum entspricht in etwa dem Volumen eines 747-Jumbos.

Sie wird unser neuer Standort im All sein und es möglich machen, innovative Zukunftstechnologien zwei- bis fünfmal schneller als bisher zu entwickeln und zu prüfen, und dabei neue Märkte unter realistischen Umweltzuständen demonstrieren. Ihre Produkte entstammen hochtechnologischen Bereichen wie Biotechnik von Proteinen und Pflanzen, thermophysikalische Prozesse, fortgeschrittene Metallverarbeitung, Faser-Optiken und Polymer-Werkstoffe. Als vielseitiges Forschungsinstitut dient sie lebenswissenschaftlichen (klinischen und medizinischen) Untersuchungen von Strahlungswirkung, Umweltfaktoren, Verhaltens- und Leistungsforschung, Zell- und Molekularbiologie, aber auch für chemische und physikalische Experimente in Kristallwachstum, Zell- und Gewebekulturen, Niedertemperaturphysik, Verbrennungsforschung, Flüssigkeitsverhalten, Herstellung elektronischer Werkstoffe und anderer Untersuchungen, denen alle das Phänomen der Mikrogravitation zugute kommt.

Alles in allem dient die ISS also der Begünstigung und Beschleunigung von Durchbrüchen in Technologie, Wissenschaft, Medizin und Technik mit sofortigen praktischen Nutzanwendungen für alle auf der Erde. Sie sorgt dafür, dass wir im All langzeitlich leben und arbeiten lernen und damit neue Möglichkeiten schaffen für eine zukünftige Exploration des Sonnensystems und darüber hinaus. Sie trägt bei zur Inspiration unserer Jugend, zum Heranziehen der nächsten Generation von Wissenschaftlern, Ingenieuren und Unternehmern, und zur Fortsetzung einer langen Tradition von Neuland-Exploration und -Entwicklung. Und sie ist eine Investierung in Heute und Morgen: Jeder ins Raumfahrtprogramm investierte Dollar erbringt derzeit in den USA sieben bis neun Dollar in direkten und indirekten Nutzen.

Am Wissenschaftsbetrieb an Bord ist auch Europa durch die ESA beteiligt, mit dem Columbus-Modul. Im Vergleich zu Japan und Kanada ist die europäische Beteiligung freilich bescheiden und visionsarm, von den Großen, USA und Russland, ganz zu schweigen. Insgesamt beläuft sich Europas Nutzanteil an den Bordressourcen auf 8,3 Prozent – das entspricht auch dem Anteil an den jährlichen Betriebskosten (die Europa durch den Betrieb eines noch zu entwickelnden unbemannten Nachschubschiffs begleichen will). Deutschland finanziert einen Teil des ESA-Beitrags, doch bleibt für die deutsche Forschung an Bord nur ein Nutzeranteil in der Größenordnung von etwas über 2 Prozent. Das entspricht in etwa dem Anteil Kanadas, beträgt rund ein Sechstel des japanischen Beitrags, und ist für ein hochtechnologisch potentes und anspruchsvolles Land wie Deutschland ohne jeden Zweifel viel zu wenig. Davon kann man keine modernen Forschungsprogramme finanzieren.

Hinzu kommt für die Bundesrepublik das ungewohnte Erfordernis, dass diese Forschungstätigkeit, die zu einem erheblichen Teil von der öffentlichen Hand finanziert werden muss (die erforderliche Risikobereitschaft ist bei Europas Industrie derzeit nicht erkennbar), auch über den gegenwärtigen ISS-Planungszeitraum von 10–15 Betriebsjahren hinweg beständig aufrechterhalten werden muss. Ohne Zweifel erfordert dies eine innovationsfreudige Forschungspolitik, die sich unter entschlossener Führung auf längerfristige Planung um- und einstellt, auch auf die der nötigen Finanzierung. Das sollte nachdenklich stimmen, denn die Leidtragenden sind die Jugendlichen, ist die nächste Generation.

6 NASA feiert 40-jähriges Jubiläum

**Donnerstag,
1. Oktober
1998**

Den heutigen Tag begehen wir mit internen Feiern, denn die amerikanische Luft- und Raumfahrtbehörde NASA feiert ihr 40-jähriges Jubiläum.

In diesen vier Jahrzehnten hat die National Aeronautics and Space Administration die Raumfahrt aus den Anfängen der Höhenraketentechnik nach dem Zweiten Weltkrieg und den Visionen von Pionieren wie Konstantin Ziolkowskij, Hermann Oberth, Robert Goddard und Wernher von Braun, die damals noch als Träume von Phantasten galten, zur heutigen Selbstverständlichkeit gebracht, mit der periodische Flüge von Menschen ins All fast schon Routine geworden sind und unbemannte Forschungssonden der NASA sämtliche Planeten des Sonnensystems außer Pluto besucht haben.

Begonnen hat die NASA als eine Ausgeburt des Spannungsfeldes des Kalten Krieges zwischen den beiden Supermächten USA und UdSSR. Zwar hatte es schon vor ihr eine Organisation gegeben, die NACA (National Advisory Commission for Aeronautics), doch war das nur eine Beratungskommission für Flugzeugentwicklung, ursprünglich entstanden als Reaktion auf die Herausforderung der moderneren Flugzeugtechnik Englands, Frankreichs und Deutschlands im Ersten Weltkrieg.

Auch die Entstehung der NASA war so eine politische Reaktion. Im so genannten Internationalen Geophysikalischen Jahr, 1. Juli 1957 bis 31. Dezember 1958, hatte US-Präsident Dwight D. Eisenhower einen Plan zum Bau eines amerikanischen Erdsatelliten für wissenschaftliche Forschung genehmigt. Die Sowjetunion zog sofort mit einer entsprechenden Bekanntgabe nach und überraschte die Welt, als sie bereits am 4. Oktober 1957 den ersten künstlichen Erdsatelliten der Welt startete: Sputnik 1.

Die USA traf das Ereignis wie ein gewaltiger Schock; seine Wirkung auf die öffentliche Meinung war ähnlich wie Japans Überfall auf den Flottenhafen Pearl Harbor, eine Herausforderung, die den schlafenden Riesen Amerika geweckt hatte. In Washington herrschte eine ausgewachsene politische Krisenstimmung, und bereits im Sommer 1958, ein halbes Jahr nach Sputnik, rief der amerikanische Kongress die NASA ins Leben, als ausschließlich zivile, also nichtmilitärische, Behörde zum »Nutzen der ganzen Menschheit«, wie es im zuständigen Gesetzestext, dem Space Act, heißt, mit der Zuständigkeit für Forschung und Entwicklung der Luftfahrt und Raumfahrt. Das ging relativ schnell, da die Vorgängerin NACA mit ihren 8000 Mitarbeitern, fünf Instituten und einem Jahreshaushalt von 100 Mio. Dollar intakt übernommen werden konnte.

Offiziell nahm die NASA am 1. Oktober 1958 ihre Arbeit auf. Andere Organisationen kamen sehr bald hinzu, und darunter war 1960 auch die Army Ballistic Missile Agency (ABMA) des Heeres in Huntsville im Bundesstaat Alabama, wo Wernher von Braun mit seiner Gruppe ehemaliger Peenemünder Raketeningenieure an der Entwicklung zukünftiger Großträgerraketen arbeitete. Von Braun und seinen Leuten war der Schritt in den Zivildienst äußerst willkommen, da sie von Anfang an als eigentliches Ziel ihrer jahrzehntelangen Tätigkeit die friedliche Weltraumfahrt betrachtet und angepeilt hatten. Aus diesen übernommenen Kapazitäten bildete die NASA Forschungszentren in US-Staaten wie Alabama, Texas,

Maryland, Virginia, Kalifornien, und Ohio, Außeninstitute also, von denen es heute zehn gibt.

Schon wenige Monate nach ihrer Gründung begannen die ersten Forschungsmissionen ins All. In zahlreichen Bereichen der Aeronautik und Astronautik erzielte die NASA in den vergangenen 40 Jahren historische Erfolge und Erstleistungen, die der Menschheit dienen. Am eindrucksvollsten waren und sind ihre Pionierunternehmungen auf dem Gebiet der bemannten Raumfahrt. Sie begannen in den 60er Jahren mit den Projekten Mercury und Gemini, unter Verwendung modifizierter Trägerraketen aus vorhergegangenen militärischen Entwicklungen, wie die Atlas, Titan und Redstone. Die letztere war das Erzeugnis der Gruppe um Wernher von Braun, ursprünglich entwickelt als Mittelstrecken-Missile aus technischem Erbgut von der Peenemünder Rakete A-4, die vom Nazi-Propagandaministerium in Vergeltungswaffe 2 (V2) umbenannt worden war.

Mit von Brauns Großträgerraketen der Saturn-Familie begann das Apollo-Programm. Den Auftrag von Präsident John F. Kennedy von 1961, innerhalb eines Jahrzehnts einen Menschen auf dem Mond zu landen und sicher wieder zurückzubringen, führte die NASA mit der erfolgreichen Apollo-11-Mission im Juli 1969 aus, und ich hatte das Glück, von Anfang an dabei zu sein. Es folgten Skylab, Amerikas erste Raumstation 1974 und die amerikanisch-sowjetische Gemeinschaftsmission Apollo/Sojus 1975. Schon Wernher und andere Pioniere hatten aber klar erkannt, dass bemannte Trägergeräte aus wirtschaftlichen Gründen wiederverwendbar sein müssten, und diese Einsicht setzte sich in den USA durch. So gab Präsident Richard Nixon 1971 der NASA den Auftrag, das Raumtransportersystem Spaceshuttle zu entwickeln. Sein erster Start erfolgte am 4. April 1981, und bis heute ist der Shuttle 91-mal geflogen. Es gibt vier Geräte – Columbia, Atlantis, Discovery und Endeavour. Sie werden ständig auf dem neuesten technischen Stand gehalten und uns noch für zwei bis drei Jahrzehnte gute Dienste leisten.

In der Weltraumforschung hat die NASA die Oberfläche des Mars mit Orbiter- und Landesonden erforscht, Missionen zu Merkur, Venus, Jupiter, Saturn, Neptun und ihren Monden durchgeführt, große wissenschaftliche Observatorien in die Erdumlaufbahn gebracht, wie das Hubble-Teleskop, das Compton-Gammastrahlenteleskop und das Sonnenteleskop SolarMax, unzählige Beobachtungssatelliten für die Erd- und Umweltforschung gestartet, und vieles andere mehr.

Am Beginn des 21. Jahrhunderts steht die NASA nun im Begriff, mit der Raumstation ISS unter internationaler Beteiligung eine ständige Bleibe für den Menschen im All zu errichten, ein Zuhause, in dem Männer und Frauen des 21. Jahrhunderts routinemäßig leben und arbeiten können, um unsere Lebensqualität auf der Erde zu verbessern und ein weiteres Vordringen der Menschen in den Kosmos vorzubereiten. Für die NASA ist das heutige Jubiläum ein stolzer Moment, bei dem uns aber gleichzeitig auch die wohl wichtigste Erkenntnis unserer vergangenen 40 Jahre ernüchternd und betroffen machend vor Augen steht: nämlich dass die Erde nur eine winzige »blaue Murmel« im All ist, unsere unersetzliche Heimat, die in ihrer Einmaligkeit und Verletzlichkeit unsere ganze bewusste Fürsorge braucht. Auch dafür steht die NASA.

7 Internationale Raumstation ISS: Neues aus Russland

Sonntag, 4. Oktober 1998

Gestern Abend aus Russland zurückgekehrt! Ein anstrengender, aber erfolgreicher Trip, der es mir heute erlaubt, den allerneuesten Stand der Planung für die internationale Raumstation ISS mit einiger Genugtuung in meinem Journal zu vermerken.

Das NASA-Team hat sich in Moskau mit unseren russischen, japanischen, kanadischen und westeuropäischen Partnern eine Woche lang getroffen, um die Einsatzpläne für die bevorstehende Montage der ISS zu prüfen, wo nötig Klärung zu schaffen, bei divergierenden Ansichten für Einigung zu sorgen und gemeinsam die weiteren Schritte festzulegen. Es war eine sehr fruchtbare

Tagung, bei der ich mich vor allem darüber gefreut habe, dass wir die Termine für die ersten Starts in diesem Jahr aus gegenwärtiger Sicht unverändert einhalten können. Das heißt: Nächsten Monat geht es los und spannende Ereignisse stehen uns bevor!

Denn plangemäß soll am 20.November, also in 47 Tagen, in Baikonur, Kasachstan, der russische Energieblock Sarja um die Mittagszeit auf seiner Proton-Rakete starten und die Montagesequenz eröffnen. Der Aufstieg der dreistufigen Trägerrakete zu einem Orbit von 185 km Höhe und 51,6 Grad Neigung zum Äquator dauert etwa zehn Minuten. Danach wird sich die Nutzlast mit einer Folge von drei Schubmanövern in eine Kreisbahn von 350 km Höhe emporliften, um dort das Rendezvous mit dem Shuttle Endeavour abzuwarten. Dessen Start vom Kennedy-Raumflugzentrum in Florida ist für den 3. Dezember festgesetzt. Er bringt den zweiten Baustein, den US-Kopplungsknoten Unity, den die Besatzung an Sarja ankoppeln soll.

Beim dritten Start hat es freilich eine Änderung gegeben, die uns zu einigen Umdisponierungen zwingt: Die Flugvorbereitung des wichtigen russischen Servicemoduls, derzeit noch namenlos, wird sich um voraussichtlich drei Monate verzögern. Ich hatte Gelegenheit, das mächtige 20-Tonnen-Raumfahrzeug, das bei den Sowjets noch als Nachfolger der heutigen Raumstation Mir vorgesehen war, bei der Raumfahrtfirma Energija im Moskauer Vorort Koroljow, früher Kaliningrad, zu inspizieren, und es hat mich echt beeindruckt durch seine Leistungsfähigkeit, Komplexität und Fabrikationsqualität. Wir fanden es mitten in einer Phase intensiver Überprüfung seiner Bordsysteme vor, die sich noch bis Januar erstrecken wird. Sein Transport nach Kasachstan per Eisenbahn ist für Februar vorgesehen, gefolgt von einem mindestens fünfeinhalb Monate dauernden Flugvorbereitungsprogramm. Verläuft dieses ohne Überraschungen, wird das Servicemodul dann im Juli 1999 auf seiner Proton-Rakete starten. Na, wir werden sehen …

Wir können diese Verschiebung mit unserer Einsatzplanung allerdings dadurch auffangen, dass wir anstatt des Servicemoduls eine andere Mission an die dritte Stelle rücken, die US-Shuttle-Mission STS-96 am 13. Mai, mit der Ausrüstungen und Vorräte zur kosmischen Baustelle gebracht werden. Es besteht nämlich die

Gefahr, dass bestimmte Bordsysteme von Sarja bei einer weiteren Verzögerung des Servicemoduls ihre vom Hersteller garantierte Lebensdauer überschreiten und rechtzeitig davor ausgewechselt werden müssen. Dafür soll STS-96 sorgen. Nach dem Servicemodul folgen drei weitere Shuttleflüge, im August, Oktober und Dezember 1999, plus zwei unbemannte russische Progress-Tankerflüge mit insgesamt vier Tonnen Treibstoff für die wachsende Raumstation. Damit ist genügend Vorrat und – nicht zu vergessen – Stauraum an Bord, um das Eintreffen der ersten Mannschaft zu erlauben. Sie soll im Januar 2000 mit einem russischen Sojus-Gerät starten, d. h. fünfeinhalb Monate später als es die bisherige Startsequenz vorsah. Bei der längerfristigen Einsatzplanung ist freilich damit zu rechnen, dass im Verlauf der ersten Flüge das internationale ISS-Managementteam weitere Verfeinerungen der Termine vornehmen wird.

Bei den Verhandlungen in Moskau trafen die NASA und die russische Raumfahrtagentur RKA außerdem ein Übereinkommen, nach dem die USA im Verlauf des Raumstationsbetriebs russische Dienstleistungen und Gerätschaften im Wert von 60 Mio. Dollar ankauft. Das Abkommen läuft im Rahmen des bereits zwischen NASA und RKA existierenden Sarja-Vertrags, d. h., nach Genehmigung durch den US-Kongress kann es augenblicklich in Kraft treten. Die Zahlung des Betrags von 60 Mio. für die spätere Nutzung russischer Besatzungsmitglieder und Anlagen im Servicemodul erfolgt in Raten, die an die Erfüllung bestimmter Programm-Meilensteine im Verlauf der Flugvorbereitung des Moduls und der Bereitstellung der ersten Sojus- und Progress-Geräte gebunden sind.

Alles in allem sieht es also trotz der Terminverschiebungen für das Servicemodul und den ersten Crewstart recht gut aus mit unserer Errichtung der internationalen Raumstation im All, und ich hoffe, dass meine nachfolgenden Eintragungen vom weiteren Verlauf dieses gewaltigsten Gemeinschaftsprojekts der führenden Industriestaaten der Welt ebenso hoffnungsfroh-positiv ausfallen werden wie der heutige.

8 Saturnsonde Cassini bricht auf

Heute vor einem Jahr hat sich die größte und teuerste unbemannte Raumsonde, die die NASA je ausgesandt hat, auf den Weg in die äußeren Bereiche des Sonnensystems gemacht und befindet sich jetzt bereits 221 Mio. Kilometer von der Erde entfernt. »Cassini/ Huygens«, so heißt das als Doppelsonde ausgelegte Raumschiff, hat sechs Tonnen Masse und kostete mit allem Drum und Dran 3,3 Milliarden Dollar, woran sich die europäische ESA mit 500 Millionen und Italien mit 160 Millionen beteiligt haben.

Als Cassini am 15. Oktober 1997 zum fernen Ringplanet Saturn aufbrach, stand der Start unter atemraubender Spannung wie selten zuvor. Nicht nur der Größe und Kosten der Sonde wegen, sondern auch deshalb, weil keine Raummission in der Öffentlichkeit derart umstritten war wie Cassini, und zwar aufgrund ihrer Bordenergiequelle von 32 kg des Radioisotops Plutonium-238. Der Start auf einer Titan-4, Amerikas schwerster Trägerrakete, war jedoch perfekt und derart präzise, dass die der Sonde von der Centaur-Oberstufe verliehene Erdfluchtgeschwindigkeit nur um zwei Hundertstel Prozent und ihre Einschussrichtung um weniger als vier Tausendstel eines Bogengrads von den Sollwerten abwichen. Das erste Bahnkorrekturmanöver am 9. November 1997 durch das Haupttriebwerk dauerte deshalb nur 34,6 Sekunden. Damit verblieb in den Tanks mehr Treibstoff zugunsten des späteren Forschungsprogramms.

Einen Monat später hatte Cassini auf ihrer phantastischen Reise bereits eine Strecke von über 78 Mio. Kilometer bewältigt. Ihre kurvenreiche, mit kritischen Momenten gespickte Reiseroute erstreckt sich über sieben Jahre und 20,7 Milliarden Kilometer. Derzeit hat die Sonde bereits 897 Mio. Kilometer Wegstrecke hinter sich gebracht, doch in Bezug auf die 1,43 Milliarden Kilometer, die uns vom Saturn trennen, ist sie noch nicht sehr weit gekommen.

Denn zur Zeit kurvt sie noch im inneren Sonnensystem herum, weg vom Saturn: Ständig im Umlauf um die Sonne, führt sie eine Serie ausgeklügelter Manöver durch, bei denen zur Einsparung von

Antriebsenergie die Schwerefelder bestimmter Planeten durch nahe Vorbeiflüge zur Beschleunigungshilfe herangezogen werden. Cassini vollführt zwei Swingbys der Venus, von denen der erste am 26. April 1998 in einem Abstand von nur 284 km von der Venus-Oberfläche stattfand und ihre Geschwindigkeit um 7 km/sec erhöhte. Der zweite Vorbeiflug erfolgt nächstes Jahre, am 22. Juni 1999, gefolgt von der Rückkehr zur Erde mit Vorbeiflug Ende August 1999 in 800 km Höhe und einem vierten Swingby am Riesenplaneten Jupiter Ende Dezember 2000. Erst dann hat die Supersonde genügend Geschwindigkeit aufgenommen, um im Juli 2004 das weit entfernte Planetensystem Saturn zu erreichen.

Saturn, der »Herr der Ringe«, präsidiert über ein Reich von selbst für kosmische Begriffe ungewöhnlicher Schönheit und Komplexität. Entdeckt wurde sein farbenprächtiges Ringsystem 1610 von Galilei mit einem selbst gebauten Teleskop. Bekannt sind uns derzeit sieben Ringe, und schon 1675 erspähte der französische Astronom italienischer Abstammung Giovanni Domenico Cassini eine schmale Lücke, die die Ringe in zwei Abschnitte teilt, heute bekannt als Cassinis Teilung. Weitere Lücken wurden später entdeckt, darunter Enckes Teilung. Die Weite der aus Staub, Gestein und Eisbrocken unterschiedlicher Größe bestehenden Hauptringe entspricht etwa dem Abstand Erde – Mond.

Zu einer Klasse für sich und von besonderem Reiz für die Forschung macht die Ringwelt die große Familie ihrer pittoresken Monde: Bekannt sind uns derzeit 18 eisige Trabanten, die den Planet mit seinem starken Magnetfeld wie eine Miniaturversion unseres Sonnensystems erscheinen lassen. Der größte Begleiter, größer als der Erdmond, ist der 1655 von Christiaan Huygens entdeckte und vom Saturn 1,2 Mio. Kilometer entfernte Titan, der kleinste der nur 20 km weite, erst 1990 auf Voyager-2-Aufnahmen von 1981 entdeckte Pan. Neben Voyager 2, der 1981 am Saturn vorbeizog, haben noch zwei weitere NASA-Sonden den wundersamen Planeten aus der Nähe inspiziert: Voyager 1 1981 und Pioneer 11 1979.

Wie es weitergehen soll, weiß man heute schon: Nach ihrem Einschwenken in eine Umlaufbahn um den Zielplaneten am 1. Juli 2004 beginnt das eigentliche Forschungsprogramm der

Supersonde, das sich über die nächsten vier Jahre erstreckt. Am 6. November 2004 wird die von Europa entwickelte Eintrittssonde Huygens vom Mutterschiff ausgeklinkt und auf eine direkte Flugbahn zum Mond Titan gesetzt. Beim Atmosphären-Eintritt am 27. November mit einer Geschwindigkeit von etwa 20 000 km/h erreicht die 2,7 m weite und 320 kg schwere Sonde am Hitzeschild kurzzeitig Temperaturen um 12 000 °C. Während des gesamten, auf zweieinhalb Stunden Dauer limitierten Landevorgangs durch die bisher für uns undurchdringliche Wolkendecke messen Instrumente über ein halbes Dutzend physikalische Atmosphärenparameter. Bei der Landung beträgt die Geschwindigkeit noch rund fünf Meter in der Sekunde, und erst jetzt zeigt es sich, ob sie ein harter Aufprall auf festem Boden oder ein Aufklatschen in Flüssigkeit ist. Im letzteren Fall sollte Huygens nicht sofort untergehen; seinen Instrumenten verbleiben mehrere Minuten, um die Eigenschaften des Umweltmediums an Cassini zu funken. Bei festem Boden sollten der Sonde dagegen rund 30 Minuten verbleiben bis zum Versiegen des Batteriestroms und dem Verschwinden des Mutterschiffs unter dem Horizont.

Trotz seines hohen Preises übersteigen Cassinis Nutzen für die Gesellschaft auf längere Sicht mit Sicherheit seine Kosten um ein Vielfaches, denn der Saturn bietet der Wissenschaft ein ungemein reiches Forschungsfeld. Der phänomenale Planet und sein Ring- und Trabantensystem gelten als physikalisches Modell für jene Scheibe aus Gas und Staub, die einst die frühe Sonne umgab und das Material für die Entstehung der heutigen Planeten und Monde lieferte. Ob die Suche nach anderen Planetensystemen in unserer Milchstraße erfolgreich sein wird oder nicht, hängt zum Teil davon ab, ob und wie weit wir uns Einsichten und Erkenntnisse über die frühen Stadien der Planetenbildung überhaupt verschaffen können.

Mit seinen zahlreichen Monden verschiedenster Zusammensetzungen und Zustände breitet Saturn eine bunte Palette chemischer, geologischer und atmosphärischer Prozesse von gewaltiger Vielfalt zur näheren Untersuchung vor uns aus. Da Physik und Chemie überall gleichermaßen gelten, lassen sich aus seinem Magnetfeld, 1000-mal stärker als das der Erde, oder aus der Atmosphäre des geheimnisvollen Titan neues Wissen gewinnen und Schlussfolgerungen ziehen, die für die Erde aktuelle Relevanz haben. Besondere Bedeutung kommt dabei der Aufgabe von Huygens in der Enthüllung des umwölkten Titan zu. Denn im gesamten Sonnensystem ist Titan außer der Erde die einzige Welt mit stickstoffreicher Lufthülle. Venus und Mars, die Geschwister der Erde im inneren Sonnensystem, besitzen Kohlendioxid-Atmosphären, und Jupiter und Saturn gleichen mit ihren Wasserstoff/Helium-Atmosphären eher der Sonne. Dazu hat Titan Kohlenwasserstoffe wie Methan, Äthan, Propan, Äthylen, Azetylen und andere Gase, eine Mischung, die unserem Erdgas am nächsten kommt und in der Frühzeit der Erde auch hier in Fülle existiert haben kann.

Es ist nicht undenkbar, dass es auf Titans Oberfläche Seen aus flüssigem Stickstoff gibt und dass das Methan in der oberen Atmosphäre durch das UV-Licht der Sonne zu Isoktan umgewandelt wird, einem Bestandteil unseres Benzins. Schneit es auf dem Titan etwa gefrorenes Benzin? Sollte der Eismond tatsächlich das Bild der Früherde tiefgefroren bewahrt haben, so könnte seine Erforschung wichtige Erkenntnisse über die Anfänge unserer eigenen Welt und die Entstehung ihrer lebenserhaltenden Umweltzustände, vielleicht sogar des Lebens selbst, liefern.

9   Ionenantrieb DS-1 startet ins All

Sonntag, 25. Oktober 1998

Die NASA steht vor dem Beginn einer ganzen Serie neuer Missionen in die Tiefen des Weltraums, die unter der Programmbezeichnung New Millennium, also »Neues Jahrtausend«, laufen. Diese relativ preiswerten Flüge haben die Aufgabe, revolutionäre neue Hochtechnologien für die kommenden Jahrzehnte im All zu erproben. Das erste Raumfahrzeug heißt »Deep Space 1« (DS-1), und es ist heute gestartet. Besonders fasziniert mich an ihm seine exotische Antriebstechnik, die es fern von der Erde ausprobieren soll, eine Technik, die bisher hauptsächlich in Sciencefiction zu Hause war: nämlich ein Ionentriebwerk.

Wenn der kleine futuristische Motor in ein paar Tagen in einem Sonnenorbit zwischen Erde und Mars zu arbeiten beginnt, macht er sich im Gegensatz zu konventionellen chemischen Triebwerken nur durch einen geisterhaften blauen Auspuffstrahl bemerkbar, wenn wir ihn sehen könnten. Das sind ionisierte Atome des Edelgases Xenon, die durch ein elektrostatisch geladenes Kathodengitter im Innern des 30 cm weiten Schubelements oder Thrusters beschleunigt werden. Dadurch üben sie auf diesen und das Fluggerät eine Rückstoßkraft aus – eben den Schub. Er berechnet sich aus dem Produkt von Masse und Beschleunigung der Teilchen im blauen Strahl, und da die Masse der Atome bekanntlich verschwindend klein ist, ist die erzeugte Schubkraft ebenfalls sehr gering – nur rund neun Gramm bei weit offener Drossel. Das ist in etwa die Kraft, die ein Blatt Papier auf die Handfläche ausübt, wenn man es hochhebt. Zur Erzeugung dieses Schubes benötigt der Thruster bei vollem Rohr eine elektrische Leistung von 2500 Watt, die von zwei Sonnenzellenflächen von zusammen fast zwölf Meter Spannweite aufgebracht wird.

Der hauchfeine Schub des Ionenantriebs darf jedoch nicht über die wirkliche Stärke dieser Technik hinwegtäuschen. Im Gegensatz zu den chemischen Triebwerken von gestern und heute liegt die Magie der elektrischen Antriebe nicht in der Stärke der Schubkraft, sondern in ihrer Wirkzeit. Und diese kann sehr lang sein – Monate oder gar Jahre, also ideal als Marschantrieb für interplanetäre Flüge, die lange Zeit unterwegs sind. Dank seines minimalen Treibstoffverbrauchs und daraus resultierenden Dauerbetriebs kann das Ionentriebwerk über lange Zeiträume zehnmal mehr Schub je Kilo Treibstoff liefern, als flüssige oder feste Treibstoffe. Bei DS-1 bewirkt der scheinbar hauchzarte Antrieb während seiner monatelangen Funktion immerhin eine Änderung der Fluggeschwindigkeit von insgesamt fast 13 000 km/h!

Neben dem Ionentriebwerk testet das nur zweieinhalb Meter hohe und auf der Erde 490 kg schwere Raumfahrzeug elf weitere exotische Technologien für Raummissionen der Zukunft. Dazu gehören die neuartigen, mit eigenen Konzentratorlinsen ausgerüsteten Sonnenzellen, die 15–20 Prozent mehr Strom als heutige Zellen erzeugen, sowie drei Experimente, die dem Raumfahrzeug mehr Autonomie in der Navigation und eine selbstständigere Entscheidungsfindung, also mehr Intelligenz, geben. Zu ihrer Ortsbestimmung und Steuerung wird die Sonde zum Beispiel die Bilder bekannter Asteroiden aufnehmen und ihre Positionen mit den Hintergrundssternen vergleichen; in ihrem Computerhirn sind dafür die Bahnelemente von 250 Asteroiden und die Stellungen von einer viertel Million Sterne gespeichert. In Verbindung mit dem sagenhaften Ionenantrieb entspricht ihre autonome Navigation in etwa einem Auto, das von Paris nach Moskau von selbst seinen Weg findet und am Ziel auf 30 cm genau parkt, und das bei einem Spritverbrauch von vier fünftel Liter pro 100 km, also über dreieinhalbmal besser als das Dreiliter-Auto. Andere Bordexperimente betreffen neue miniaturisierte Wissenschaftsinstrumente, fortgeschrittene Telekommunikationstechniken und quasi-intelligente Schwachstrom-Mikroelektronik.

Um all diese neuen Techniken realistisch zu testen, soll Deep Space 1 auf seiner lang gestreckten elliptischen Bahn um die Sonne im Juli nächsten Jahres den 193 Mio. Kilometer entfernten Asteroiden 1992 KD besuchen, der 3–5 km groß ist. Dabei wird die Sonde von ihrem neuartigen Bordnavigationssystem selbsttätig bis auf zehn Kilometer an ihn herangeführt, damit sie mit ihrem neuen miniaturisierten integrierten Kameraspektrometer Bilder und Messungen aus der Nähe aufzeichnen kann. Raffinierterweise dient das Instrument mit seinen Bildern gleichzeitig zur autonomen Navigation der Sonde selbst. Wenn alles gut geht, soll sie dann im Januar 2001 einen Vorbeiflug an einem rätselhaften Himmelskörperchen namens Wilson-Harrington und im September des gleichen Jahres am Komet Borelly durchführen. Borelly ist einer der hellsten und aktivsten der kurzperiodischen Kometen, und man nimmt an, dass sein Kern ein gequetschtes Sphäroid von 4 km mal 2 km bildet, dessen Oberfläche zu 7 bis 10 Prozent aktiv ist.

Eine Sonde ohne die innovativen Technologien von DS-1 hätte zu dieser Leistung eine Einschussmasse von 1300 kg gehabt, statt der 483 kg von DS-1, und als Startrakete hätte man statt der Delta 2 die teurere Atlas 2A benötigt.

10 Spaceshuttle: John Glenns Rückkehr ins All

Donnerstag, 29. Oktober 1998

Heute Mittag waren die Augen der ganzen Welt auf Florida und den Spaceshuttle Discovery gerichtet, als er um 14:19 Uhr unter Donnergetöse und wallenden Dampfwolken ins All startete. In den USA hat das öffentliche Interesse an Mission STS-95 inzwischen nahezu alles überstiegen, was wir bisher in der Raumfahrt gewöhnt waren. Jeder wollte beim Start dabei sein, entweder persönlich oder per Fernsehen; die Zahl der VIPs, die nach Cape Canaveral flogen, angeführt von Präsident Bill Clinton und Frau Hillary, geht in die Hunderte. 2500 Pressevertreter hatten sich angemeldet, und die NASA hatte Schwierigkeiten, den unzähligen Fernsehkameras die gewünschten guten Standorte zu verschaffen.

Der Anlass des epochalen Ereignisses ist ein Astronaut in der Discovery-Crew, der zum zweiten Mal Geschichte macht. Es ist John Glenn, der im Alter von 77 Jahren zum zweiten Mal ins All fliegt und damit der älteste Astronaut der Welt wird. Bei seinem ersten Flug vor fast 37 Jahren umkreiste er als erster Amerikaner die Erde, dreimal länger als Juri Gagarin zehn Monate vor ihm. Auch damals war John Glenn mit vierzig der älteste der »Original 7«, der ursprünglichen sieben Mercury-Astronauten, über die Tom Wolfe sein berühmtes und später verfilmtes Buch »The Right Stuff« schrieb.

Glenns Flug war gerade ein halbes Jahr alt, als ich meinen Job bei der NASA in Huntsville begann. Er war damals mein Held, aber nicht nur meiner: Ganz Amerika feierte ihn wie einen Halbgott, mit Tickertape-Paraden in Manhattan und Empfang bei Präsident John F. Kennedy. Er war der Inbegriff dessen, was man heute »cool« nennt. Und heute ist er es mehr denn je.

Glenn war und ist ein amerikanischer Held von echtem Schrot und Korn wie Randolph Scott, James Stewart oder Gary Cooper in alten Wildwestfilmen, aufrecht, mutig, unkompliziert, ohne Makel: eben »the Right Stuff«, aus dem rechten Zeug. Im Zweiten Weltkrieg diente er im Pazifik als Marineflieger mit 59 Kampfeinsätzen. Im Koreakrieg flog er 63 Angriffe in der F9/Pantherjet

und 27 in der F-86/Sabrejet, und noch in den letzten neun Kriegs-
tagen schoss er am Yalu-Fluss drei russische Migs ab. Dann wurde
er Testpilot und stellte 1957 in einer F8U/Crusader einen neuen
nordamerikanischen Transkontinentalrekord auf: drei Stunden 23
Minuten.

Zur NASA kam er als einer der sieben Mercury-Astronauten im
April 1959, und am 20. Februar 1962 wurde er in der Mercury-6-
Kapsel »Friendship 7« der erste Amerikaner im Orbit. 1974 kandi-
dierte er erfolgreich für das amerikanische Oberhaus, den Senat. Er
wurde mehrfach wiedergewählt als Senator, sodass er 24 Jahre lang
in Washington im Senat der Nation diente, bis er im Februar 1997,
am 35. Jahrestag seines Mercury-Fluges, in den Ruhestand trat.

Beim heutigen zweiten Flug ins All ist Glenn nicht nur ein
Nutzlastspezialist, sondern auch ein Teil der Nutzlast selbst. Zwar
muss nicht zum ersten Mal ein Mannschaftsmitglied als medizini-
sches Versuchskaninchen herhalten, aber für die Gerontologie, die
Altersforschung, ist es das erste Mal. Während seiner fast neun Tage in der Schwerelosigkeit, bei Mercury 6 waren es noch weniger als
fünf Stunden, ist Glenn voll instrumentiert, um die altersbedingten
Unterschiede des Körperverhaltens in der Schwerelosigkeit zu erforschen. Beim Schlafen trägt er dazu Elektroden in der Kopfhaut
und einen Anzug mit Sensoren für die Schlafrhythmik sowie einen
Atmungssensor unter der Nase. Ein umgeschnallter Recorder zeichnet seine Herzströme mit allen Unregelmäßigkeiten auf. Neben
Messungen des Herzschlags und des Blutdrucks wollen die Forscher auch Blutvolumen, Immunfunktion und Proteinspiegel im
Blut untersuchen, und daher muss er sich zahlreiche Blutproben
abzapfen lassen. Der Pilot der Mission, Curt Brown, hat deshalb
den Namen »Reserve-Vampir« bekommen.

Glenn hat einen Katheter im Arm, der den leichten Venenzu-
gang gestattet und die ständige Pikserei mit der Nadel unnötig
macht. Und nach der Landung muss er sich weiteren Tests unter-
ziehen, bis hin zur Kernspintomografie zur Feststellung etwaiger
Veränderungen an der Wirbelsäule und zu Messungen der Kno-
chendichte, um das Kalziumdefizit durch Schwerelosigkeit beim älteren Menschen, eine Pseudo-Osteoporose, zu ermitteln. Solche
Forschungen nützen nicht nur der Behandlung und Verhütung von

Altersschwäche-Erscheinungen bei Senioren, etwa solchen, die unter Osteoporose leiden, sondern auch zur Vorbeugung zukünftiger Altersprobleme bei jüngeren Menschen.

Wir erwarten uns natürlich nicht, durch John Glenns Flug dem Geheimnis des Jungbrunnens auf die Spur zu kommen, aber man wird wertvolle Hinweise auf die Alterungsprozesse beim Menschen erhalten. Auch ist John nicht der erste ältere Mensch in der Raumfahrt, nur eben der älteste: Deke Slayton war 51 Jahre, als er 1975 den Apollo/Sojus-Flug kommandierte, Story Musgrave und Vance Brand waren beide über sechzig bei ihren Shuttleflügen, und die Astronautin Shannon Lucid war 53 Jahre, als sie in der Raumstation Mir einen neuen US-Rekord von sechs Monaten Verweildauer aufgestellt hat. Es ist möglich, dass für den Marsflug einst ältere Kandidaten bevorzugt werden, weil ein solcher Einsatz überdurchschnittliche psychologische Stabilität verlangt und man diese eher beim älteren Menschen findet, der seine Lebenskraft vom Äußeren mehr auf die innere Entwicklung gerichtet hat. Auch in punkto Strahlungsrisiko dürfte der ältere Mensch beim Marsflug besser abschneiden: Während der transplanetären Flugphasen ist die Crew höheren Strahlendosen ausgesetzt, die beim jüngeren, noch nachwuchslosen Menschen bezüglich genetischer Schäden bedenklicher sind.

Glenn unterwirft sich dem doppelten Stress des natürlichen Alters und des durch den Raumflug künstlich bewirkten Pseudo-Alterungsprozesses, weil er selber die Hypothese vertritt, dass die Auswirkungen der Schwerelosigkeit beim älteren Menschen unter Umständen sogar geringer sind als beim jungen Menschen, d. h.: Vielleicht beschützt das Alter den Menschen im All. Glenn ist der Meinung, da er ja schon ein gutes Stück gealtert sei, könnte er bereits zum Teil an die Raumflugverhältnisse angepasst sein.

Wir alle wünschen ihm einen super-guten Flug, vor allem wir ältere Menschen, möchte ich hinzufügen. Und ein kleines Geheimnis kann ich diesen Zeilen anvertrauen: Wenn sich John Glenn vor der Fernsehkamera am Ohrläppchen zupft, dann ist das ein verabredetes Zeichen für seine Frau Annie, mit der er seit 55 Jahren eine Musterehe führt, dass er an sie denkt. »Godspeed, John Glenn!«

11 Internationale Raumstation ISS: STS-88 mit Unity

Heute setzte sich am frühen Nachmittag im Kennedy Space Center in Florida der gewaltige Kriechtransporter mit dem Spaceshuttle Endeavour in Bewegung, um seine schwere Last fünf Stunden später auf der Startrampe 39A niederzusetzen. Damit tun wir einen weiteren wichtigen Schritt auf dem Weg zur bevorstehenden Montage der internationalen Raumstation ISS.

Von Pad 39A sind wir schon vor 30 Jahren zum Mond gestartet, und von dort startet am 3. Dezember, also in sechs Wochen, auch die Endeavour mit dem zweiten Bauteil der ISS.

Die Mission mit der Bezeichnung STS-88 ist der erste amerikanische Montageflug des ISS-Unternehmens, nachdem einige Tage zuvor, am 20. November, bereits unser 20 t schwere Energie- und Kontrollblock FGB/Sarja auf einer Proton-Trägerrakete von Baikonur aus in die Umlaufbahn gelangt ist. Endeavour trägt den ersten Mehrfach-Kopplungsknoten Unity, der mit sechs Andockstutzen den weiteren Aufbau der riesigen Station ermöglicht. Unity ist ebenfalls startbereit: Am 26. Oktober wurde das Element zur Rampe gebracht und in der Nutzlastbucht des aufrecht stehenden Orbiters Endeavour verladen. Die Crew von STS-88 trifft am 5. November im Kennedy Space Center ein, um am *Terminal Countdown Demonstration Test*, einer vollständigen Simulierung der letzten Startvorbereitungen (natürlich ohne Triebwerkzündung) teilzunehmen und von dort aus den Start von Sarja im fernen Kasachstan zu verfolgen. Die sechsköpfige Besatzung besteht aus Kommandant Bob Cabana, Pilot Rick Sturckow, den Missionsspezialisten Nancy Currie, Jerry Ross, Jim Newman und dem Kosmonaut Sergeij Krikaljow, der dann im Januar 2000 auch zur ersten ISS-Crew unter dem Kommando von Bill Shepherd gehören wird.

Nach dem Start der Endeavour und dem Rendezvous mit dem FGB in 350 km Höhe wird Nancy Currie die beiden Stationselemente mit dem Robotarm des Shuttle zusammenfügen. Danach führen Ross und Newman mehrere Raumausflüge aus, um den entstandenen Tandemkomplex, Ausgangspunkt der danach sukzessive wachsenden Raumstation, funktionsbereit zu machen für den alleinigen Weiterflug bis zum nächsten Besuch durch einen Zubringerflug im Mai.

Für einen anderen Shuttle, die Atlantis, endete neulich eine zehn Monate dauernde Generalüberholung bei der Herstellerfirma Boeing in Palmdale in Kaliforniens Mojave-Wüste, und sein Trägerflugzeug, eine umgebaute 747, brachte ihn im Huckepackflug nach Florida zurück. Er kommt im August nächsten Jahres für den fünften Zubringerflug zur ISS-Baustelle erstmals wieder in Einsatz.

Unsere vier Shuttle-Orbiter werden zur Wartung und Überholung regelmäßig für einige Wochen aus dem Verkehr gezogen, doch selten so umfassend und weitgehend wie jetzt die Atlantis. Der Orbiter wurde 443 Inspektionen seiner Zellenstruktur und wenigstens 150 größeren Umänderungen unterzogen, darunter einige Aufbesserungen, in Vorbereitung seiner Transportrolle im Zusammenhang mit der ISS.

Atlantis ist der erste Orbiter, der mit dem neuen voll-digitalen Cockpit ausgerüstet ist, dem so genannten »Glas-Cockpit«, dessen Einbau den Hauptanteil der Überholung beansprucht hat. Sämtliche alten Anzeigeinstrumente, Knöpfe und Schalter wurden gegen neueste High-Tech-Produkte der Computertechnik ausgewechselt. Das multifunktionale elektronische Display-System (oder MEDS) tritt an die Stelle der vier Kathodenstrahl-Bildschirme, mechanischen Anzeigegeräte und Kontrollinstrumente der alten Ausrüstung; es stützt sich gänzlich auf flache elektronische Vollfarben-Displayflächen, wie man sie heute in modernen Verkehrs- und Militärflugzeugen findet. Die früheren elektromechanischen Instrumente waren veraltet und teurer in der Wartung.

Die Shuttle-Orbiter werden bei der Inspektion gewöhnlich bis auf die Zellenstruktur hinunter zerlegt, sodass jeder Teil der Flugmaschine auch in den abgelegensten und schwierig zu erreichenden Ecken und Winkeln, etwa um die Antennen herum, inspiziert werden kann. Um an die Antennen heranzukommen, werden zahlreiche der Wärmeschutzkacheln abgenommen und die kritischen Rumpfstellen mit Röntgenapparaten und schlangenartigen Glasfaser-Videokameras minutiös untersucht.

Ein Ziel der Generalüberholung eines Orbiters ist auch die Gewichtsreduktion. Die Atlantis konnte um rund eine halbe Tonne abgespeckt werden, indem wir 280 m^2 an älteren Wärmeschutzkacheln gegen ein neues, leichteres Material ausgetauscht haben. Dadurch vermag Atlantis entsprechend schwere Nutzlasten zur ISS zu karren.

Eine wesentliche Änderung bei dem Orbiter war ferner die Anbringung einer äußeren Luftschleuse am Vorderende der Nutzlastbucht an Stelle der innen im Flugdeck eingebauten Schleuse für Raumaussteiger. Damit erhält der Shuttle die Fähigkeit, an der ISS anzudocken.

12 Neues vom Kosmos: Leben im All?

Freitag, 23. Oktober 1998

Da gibt es eine Frage, die mir immer wieder gestellt wird, vor allem dann, wenn wieder einmal UFOs oder andere unerklärliche Phänomene in der Presse auftauchen: Gibt es außer uns noch anderes Leben im All? Eine gute Frage, denn sie ist eine der wichtigsten, wenn nicht *die* wichtigste Frage, auf die wir in der Weltraumforschung eine Antwort suchen.

Besondere Aktualität erhielt sie vor zwei Jahren, als die Nachricht von der Entdeckung mutmaßlicher Indizien von früheren Lebensformen auf dem Mars in alten Meteoriten um die Welt eilte. Das Interesse wurde letztes Jahr noch mehr geschürt durch die Exkursionen des kleinen Rovers Sojourner der Pathfinder-Mission auf dem Mars. Doch nicht erst heute, sondern schon zumindest seit den Landungen der beiden Forschungsstationen Viking 1 und 2 1976 auf dem Roten Planeten, steht bei uns an oberster Stelle die weiterführende Suche nach einstigem oder heutigem Leben auf dem Mars, also nach Bio-Oasen oder Fossilien, nicht nur von Mikroorganismen, sondern auch von höheren Lebensformen.

Neueste Theorien und Forschungsergebnisse haben in jüngster

Zeit viele Wissenschaftler in der Tat optimistischer gestimmt, dass es auf anderen Planeten und Monden im All möglicherweise Leben gibt, auf jeden Fall Mikroben, aber vielleicht auch intelligente Wesen. So konnte man kürzlich auf einer Tagung der Amerikanischen Astronomischen Gesellschaft in Madison, Wisconsin, vernehmen.

Allein in unserem eigenen Sonnensystem gibt es neben der Erde wenigstens vier andere Orte, wo sich Leben entwickelt haben könnte: auf dem roten Planeten Mars, auf dem Jupitermond Europa, auf dem ein Ozean vermutet wird, auf Ganymed, einem zweiten hochinteressanten Jupitermond, und auf der Venus, deren Umwelt in Urzeiten wahrscheinlich nicht so unwirtlich heiß und lebensfeindlich war wie heute.

Außerhalb des Sonnensystems, in der Milchstraße, gibt es ohne Zweifel unzählige Sterne mit Planeten, auf denen sich alle möglichen Lebensformen entwickelt haben können. Mit anderen Worten: Dass es in unserer Galaxie von Leben wimmelt, wird heute von der Mehrzahl der Forscher, die sich mit dieser Frage befassen, für durchaus möglich gehalten. Mehr als ein Dutzend Planeten um ferne Sternsonnen sind bereits entdeckt worden, alle von der Größe Jupiters oder noch größer, und keiner von ihnen »erdähnlich«. Doch letzteres liegt hauptsächlich daran, dass kleinere und kühlere Planeten eben zu klein und zu dunkel wären, um mit den heutigen Instrumenten und Methoden von uns gesehen werden zu können. Die schiere Existenz der großen Planeten, die ihr Dasein mittelbar durch ihre Schwerkraftauswirkungen auf ihre Muttersonne »verraten«, lässt es jedoch als sehr wahrscheinlich erscheinen, dass es auch kleinere, lebensfreundlichere Welten um andere Sonnen geben muss. Die NASA prüft in ihrer neuen Abteilung Astrobiologie am Ames-Forschungszentrum in Kalifornien derzeit 30 Studienvorschläge, die speziell auf die Suche nach solchen Planeten abzielen.

Wir wissen heute, dass Lebensformen wesentlich robuster sind, als man es sich früher vorgestellt hat. Mikroskopische Organismen sind schon unter extremsten Umweltbedingungen gefunden worden, metertief unter Eisschichten der Arktis, in solidem Felsgestein und in kochenden Schwefelquellen auf dem Meeresboden. Ferner haben Studien an Fossilien gezeigt, dass das Leben auf der Erde äußerst schnell entstanden sein muss, bereits in den ersten 200 Mio. Jahren nach der Planetenbildung. Die tief unter der Erde vorkommende Biomasse wird heute auf mindestens ebenso groß geschätzt, wie alle auf der Erdoberfläche lebende Biomasse zusammen. Das bestärkt unsere Einschätzung, dass es auf dem Mars möglicherweise Leben gibt. Überdies haben wir auf dem Roten Planeten zahlreiche Hinweise auf Wasser gefunden, eine sehr wesentliche Voraussetzung für Leben. Nur Hinweise zwar, weil unsere Sondeninstrumente derzeit nicht mehr zulassen und die eigentliche Suche vor Ort anspruchsvollere Maschinen erfordert, vorzugsweise den Menschen. Aber die bisherigen Anzeichen sprechen eine deutliche Sprache: Polareis, Stromtalnetze, Flussformationen, Ablagerungsschichten, Sturzbachrinnen und neuerdings auch graues Hämatit, ein bei uns in stehenden Gewässern und heißen Quellen entstandenes Eisenoxid.

Natürlich sind dem Leben auch entschieden Grenzen gesetzt. Manche Sonnen sind viel zu heiß, um Lebensformen entstehen zu lassen; andere verbrennen ihren Kernbrennstoff zu schnell, um dem Leben Zeit zur Entstehung zu geben. Bei Doppelsternsystemen, die etwa 60 Prozent aller Sterne ausmachen, ist die Existenz stabiler Planetenorbits weniger wahrscheinlich. Wieder andere Welten stehen unter zu starkem Bombardement von Meteoren und Asteroiden, um lebensfreundlich zu sein; die Erde wurde in Urzeiten von den Riesenplaneten Jupiter und Saturn geschützt, die den circumsolaren Raum mit ihrer gigantischen Anziehungskraft wie Staubsauger von Trümmerstücken leer fegten.

Die für die meisten Menschen wesentlich interessantere Frage, ob es neben dem höchstwahrscheinlichen Vorkommen von mikroskopischen Organismen auch intelligente Lebensformen im All gibt, bleibt leider nach wie vor unverändert unbestimmt. Auf der Erde hat die Entwicklung einzelliger Formen zum heutigen Menschen vier Milliarden Jahre gedauert, aber wie dieser Prozess abgelaufen ist, wissen wir auch heute größtenteils noch nicht. Vor 30 Mio. Jahren hatten bestimmte Tiere, etwa die Delphine, mehr Gehirnmasse als unsere Vorfahren. Und doch waren wir es, die einen Intellekt entwickelt haben. Warum, das weiß eben niemand. (Ob es vielleicht die Delphine wissen?)

13 Spaceshuttle: STS-95 – John Glenns Mission

**Samstag,
7. November
1998**

Soeben ist die Discovery am Kennedy Space Center gelandet, um 12:04 Uhr mittags. Damit ist unser Superastronaut John Glenn nach seinem zweiten Weltraumflug glücklich wieder auf der Erde, und ebenso glücklich sind wir: alles strahlt hier. Er befinde sich bei bester Gesundheit, sagte er, »besser als vor dem Flug«, und er ist »cooler« denn je – ein Star auch bei der Jugend. Sie braucht so etwas, aber auch die Großväter auf der ganzen Welt können die Schultern straffen. Die Mission STS-95 hat acht Tage 21 Stunden und 45 Minuten gedauert, und mit ihr ging der letzte rein US-amerikanischer Flug vor dem Beginn der Ära der internationalen Raumstation ISS zu Ende.

14 Neues vom Kosmos: Die Leoniden

**Dienstag,
17. November
1998**

Heute früh haben sich an Bord der russischen Raumstation Mir die beiden Kosmonauten Gennadij Padalka und Sergeij Awdejew in ihre Rückkehrkapsel Sojus TM-28 zurückgezogen, die Luke geschlossen und in der Sicherheit der engen Kabine einen möglicherweise verheerenden Sturm abgewartet, der etwa eine Stunde lang draußen im All vorüberbrauste. Es war ein dichter Schwarm von Staub- und Steinpartikeln, so genannten Mikrometeoriten, die mit mehr als 200-facher Schallgeschwindigkeit durch die Weltraumleere rasen.

Die Meteore dieses Sturms haben einen Namen: Sie heißen Leoniden, weil sie aus der Richtung des Sternbildes Leo, des Löwen, zu kommen scheinen. In Wirklichkeit stammen sie aus dem Schweif eines Kometen namens Tempel-Tuttle, eines festen Körpers aus Eis und Staub von etwa vier Kilometer Durchmesser, der unserer Sonne alle 33 Jahre nahe kommt. Dabei schmilzt seine Oberfläche, und die ausströmenden Gase schleudern große Mengen an Materie ins All. Die Erde durchfliegt später diesen etwa 200 000 km weiten Meteoritenschwarm, und zwar alljährlich zur gleichen Zeit im November. Des Nachts sehen wir die Leoniden dann als Massen von Meteoren, beziehungsweise Sternschnuppen, in der Hochatmosphäre, d. h. in einer Höhe von 80 km und darüber.

Dieses Jahr ist die Passage besonders stürmisch, weil wieder einmal 33 Jahre vorüber sind und Tempel-Tuttle seinen Perihelion-Vorbeiflug an der Sonne gerade durchgeführt hat – im letzten Februar. Auch nächstes Jahr könnten die Leoniden für Aufregung sorgen. Beim letzten großen Schauer im November 1966 wurden allein von Südarizona aus in nur 20 Minuten 40 Meteore gezählt, 1833 beliefen sich Schätzungen auf 150 000 Sternschnuppen in der Stunde, und 1866 erregten die Leoniden ebenfalls großes Aufsehen.

Weitaus der größte Anteil der Leoniden sind kleiner als die Staubteilchen im Rauch einer Zigarette, aber sie begegnen der Erde mit einer Relativgeschwindigkeit von 71 km in der Sekunde, das ist über 200fache Schallgeschwindigkeit. Das gibt ihnen die kinetische Energie von Gewehrkugeln, und es genügt, dass auch ein Staubkörnchen eine dünne Aluminiumhaut durchschlagen oder einen Krater in einer Sonnenzelle erzeugen kann.

Der kritische Tag ist heute, 17. November, und die kritische Zeit liegt zwischen gestern Nacht und morgen früh; sehen kann man die Leoniden freilich nur bei Dunkelheit und wolkenfreiem Himmel. Bei der zeitlichen Planung unserer Shuttle-Missionen, vor allem bei Raumausstiegen, werden sie routinemäßig einkalkuliert. Was die Mir betrifft, so wird sie nach Schätzungen ihrer Betreiberfirma Energija, in Koroljow bei Moskau, auf der dem Schwarm ausgesetzten Seite je Quadratmeter von zwei bis vier Partikeln von bis zu einem Zehntel Millimeter Größe getroffen werden. Die Station ist freilich durch einen drei Millimeter starken Belag aus Metallfolien und einer starken Wärmeisolierschicht geschützt, sodass nicht mit einem Durchschlagen der Wandung zu rechnen ist. Das schafft nur ein Meteorit von mehr als zehn Millimeter Durchmesser, wenn er senkrecht zur Wand auftrifft und schneller als zehn Kilometer in der Sekunde fliegt.

Auf jeden Fall war geplant, dass Padalka und Awdejew die Mir und ihre Sonnenzellenflächen vor der Begegnung mit den Leoniden im Raum so ausrichten, dass sie dem Trümmerschwarm minimale Angriffsfläche bietet. Zur Sicherheit ziehen sie sich außerdem in ihre Sojus-Kapsel zurück. Gefährdet sind natürlich auch die rund 500 Nachrichten- und Beobachtungssatelliten der Länder im All, und das wertvolle Hubble-Raumteleskop haben wir so gedreht, dass es dem Meteoritensturm das Hinterteil zuwendet.

Wir kennen noch zwei weitere Meteorstürme, die allerdings nicht so spektakulär sind wie die Leoniden. Der erste ist der Geminiden-Schauer um den 13. Dezember, der von dem Asteroiden 3200 Phaeton stammt und aus dem Sternbild der Zwillinge zu kommen scheint, den zweiten bilden die Perseiden am 12. August aus dem Sternbild Perseus, vom Kometen Swift-Tuttle. Darüber hinaus gibt es mehr als ein Dutzend kleinerer Meteoritenschauer an anderen Stellen der Erdbahn um die Sonne.

15 Internationale Raumstation ISS: Sarjas Start in Baikonur

Freitag, 20. November 1998

Heute Morgen, um 7:40 Uhr MEZ, ist im zentralasiatischen Kasachstan bei eisigem Wetter die erste Baukomponente der internationalen Raumstation ISS gestartet, im Kosmodrom von Baikonur, dem früheren Tjuratam: das Energie- und Kontrollmodul FGB *(Funktionalnji-Grusovoi Blok)*, genannt Sarja (»Morgenröte«). Der Ursprung des von der russischen Firma Chrunitschew im Auftrag der NASA und mit US-Geldern gebauten 20-Tonnen-Elements geht Jahrzehnte zurück. Seine Anfänge liegen in der ab 1964 von den Sowjets entwickelten Raumstationsserie Almas (»Diamant«), militärische Kampfstationen mit dem Decknamen Saljut, die allerdings nur zweimal zum Einsatz kamen: als Saljut 2 (unbemannt) und die mit einer Schnellfeuerkanone Typ Nudelman ausgerüstete Saljut 3, mit den Militärkosmonauten Oberst Pawel Popowitsch und Oberstleutnant-Ingenieur Jurij Artjuchin. Der Start von Sarja auf einer Proton-Rakete heute früh verlief makellos, und damit beginnt die Montage der ISS. Ich kann nur aufatmend sagen: Endlich! Aber eines ist klar: Dieser Job wird uns in den kommenden Monaten und Jahren gnadenlos in Atem halten.

Auch mein Einsatz ist nicht unerheblich. Im Hauptquartier in Washington bin ich in erster Linie zuständig für den russischen Anteil an der ISS, das hat sich im Verlauf der »Phase 1« des ISS-Programms – den Gemeinschaftsmissionen Mir/Shuttle zwischen den USA und Russland in den vergangenen zwei Jahren ergeben. Bei mir laufen die Informationsfäden aus Moskau, Baikonur und Houston zusammen, und wenn es drüben bei den zuständigen Legislativ-Ausschüssen auf dem »Hill«, also im Kongress, oder im Weißen Haus bei den Exekutiv-Organen technische Fragen zu Russlands Beteiligung gibt, richten sich alle Augen auf mich. Ein »heißer Stuhl«.

Weil die russische Raumstation Mir in den vergangenen zwei bis drei Jahren immer wieder Schlagzeilen in der Weltpresse »gemacht« hat, muss ich neuerdings oft die Frage beantworten, warum die ISS eigentlich mehr als eine einfache Nachfolgerin der Mir ist. Nun, sie wird zwar nicht die erste, sondern bereits die neunte Raumstation der Erde sein, aber aus mehreren Gründen ist sie ein absolutes Novum. Erstens ist sie wesentlich größer als Mir, eine »City im All« mit rund viermal mehr bewohnbarem Volumen, dreimal mehr Bordenergie und sechs hochmodernen Laboratorien für zahlreiche Forschungsdisziplinen über Jahre hinweg, bei Zuständen, die hier unten auf der Erde nicht möglich sind.

Ferner wird sie nicht von einem Land allein gebaut und betrieben, sondern von der NASA und ihren Partnerorganisationen aus Russland, Europa, Japan, Kanada und Brasilien, insgesamt 16 Nationen. Das macht sie ganz einfach zum größten internationalen technischen Gemeinschaftsprojekt, das der Erdenkreis je gesehen hat – ein gewaltiges Unternehmen von wissenschaftlicher, technologischer und weltpolitischer Bedeutung. Sie eröffnet für die bemannte Raumfahrt eine völlig neue Ära: die der transnationalen, ja globalen Zusammenarbeit, und diese ist die Vorbedingung für die weitere Exploration des Alls durch den Menschen, daran gibt es für mich keinen Zweifel. Anders als die Mir wird sie dadurch zur echten Wegstation, zum Brückenkopf des neuen Ozeans dort draußen.

Die nächste Frage unserer »Legislatoren«, also Kongressmitglieder, bezieht sich zumeist auf unseren russischen Partner und dessen Finanzstärke. Da wird gefragt, ob die gegenwärtige Wirtschaftskrise der Russen die Verwirklichung der ISS gefährden kann? Nun, die ISS-Partner haben mehrfach ihre entschiedene Entschlossenheit ausgedrückt, das Projekt zu verwirklichen, komme was wolle. Darauf vertrauen wir. Auch wenn es derzeit eine Finanzmisere in Russland gibt, bin ich mit meinen Kollegen bei allem Realismus zuversichtlich, dass sie mit Hilfe des Westens überwunden werden wird, und dass Russland, längerfristig gesehen, ein wichtiger, unverzichtbarer Partner bei der ISS und den darauf folgenden Unternehmen im All bleibt. Bei der NASA sind wir entschlossen, den Russen bei der Überwindung dieser Misere unter die Arme zu greifen, so weit es uns möglich ist, und dabei stehen Präsident Clinton und ein Großteil des US-Kongresses solide hinter uns. Dabei muss ich auch feststellen, nicht zum Trost, sondern zu meinem Leidwesen, dass bei allem Misere-Gerede in der Presse Russland für uns ein wesentlich besserer Partner ist als Deutschland.

Könnte man notfalls auch auf eine Beteiligung der Russen verzichten, obwohl sie die größte Erfahrung mit Raumstationen haben? Nun, Russland sitzt durch seine Leistungen anfänglich im »critical path« (kritischen Pfad) des ISS-Aufbaus, d. h., die ersten Bauabschnitte hängen vor allem von russischen Elementen und Starts ab. Wenn es aber trotzdem dazu kommen sollte, was niemand erwartet, dass Russland aus irgendwelchen Gründen seine partnerschaftlichen Verpflichtungen nicht einzuhalten vermag, haben wir bei der NASA so genannte »contingency plans« (Alternativ- beziehungsweise Reservepläne) für eine Verwirklichung der ISS und ihres Betriebs »in der Hüfttasche«. Wir müssten dabei eine zusätzliche Terminverzögerung von bis zu zwei Jahren in Kauf nehmen, und das Programm würde um Milliarden teurer werden, aber die ISS wird gebaut, so oder so. Weil es ohne sie nicht weitergeht. Das Kamel *muss* durch dieses Nadelöhr hindurch, wie das alte Sprichwort sagt. Aber durch vorheriges »Abschnallen seiner Satteltaschen« haben wir dabei ein wenig Flexibilität.

16 DS-1: Triebwerkstart gelingt!

**Mittwoch,
25. November
1998**

Was es doch in der Raumfahrt immer wieder für Höhen und Tiefen gibt! Gestern sprang draußen im All, über vier Mio. Kilometer von der Erde entfernt, ein Motor wieder an, über den wir schon am Verzweifeln waren und den ich bereits halbwegs aufgegeben hatte.

Wie ich vor einem Monat in mein Journal eingetragen habe, ist am 25. Oktober die interplanetäre Raumsonde »Deep Space One« in den Kosmos gestartet, um revolutionäre Hochtechnologien zu erproben, darunter eine futuristische Antriebstechnik geradewegs aus der Sciencefiction. Ihre Mission ist ein Orbit um die Sonne zwischen Erde und Mars und ihr Ziel der 193 Mio. Kilometer entfernte Asteroid 1992 KD, den sie im Sommer 1999 erreichen soll – vorausgesetzt, der Antrieb läuft all die Monate lang.

Nun, das kleine, nur 490 kg schwere Raumfahrzeug hat uns mittlerweile einige Aufregung beschert (als ob wir davon mit der Raumstationsmontage nicht schon genug hätten!).

Ungefähr zweieinhalb Wochen nach dem Start wurde sein experimenteller Antrieb, ein Ionentriebwerk, zum ersten Mal angefahren. Das geschah durch Fernkommando von NASAs Jet Propulsion Laboratory in Kalifornien über eine Entfernung hinweg, die zehnmal größer als die des Mondes von uns ist und sich jeden Tag um weitere 150 000 km vergrößert. Vorher hatte man die Sonde mit dem Triebwerk zur Sonne gerichtet, um durch die Erwärmung auf etwa 110 °C etwaige Verunreinigungen in der Schuböffnung herauszubacken, die den Betrieb hätten behindern können. Dann ließ man eine kleine Menge des Treibstoffgases Xenon durch die Zuleitungen strömen, um sie von Blockierungen freizublasen. Hierauf drehte sich die Sonde in ihre ursprüngliche Raumlage zurück, und das Triebwerk wurde gestartet. Es begann anstandslos zu arbeiten – rund viereinhalb Minuten lang. Dann fiel es plötzlich aus, und keiner wusste zunächst wieso. Es war zum Verzweifeln.

Die Flugleitzentrale kommandierte alle Bordsysteme sofort in den so genannten »gesicherten Modus«, um erst einmal Zeit für eine gründliche Fehlerdiagnose zu gewinnen. Über eine Entfernung von mehr als vier Mio. Kilometer hinweg ist das natürlich keine leichte Aufgabe – ein mit Lichtgeschwindigkeit reisendes Radiosignal braucht ungefähr 15 Sekunden für die Strecke. Man beginnt mit einer minutiösen Analyse der Telemetriedaten der Sonde und probiert dann alle möglichen Szenarien an Bodentestanlagen im Laboratorium aus. Und man rätselt herum und kramt in seinem Erfahrungsschatz.

Zwei Wochen nach dem Shutdown war man immer noch nicht schlauer, aber man versuchte den Triebwerkstart erneut – und siehe da!, gestern, am 24. November, sprang der Motor an und begann wieder zu laufen. Zunächst ließ man ihn über Nacht mit einem Fünftel seiner Voll-Leistung arbeiten, d. h. mit 500 Watt Bordstrom aus den Sonnenzellenflügeln, dann wurde er auf 885 Watt und schließlich auf 1300 Watt hochgefahren. Später soll er auf seine volle Leistung von 2500 Watt gehen.

Xenon, der vom Ionentriebwerk der Sonde verwendete Treibstoff, ist ein farbloses, geruchloses und geschmackloses Edelgas, das über viereinhalbmal schwerer als Luft ist. Beim Betrieb strömen Elektronen aus einem hohlen Stab, der so genannten Kathode, in eine von Magneten umgebene Kammer, wie bei der Kathode einer Fernsehröhre oder in einem Computermonitor. Dort kollidieren die Elektronen mit den Atomen des Xenons, und diese verlieren dadurch eine der 54 negativen Bahnelektronen, die jeden Atomkern umkreisen. Damit erhält das bis dahin neutrale Atom ein Negativladungsdefizit und wird positiv geladen, ein so genanntes Ion. Man tut das deshalb, weil man es in dieser Zustandsform nun durch elektrostatische Anziehung und Abstoßung beschleunigen kann, was bei einem neutralen Gasatom nicht der Fall wäre.

Zur Beschleunigung dient eine Elektrode – ein Gitter, das mit bis zu 1280 Volt Spannung negativ geladen ist. Es zieht die Ionen an, etwa wie ein mit einem Stück Wolle geriebener Kamm bei trockenem Wetter kleine Papierstückchen anzieht, jedoch viel stärker. Die Xenon-Ionen werden auf eine Geschwindigkeit von 100 000 km/h beschleunigt, mit der sie aus der Ausstoßöffnung des Triebwerks fliegen. Ein zweites Gitter, diesmal positiv geladen, entzieht dem Strahl dabei alle Elektronen, damit die Ionen nicht gleich wieder neutralisiert werden, und treibt diese noch weiter an, diesmal durch Abstoßung. Der Rückstoß der ausströmenden Gesamtmasse schiebt dann das Raumfahrzeug in die Gegenrichtung, aber da es sich ja nur um Atome mit minimaler Masse handelt, bleibt die erzeugte integrierte Schubkraft ebenfalls minimal – insgesamt nicht mehr als neun Gramm bei voller Leistung. Dafür aber ist der Treibstoffverbrauch ebenfalls sehr gering, und das Triebwerk kann monatelang in Betrieb sein und dabei je Kilo Treibstoff zehnmal mehr Schub liefern, als flüssige und feste Raketentreibstoffe von heute. Dadurch ist es über dreieinhalbmal wirtschaftlicher als das Dreiliter-Auto.

Was war die Ursache für den zeitweisen Ausfall des Triebwerks? Nun, unsere Ingenieure sind nicht sicher, vermuten aber, dass trotz der Vorwärmung metalle Staubteilchen oder andere Verunreinigungen zwischen den beiden Hochspannungsgittern verblieben waren. Beim Start sind sie dann verdampft und verursachten nach wenigen Minuten einen Kurzschluss, sodass sich der Motor abrupt von selbst abstellte. Das hat man bei Ionentriebwerken häufiger beobachtet, und es kann auch bei DS-1 wieder auftreten. Aber es sind ja gerade solche Erkenntnisse und die daraus resultierenden Konstruktionsverbesserungen zukünftiger Raumschiffe, wozu diese Hochtechnologie-Testmissionen der NASA dienen, die unter der Bezeichnungen »New Millennium«, also »Neues Jahrtausend«, laufen.

17 Mondmission Lunar Prospector

**Samstag,
28. November
1998**

Zurzeit liegen mir die ersten detaillierteren Resultate von NASAs letzter Mission zum Mond vor, und ich habe sie eben gelesen.

Nein, es handelt sich nicht um Apollo 17, jene letzte Apollo-Mission, bei der Gene Cernan und Harrison Schmitt drei Tage und drei Stunden auf dem Erdtrabant verbrachten, während Ron Evans im Mutterschiff America den Mond umkreiste und auf sie wartete.

Nein, die letzte Mondmission der NASA wurde von einer robotischen Forschungssonde namens Lunar Prospector geflogen, die dieses Jahr am 6. Januar auf einer Athena 2 startete und fünf Tage später den Mond in einer Höhe von rund 100 km zu umkreisen begann.

Ihr erstaunlichster Fund löste bei allen Raumfahrtfans helle Freude aus – sie wies nämlich das Lebenselement Wasser nach! Die ersten Auswertungen der Messungen von Neutronen in der hauchzarten Mondatmosphäre zeigen, dass es am Nord- und Südpol des Mondes bis zu sechs Milliarden Tonnen Wassereis zu geben scheint, über zehnmal mehr, als frühere Annahmen, die auf vorläufige Auswertungen vom März beruht hatten, vermuten ließen. Die gemessenen Neutronen können freilich auch von Konzentrationen von Wasserstoff stammen, den der Sonnenwind dort abgelagert hat, doch halten die Wissenschaftler diese Möglichkeit für weniger wahrscheinlich als die Wassererklärung. Demnach lagern in niemals der Sonne ausgesetzten Kratern beider Polarzonen gewaltige Eismengen relativ hochkonzentriert im Geröll unter dem Boden.

Die für Wasser typische Neutronensignatur hat der Neutronenspektrometer von Lunar Prospector erstmals im letzten März aufgenommen, und ihre Stärke wies auf wenigstens ein Gewichtsprozent Wassereis im geröllartigen Mondgestein hin, dem so genannten Regolith. Umgerechnet entspräche das einem Gesamtvorkommen von 300 Mio. Tonnen Eis an den Polen. Dann kam die neuere Analyse der Messwerte, und die zeigte ganz diskrete, also scharf abgegrenzte und abgesonderte Lager von fast reinem Wassereis unter einer bis zu 40 cm dicken Schicht von trockenem und im Vakuum perfekt wärmeisolierenden Regolith, und zwar war die Neutronen-Signalstärke am Nordpol 15 Prozent höher als am Südpol.

Wie viel Wasser würde das bedeuten? Die Spektralmessungen in genaue Zahlen umzurechnen ist ohne weitere Anhaltspunkte nahezu unmöglich, doch haben Wissenschaftler vom Los Alamos National Laboratory des US-Energieministeriums geschätzt, dass es an jedem der beiden Pole an die drei Milliarden Tonnen Eis geben müsste.

Wie ist das Wasser, wenn es das wirklich ist, auf den Mond gelangt? Die Messungen geben zwar keinen Hinweis auf die Form des

Wassereises, doch glauben die meisten der Forscher, dass es im Schweif von Kometen aus dem All gekommen ist, die in Urzeiten in großer Zahl auf den inneren Planeten eingeschlagen sind, so auch auf der Erde und ihrem Mond. Wenn ihre Vermutungen zutreffen und es wirklich derart große Wassermengen auf dem Mond gibt, so wäre das für die spätere Errichtung eines menschlichen Außenpostens von allergrößter Bedeutung, denn Wasser ist für uns nicht nur das Lebenselixir, dessen Nachschub von der Erde sehr teuer wäre, sondern aus ihm können wir auch Sauerstoff für die Atmung und in verflüssigter Form auch Oxydator-Treibstoff für Raketentriebwerke sowie Wasserstoff für Brennstoff und viele andere Zwecke gewinnen.

Der Lunar Prospector hat noch andere interessante Dinge gefunden. Aus den Messungen seines Gammastrahlen-Spektrometers konnten die ersten globalen Karten der auf dem Mond vorkommenden Elemente hergestellt werden. Zahlreiche Verbindungsvarianten der Spurenelemente Thorium, Kalium und Eisen geben Aufschluss über die Entstehung und Zusammensetzung seiner Kruste. Demnach sind größere Mengen davon durch Einschläge von Asteroiden und Kometen über die Oberfläche verstreut worden. Obwohl sein Magnetfeld relativ schwach und nicht global wie bei der Erde ist, enthält der Mond dicht unter der Oberfläche magnetisierte Gesteine, und sie verursachen zwei starke, lokalisierte Magnetfelder – die beiden kleinsten bekannten Magnetosphären im Sonnensystem. Vorher hatte man den Mond für einen völlig unmagnetischen Steinbrocken im All gehalten, der auf den Strom des von der Sonne kommenden Sonnenwindes keinerlei Einfluss nimmt. Nun zeigt er sich in dieser Hinsicht wesentlich komplexer. Da die beiden Mini-Magnetosphären genau diametral gegenüber großen Einschlagbecken auf der Oberfläche liegen, nimmt man an, dass sie erst durch diese titanischen Einschläge entstanden sind. Eine mögliche Theorie besagt, dass die Einschläge eine Wolke elektrisch geladenen Gases erzeugten, die innerhalb von fünf Minuten um den Mond expandierten und das bereits existierende primitive schwache Magnetfeld auf der anderen Seite komprimierten und verstärkten. Dieses Feld saß dann in der Kruste »eingefroren« fest.

Der Prospector hat ferner dabei geholfen, die erste präzise Karte der Schwerkraftverteilung des Mondes herzustellen. Dabei wurden sieben vorher unbekannte Massekonzentrationen entdeckt, lavagefüllte Krater auf der Oberfläche, die im Gravitationsfeld Anomalien verursachen.

Alles in allem haben wir von der Prospector-Mission eine Ausbeute erhalten, die ihre Gesamtkosten von 63 Mio. Dollar mehr als gerechtfertigt hat.

18 Internationale Raumstation ISS: Ständiges Leben an Bord?

Dienstag, 1. Dezember 1998

Je näher wir der Montage der internationalen Raumstation ISS rücken, desto öfters melden sich unsere Politiker, aber auch Raumfahrtfans mit sehr bestimmten Fragen zu diesem Projekt. Vorwiegend drehen sie sich um die zukünftigen Besatzungen, die an Bord leben und arbeiten werden.

Den zur Verfügung stehenden Ellbogenraum in der Station stellt man sich gewöhnlich als sehr eng vor, und das führt dann zu der Frage nach der Intimsphäre. Wie bewältigen die Wissenschaftler Alltagsprobleme – von der Aggression gegenüber anderen bis hin zum fehlenden Sex? Gute Frage, aber die Antwort ist klar: Wer sich nicht drei bis vier Monate lang in die Disziplin einer Forschungsstation im All einfügen kann, wird gar nicht erst Profi-Astronaut werden, sondern allenfalls kurzzeitig auf »Besuch« kommen können. Bei der Mir lagen und liegen die Crewaufenthalte routinemäßig um die sechs Monate herum, und für US-Astronauten wird der Rekord dort derzeit von der Astronautin Shannon Lucid mit 188 Tagen 5 Stunden gehalten, der auch für Frauen weltweit gilt. Sie hat ihn im Alter von 53 Jahren aufgestellt. Die Größe der Besatzung, die übrigens von der jeweiligen Notrückkehr-Möglichkeit abhängt, wird maximal sieben betragen, und die haben in der riesigen Station wesentlich mehr Raum als zum Beispiel bei der Mir oder im Shuttle. Der zugängliche Innenraum der ISS entspricht, wie bereits gesagt, in etwa dem Volumen eines Boeing-Jumbos Typ 747.

Was sind die Risiken? Sind sie in Gefahr? Könnten auch »normale« Menschen dort leben? Zum Beispiel: Was werden wir tun, wenn es an Bord der ISS einen medizinischen Notfall gibt? Was, wenn ein Astronaut erkrankt oder sich verletzt?

Nun, für solche Fälle wird die ISS über ein eigenes Bordlazarett verfügen, die Health Maintenance Facility (HMF), mit präventiven, diagnostischen und therapeutischen Funktionen. Sie ist mit allem ausgerüstet, was zur ersten Hilfe benötigt wird, wie etwa Medikamente, Verbände, Injektionsspritzen, ein klinischer Blutanalysator, intravenöse Ausrüstung, Chirurgie-Besteck für Notoperationen, Herzdefibrillator, Beatmungsgerät usw. Daran ausgebildete Besatzungsmitglieder sind immer mit dabei. Bei ernsteren Notfällen wird der Patient zur Erde zurückgebracht – entweder mit dem Shuttle-Orbiter beim nächsten Zubringerflug, oder mit einem der ständig verfügbaren »Rettungsboote«. Diesen Dienst versehen in den ersten Jahren modifizierte russische Sojus-Kapseln; ab 2006 kommt ein spezielles Crew Return Vehicle (CRV) hinzu, das wir gegenwärtig entwickeln; die Vorstufe dazu heißt X-38.

Und dann: Wie steht's mit den Gefahren für die Besatzung? Gibt es an Bord neben der Schwerelosigkeit noch andere Belastungen für die menschliche Gesundheit – etwa durch UV-Strahlen?

Was zunächst die Mikrogravitation betrifft, so stellt sie bei den Verweilzeiten von durchschnittlich 90–120 Tagen keine Gefahr für die menschliche Gesundheit dar, das haben alle bisherigen Flüge erwiesen. Ob dies auch für längere Aufenthalte im All gilt, etwa für bemannte Expeditionen zum Mars, müssen wir erst noch ermitteln – das ist ja gerade einer der Hauptziele der Labortätigkeit im Orbit, und wenn es gravierendere Risiken gibt, müssen dort entsprechend potente Verhütungs- und Gegenmaßnahmen entwickelt werden.

Was die gefährliche Weltraumstrahlung betrifft, so fliegt die ISS in einer Bahnhöhe, in der sie noch im Schutz des strahlungsabweisenden Erdmagnetfeldes steht. Ihre Zellenwandung bietet außerdem ausreichend Abschirmung gegen hochenergetische Partikelstrahlung, ebenso wie die Raumanzüge bei der Außenbordtätigkeit. Wenn sich Sonneneruptionen ankündigen, sieht man von Raumausflügen ab und bleibt an Bord. Die Strahlungsarten, um die es hierbei geht, sind Beta-, Röntgen- und Gammastrahlung, thermische und schnelle Neutronen, Alpha-Teilchen und schwere Ionen. UV-Strahlung kommt außer bei ungeschützter Haut überhaupt nicht in Betracht.

Wird die ISS angesichts dieser Fragen also eine entscheidende Testanlage für Daueraufenthalte im All – und damit auch für einen Flug zum Mars sein? Die Antwort ist ein entschiedenes Ja. Natürlich bietet die Station die Möglichkeit, die Raumaufenthalte von Pflanze, Tier und Mensch beliebig lang auszudehnen. Auf ihrer Aufgabenliste steht deshalb obenan die Erforschung des Menschen und aller mit seiner Gesunderhaltung bei langen Weltraumaufenthalten verbundenen »Humanfaktoren«: so die Auswirkungen der Schwerelosigkeit und die Entwicklung von Gegenmaßnahmen, die Bereitstellung von Strahlungsschutz, die Entwicklung zuverlässiger regenerativer Lebenserhaltungssysteme für Missionen von mehrjähriger Dauer und die Wahrung von Stabilität und Produktivität kleiner, multikultureller Menschengruppen in lang währender Eingeschlossenheit und Isolation.

Und was, wenn sich der lange Aufenthalt in völliger Schwerelosigkeit für den Menschen als gefährlich und unakzeptabel erweisen sollte? Kann man an Bord künftiger Stationen und Raumschiffe künstliche Schwerkraft erzeugen?

Darauf möchte ich antworten, dass wir bei vielleicht der Hälfte der in den vergangenen 40 Jahren seit Wernher von Braun durchgeführten zahllosen Raumfahrzeug-Studien für den Bordbetrieb künstliche Schwerkraft vorgegeben haben, während man bei der anderen Hälfte schwerefreien Betrieb zugrunde gelegt hat, eben weil wir bis heute nicht wissen, ob Menschen auf die Dauer gewichtslos leben können. Je nachdem, was die künftige Forschung in der ISS im All ergibt, wird man den einen oder anderen Weg gehen. Um Andruck, das heißt »Gewicht« und damit die Wirkung der Schwerkraft auf uns künstlich zu erzeugen, genügt es, nach Newtons Gesetz »Kraft ist gleich Masse mal Beschleunigung« das Weltraumhabitat zu beschleunigen, etwa dadurch, dass man es in langsame Rotation versetzt, sodass die Insassen durch die Zentrifugalbeschleunigung an die Wand gedrückt werden. Zur Erforschung dieser Fragen wird die ISS über ein spezielles Laboratoriumsmodul mit einer in Japan gebauten Zentrifuge verfügen, das CAM (centrifuge accommodation module), doch wissen wir schon jetzt, dass der Rotationsradius nicht zu klein und die Drehgeschwindigkeit nicht zu groß sein dürfen, damit beim Menschen keine Orientierungs- und Gleichgewichtsstörungen auftreten.

19 Zukunftsnutzen der Raumfahrt

**Dienstag,
8. Dezember
1998**

Fragen über Fragen ...

Die ISS ist ja in erster Linie eine Forschungsstation, doch werde ich ständig gefragt, ob man eines Tages auch Raumschiffe von ihr aus starten wird, und wenn ja, welche Vorteile das habe.

Nun, ehrlich gesagt, eignet sich die Station in ihrer gegenwärtigen Form nicht als Spaceport für Tiefraumexpeditionen im Sinne des Kennedy-Startzentrums in Florida. Dazu sind Erweiterungen erforderlich, wie Montagehangars, Treibstofflager, Checkout- und Countdown-Anlagen, zusätzliche Crews usw., die es vorläufig noch nicht gibt. Aber wir denken über solche Weiterentwicklungen bereits nach und untersuchen sie in »Machbarkeitsstudien«.

Eine Grundsatzfrage, die noch zu klären wäre, ist, ob sich eine »saubere« Forschungsanlage wie die ISS, bei der der Forscher verständlicherweise möglichst ungestörte Schwerelosigkeit über möglichst ausgedehnte Zeiträume wünscht, überhaupt mit dem dynamischeren, d. h. unruhigeren Betrieb einer Startvorbereitungsanlage vereinbaren lässt, oder man eine solche nicht besser getrennt aber nahebei unterhalten sollte. Aber das ist eine Frage der Zukunft. Der große Vorteil des Starts aus der Erdumlaufbahn besteht darin, dass das Expeditionsschiff dadurch schon gratis eine Anfangsgeschwindigkeit von rund sieben Kilometer in der Sekunde mitbekommt, die nicht von seinem Antrieb aufgebracht werden muss. Energiemäßig gesehen wird der Planetenflug dadurch leichter als der Flug von der Erdoberfläche zur Raumstation. Man nennt dies das »kosmonautische Paradoxon«, und erkannt hat es bereits 1928 der österreichische Raumfahrtpionier Baron Guido von Pirquet.

Eine weitere populäre Vorstellung in der Öffentlichkeit ist, dass es eines Tages ein Hotelmodul für die ISS geben könnte. Ist es realistisch und überhaupt wünschenswert, dass Touristen auf die Station kommen? Hierzu wäre zu sagen, dass die NASA die feste Absicht geäußert hat, im Laufe der Zeit bis zu 30 Prozent der ISS für kommerzielle Betreiber bereitzustellen. Ausgeschlossen ist es nicht, dass sich auch das Touristengewerbe dafür interessieren wird, und wenn die ISS-Partner, denn es sind ja nicht nur die USA, damit kein Problem haben, sehe ich keinen Grund, warum nicht schon im ersten Jahrzehnt nach der großen Zeitenwende ein entsprechend entwickeltes Hotelmodul an der ISS andocken könnte. Aber wohlgemerkt: Weltraumtourismus ist definitionsgemäß eine Sache kommerzieller Interessen, nicht der öffentlichen Hand, das darf man nicht übersehen.

Die Raumfahrt wird auf diesem Wege zu etwas Alltäglichem, und ich halte das nicht nur für gut und richtig, sondern für absolut erforderlich, denn wenn es Hoffnung für uns Menschen in der Zukunft gibt, dann liegt sie in unserer Bewusstseinserweiterung, damit wir nicht ständig und ewig alte Verhaltensfehler wiederholen. Die Grenzüberschreitungen der Raumfahrt bewirken diese Erweiterung.

Ich werde immer wieder gefragt, wieso ich der Ansicht bin, dass sich die Raumfahrt für den Menschen lohnt. Was bedeutet bemannte Raumfahrt für die Menschen über die nahe liegenden praktischen Nutzungen hinaus? Was bringt uns ein Aufbruch ins All, zum Mars und noch weiter?

Ich meine, dass das wichtigste Anliegen des Menschenflugs ins All die Jugend betrifft, denn Raumfahrt zeigt positive Perspektiven für die Zukunft und macht Visionen erlebbar, und dies ist gerade für den jungen Menschen wichtig. Denn wer anders als er muss existenziell interessiert sein an den Überlebens- und Wachstumsmöglichkeiten der Zukunft? Welche Leitbilder gibt man denn den jungen Menschen, wenn sich die Politiker eines Landes nicht hinter die bemannte Raumfahrt stellen?

Ein Land ohne Visionen hat eine Jugend ohne Perspektiven, und mit einer Jugend ohne Perspektiven hat ein Land keine Zukunft. Welche Perspektiven könnten positiver und begeisternder sein, als die der Raumfahrt? Ich meine, man erkennt den Charakter eines Volkes, seinen Reifezustand und die Mündigkeit seines gesellschaftlichen Bewusstseins, sein Selbstverständnis, auch an seiner Fürsorge- und Zuwendungsbereitschaft für die Generationen seiner Nachkommenschaft. Bemannte Raumfahrt ist also für mich in erster Linie eine ethische Aufgabe, ja Verpflichtung, in der gleichen Liga wie der Umweltschutz.

Das bedeutet, dass sich Raumfahrt an die Älteren richtet, die heute die Verantwortung tragen oder tragen sollten. Langfristige Großprojekte im All wie die Marsexpedition, die sich nicht durch materialistisch-utilitaristische Kosten/Nutzen-Vergleiche, durch »Preis/Leistungs-Verhältnisse« rechtfertigen lassen, weil sie eher humanistische, intellektuelle, gesamtkulturelle Bedeutung haben, unterstehen anderen Prioritäten, die man offenbar vielerorts noch nicht akzeptiert. Die wichtigsten davon sind internationale Zusammenarbeit und globale Lösungsansätze für die Großprobleme der Zukunft, d. h., sie sind nicht nur Voraussetzung zur Expansion im All, sondern ganz allgemein dazu, die Zukunft in den Griff zu bekommen und handhaben zu können. Ich sehe das All damit als Metapher für die Zukunft schlechthin, und auch das macht die Raumfahrt zur Kulturpflicht. Hier hat die deutsche Forschungspolitik bisher kläglich versagt.

Es ist deshalb meine feste Überzeugung, dass sich der Aufwand, die Kosten und auch die Opfer der Raumfahrt eines Tages für die Menschheit überreichlich auszahlen werden. Schon dadurch, dass der Raumflug durch seine Auswirkungen auf unsere Psyche, durch die Bewusstseinserweiterung, einen neuen Menschen entstehen lässt: einen Menschen mit einem neuen Verständnis der Wirklichkeit, wie es für die neuen Maßstäbe, neuen Ziele und neuen Werte der Zukunft gebraucht wird.

Auch wenn es den heutigen praktischen Nutzen der Raumfahrt

nicht gäbe, liefert allein dieses Phänomen des Fortschritts im kollektiven geistigen Reifungsprozess der Menschheit mehr als genügend rationale Rechtfertigung für die bemannte Raumfahrt.

20 30. Jubiläum von Apollo 8

Montag,
21. Dezember
1998

Heute ist für mich wieder einmal ein ganz besonderer Tag der Besinnung, der mir eine längst vergangene Zeit wach werden lässt und irgendwie ans Herz geht.

Genau vor 30 Jahren starteten wir nämlich drei Menschen an Bord eines Raumschiffs zum ersten Mal zu einer epischen Reise außerhalb des Anziehungsbereichs der Erde durch die Tiefe des Weltalls – auf dem Weg zum Mond. Es war die erste bemannte Apollo-Mission dorthin, und jener Moment, drei Tage vor Heiligabend 1968, an dem Apollo 8 startete, steht vor meinen Augen als wäre es heute. Ich gehörte dem Team an, das acht Jahre lang ohne Unterlass am Unternehmen Apollo gearbeitet hatte, aber der Gedanke, dass hier ein jahrtausendealter Menschheitstraum Wirklichkeit wurde, war auch für uns damals für lange Zeit unfassbar.

Zum Start am 21. Dezember 1968 hatten sich schon in der Nacht zuvor eine Viertelmillion Menschen am Kennedy Space Center eingefunden. An jeder Stelle, von der aus die 110 m hohe, im Scheinwerferlicht schneeweiß strahlende Riesenrakete zu sehen war, standen sie in Scharen, mit Ferngläsern, Fotoapparaten und Filmkameras. Viele hatten die Nacht in ihren Autos verbracht, fröstelnd in der nächtlichen Luftfeuchtigkeit, in Decken und Mäntel gehüllt.

Die Besatzung von Apollo 8, Frank Borman, Jim Lovell und Bill Anders, war um halb drei Uhr früh geweckt worden. Kurz nach fünf Uhr waren sie an Bord gegangen und die Luke dicht gemacht worden. Es waren noch knapp drei Stunden bis zum »Schuss«, wie wir Deutschen den Launch damals oft nannten.

Die Idee, bereits mit Apollo 8 zum Mond zu fliegen, ein Jahr früher als geplant, war erst kurze Zeit vorher entstanden, im Sommer 1968. Der riskante Plan, Apollo 8 mit der dritten Saturn V nicht wie die Vorgänger in einen Erdorbit, sondern gleich zum Mond zu schicken, ging auf George Low zurück, den Apollo-Projektmanager in Houston, und den Hauptanlass gab der Kalte Krieg und das Wettrennen im All mit den Sowjets: Nach Meldungen des CIA stand die Sowjetunion nämlich im Begriff, ihre bemannten Raumflüge nach dem Tod des Kosmonauten Wladimir Komarow im April 1967 mit einem neuen Sojus-Schiff wieder aufzunehmen und die erste Mondmission vorzubereiten. In Vorbereitung waren Mondumkreisungsmissionen mit Sond-Kapseln, und Aufnahmen von Lockheed U-2-Spähflugzeugen zeigten eine Riesenrakete von der Größe der Saturn V, die N1 »Herkules«, auf der Startrampe in Tjura Tam, Kasachstan.

Freilich konnte Apollo 8 noch keine Mondlandung durchführen: die von der Firma Grumman gebaute Landefähre LM war noch nicht flugbereit und würde noch bis Apollo 11 im Juli des darauf folgenden Jahres auf sich warten lassen. Doch brauchten wir uns nicht mit einer bloßen Mondumrundung à la Sond zufrieden zu geben, sondern konnten mit dem Apollogerät in eine Umlaufbahn um dem Mond gehen und eine Zeit lang dort verweilen.

Und so kam es zu jenem Moment vor drei Jahrzehnten, als die gewaltige Trägerrakete Saturn V in Cape Kennedy, dem einstigen und heutigen Cape Canaveral, früh um 7:51 Uhr Floridazeit von der Startrampe abhob und unter gewaltigem Tosen in den klaren Morgenhimmel aufzusteigen begann. Sie ließ den Boden zittern und Gebäude schwanken, als Borman, Lovell und Anders zum Mond aufbrachen und sich damit einen Platz in den Geschichtsbüchern erflogen. Es war der achtzehnte bemannte Weltraumflug der Vereinigten Staaten und der allererste Menschenflug zu einem anderen Himmelskörper.

Drei Tage später, am 24. Dezember, erreichte Apollo 8 den Mond, umflog ihn gegenläufig zu seiner Bahnrichtung und schoss sich um fünf Uhr früh auf seiner Rückseite mit einem etwas über vier Minuten langen Bremsmanöver in eine Umlaufbahn ein. Als das Raumschiff auf der Ostseite wieder in Sicht der Erde kam, brachen wir in Jubel aus. Als Erstes vernahmen wir die Stimme Jim Lovells, der das Gelingen des Einschussmanövers meldete und dann die erste Beschreibung des Bodens gab, der 111 km unter ihm vorüberzog. Auf unseren Fernsehschirmen sahen wir den unglaublichen Blick aus der Sichtluke der Apollokapsel, damals noch in Schwarzweiß. Gemeinsam mit den drei aufgekratzten Astronauten starrte ein großer Teil der Menschheit aus der Sichtluke hinunter und teilte mit Jim Lovell das Staunen, das Erkennen der Einmaligkeit dieses Augenblicks, das aus seiner Stimme sprach, als er die Aussicht mit den knappen Worten eines geübten Reiseführers beschrieb.

Als Apollo 8 zum neunten Mal hinter dem Mond hervorkam, am Heiligabend kurz nach 21:30 Uhr Floridazeit, verlasen die Raumfahrer die biblische Schöpfungsgeschichte vor einer Radio-Zuhörerschaft, die auf eine Milliarde Menschen in 64 Ländern geschätzt wurde – jeder vierte damals lebende Mensch vernahm die Botschaft. Bill Anders begann mit: »Am Anfang schuf Gott Himmel und Erde. Und die Erde war wüst und leer, und es war finster auf der Tiefe, und der Geist Gottes schwebte auf dem Wasser.« Nach ihm kam Jim Lovells sonore Stimme mit vier weiteren Versen, und den Abschluss bildete der Kommandant, Frank Borman: »Und Gott sprach: Es sammle sich das Wasser unter dem Himmel an besondere Stellen, dass man das Trockne sehe. Und es geschah also. Und Gott nannte das Trockne Erde, und die Sammlung der Wasser nannte er Meer. Und Gott sah, dass es gut war.« Nach einer kleinen Besinnungspause schloss Borman mit den Worten: »Und von der Crew der Apollo 8: Wir schließen mit einem Gutenacht, viel Glück, fröhliche Weihnachten und Gottes Segen für euch alle, euch alle auf der guten Erde.«

Als Apollo 8 drei Tage später zur guten Erde zurückkehrte und am 27. Dezember in Sicht des wartenden Flugzeugträgers *Yorktown* im Pazifik wasserte, endete der unglaublichste Forschungszug ins Unbekannte, den Menschen bis dahin unternommen hatten. Borman drückte es auf dem Rückflug während der sechsten und letzten Fernsehübertragung von Bord wohl noch am besten aus, als er schlicht sagte: »Es war eine phantastische Reise.« Sie machte den Anfang, vor 30 Jahren, und nach ihr gab und gibt es kein Zurück mehr: Der Mensch hatte seinen Weg ins Universum angetreten.

21 Neues vom Kosmos: Überraschungen im Universum

Montag, 28. Dezember 1998

Mit der Weltraumforschung hat es schon eine merkwürdige Bewandtnis.

Je mehr wir durch unsere Teleskope, Sonden und bemannten Expeditionen ins All über die uns umgebenden kosmischen Rätsel erfahren, desto vertrauter wird uns einerseits eine Welt, die unseren unmittelbaren Vorfahren noch als mysteriös, esoterisch oder gar sakral vorkam, wenn sie überhaupt darüber nachdachten; für uns hingegen erhält das erreichbare All mehr und mehr den Charakter einer Nachbarschaft.

Angesichts der Mächtigkeit und Ordnung dieser Nachbarschaft kann der Weltraumforscher andererseits aber auch nicht umhin, immer wieder tiefe Ehrfurcht und so etwas wie Demut zu empfinden. Verstärkt wird diese noch durch das ständige Umlernen, zu denen uns unsere Forschungen zwingen: Was wir noch gestern dort draußen im Kosmos gelernt und als fundamental erkannt, verstanden und vertraut angesehen haben, wird heute schon nach kurzer Zeit durch neue Entdeckungen gekippt, zumindest aber in Frage gestellt, selten auch erweitert. Wer an Weltraumforschung interessiert ist, muss ständig umdenken und neu lernen.

Gerade in den vergangenen Wochen haben Raumprojekte eine Fülle neuen Wissens geliefert, vom Raumteleskop Hubble bis zur Jupitersonde Galileo.

Mit dem Hubble ist uns im Oktober der bisher tiefste Blick des Menschen ins Universum gelungen, einen über zwölf Milliarden Lichtjahre langen Korridor hinunter in Richtung des Sternbilds Tukan am himmlischen Südpol. Die im Infrarot, d.h. im Wärmespektrum gemachten Aufnahmen entstanden mit der Infrarot-Kamera und dem Multiobjekt-Spektrometer des Teleskops im Orbit durch Langzeitexponierung über zehn Tage. Dabei wurden zehn neue Galaxien entdeckt, die wahrscheinlich mehr als zwölf Milliarden Lichtjahre von der Erde entfernt sind. Da die Größe des Universums, beziehungsweise sein Alter, derzeit auf etwa 13,5 Milliarden Jahre geschätzt wird, hätten die gut ausgebildeten Sternhaufen nur etwa eine Milliarde Jahre Zeit zu ihrer Formierung gehabt. Das ist sehr wenig, und hier liegt ein fundamentales Rätsel vor: Entweder handelt es sich bei den radförmigen Milchstraßen um die ersten Stufen der Bildung von Galaxien, oder das Universum ist in Wirklichkeit viel älter und größer, als bisher angenommen, und dann muss vieles andere revidiert werden. Um die spektakuläre Entfernung der entdeckten Galaxien zu bestätigen und die Grundsatzfragen näher zu untersuchen, sind mächtige neue Teleskope notwendig. Die NASA plant für 2007 den Start des NGST, des »Next Generation Space Telescope«, das uns tiefere und präzisere Einblicke in die Schöpfung erlauben wird.

Am 27. August 1998 wurde die Erde von einer gewaltigen Welle von Gammastrahlen getroffen, die von einer ungeheuren magnetischen Explosion auf einem mysteriösen Stern in 20 000 Lichtjahren Entfernung herrührte. Die Sturmwelle traf auf unsere Nachtseite auf und brachte die Hochatmosphäre durch Ionisation ihrer Atome zum Leuchten, wie man es normalerweise nur auf der Tagesseite kennt. Die Gammastrahlen-Kanonade entstammte einem neu entdeckten Typ von Stern, Magnetar genannt.

Magnetare sind dichte Zusammenballungen supermassiver Materie, nicht viel größer als eine Stadt, aber schwerer als die Sonne. Sie besitzen das größte bekannte Magnetfeld im Universum, von so intensiver Leistung, dass es die Sternenoberfläche ständig in Röntgenstrahlen glühen lässt, mit häufigen kurzzeitigen starken Gamma-Blitzen und gelegentlichen Gewaltausbrüchen wie der im August beobachtete.

Der Stern hatte bereits im April ein anderes Phänomen gezeigt, das ihm die Bezeichnung »Weicher Gamma-Repeater«, SGR 1900+ 14, eingetragen hatte.

Der Magnetar sendet nämlich regelmäßige Pulse schwacher Röntgenstrahlen aus, die eine exakte Folge von 5,16 Sekunden haben, sich jedoch allmählich verlangsamen. Daraus ließ sich ermitteln, dass sein Magnetfeld rund 800-Billionen-mal stärker als das der Erde ist, und etwa 100-mal stärker als alle anderen bisher bekannten Magnetfelder im Universum. Wie so etwas möglich ist, ist natürlich ein völliges Rätsel.

Näher bei uns hat die Marssonde MGS (Mars Global Surveyor)

entdeckt, dass der Marsmond Phobos wahrscheinlich von einer metertiefen Schicht feinsten Steinstaubes bedeckt ist, entstanden durch Äonen ständiger Meteoreinschläge. Die auf ihm gemessenen Temperaturen liegen bei −4 °C an der wärmsten und bei −112 °C an der kältesten Stelle.

Beim Riesenplanet Jupiter ermittelte die Sonde Galileo die Ursache seiner vor ein paar Jahren entdeckten schwachen Ringe: Sie bestehen aus feinen Staubteilchen und Gesteinssplitter von seinen vier inneren Monden. Durch unzählige Einschläge interplanetarischer Meteore ist das pulvrige Material hinausgeschleudert und durch Jupiters Schwerkraft zu orbitalen Ringen geformt worden. Insgesamt kennt man derzeit vier Ringe, und die beiden äußeren bestehen aus feinstem Material der beiden kleinen Monde Amalthea und Thebe.

Und noch ein kleines Wunder: Der am weitesten gereiste Sendbote von der Erde ist unsere Tiefraumsonde Voyager 1. Sie ist seit nunmehr 21 Jahre unterwegs, hat längst das Sonnensystem verlassen und ist mittlerweile über zehn Milliarden Kilometer von uns entfernt, im interstellaren Raum. Doch noch immer empfangen wir die Radiosignale aus ihrem 20-Watt-Bordsender, die für die lange Reise zu uns rund zehn Stunden brauchen und bei ihrer Ankunft 20-Milliarden-mal schwächer sind als die Leistung einer Digitaluhrbatterie.

22 Internationale Raumstation ISS: Ein neuer Stern am Himmel

Sonntag, 3. Januar 1999

Nun hat das Jahr 1999 begonnen, und zwar mit einem neuen Stern am Firmament – einem sieben Stockwerke hohen Gebilde von Menschenhand: der internationalen Raumstation ISS in ihrer ersten Bauphase. Seit letztem Monat umkreist sie die Erde in rund 400 km Höhe, und bereits jetzt ist sie vom Boden aus mit dem bloßen Auge zu sehen – mal als Morgenstern, mal als Abendstern.

Bei ihrem Bauabschluss in 2006 wird sie zum zweithellsten Stern geworden sein, nach der Venus.

Die Montage der zukünftigen City im All begann plangemäß am 20. November mit dem Start des Energie- und Kontrollmoduls Sarja in Baikonur in der kasachischen Hungersteppe in Zentralasien. Die Moskauer Firma Chrunitschew hatte das wichtige 20-t-Element im Auftrag der NASA für rund 200 Mio. Dollar hergestellt. Nach Erreichen seiner vorbestimmten Umlaufbahn und einer gründlichen Überprüfung durch das Kontrollzentrum in Koroljow (wobei sich freilich zwei Funkantennen für das Reserve-Rendezvoussystem als unvollständig ausgefahren zeigten), begann in Florida im Kennedy Space Center der Countdown für den Spaceshuttle Endeavour mit dem zweiten Bauteil, dem Mehrfach-Verbindungsknoten Unity. Nach einem Aufschub von 24 Stunden erfolgte der Start von STS-88 am 4. Dezember.

Die Verfolgungs- und Aufholjagd dauerte zwei Tage, doch blieb die sechsköpfige Crew auf dem Weg zur Baustelle nicht müßig. Neben den erforderlichen Manövern musste das Verbindungsmodul in der offenen Nutzlastbucht aus seinen Verriegelungen behutsam angehoben und um 90 Grad gedreht werden, damit es dann aufrecht auf die Luftschleusenluke des Shuttle aufgebracht und eingeklinkt werden konnte. Bei der Präzisionsarbeit ging es um Millimeter, und ausgeführt wurde sie von der Astronautin Nancy Currie mit dem robotischen Shuttle-Greifarm. Danach war Unity bereit, Sarja an der gegenüberliegenden Luke aufzunehmen.

Das Zielobjekt erschien am 6. Dezember als heller Lichtpunkt zwischen den Sternen und wuchs rasch zu seiner vollen Größe von zwölfeinhalb Meter Länge und 24 m Spannweite an. Da Unity den Blick aus der Sichtluke auf den FGB verdeckte, musste sich Kommandant Bob Cabana in den letzten Minuten der Ankopplung auf seine Fernsehbildschirme und ein speziell entwickeltes optisches Zielgerät verlassen. Als Sarja endlich drei Meter über ihnen schwebte, konnte Currie es mit dem Robotarm ergreifen und festhalten, während Cabana den Shuttle aufwärts trieb und Unity an Sarja andockte. Damit war der erste Bauabschnitt der ISS entstanden, und in den beiden Kontrollzentren in Moskau und Houston klang lauter Jubel auf.

An den vier weiteren Andockluken des Knotenstücks sollen nun in den kommenden Monaten weitere Elemente angeschlossen werden, und zwar ein amerikanisches Labormodul, ein zweiter Mehrfach-Verbindungsknoten, ein Zentralstück des Solarzellenträgergerüsts und eine mehrfenstrige Beobachtungskuppel.

Am folgenden Tag, dem 7. Dezember, werkten die Astronauten Jerry Ross und Jim Newman für sieben Stunden 21 Minuten in Raumanzügen im Freien, um die 35-t-Kombination Unity/Sarja funktionsbereit zu machen. Auf Curries Robotarm reitend, verbanden sie 40 Kabel und Stecker über eine Strecke von 23 m und installierten Handgeländer und andere Hilfen für spätere Außenbordarbeiter. Am 8. Dezember, frühmorgens um 3:49 Uhr mitteleuropäischer Zeit, wurde der Bordstrom von Sarja zum ersten Mal eingeschaltet und Unity damit zum Leben erweckt.

Nach einem Ruhetag stiegen Ross und Newman am 9. Dezember ein zweites Mal ins All aus. Im Verlauf von sieben Stunden zwei Minuten installierten sie zwei S-Band-Antennen, machten die vier Seitenluken des Knotens für spätere Andockelemente zugänglich und deckten zwei externe Datenrelaiskästen mit Sonnenschutzblenden ab. Newman gelang es, mit einem Art Bootshaken zunächst eine der beiden Rendezvousantennen von Sarja frei zu machen, später dann auch noch die zweite.

Dann war es Zeit, erstmals in die Innenräume der neuen Raumstation einzusteigen. Der historische Event durch die STS-88-Crew erfolgte am 10. Dezember um 19:54 Uhr MEZ. Zuerst öffneten Kommandant Cabana und Kosmonaut Sergeij Krikaljow die Luke von der Shuttle-Luftschleuse zu Unity, dann den Durchgang zu Sarja, insgesamt sechs Lukendeckel, wobei der epochale Moment von passenden Worten der Würdigung untermalt wurde. Später tauschten Krikaljow und Currie einen defekten Batterieregler in Sarja aus.

Der dritte und letzte Weltraumausstieg durch Ross und Newman fand am 12. Dezember statt. Sie verstauten einen Werkzeugbeutel außen am Knoten, lösten nicht länger benötigte Kabel des Andockmechanismus, installierten ein Handgeländer am FGB und machten Fotos vom Stationsäußeren zur Dokumentation und späteren Analyse.

Insgesamt belief sich der Außenbordaufenthalt der beiden Astronauten auf 21 Stunden 22 Minuten, und Jerry Ross wurde damit zum Rekordhalter für die USA mit sieben Ausstiegen von zusammen 28 Stunden 27 Minuten.

Am 13. Dezember legte Pilot Rick Sturckow die Endeavour um 21:25 Uhr ab und umflog die neue Station für eine weitere Fotografiersequenz. Am folgenden Tag setzte die Crew noch zwei Forschungssatelliten aus und kehrte dann am 16. Dezember zur Erde zurück. Die Landung erfolgte früh um 4:53 Uhr am Kennedy Center – übrigens die 10. Nachtlandung des Shuttle-Programms. Damit hat das gewaltige ISS-Projekt, das sich über die nächsten fünf Jahre erstrecken wird, einen überaus erfolgreichen Anfang genommen.

23 Der Weg zum Mars: Neue Forschungssonden unterwegs

Montag, 4. Januar 1999

Mit der fortschreitenden Entwicklung der internationalen Raumstation ISS rückt der rote Planet Mars immer mehr in den Brennpunkt der Raumfahrt. Just zur Jahreswende haben sich erneut zwei kompakte Forschungssonden auf den langen Weg zu ihm gemacht, das zweite Paar in der Armada von Robotern, mit denen die NASA das Jahrtausendprojekt Mars in Angriff genommen hat. Über eine Spanne von zwölf Jahren entsenden wir alle 26 Monate, wenn Erde und Mars günstig stehen, zwei dieser Späher und Vorboten zu unserer Nachbarwelt – im Rahmen eines Strategieplans, der die Vorbereitung der ersten menschlichen Expedition im zweiten Jahrzehnt des neuen Jahrtausends zum Ziel hat.

Die ersten beiden Roboter waren der Pathfinder mit dem Minirover Sojourner, der 1997 die Welt mit aufsehenerregenden Bildern aus dem *Ares Vallis* fasziniert hat, und der Mars Global Surveyor, der in einer Umlaufbahn um den Roten Planeten tätig ist. Die beiden neuen Sendboten sind die Klimaforschungssonde

Mars Climate Orbiter und die Landestation Mars Polar Lander. Beide sind so konstruiert, dass sie miteinander kooperieren und sich gegenseitig ergänzen, um mit den anderen Sonden dieser Strategie zusammen das biologische Potenzial unserer faszinierenden Nachbarwelt zu erforschen: d. h., es geht um die Fragen »Hat es auf dem Mars jemals Leben gegeben?« – »Gibt es heute dort Lebensformen?« – »Gibt es dort Wasser?« – »Wo sind die besten Landestellen für den Menschen?« – »Was ist erforderlich, dass wir einst auf der neuen Welt Fuß fassen können?« Hierzu müssen wir den Mars in seiner globalen Gesamtheit kennen lernen.

Der Mars Climate Orbiter wurde nach einer eintägigen Verschiebung am 11. Dezember auf einer Delta-2-Rakete gestartet, innerhalb eines Startfensters von nur einer Sekunde. Eine extern angebrachte Kamera zeigte uns dabei die Funktion und Abtrennung der Boosterraketen und ersten Stufe. Die Sonde gelangte ohne Zwischenfall auf ihre 665-Mio.-Kilometer lange Flugbahn, auf der sie neuneinhalb Monate unterwegs ist. Ein erstes Mittkursmanöver korrigierte die Bahn am 21. Dezember um einen minimalen Betrag. Der gegenwärtige »Gesundheitszustand« des 338 kg schweren Raumfahrzeugs, plus 291 kg Treibstoff, ist ausgezeichnet. Es wird am 23. September am Ziel eintreffen und sich mit einem Schubmanöver, gefolgt von 65 Tagen aerodynamischen Abbremsens in der Atmosphäre, in eine 400 km hohe Kreisbahn einmanövrieren. Von dort aus beginnt Anfang nächsten Jahres die Beobachtung und Vermessung der klimatischen Zustände auf dem Mars im globalen Ausmaß.

Als primäre Aufgabe wird der Klimaorbiter jedoch zunächst als Radiorelaisstation den Zweiwegefunkverkehr zwischen der Erde und dem Mars Polar Lander ermöglichen. Diese Sonde startete heute auf einer Delta 2 und befindet sich, ebenfalls voll funktionsfähig, bereits auf dem Weg zum Mars. Ihre Flugdauer beträgt elf Monate. Das Landedatum ist der 3. Dezember, und zwar soll sie zwischen 75 und 78 Grad südlicher Breite auf dem geschichteten, terrassenförmigen Gelände im Südpolgebiet landen, das uns seit den Aufnahmen von Mariner 9 und der Viking-Orbiter so fasziniert. Zur Landung benützen wir nicht Prallsäcke wie bei Pathfinder, sondern Bremstriebwerke wie bei den Viking-Landern.

Der Polar Lander ist voll gepackt mit Instrumenten. Zunächst wird bereits in großer Höhe eine CCD(charged-couple device)-Kamera Bilder des Landevorgangs machen. Aber schon vorher werden zwei korbballgroße Behälter mit je einem Super-High-Tech-Mikropenetrator abgesprengt. Sie treffen mit 200 m in der Sekunde auf dem Boden auf, und die Penetratorsonden dringen zwei Meter tief in ihn ein, um dann für die nächsten 50 Stunden Bodentemperatur und Wetterzustände zu übermitteln.

Andere Instrumente sind ein von Russland beigesteuerter Gallium-Aluminium-Arsen-Laser, um die Atmosphäre senkrecht nach oben bis zu zwei bis drei Kilometer Höhe nach Eis- und Staubpartikeln zu sondieren. Ferner eine Stereokamera, ein robotischer Schürfarm mit Kamera, ein meteorologisches Instrumentenpaket und ein Wärme- und Gasanalysator. Es wird ohne Zweifel eine aufregende Mission werden.

Mittlerweile hat sich der 1997 am Mars eingetroffene Mars Global Surveyor durch fortgesetztes Aerobremsen näher an den Marsboden herangeschoben. Ende letzter Woche hatte er den Planeten 1067-mal auf einer Ellipse umkreist und kommt ihm jetzt bis auf 108 km nahe – die so genannte Periapse oder der Planeten-Nahpunkt. Der Fernpunkt, die Apoapse, liegt bei 2978 km, doch wird sie durch die atmosphärische Reibung bei jeder Umkreisung um 300 m reduziert. Bei 450 km, im kommenden März, hat der Orbiter seinen endgültigen Zielorbit erreicht, in dem er für einen Umlauf genau zwei Stunden benötigt und den Marsäquator jeden Tag genau um 14 Uhr Ortszeit, d.h. beim gleichen Sonnenwinkel, überfliegt. Damit beginnt seine eigentliche Arbeit der präzisen Kartierung des Planeten; doch hat die Sonde bereits in den vergangenen Monaten eine große Zahl faszinierender Aufnahmen von eigenartigen Bodenformationen zur Erde gefunkt – und dabei bekanntlich auch das angebliche »Marsgesicht« ein für alle Mal als mesa-artigen Gebirgszug demaskiert. Auch der Mars Global Surveyor kann im Bedarfsfall den Mars Climate Orbiter als Relaisstation für die Downlink-Verbindung zur Erde verwenden.

24 Der Weg zum Mars: Mars-Millennium-Projekt

Donnerstag, 14. Januar 1999

Heute hat US-Präsident Bill Clinton, vertreten durch die First Lady Hillary, hier das so genannte Mars-Millennium-Projekt ins Leben gerufen, in dessen Verlauf Jugendliche in ganz Amerika eine zukünftige Mars-Siedlung entwerfen und planen sollen. Das interdisziplinäre Lernprojekt bezieht alle Altersklassen vom Kindergarten über Volks- und Hochschul-Schüler bis zu College-Studenten über den ganzen Kontinent ein. Es ist eine weitere Initiative, die Jugend auf eine Zukunft vorzubereiten, in der Menschen ihrer Generation zu einer neuen Welt aufbrechen. Es bleibt abzuwarten, was daraus wird, aber ich bin hoffnungsfroh und voller Genugtuung, denn es ist ein weiteres Schrittchen auf dem Weg, den wir schon vor langer Zeit begonnen haben.

25 Neues vom Kosmos: Lebensbausteine im Weltraum

Dienstag, 26. Januar 1999

Unter den Ereignissen, die mich in den letzten Tagen neben meiner regulären Arbeit ganz besonders fasziniert haben, ist ein Forschungsbericht aus einer neuen Ausgabe des amerikanischen Fachorgans *SCIENCE*. Er behandelt das Ergebnis einer Untersuchung zweier Astrophysiker, nach der es im Weltraum große Mengen an organischen Stoffen gibt, und das macht die mögliche Existenz von Leben auf der Basis von Kohlenstoff außerhalb des irdischen Bereichs wahrscheinlicher als je zuvor. Die beiden Wissenschaftler hinter diesem Fund sind Farid Salama vom Ames-Forschungszentrum der NASA in Kalifornien und der Deutsche Thomas Henning vom Astrophysikalischen Institut in Jena.

Bei der Entdeckung handelt es sich um exotische Verbindungen des Elements Kohlenstoff, genannt polyzyklische aromatische

Kohlenwasserstoffe oder PAKs. Es sind sechsseitige (also hexago-
nale) Ringmoleküle wie der Benzolring, die bei uns immer dann
entstehen, wenn Mikroorganismen absterben und ihre komplexen
organischen Moleküle zerfallen. Sie bilden sich bei hohen Temperaturen, wahrscheinlich auch in großen Mengen in Sternatmo-
sphären, und wegen ihrer Ringstruktur sind sie so stabil, dass sie die
intensive Strahlung und harten Umweltzustände des Weltraums
überstehen können. Auf der Erde verursachen sie Luftverschmutzung und Krebs. Man findet sie in Dieselabgasen, angebrannten
Kochtöpfen, verschmorten Hamburgern und Zigarettenrauch.

Wenn, wie die Astrophysiker vermuten, diese Moleküle in
großen Mengen zwischen den Sternen vorkommen, dann könnte
dies eine gute Erklärung für gewisse Spuren in Lichtspektren sein,
die von den Astronomen überall im interstellaren Medium, also in
der plasmaförmigen Materie zwischen den Sternen, dem ISM, beobachtet werden. Wenn uns die Weltraumforschung die Zusammensetzung und inneren Prozesse des interstellaren Mediums enthüllt, führt uns dies einen großen Schritt voran in der Erkenntnis
des Ursprungs und der Entwicklung von Leben im Universum,
einschließlich unseres eigenen. Denn ohne Kohlenstoff gäbe es kein
Leben wie wir es kennen. Das Mutterelement spielt Schlüsselrollen
in der Evolution von Sternen und Planeten ebenso wie von
menschlichen Körpern, weil es in großen Mengen vorkommt und
komplexe Strukturverbindungen aufbauen kann.

Die Erforschung der polyzyklischen aromatischen Kohlenwasserstoffe könnte auch ein Rätsel lösen, das die Wissenschaft in diesem Jahrhundert schon lange beschäftigt: die mehr als einhundert
mysteriösen interstellaren »Löcher« in den Spektren des Sternen-
lichts. Das sind unerklärte Bande in der prismatisch auseinander
gezogenen und dadurch dem Auge sichtbar gemachten Zusammensetzung des Lichts. Es ist möglich, dass die polyzyklischen aromatischen Kohlenwasserstoffe *der* unbekannte Dunkelstoff sind,
der diese Spektralbänder im Sternenlicht ausspart.

Die astrophysikalischen Untersuchungen, bei denen die Spektren großer kohlenstoffhaltiger Moleküle in Weltraumsimulatoren
in ultraviolettem und sichtbarem Licht aufgezeichnet und dann mit
den echten astronomischen Spektren von Sternwarten wie Kitt

Peak in den USA und anderen verglichen werden, gehen weiter. Doch schon jetzt ist klar, dass wir dabei sind, in das komplexe kosmische Zusammensetzspiel, das die große Suche nach anderem Leben im Universum darstellt, ein weiteres bestärkendes Puzzle-Steinchen einzusetzen.

26 Internationale Raumstation ISS: Europas und Deutschlands Rolle

Montag, 1. Februar 1999

Als kürzlich die Crew der Shuttle-Mission STS-95 bei Bundeskanzler Gerhard Schröder zu Besuch war, reagierte ein Großteil der Bevölkerung sogleich mit Faszination, Interesse, ja Begeisterung, vor allem auf den 77-jährigen Senator John Glenn. Sein Auftritt warf auch die Frage nach Deutschlands Rolle in der bemannten Raumfahrt auf, die dieser Weltraumveteran so eindrucksvoll und überzeugend befürwortet.

Die Antwort beginnt mit Europa. Die Errichtung und der Betrieb der internationalen Raumstation ISS im All ist, wie der Name sagt, ein internationales Kooperationsprogramm von sieben Partnern: die USA, Russland, Japan, Kanada, Europa, Italien und Brasilien. Europa bildet hierbei eine Ausnahme insofern, als es ja selbst schon eine internationale Partnerschaft ist, verkörpert durch die Europäische Weltraumorganisation ESA, mit Hauptquartier in Paris. Von ESAs 14 Mitgliedstaaten wirken zehn am ISS-Programm mit, und zwar Belgien, Dänemark, Deutschland, Frankreich, Niederlande, Norwegen, Schweden, Schweiz, Spanien und – noch einmal – Italien, in dieser Form »multilateral« über die ESA, im Gegensatz zu »bilateral«, d.h. direkt mit der NASA.

Welches sind nun die Bestandteile dieser europäischen Beteiligung? Das Kernelement ist natürlich das Orbital-Labormodul Columbus, auch COF genannt (für Columbus Orbital Facility), ein bemanntes Mehrzwecklabor für Arbeiten in der Mikrogravitation auf den Gebieten Grundlagenphysik, Flüssigkeitsphysik, Werkstoffkunde, Technologieforschung und der Lebenswissenschaften. Gebaut wird es von Alenia Aerospazio in Turin/Italien, und ausgestattet wird es von der DASA. Es kommt erst gegen Montage-Ende im Jahr 2004 zur Baustelle im All. Das COF ist formell Europas Eintrittskarte in das Partnerschaftsprogramm, denn nur der Besitz eines Orbitalelements auf der Station oder die Lieferung wesentlicher Elemente der Orbitalinfrastruktur verleiht nach den Abmachungen unter den Partnern den Anspruch auf die Nutzung der Forschungskapazitäten und Ressourcen der Raumstation. Und hierbei gilt, fairerweise, dass jeder Partner so viel von der Raumstation an Nutzung zurückbekommt, wie er beigesteuert hat.

Nach Bauende müssen alle ISS-Partner ihren Anteil an den Aufwendungen übernehmen, die für den Betrieb und die Nutzung der Station erforderlich sind. Statt Gelder in einen gemeinsamen Betriebsfonds zu zahlen, haben die Partner aber dabei die Möglichkeit, betriebliche und logistische Sachleistungen zu erbringen, beispielsweise in Form von Zubringertransportleistungen, etwa Treibstoffnachschub – also eine Art Tauschgeschäft. Europa wird für solche Aufgaben die neue Ariane 5 einsetzen, doch muss sie für diesen Zweck mit einer quasi-intelligenten Oberstufe für die Rendezvous- und Andockmanöver mit der ISS ergänzt werden. Europa, speziell die französische Firma Aerospatiale, entwickelt dafür das so genannte Automatische Transfervehikel ATV. Es wird einen druckdichten Nutzlastcontainer zum Transport von Fracht und Tanks zum Transport von für den Stationsbetrieb erforderlichen Flüssigkeiten und Gase haben. Das ATV selbst kann freilich nicht als Beitragselement zur ISS-Infrastruktur gerechnet werden wie das COF, sondern es sind die damit zu erbringenden Transportleistungen, die verrechnet werden.

Um mittels solcher bargeldlosen Gegenleistungsgeschäfte sowohl das Columbus-Labor und das ATV einsatzbereit zu machen, als auch seinen Anteil an den Betriebskosten abzutragen, übernahm Europa noch eine Reihe weiterer Sachleistungen, etwa Bauelemente und Bordsysteme wie das Datenmanagement-Computersystem und einen robotischen Manipulatorarm für das russische Segment, diverse Wissenschaftsanlagen im amerikanischen Teil, ein Tiefkühlschrank im japanischen Labor usw. Für den Transport des COFs

1

1 *Rollout beim ersten Licht: »Semjorka« auf dem Weg zu Startplatz 1.* [Vorw. = Bezug auf Journaleintrag]

2 *Platz 1: Startvorbereitung einer R-7-Rakete in Tjura Tam.* [Vorw.]

3 *12. 4. 61: Wostok-1 hebt ab zum ersten bemannten Raumflug.* [Vorw.]

2

3

4 *Sergeij Pawlowitsch Koroljow (1906–1966).* [Vorw.]   5 *Wernher von Braun (1912–1977).* [Vorw., 51]

6 *Mai 1961: Die 1. Kosmonautengruppe (in Koroljows Krim-Wohnsitz Jaweinaja). 1. Reihe v. l.: P. Popwitsch, W. Gorbatko, E. Chrunow, J. Gagarin, S. Koroljow, Frau N. Koroljow m. Tochter Natascha, E. Karpow, N. Nikitin, Dr. E. Fedorow. 2. R. v. l.: A. Leonow, A. Nikolajew, M. Rafikow, D. Saikin, B. Wolunow, G. Titow, G. Nebulow, W. Bukowskij, G. Schonin. 3. R. v. l.: W. Filatjew, I. Anikejew, P. Belajew.* [Vorw.]

7

8

7 *Jurij Alexejewitsch Gagarin (1934–1968).* [Vorw.]

8 *Wladimir Nikolajewitsch Tschelomej (1914–1984).* [Vorw.]

9 *Gagarin geht an Bord (neben ihm links: Koroljow).* [Vorw.]

9

10 3. 7. 69: 2. vergeblicher Startversuch der Superrakete N1. [Vorw.]

11 1947: DOS-Orbitalstation Saljut-4 in Endmontage. [Vorw.]

12 Kosmonauten-Ehrenwand im Flugkontrollzentrum ZUP bei Moskau. [Vorw.]

13 Schwerträger Energija mit Sowjet-Shuttle Buran (links: Landeanflug, 15. 11. 88). [Vorw.]

14

15

14 Raumstation Mir (1986–2001). [2]

15 US-Astronautin Dr. Shannon Lucid an Bord von Mir (23. 3.–23. 9. 1998). [2]

16 Januar 1998: Russische ISS/Phase 1-Manager am Cape. (v. l.: Dr. Pawel Worobiew, Mir-Kosmonaut Alexandr Alexandrow, Saljut-/Shuttle-Kosmonaut Walerij Rjumin, Mir-/Shuttle-Kosmonautin Elena Kondakowa, Saljut-Kosmonaut Gen. Wladimir Kowalenok, Shuttle-Astronaut u. NASA Phase 1-Direktor Frank Culbertson, Saljut-Kosmonaut Jurij Glaskow, Jurij Kargapolow (nicht abgebildet: Verf./Fotogr. v. P.). [2]

16

17

17 *Internationale Raumstation ISS (nach Fertigstellung).* [1]

18 *30. 10. 98: Shuttle/STS-95-Astronaut John Glenn im Orbit.* [10,13]

19 *28. 11. 62: Mercury-6-Astronaut John Glenn u. Dr. Wernher von Braun.* [10,13]

18

19

20

20   ISS-Modul FGB: Attrappe Maßstab 1:1 auf der ILA '98, Berlin. [15]

21   ISS-Bauetappe 1:
US-Knoten »Unity«
(oben), FGB-Modul
(unten). [15, 43]

21

22

22 *Dezember 1968: Die Crew von Apollo 8.* V. l.: *James A. Lovell Jr., William A. Anders, Frank Borman.* [20]

23 *2. 1. 90: Jupitersonde Galileo fotografierte Erde u. Mond (Montage).* [21]

24 *Juni 1996: Drei Ansichten von Jupiters Vulkanmond Io, links »natürliche«, rechts computerverstärkte Farbgebung.* [21]

23

24

ins All an Bord eines Shuttle musste Europa außerdem rund die Hälfte des Moduls an die USA abtreten. Europa verfügt also nur über etwa 51 Prozent seines Laboratoriums. Da das COF ohnehin relativ bescheiden ausgefallen ist – mit weniger als sieben Meter Länge und viereinhalb Meter Durchmesser ist es nur halb so groß wie das japanische Labormodul –, bleibt der europäischen Forschung also nur ein peinlich kleines Spielfeld übrig. Seine Nutzung an der Raumstation beläuft sich insgesamt auf 8,3 Prozent.

Und nun zu Deutschlands Rolle in der ISS. Es ist eine traurige und empörende Story, wie man sie einst wohl der sprichwörtlichen Gemeinde Schilda zugeschrieben haben könnte. Von allen europäischen ESA-Staaten ist die Bundesrepublik am stärksten an der ISS beteiligt, mit einem finanziellen Anteil von 41 Prozent. Das sind rund 2,5 Milliarden D-Mark bis zum Jahr 2004, d. h. also, verteilt über sieben Jahre. Aber auf die gesamte Station umgelegt, beläuft sich der deutsche Anteil gerade mal auf zwei Prozent, und entsprechend groß, bzw. klein, ist auch die Nutzung an Bordressourcen, also an Raum, Strom, Wasser, Luft, Astronauten-Arbeitszeit usw. Es ist klar, dass man damit keine größeren Forschungsprogramme fahren kann, wie sie einem von Hochtechnologie und Export so abhängigen Land wie Deutschland und der einmaligen Gelegenheit der Forschung im Weltraum angemessen wäre. Immerhin ist dieser Anteil von zwei Prozent sechsmal kleiner als der des kleinen Japan, dessen Nutzungsanteil bei 12,3 Prozent liegt.

Deutschlands Beteiligung, so gering sie ist, soll nicht darüber hinwegtäuschen, dass sie auf Verpflichtungen von vorgestern zurückgeht, als die politische und wirtschaftliche Lage in der Bundesrepublik noch nicht so war wie heute. Sie darf nicht darüber hinwegtäuschen, dass die bemannte Raumfahrt in Deutschland heutzutage überhaupt nicht mehr gefördert wird. Von der kommerziell orientierten Raumfahrtindustrie, so groß sie in der Europäischen Union nach diversen Fusionen auch dastehen mag, kann man nicht erwarten, dass sie sich der bemannten Raumfahrt annimmt, die ja keine kurzfristige Rendite abwirft. Denn ihre wahre Bedeutung liegt eher auf soziokulturellem Gebiet als auf dem des profitorientierten »Shareholder Value«, nach dem sich die Industrie richtet – also des kurzfristigen monetären Wertgewinns für den Ak-

tionär. Hierbei macht man meines Erachtens in Deutschland freilich einen fatalen Fehler, wenn man diesen »Shareholder Value«
ausschließlich als Maximierung der Dividendenausschüttung definiert. Shareholder Value ist auch der Investitionswert, der dem
Aktionär *längerfristig* ins Haus steht – in Form besserer hochtech-
nologischer und wirtschaftlicher Wettbewerbsfähigkeit auf globalen
Zukunftsmärkten, in Form zusätzlicher Arbeitsstellen, in Form besserer Bildungsqualität und einer positiver motivierten Jugend sowie
all der anderen Pluspunkte, die die bemannte Raumfahrt eben mit
sich bringt. In den USA wird Shareholder Value von innovations-
freudigen und visionsbeflügelten Industrien auch unter diesen
Aspekten gesehen!

Längerfristig bahnt sich hier für Deutschland mit Sicherheit ein
tragisches Debakel an, das nach unverzüglicher beherzter Aktion
verlangt. Es ist kaum zu glauben, aber es gibt zum Beispiel keinen
strategischen langfristigen Plan für die Beteiligung an der Raumfahrtentwicklung, aus dem sich erkennen ließe, welche Vision
Deutschlands weitere Entwicklungen nach dem Columbus-Modul
bestimmen wird, d. h., auf welchen Gebieten die Industrien inves-
tieren sollten, welche Vorbereitungen die Bildungsexperten treffen
müssten, um maximalen Nutzen aus diesem einmaligen Standort
zu schlagen, was überhaupt für Wissenschaft, Wirtschaft, ja für die
ganze Kultur durch die Beteiligung an der ISS und was darauf folgt
herauskommt, und wie es weitergeht. Ja, es ist derzeit noch nicht
einmal klar, wie und ob der Betrieb des Columbus-Labors, die
Forschungsarbeit an Bord und seine periodisch erforderliche Neu-
instrumentierung mit fortgeschrittenen Wissenschaftsausrüstungen
über die weit in die nächsten Jahrzehnte hineinreichende Wir-
kungszeit der ISS überhaupt finanziert werden soll. Es wäre
tragisch, wenn das COF nach der ersten Betriebsperiode als leere
Konservendose im All aufgegeben, bzw. abgegeben würde. Um eine
solche vorausschauende visionsstarke und richtungsweisende Planung zu ermöglichen, braucht Deutschland in erster Linie wieder
ein *nationales* Raumfahrtprogramm, das neben der europäischen
Beteiligung existiert und dieser erst ihre optimale Wirksamkeit verleiht, sowie eine informierte Forschungspolitik.

27 Stardust – die Kometensonde

**Sonntag,
7. Februar
1999**

Heute war wieder einmal so ein Tag, an dem man besondere Dankbarkeit empfindet für seinen Job in der Raumfahrtforschung: Von Cape Canaveral startete nämlich eine Delta 2 mit einer ganz ungewöhnlichen Tiefraumsonde zu einer epischen Forschungsreise durch das Sonnensystem, auf der sie nicht nur zu einem echten Kometen fliegt, sondern in sieben Jahren auch wieder zur Erde zurückkehrt, um uns erstmals in der Geschichte eingesammelte Materialproben von ihm zu bringen. Der Komet trägt die Bezeichnung Wild-2, und die beim Start 385 kg schwere Sonde heißt »Stardust« (Sternenstaub), einen Namen, den sie mit Recht verdient. Es ist die erste Probenrückholung aus dem All seit Apollo 17 in 1972, und die erste Bergung fester Stoffproben aus größerer Distanz als der Mond.

Stardust ist eine der Forschungsinitiativen, mit denen die NASA nach den Ursprüngen forscht – den Ursprüngen und Entwicklungsprozessen der Sonne und Planeten unseres Sonnensystems und des Lebens auf der Erde selbst. Wer so etwas in Erfahrung bringen will, geht am besten zu den Uranfängen zurück – und in unserer Reichweite gibt es gut erhaltene Überbleibsel davon heute wahrscheinlich nur noch in Kometen. Sie sind die ältesten, urwüchsigsten, primitivsten Körper in unserem Sonnensystem, wahre Schatzkammern von gut erhaltenen Resten des wirbelnden Nebels aus »Sternenstaub« und Gasen, aus dem sich einst, vor 4,6 Milliarden Jahren, die Sonne und Planeten bildeten. Im Verlauf ihrer Evolution trugen Kometeneinschläge außerdem wesentlich zur Formung unseres Sonnensystems bei, und sie haben vielleicht sogar genügend Wasser mit sich geführt, um unsere Ozeane zu füllen. Es ist heute nicht mehr auszuschließen, dass es die Kometen waren, die neben Wasser auch die organischen Stoffe zur Erde brachten, aus denen unser Leben entstanden ist.

Im Verlauf der nächsten sieben Jahre wird Stardusts Flugbahn drei große Schleifen um die Sonne beschreiben. Die erste hat bereits begonnen, und zu ihrer Durchfliegung braucht die Sonde zwei

Jahre. Im Januar 2001 kehrt sie zu uns zurück und passiert die Erde in einem Abstand von knapp 6000 km, ein so genannter *Gravity-Assist Flyby*, bei dem das Schwerefeld der Erde einen Schleudereffekt ausübt und die Sonde beschleunigt. Dann beginnt sie die zweite und danach die dritte Sonnenschleife; für beide benötigt sie jeweils zweieinhalb Jahre. Die Begegnung mit Wild-2 erfolgt während der dritten Umrundung, genauer: am 1. Januar 2004, etwa drei Monate nachdem der Komet sein Perihel durchflogen hat, in dem er der Sonne am nächsten kommt – auf 1,86 Astronomische Einheiten (das sind 1,86-mal der Abstand Erde – Sonne). In dieser weniger aktiven Periode kann Stardust bis auf 150 km an seinen Kern heranfliegen und dadurch ganz frische Kometenmaterie aufgreifen sowie Aufnahmen des Kerns mit einer Auflösung bis zu zehn Meter machen. Seine Größe wird auf nur vier Kilometer geschätzt.

Wild-2 ist erst in den letzten 25 Jahren in die Reichweite einer Mission gekommen, die mit insgesamt nur 200 Mio. Dollar relativ kostengünstig ist. Vor 1974 hatte sich der Komet der Erde nur auf die Distanz des Jupiters genähert, und es war die Schwerkraft dieses Gasriesen, die die Kometenflugbahn bei einer nahen Passage 1974 so abänderte, dass sie jetzt bis zur Marsbahn hereinreicht und damit für uns leichter zugänglich geworden ist.

Stardust bezieht seine Energie von der Sonne; seine beiden Batterieflügel tragen zusammen sechs Tafeln mit Sonnenzellen, die im weitesten Sonnenabstand noch 170 Watt liefern (das sind nur 13 Prozent der im Erdabstand verfügbaren Solarenergie). Die Sonde hat eine Fernsehkamera wie die Voyager-Sonden und drei Forschungsinstrumente – ein Staubflussmessgerät, einen Komet- und Interstellarstaubanalysator und den eigentlichen Staubsammler. Der sieht wie eine Signalkelle aus und wird während der zehnstündigen Passage des Kometen hochgeklappt. Seine Fangfläche ist gitterförmig wie eine Eiswürfelschale und gefüllt mit einer speziell entwickelten Klebesubstanz. Dieses so genannte Aerogel, das auch als »gefrorener Rauch« beschrieben worden ist, fängt das Material aus Schweif und Hülle des Kometen wie Fliegenpapier auf und hält es fest. Wenn die Sonde dann nach der dritten Sonnenschleife zur Erde zurückkehrt, wird das Material in einer Eintrittskapsel abgeworfen. Die 81 cm weite, mit 16 Umdrehungen in der Minute drallstabilisierte Kapsel tritt dann mit 12,5 km/s in die Erdatmosphäre ein, wesentlich schneller als die Apollo-Raumschiffe. Geschützt wird sie vorne von einem phenol-imprägnierten Kohlenstoff-Abschmelzschild, hinten von einem Schott aus Graphit-Epoxy-Verbundmaterial mit Korkbeschichtung. Danach entfaltet sie einen Fallschirm und landet so in der Nähe von Salt Lake City auf der Utah Test and Training Range, am 15. Januar 2006.

Auf Stardust folgen in den nächsten Jahren sechs weitere Missionen für Probenrückholung: vom Sonnenwind, von anderen Kometen und vom roten Planet Mars. Die »Suche nach den Ursprüngen« ist damit in vollem Gang.

28 Raumfahrt: Kritische Fragen unter der Lupe

Dienstag, 9. Februar 1999

Heute möchte ich mir ein paar der Argumente vornehmen, die man von Kritikern der bemannten Raumfahrt, vor allem in Deutschland, immer wieder hört. Da ist zum Beispiel davon die Rede, dass die Kosten der internationalen Raumstation ISS zu hoch wären. Und es wird unterstellt, dass sie geringer ausgefallen wären, wenn wir zunächst ein neues, auf die besonderen Anforderungen der Station zugeschnittenes Transportsystem entwickelt hätten. Manchmal verbindet man damit die Behauptung, dass es deshalb vielleicht sogar von Vorteil wäre, wenn sich die Europäer nicht allzu stark an diesem Projekt engagieren und stattdessen eine eigene, autonome Raumstation mit einem neuen Billigtransportsystem entwickeln würden.

Das Argument ist völlig absurd, denn es geht von falschen Voraussetzungen aus. Zum Teil wissen diese Kritikaster echt nicht, wovon sie sprechen, d.h. es sind Laien; zum anderen Teil sind es aber manchmal auch Leute, die politisch motiviert sind, also irrational, und das erfolgreichere »Konkurrenz«-Konzept mies machen wollen. Und dann gibt es noch die Antitechnik-Hysteriker.

Was habe ich zur Frage der Transportkosten zu sagen? Nun, für den Nachschub benützen wir bei der ISS weitgehend russische Raketen vom Typ Sojus-U aus Samara mit unbemannten Progress-Transportern. Billiger geht's wirklich nicht, sonst wäre Russland schon längst von diesem seit 25 Jahren fliegenden Gerät abgekommen. Später treten wahrscheinlich die europäische Ariane 5 mit der Oberstufe ATV hinzu sowie die japanische H-2 mit der Oberstufe HTV, und man kann absolut sicher sein, dass bei deren Bereitstellung der Hauptschwerpunkt auf Kostenminimierung liegt.

Mancher Laie mag hier fragen, ob es denn von den Kosten her für die NASA nicht besser gewesen wäre, wenn wir nicht die Superrakete Saturn V »verschrottet« hätten, die doch billigere Transporte ermöglichen würde als der Spaceshuttle? Darauf kann ich nur antworten, dass das eben auch nicht stimmt. Die Saturn V war für die bemannte Mondlandung ausgelegt und optimiert (woran ich ja direkt beteiligt war). Für den Transport in die Erdumlaufbahn allein hätte sie in der zweistufigen Version zwar größere Raumstationselemente befördern können, bis zehn Meter Durchmesser statt 4,5 m wie der Shuttle, aber Größe allein tut's bei der Raumstation nicht. Die Kosten entstehen hauptsächlich durch den Zubringerdienst, und für den Nachschub und den bemannten Betrieb wäre unsere schöne Saturn V blanke Verschwendung und ein Fehler gewesen, ein weißer Elefant: Wo würden wir denn die 120 t Nutzlast hernehmen (und wie sie bezahlen?), die sie bei jedem Flug zu schleppen gehabt hätte? Die europäische Ariane 4 zum Beispiel hätte die Saturn V wirtschaftlich leicht in den Schatten gestellt. Man darf die Kosten niemals unrelativiert sehen, sonst kommt man zu falschen Schlüssen.

Wenn man bedenkt, dass der Shuttle auch heute noch die einzige wiederverwendbare und fähigste bemannte Transport- und Rückkehrmaschine plus Orbitalplattform für Missionen von bis zu zwei Wochen Dauer ist, sind die Kosten nicht zu hoch. Das einzige andere bemannte Gerät auf der Welt, Russlands Sojus, ist nicht wiederverwendbar; es kann nur drei Menschen transportieren und neben diesen keine andere Nutzlast hinauf- oder herunterbringen. Die NASA und die USA schätzen sich glücklich, den Shuttle zu haben, und unsere Öffentlichkeit sieht es mit Nationalstolz. Er wird noch mindestens die nächsten 20 Jahre Dienst bei uns tun, mit schrittweisen Verbesserungen, das zeigt unsere strategische Planung ganz klar. Der Shuttle ist heute sicherer als jemals zuvor, und den amerikanischen Steuerzahler kostet er 21 Prozent weniger als 1991 – ja sogar 40 Prozent, wenn man die Inflation mit einkalkuliert.

Nichtsdestoweniger sind wir gleichzeitig bemüht, eine Reihe fortgeschrittener Transportkonzepte zu untersuchen, vor allem auch neue Triebwerksysteme, damit der Shuttle, wenn die entsprechenden Technologien so weit gediehen sind, auch einen echt guten Nachfolger findet, der wirklich um ein bis zwei Größenordnungen besser ist, vor allem in Sachen Kosten.

Die Transportaufgabe umfasst ja auch Zubringerflüge von Menschen zur ISS und zurück. Es sind heute keine Billigtransportsysteme verfügbar oder auch machbar, die den Anforderungen des bemannten Flugs ins All in punkto Sicherheit, Zuverlässigkeit, Betriebsflexibilität usw. genügen. Das hat schon Wernher von Braun frühzeitig erkannt, und ich nenne es das erste Gesetz der Raumfahrt. Es lautet schlichtweg: Menschenflug geht nicht billig, und wenn jemand Menschen ins All fliegen will, muss er sich von vornherein damit abfinden, dass es Geld kostet. Wer die Kosten scheut, soll die Finger davon lassen.

Und was ist mit der Idee einer eigenen europäischen Raumstation? Sie ist meiner persönlichen Meinung nach eine völlig abwegige Spinnerei, die man sich aus dem Kopf schlagen muss; technisch hat Europa dazu nicht die Infrastruktur und auch nicht die Finanzen und politisch sehe ich unter den heutigen Voraussetzungen und Anschauungsbeispielen hierzu nicht die geringsten Chancen für einen Konsens. Außerdem lassen sich die Zukunftsvisionen der Raumfahrtentwicklung nur durch internationale, ja globale Zusammenarbeit verwirklichen, die dadurch wiederum auf der Erde vereinend und friedensfördernd wirkt. Ein Alleingang im All wäre für Europa ein gewaltiger Schritt zurück in eine vergangene dunklere Epoche.

Eine weitere Kritik an der bemannten Raumfahrt, die man auch heute noch hört, lautet, dass sich mit Ausnahme von Experimenten am Menschen fast alle Experimente im All besser, präziser und kostengünstiger durch unbemannte Missionen durchführen ließen. Zu diesem Punkt sage ich ganz deutlich, dass es sich auch hier überwiegend um eine subjektive und häufig von eigenen Interessen motivierte, also eher politische Aussage handelt, die schon längst von der Wirklichkeit als weitgehend hohle Sprechblase bloßgestellt worden ist. Die Realität der Raumfahrt hat in meiner 40-jährigen Erfahrung immer und immer wieder bewiesen, dass der Mensch bei der wissenschaftlichen Forschung im All eine wichtige, oftmals sogar entscheidende Schlüsselrolle spielt. Gewiss gibt es Experimente, bei denen seine ständige Anwesenheit unnötig oder gar störend wäre, doch auch bei solchen Wissenschaftsdisziplinen haben Menschen immer wieder eingreifen müssen, um komplexe und teure Forschungsinstrumente zu warten, zu versorgen, zu reparieren oder auf den neusten Stand zu bringen. Ihre Intervention hat der wissenschaftlichen Forschung Werte von hunderten von Mio. Dollar erhalten. Man denke nur an das Hubble-Teleskop, an das Gammastrahlen-Observatorium Compton, oder viele andere vom Shuttle aus ausgesetzte und geborgene Forschungssatelliten. Außerdem betreiben wir ja Weltraumfahrt nicht nur der wissenschaftlichen Forschung wegen, sondern auch aus vielen anderen Gründen – aber das sagen diese Kritikaster in ihrem pauschalisierenden Schwadronieren nicht.

29 Internationale Raumstation ISS: Neue Entwicklungen

Dienstag, 23. Februar 1999

In der bemannten Raumfahrt hat sich bei uns in den letzten Tagen wieder so einiges getan, besonders natürlich bei der internationalen Raumstation ISS. Der bereits die Erde umkreisende erste Baukomplex, bestehend aus dem Energieblock Sarja und dem daran angedockten Knotenelement Unity, befindet sich in exzellenter Verfassung. Seine Umlaufbahn hat eine Höhe von derzeit 395 km und eine Bahnneigung zum Äquator von 51,6 Bogengrad. Unsere beiden Flugkontrollzentren, das eine in Houston, Texas (MCC-H), das andere in Koroljow bei Moskau (MCC-M, russisch ZUP, für *Zentr Uprawlenija Poljetami*), stehen mit ihm in Verbindung, überwachen die Bordzustände über Telemetriekanäle und senden Kommandos hinauf, um den ganzen Stack (also den »Stapel«), wie wir ihn nennen, durchzuprüfen.

Da ist zum Beispiel die Frage der periodisch schwankenden Erwärmung des Geräts.

Je nach Jahreszeit wird die Umlaufbahn der ISS mehr oder weniger von der Sonne beschienen. Ausschlaggebend ist der so genannte Beta-Winkel zwischen der Senkrechten auf der Bahnebene und der Verbindungslinie Erde–Sonne. Dieser Winkel war letzte Woche Null gewesen und wächst derzeit mit der Bewegung der Erde um die Sonne langsam wieder an, und damit wird der Stack auch wärmer. Die metallenen Wände brauchen dadurch nicht mehr so sehr mit elektrischen Heizkörpern gewärmt zu werden, damit sich die Luftfeuchtigkeit der Bordatmosphäre nicht an den Innenwänden zu Wasser auskondensiert, und das erspart uns Bordstrom für die Heizung, den Unity von Sarja bekommt – rund 600 Watt für solche Housekeeping-Zwecke. Wie das alles zusammen funktioniert, müssen wir erst am Objekt an Ort und Stelle ausprobieren, denn auf dem Boden haben sich diese Zustände vorher nie richtig simulieren lassen, und das ist der Hauptzweck der gegenwärtigen Kontrollaufgaben.

Jeder Erdenbürger kann heute die ISS übrigens mit dem bloßen Auge als Morgen- oder Abendstern sehen, wenn sie gerade die betreffende Wohngegend überfliegt. Die Zeiten und Blickrichtungen veröffentliche ich regelmäßig im Internet, derzeit für über 3400 Orte weltweit. Die Tabellen für die ISS können über unsere Office of Space Flight – d. h. über die OSF-Homepage abgerufen werden, unter der folgenden Adresse:

http://www.hq.nasa.gov/osf/station/viewing/issvis.html.

Diese Woche treten wieder unsere ISS-Teams in Moskau zu umfangreichen Besprechungen zusammen, um inzwischen angefallene

Fragen und Probleme gemeinsam anzugehen. Am wichtigsten ist die Festsetzung eines neuen Starttermins für das russische Service-modul, das dritte ISS-Bauteil, das eigentlich Mitte Juli dieses Jahres starten sollte und sich nun doch verspätet, wie ich schon befürch-tet hatte. Es ist so gut wie fertig gebaut, befindet sich aber zurzeit noch in Koroljow bei Moskau auf dem Prüfstand in der Firma Energija, die es auf Herz und Nieren elektrisch durchtestet. Sein Transport zum fernen Baikonur per Eisenbahn ist nun für Ende März/Anfang April vorgesehen; er dauert fünf Tage. Danach folgen eine Integrationsprüfung aller Bordsysteme und die eigentliche Flugvorbereitung, die vier bis fünf Monate oder auch länger dauern kann. So wird sich der Starttermin verschieben, bis in den Herbst dieses Jahres, wahrscheinlich Oktober/November. Aber wir haben ja keine Eile.

Das bedeutet aber nicht, dass bis dahin im All Ruhe herrscht. Der erste Versorgungsflug zur ISS mit dem Shuttle Endeavour ist für den 20. Mai dieses Jahres in Vorbereitung. Die unter der Be-zeichnung STS-96 laufende Mission wird Gerätschaften und Versorgungsgüter für die spätere permanente Besatzung hinauf-bringen. Vor wenigen Tagen ist dieser Shuttle-Crew ein russischer Kosmonaut zugeteilt worden, Walerij Iwanowitsch Tokarew, Oberst und Testpilot der russischen Luftwaffe. Die übrige Crew be-steht aus Kent Rominger, dem Kommandant, Pilot Rick Husband, Daniel Barry und den drei Frauen Ellen Ochoa, Tamara Jernigan und Julie Payette, eine Kanadierin. Russische Kosmonauten neh-men auch an den späteren Shuttle-Versorgungsflügen teil, etwa Juri Iwanowitsch Malentschenko und der Arzt Dr. Boris Morukow bei STS-101/Atlantis am 14. Oktober.

Hinzu kommen dieses Jahr noch drei weitere Shuttle-Missio-nen. Da ist zunächst STS-93/Columbia am 9. Juli mit dem riesigen Röntgenstrahlen-Observatorium Chandra, früher AXAF genannt, das sich während der Endüberprüfung etwas verspätet hat. Dann die Erdbeobachtungs-Mission STS-99 am 16. September, bei der die Endeavour zwei große Spezialradargeräte für topographische Abbildungen der Erde an Bord führt, das eine acht Meter lang und an einem 60 m langen Mast aufgehängt, das andere, zwölf Meter groß, in der Nutzlastbucht montiert. Zur Crew gehören der europäische Astronaut Gerhard Thiele und der Japaner Mamoru Mohri. Die letzte Mission des Jahres findet dann am 2. Dezember statt, wieder ein Zubringerflug zur ISS, unter der Bezeichnung ISS 3A, mit wichtigen Bauelementen an Bord. Sein Start ist davon abhängig, ob das Servicemodul vorher planmäßig in den Weltraum gelangt und erfolgreich am hinteren Ende von Sarja angedockt worden ist.

Weiter geht's dann im Januar 2000 mit dem Sojus-Start der ersten Bordcrew für die ISS, Kommandant Bill Shepherd und die Kosmonauten Jurij Gidsenko und Sergeij Krikaljow, der ja bereits bei STS-88 dabei war, als die Endeavour den ersten Shuttlebesuch bei der ISS durchführte.

30 Antriebssysteme: Letzter Stand

Dienstag, 2. März 1999

Wenige technische Aspekte des Kulturphänomens Raumfahrt sind für den interessierten Menschen so faszinierend wie ihre Antriebssysteme. Sie befähigen uns, der gewaltigen Anziehungskraft der Erde zu entfliehen und danach große Räume zu durchmessen. Die Masse und Größe der Nutzlasten, die wir in Erdumlaufbahnen bringen können, die Flugzeiten, die wir für Tiefraummissionen in Kauf nehmen müssen und last, not least natürlich auch die Kosten der Raumfahrt – sie alle hängen in erster und wichtigster Linie von den Antriebssystemen ab, die uns zur Verfügung stehen.

In der Entwicklung von Raketentriebwerken haben wir es in den vergangenen 60 Jahren, seit dem ersten Großflüssigkeitstriebwerk der Welt, dem der A-4, bzw. V2, sehr weit gebracht. Der von der Leistung her führende chemische Raketenmotor ist heute das Flüssigkeitstriebwerk des Spaceshuttle – etwas besseres gibt's nicht, aber die russische Triebwerkentwicklung kommt ihm sehr nahe.

Bessere Antriebssysteme existieren vorläufig lediglich in Planungsdokumenten, auf Konstruktionszeichnungen und in Computermodellen von Triebwerksplanern und -entwicklern. Ihre Entwicklung ist sehr kostspielig und immer an ein vorgegebenes Missionsspektrum gebunden, d. h., bevor man die Entwurfsparameter eines Triebwerks festlegen und es entwerfen kann, muss man seine geplante Mission und ihre Anforderungen kennen. Es gibt jedoch einen Bereich, der weit in die Zukunft blickt und sich nicht von solchen visionshemmenden Vorgaben einschränken lässt – und das ist Sciencefiction. Hier wird von den frühesten Anfängen dieser Literaturgattung an mehr oder weniger über die Überwindung von Raum und Zeit spekuliert. In einer Zeit, in der wir in den vergangenen 40 Jahren der aktuellen Raumfahrt gerade mal vier unbemannte Sonden auf Flugbahnen gesetzt haben, auf denen sie in diesen Tagen erst unser Sonnensystem verlassen und in den interstellaren Raum eintreten – nämlich Voyager 1 und 2 sowie Pioneer 10 und 11 –, durchmessen in der spekulativen Raumfahrt von Sciencefiction gewaltige bemannte Raumschiffe von der Erde schon seit Jahrzehnten interstellare Räume, voran das weltweit wohl populärste Sternenschiff *Enterprise* von Star Trek.

Um schnell und bequem von unserem Stern Sol, der Sonne, zu anderen Sternen zu gelangen, hat Sciencefiction bereits die drei wichtigsten Breakthroughs (also Durchbrüche) hinter sich, die wir in der realen Welt noch nicht geschafft haben: 1. eine Möglichkeit, schneller als das Licht zu fliegen, 2. eine Maschine, mit der man ein Raumschiff ohne mitgeschleppten Treibstoff antreiben kann, und 3. eine Möglichkeit, solche Maschinen mit Energie zu versorgen. Warum? Ganz einfach: Weil der Weltraum endlos und seine Entfernungen unvorstellbar groß sind.

Es ist immer wieder schwierig, sich ein Bild von der Größe dieser im wahrsten Sinn des Wortes astronomischen Distanzen zu machen. Nehmen wir an, eine ordinäre Murmel von einem Zentimeter Durchmesser repräsentiert unsere Sonne, dann beträgt der Abstand zur Erde, die so genannte Astronomische Einheit, etwa 1,20 m, die Erde selber wäre nicht dicker als ein Blatt Papier, und die Bahn des Mondes hätte einen Durchmesser von einem Zentimeter. In diesem Maßstab misst die Entfernung zu dem uns nächstliegenden Stern etwa 340 km, etwa von Frankfurt nach Konstanz. Was diese Entfernungen bedeuten, wird klar, wenn man bedenkt, dass das Licht, das Schnellste was wir kennen, zur Überbrückung der Astronomischen Einheit von 1,20 m acht Minuten benötigt. Für die 340 km braucht es 4,3 Jahre – und das heißt auch, dass der uns nächste Stern 4,3 Lichtjahre entfernt ist.

Für die 4,3 Lichtjahre bräuchten wir bei einer Reisegeschwindigkeit von 80 Stundenkilometer über 50 Mio. Jahre. Mit typischer Raumschiffgeschwindigkeit von heute, etwa der der Apollo-Missionen zum Mond, würde die Reise mehr als 900 000 Jahre dauern; die Voyager-Sonde, die beim Verlassen des Sonnensystems ein Tempo von rund 60 000 Stundenkilometer hatte, benötigt dafür noch immer 80 000 Jahre. Wenn wir uns nicht damit abfinden, in einem so genannten Generationenschiff zu den Sternen zu reisen, in dem Menschen tausende von Jahre lang über Generationen hinweg leben, müssen wir einen Weg finden, schneller als das Licht zu fliegen.

Ein zweites Problem ist die erforderliche Treibstoffmasse. Mit chemischen Triebwerken wie beim Shuttle wäre es unmöglich: Im ganzen Universum gibt's nicht genügend Masse, um die erforderliche Treibstoffmasse zu liefern. Wie steht es mit nuklearen Triebwerken? Nun, Antriebe auf Fissionsbasis, wie sie heute machbar wären, bräuchten einen Treibstofftank von der Größe einer Milliarde Supertanker, und bei Fusionstriebwerken würden noch immer eintausend Supertanker benötigt. Selbst wenn wir futuristische Antriebe betrachten, die auf der Grundlage heutigen Wissens entworfen werden können, etwa ein Ionentriebwerk oder eine Antimaterierakete, deren Leistung einhundertmal besser als die des Shuttletriebwerks sein würde, bräuchte das Raumschiff einen Tank von der Größe von etwa zehn Eisenbahntankwagen. Das hört sich zunächst gar nicht so schlecht an, bis uns einfällt, dass wir ja noch gar nicht den Treibstoff zum Bremsen am Ziel einkalkuliert haben, und dass die Reise selbst mit solchen futuristischen, aber denkbaren Antrieben immer noch neun Jahrhunderte dauert.

Was wir brauchen ist also einen Antrieb, der uns nicht nur Überlichtgeschwindigkeit erreichen lässt, um die Reisezeit zu verkürzen, sondern darüber hinaus auch keinen mitgeführten Treibstoff benötigt. Solche Wundersysteme werden in Sciencefiction oft Warp-Antriebe, Hyperspace-Drive usw. genannt.

Wie steht es damit in der wirklichen Welt? Der Flug mit Überlichtgeschwindigkeit ist heute noch rein spekulativ, und nur ein paar wenige Facetten davon berühren wissenschaftliches Gebiet. Wir sind an dem Punkt, wo wir wissen was wir wissen und was wir nicht wissen, aber was wir noch nicht wissen, ist, ob Überlichtgeschwindigkeitsflug jemals möglich sein wird.

Die »Bad News« ist, dass der bereits angesammelte Fundus an wissenschaftlichem Kenntnisstand die Möglichkeit von Überlichtgeschwindigkeit widerlegt. Dies ist ein Resultat von Einsteins Spezieller Relativitätstheorie. Sie besagt, auf den einfachsten Nenner gebracht, dass man zur Beschleunigung auf Lichtgeschwindigkeit unendlich viel Energie benötigt – mehr als das ganze Universum enthält –, mehr als sämtliche Universen enthalten. Ja, es gibt da eine Reihe anderer Perspektiven, die Einstein zu widersprechen scheinen, wie Tachyonen, Wurmlöcher, das Inflationsuniversum, Raumzeitkrümmung oder -warps, Quantenparadoxa, alles theoretische Ideen der seriösen wissenschaftlichen Forschung, doch ist es noch viel zu früh, um sagen zu können, ob diese Konzepte sinnvoll sind und Substanz haben. Eine der bisher unüberbrückbaren Schwierigkeiten, die sich mit Überlichtgeschwindigkeitsflug verbinden, sind Zeitparadoxa. Als wenn wir mit Überlichtgeschwindigkeit nicht schon Trouble genug hätten, kann man sich auch noch logisch ausgefeilte Szenarien ausmalen, bei denen der Überlichtgeschwindigkeitsflug einer Zeitreise gleichkommt. Und nach unserem heutigen Wissen ist Zeitreise ungeheuer viel schwieriger als das Überschreiten der Lichtgeschwindigkeit – oder richtiger sollte ich wohl »unendlich viel schwieriger« sagen.

Wird sich die Spezielle Relativitätstheorie einstmals umgehen lassen? Da wir auf diesem Gebiet einfach nicht genügend wissen, kann man nicht »unmöglich« sagen, sondern »vielleicht«. Vielleicht liegt der Breakthrough bei den so genannten Wurmlöchern, theoretischen Konzepten, bei denen sich der Raum so stark krümmt, dass eine Raumfalte zwei weit voneinander entfernte Punkte im All aneinander legt und eine Art rasch rotierenden Verbindungstunnel bildet, durch den sich die gewaltige astronomische Distanz praktisch zeitlos abkürzen ließe. Es gibt noch andere spekulative und hypothetische Konzepte, etwa Alcubierres Warp Drive, Antriebe mit negativer Masse, Antriebe mit Gravitationswellen usw. usw., aber sie alle, das sei noch einmal mit allem Nachdruck betont, gehören heute noch solide in den Bereich von Sciencefiction. Doch regen sie das kreative menschliche Gehirn zum Nachdenken an, und die Geschichte zeigt, dass solche »Spinnereien«, wie sie vom Schulwissen oft bezeichnet werden, durchaus zu wissenschaftlichen Theorien, zur Forschung und manchmal zu aktuellen neuen Technologien führen können. Man muss ihnen offen gegenüberstehen, und deshalb unterhält die NASA auch eine Forschungsgruppe, die sich am John-Glenn-Forschungszentrum in Cleveland, Ohio, speziell mit diesen Fragen beschäftigt.

31 Geschichte: Meilensteine der Luft- und Raumfahrt

Mittwoch, 10. März 1999

Ab und zu muss man mal in die Vergangenheit zurückblicken, wenn man den Blick in die Zukunft relativieren will, um kommende Entwicklungen besser einschätzen zu können. Neulich habe ich das in einem Vortrag für die Raumfahrt gemacht, und diese Rückschau hat mir eine Reihe interessanter Ereignisse ins Bewusstsein zurückgerufen.

Ende letzten Jahres waren es immerhin 95 Jahre seit dem ersten Flug einer motorgetriebenen Flugmaschine unter Pilotenkontrolle, am 17. Dezember 1903. Zwölf Sekunden lang knatterte die Maschine von Orville und Wilbur Wright in Kitty Hawk, North Carolina, am Atlantikstrand über eine Strecke von rund 40 m durch die Lüfte, nachdem sie zwei Jahre lang mit motorlosen Gleitern experimentiert hatten. Richtig berühmt wurden sie jedoch erst 1908, als Orville eine weiterentwickelte Flugmaschine dem Kriegsministerium vorführte und die beiden dann auch in Europa damit auftraten. Interessanterweise untersucht die NASA derzeit einen maßstabgetreu nachgebauten Wright-Flyer von 1903 im Windkanal. Mit Hilfe der aerodynamischen Meßwerte wird ein zweites Exemplar des Geräts gebaut, das dann zur Hundertjahrfeier des ersten

Motorflugs der Welt am 12. Dezember 2003 in Kitty Hawk geflogen wird. Selbst der Pilot steht schon fest: Professor Fred Culick vom Caltech, dem kalifornischen Institute of Technology.

1903 war es auch, als ein russischer Volksschullehrer namens Konstantin Eduardowitsch Ziolkowskij in Kaluga seine Schrift »Raumerkundung mittels Reaktions-Geräten« veröffentlichte und damit das Zeitalter der Raumfahrt begann. Achtzig Jahre ist es her, dass ein anderer Einzelgänger, der amerikanische Professor Robert Hutchins Goddard aus Massachusetts, in einer wissenschaftlichen Schrift mathematisch zeigte, dass eine Mondrakete machbar sei, und 76 Jahre ist es her, dass ein dritter Einzelgänger, Hermann Oberth aus Siebenbürgen, sein Büchlein »Die Rakete zu den Planetenräumen« veröffentlichte, das großen Einfluss auf die ersten Raumfahrtpioniere hatte und zur Bibel der Raketenbauer wurde. Was danach kam und bis heute andauert, gleicht einer wahren Explosion: Auf der ganzen Welt haben der Traum und die ersten Unternehmungen der bemannten Raumfahrt in die Weiten des Alls die Öffentlichkeit in ihren Bann gezogen.

Siebenundfünfzig Jahre sind seit dem Jungfernflug der ersten serienmäßig hergestellten Flüssigkeits-Großrakete der Welt vergangen, der A-4 (V2) in Peenemünde, und letztes Jahr waren es 45 Jahre, dass das ehemalige Peenemünder Pionierteam unter Wernher von Braun in Cape Canaveral, Florida, die erste Redstone-Rakete startete, eine aus der V2 weiterentwickelte Mittelstreckenrakete der US-Armee, auf der acht Jahre später Alan Shepard und Gus Grissom im Mercury-Programm die ersten beiden bemannten Flüge Amerikas durchführten, noch suborbital. Den Namen Mercury erhielt das bemannte Raumfahrtprogramm am 26. November 1958, einen Monat nach der Gründung der NASA, vor rund 40 Jahren. Im gleichen Jahr, 1958, war es auch, als am 31. Januar das von-Braun-Team mit Explorer 1 den ersten amerikanischen Erdsatelliten startete, vier Monate nach der Herausforderung durch den sowjetischen Sputnik 1, den ersten Erdsatelliten aus Menschenhand. Explorer 1 hatte einen Detektor für kosmische Strahlen an Bord und machte damit prompt eine der wichtigsten Entdeckungen der Raumfahrt: die beiden ringförmigen Strahlungsgürtel der Erde, die heute nach James Van Allen, dem Erbauer des Instruments, genannt sind. 1958 war übrigens auch das Jahr, in dem die Zahl der transatlantischen Flugpassagiere zum ersten Mal die Zahl der per Ozeandampfer reisenden Passagiere überstieg.

Danach beschleunigten sich die Entwicklungen, angeschürt von den Spannungen des Kalten Krieges. 1963, vor rund 35 Jahren, stellte der NASA-Testpilot Joe Walker in einer X-15-Maschine mit seinem 25. und letzten Flug einen neuen Höhenrekord von 107 km auf. Zu dieser Zeit waren im Raumfahrtsektor der NASA die Vorbereitungen des Mondlandeprogramms Apollo auf volle Touren gekommen, nachdem Präsident John Kennedy am 25. Mai 1961 die Landung eines Menschen auf dem Mond und seine sichere Rückbringung vor Ende der 60er Jahre zur nationalen Aufgabe erklärt hatte.

Letzten Dezember war es 30 Jahre her, dass Apollo 8 der Welt bewies, dass Menschen das Schwerefeld der Erde verlassen, zum Mond fliegen und wohlbehalten zurückkehren können. Frank Borman, Jim Lovell und Bill Anders umkreisten den Mond zehnmal auf ihrem unvergesslichen Weihnachtsflug von 1968. Andere Apollo-Missionen folgten, bis am 16. Juli 1969 Apollo 11 mit Neil Armstrong, Buzz Aldrin und Mike Collins zur ersten Mondlandung startete und damit Kennedys Auftrag erfüllte. Diese Mission hat im Juli ihr 30. Jubiläum, und mit Sicherheit werden viele Menschen ihrer gedenken – festlich und, wie in meinem Fall, manchmal auch nostalgisch.

Dreißig Jahre ist es auch her, dass bereits über 2000 Amerikaner bei den Fluglinien PanAm und TWA kommerzielle Flüge zum Mond gebucht hatten. Bezahlen brauchten sie noch nichts, aber jeder Anmelder erhielt ein schönes Bestätigungsschreiben. Ich bin sicher, dass es in den nächsten ein/zwei Jahrzehnten zu einem aktuellen Weltraumtourismus kommen wird – wenn auch nicht gleich zum Mond.

Im Juli sind auch 34 Jahre vergangen seit dem Eintreffen der ersten Forschungssonde am roten Planeten Mars. Mariner 4 sandte damals 22 Aufnahmen zur Erde, die vielen Menschen, die mit einer Marsbiotik gerechnet hatten, eine bittere Enttäuschung bereiteten. Und in zwei Wochen von heute, am 23. März, sind es 25 Jahre, dass die Raumsonde Mariner 10 den Planet Merkur erreichte und im Verlauf von zwölf Tagen dicht an ihm vorbeiflog. Sie fand heraus, dass der innerste Planet des Sonnensystems zum größten Teil aus Eisen besteht, eine von Vulkankratern übersäte Gesteinsoberfläche mit einer hauptsächlich aus Helium bestehenden Atmosphäre hat und von Staubstürmen gepeitscht wird. Seine Temperaturen variierten zwischen minus 180 und plus 430 °C.

Viele andere Raumsonden machten in den vergangenen 30 Jahren Geschichte – erwähnt seien nur Pionier 10 und 11, die beiden Viking-Sonden zum Mars, und Voyager 1 und 2, heute auf dem Weg zu den Sternen.

Vor 18 Jahren starteten John Young und Bob Crippen mit dem ersten Spaceshuttleflug, Columbia/STS-1, genau auf den Tag 20 Jahre nach dem ersten Weltraumflug eines wagemutigen Menschen, Jurij Gagarin, am 12. April 1961. Inzwischen sind die Shuttles 93-mal zum Einsatz gekommen, und einer von ihnen ist 1986 mit seiner siebenköpfigen Crew verloren gegangen. Dreizehn Jahre ist es her, dass die Sowjetunion das Kernmodul der Raumstation Mir startete, deren Lebensdauer dieses Jahr wahrscheinlich zu Ende geht, und vor fünf Jahren gelang der NASA mit der Reparatur des Hubble-Raumteleskops einer der bisher komplexesten bemannten Reparatur-Einsätze im All. Inzwischen zeigen die Steuerkreisel des Teleskops Altersschwächen, und wir sprechen bei der NASA derzeit davon, im Oktober eine Rettungsmission mit einem neuen Satz von Gyroskopen zum Hubble zu starten. Währenddessen geht die Montage der internationalen Raumstation ISS weiter, die im All eine ständige Bleibe von Menschen bedeutet, und für den Start des dritten Bausteins, des großen Servicemoduls aus Russland, wurde letzte Woche der 20. September dieses Jahres festgelegt.

Seit Lilienthals Hangflügen und den Wright Brothers hat sich die Luft- und Raumfahrt in knapp 100 Jahren von einfachen Hopsern bis zur erdumkreisenden Raumstation entwickelt – mal beschleunigt, mal verlangsamt: von einem techno-soziologischen Plateau zum nächsten. Außerdem sind zunehmend mehr Menschen an diesem Geschehen nutznießend beteiligt. Deshalb folgen die nächsten Schritte noch schneller, bis zum nächsten Plateau, um dann, nach der üblichen konsolidierenden »Verschnaufpause«, erneut voranzupreschen.

32 Der Weg zum Mars: NASAs Langfristziel

Mittwoch, 17. März 1999

Immer wieder komme ich in meinen »Visionen« über unsere Zukunft auf den Planeten Mars zurück, der mich wegen der Chancen, die er uns bietet, schon von jeher stark fasziniert hat – wie übrigens auch Wernher von Braun und zahlreiche andere Pioniere der Raumfahrt. Für die NASA ist der Mars heute offizielles Langfristziel, und das Bordforschungsprogramm der internationalen Raumstation ISS wird uns der wissenschaftlichen und technischen Durchführbarkeit der ersten bemannten Expedition zum Roten Planeten einen großen Schritt näher bringen.

Die aufsehenerregenden Ausflüge des Marsrovers Sojourner 1997 im Umfeld der Landestation Pathfinder und davor die mögliche Entdeckung früherer Lebensformen in zwei Meteoriten vom Mars, haben diese Welt als Ziel zukünftiger bemannter Weltraumflüge in den Brennpunkt des öffentlichen Interesses gerückt. Häufiger denn je zuvor werde ich gefragt: Wann fliegen »wir« zum Mars? und: Eignet sich dieser Nachbarplanet überhaupt zur späteren Besiedlung durch Menschen?

Dass Menschen auf dem Mars landen werden, ist für mich so sicher wie der nächste Sonnenaufgang; es ist nur eine Frage der Zeit. Mehrere Gründe sprechen dafür. Vorrangig ist die nach den kürzlichen Meteoritenfunden weiterführende Suche nach einstigem oder heutigem Leben auf dem Roten Planeten: also nach Bio-Oasen und Fossilien, nicht nur von Mikroorganismen, sondern auch höheren Lebensformen, denn auf Dauer überlässt der Mensch diese Suche nicht seelenlosen Automaten.

An zweiter Stelle steht die vergleichende Umweltforschung. Mars ist eine Welt voll Wunder und Rätsel, geprägt von Prozessen, wie man sie bisher noch nirgendwo gefunden hat: Obwohl kaum mehr als halb so groß wie die Erde, hat er die höchsten Vulkane (der *Olympus Mons* zum Beispiel ist dreimal höher als der Mount Everest) und das größte Canyon-System des ganzen Sonnensystems, mit gewaltigen planetweiten Sandstürmen, unzähligen trockenen Flussbetten und riesigen dicht verästelten Stromtalnetzen, wo einstmals Wasser in Mengen flutete. Aber auch mit Polarkappen aus Eis und lockenden Anzeichen unterirdischer Permafrostlager und vielleicht auch Reservoiren flüssigen Wassers. Ausschließen lässt es sich nicht, dass es dort auch heute adaptierte Lebensformen gibt. Wenn Mars, wie es scheint, ungefähr zur gleichen Zeit und aus gleichen Anfängen wie die Erde entstanden ist, wieso sind die beiden Geschwisterwelten derart unterschiedliche Entwicklungswege gegangen? Wenn wir herausfinden, was damals wirklich geschah, als sich das Klima auf dem Planeten so katastrophal änderte, wann es passierte und warum, dann lernen wir daraus auch vieles über die Geschichte und Zukunft unserer eigenen Umwelt und Klimata.

An dritter Stelle steht die Frage, ob und wie der Mensch selber auf dem Mars leben und eine neue Heimat finden kann, und das ist womöglich von arterhaltender Bedeutung für die Zukunft des Menschengeschlechts.

Ein Leben »unter freiem Himmel«, wie wir es kennen, ist freilich auf dem Mars nicht möglich, vorläufig jedenfalls. Der Luftdruck beträgt am Boden nur rund ein Prozent des irdischen: Im Freien braucht man also einen Schutzanzug. Außerdem fehlt der uns nötige atmosphärische Sauerstoff, wie auch Ozon in ausreichender Menge, um schädliche Ultraviolett-Strahlen der Sonne abzuschirmen (die freilich dort schwächer sind, als bei der sonnennäheren Erde). Die Temperaturen sind mit irdischen Kälterekorden am Südpol vergleichbar: Pathfinder maß im *Ares Vallis* bis zu −77 °C in der Nacht.

Dass Menschen dort wirklich landen werden, steht fest, aber werden Menschen dort unter diesen Zuständen auch leben können?

Trotz der auffallenden Unterschiede, die der Anblick des Roten Planeten im Vergleich zur blauen und grünen Erde bietet, ist er ihr doch in manchen Dingen ähnlich. Zunächst einmal wissen wir, dass er von unserer Welt aus durch Menschen erreichbar, erforschbar und erschließbar ist. Ferner besitzt er alle Rohstoffe, die zum Leben und zur Begründung eines neuen Zweigs der menschlichen Zivilisation nötig sind. Darin hebt er sich von allen nicht terrestrischen Körpern im Sonnensystem drastisch ab – auch von unserem eigenen Mond: Dieser ist uns zwar tausendmal näher, doch beschränkt er uns allenfalls auf eine kleinere unwirtliche Forschungsstation, die entweder vollständig von der Erde aus versorgt werden muss oder nur in Abständen bewohnbar ist. Dagegen gibt es auf dem Mars die Elemente Kohlenstoff, Stickstoff, Wasserstoff, Sauerstoff, Methan und andere Gase, die sich direkt aus der Atmosphäre, dem Wassereis der Polarkappen und dem wahrscheinlich vorkommenden Grundeis (Permafrost) gewinnen, beziehungsweise herstellen lassen. Auch an industriell interessanten Elementen wie Kupfer, Schwefel und Phosphor besitzt Mars große Bestände. Wahrscheinlich liegen sie geschlossen in Mineralerzlagern, weil der Planet, wie die Erde (jedoch ungleich dem Mond), in seiner Entstehungsgeschichte hydrologische und vulkanische Prozesse durchlaufen hat, die eine Absonderung und Differenzierung der verschiedenen Mineralien entsprechend ihrer Dichte und anderer Charakteristiken ermöglicht haben.

Die zur Marsbesiedlung nötige elektrische Energie würde zunächst photovoltaisch aus Sonnenstrahlung gewonnen, auch wenn der Rote Planet wegen seines größeren Sonnenabstands 40 Prozent weniger Sonnenenergie als wir empfängt und eine hinderliche Lufthülle mit Aerosolen und Wolkenformationen hat. Auch seine starken Winde könnten zur anfänglichen Energiegewinnung benützt werden. Doch für eine größere Besiedlung reichen diese lokal höchstens ein paar hundert Kilowatt liefernden Quellen nicht aus, und deshalb wird die Bereitstellung fortgeschrittener Kernkraftanlagen von entscheidender Bedeutung für die weitere menschliche Existenz auf dem Mars, wie überhaupt im All, sein, und das ist ein wichtiger Grund mehr dafür, dass die Kernkraftforschung heute auf keinen Fall eingestellt werden darf.

Mars hat genügend Sonnenlicht für Pflanzenwachstum, und obwohl seine Atmosphäre keine Ultraviolettlicht(UV)-abschirmende Ozonschicht enthält, ist sie dicht genug, um Erntebestände auf dem Boden vor harter Strahlung aus Sonneneruptionen zu schützen. Daher genügen dünnwandige aufblasbare Treibhäuser mit Schutzkuppeln aus hartem, UV-beständigem Kunststoff. Die durch den Treibhauseffekt erzeugte Innenwärme ist auf dem kalten Mars natürlich hochwillkommen. Kleinere durchsichtige Kuppeln bis vielleicht 50 m Durchmesser dürften leicht genug sein, um von der Erde herangebracht zu werden, und größere würden später aus einheimischen Rohstoffen hergestellt. Unter ihnen könnte der zunächst auf Schutzhabitate auf oder unter der Oberfläche angewiesene Mensch sich dereinst im »Freien« aufhalten und leben.

Was gibt es auf dem Mars zu tun? Ließe sich aus ihm langfristig eine zweite Erde machen? Und wie sähe ein realistischer Zeitplan für das große Marsprojekt der kommenden Jahrzehnte aus?

Für lange Zeit wird die wichtigste Aufgabe der ersten marsianischen Pioniergenerationen nach der Sicherung des unmittelbaren Überlebens sicherlich darin bestehen, die Nabelschnur von der Erde, d. h. kostspielige Nachschubtransporte, auf ein Minimum zu reduzieren. Neue Technikentwicklungen sind erforderlich, bevor man an örtliche Mineralschürfung denken kann sowie an Rohstoffprozessierung, Veredlung und Produktion. Zumindest die Gewinnung von Sauerstoff und anderen lebenswichtigen Gasen aus der Atmosphäre und den nachgewiesenen Wassereisvorkommen sollte auf dem Mars jedoch relativ einfach sein.

Für die ferne Zukunft ist darüber hinaus eine radikale öko-synthetische Umwandlung der Marsumwelt zu mehr irdischen Verhältnissen in der Diskussion. Denn solche Prozesse, über die schon frühzeitig in Sciencefiction unter dem Sammelbegriff »Terraformung« spekuliert worden ist, werden schon heute theoretisch angedacht. Auf der Erde ist Planetenumwandlung in globalem Ausmaß in vieler Hinsicht bereits Wirklichkeit geworden, wenn auch leider nicht immer beabsichtigt, wie die von uns verursachten Klimaveränderungen zeigen. Auf dem Mars könnte die Umwelt durch künstlich ausgelöste globale Erwärmung, dadurch geförderte »Ausgasung« des Bodenmaterials und teilweise Abschmelzung der gewaltigen polaren Wassereismengen für das Wachstum terrestrischer Organismen zuträglich gemacht werden.

Für die Schaffung einer dichteren, feuchteren, atembaren Lufthülle und eines erträglichen Klimas, ja für die »Begrünung« des Roten Planeten, wären natürlich sehr lange Zeiträume notwendig, um 500 – 1000 Jahre und mehr. Es ist aber durchaus denkbar, dass eines fernen Tages nicht nur eine von Menschen bewohnte Erde die

Sonne umkreist, sondern deren zwei, und ich sehe das als ethischen Auftrag der Menschheit, als einen Schritt auf ihrem Reifungsweg. Doch dabei muss eine wichtige Einschränkung beachtet werden. Solche Änderungen extraterrestrischer Umwelten durch Ökosynthese sind meiner festen Überzeugung nach nicht erlaubt, so lange es nicht unumstößlich feststeht, dass der Planet keine eigenstämmige Biota beherbergt, für die eine Terraformung ein globaler Genozid wäre. Das ist eine klare ethische Forderung.

Wie sieht es mit einem realistischen Zeitplan für das erste Unternehmen dorthin aus? Die schwierigsten Hürden für den Flug des Menschen zum Roten Planeten sind die mit seiner Gesunderhaltung verbundenen »Humanfaktoren«: die Auswirkungen der Schwerelosigkeit und entsprechend potente Gegenmaßnahmen, Schutz vor Weltraumstrahlung, Stabilität und Produktivität kleiner multikultureller Menschengruppen in langwährender Isolation sowie zuverlässige geschlossene (rezyklierende) Lebenserhaltungssysteme für Missionen von mehrjähriger Dauer. Hinzu kommen neue Technologien für atmosphärische Bremsmanöver, Lagerung und Handhabung kryogenischer, d.h. auf flüssigen Zustand heruntergekühlter Nutzgase, bessere Raumanzüge, nukleare Antriebe, solare und nukleare Energieversorgung und vieles andere mehr.

Wann es nach der jetzt angelaufenen Phase der robotischen Erforschung so weit ist für die erste menschliche Expedition, lässt sich überschlagen: Eine wesentliche Vorstufe ist die internationale Raumstation ISS, die ab Anfang 2004 voll in Betrieb geht und in ihrem Forschungsprogramm auch das für den Marsflug kritische Wissen über den langfristigen Aufenthalt von Menschen im All und notwendige Schlüsseltechnologien erarbeiten soll. Dafür sind bei annehmbarer Finanzierung mindestens acht Jahre anzusetzen, denn allein die medizinische Forschung am Menschen betrifft Aufenthalte von bis zu drei Jahren Dauer in der Schwerelosigkeit (im Fall eines Flugabbruchs auf dem Hinweg), für eine möglichst große Versuchsgruppe von Männern und Frauen. Anschließend müssen die eigentlichen Flugsysteme entwickelt und erprobt werden: Antriebsstufen, Missionsmodule, Bordeinrichtungen, Lander, Bodenanlagen. Das wird ebenfalls sechs bis acht Jahre dauern. Wenn es dabei keine üblen Überraschungen gibt, könnten wir 2018 startbereit sein, und zufälligerweise wäre dieses Jahr auch durch die Relativstellung von Mars und Erde ein antriebsenergetisch selten günstiger Reisetermin. Die Landung erfolgte dann 2019 und warum nicht am 20. Juli, dem 50. Jahrestag der ersten Mondlandung durch Apollo 11?

Wie geht es weiter? Welche weiteren »Plateaus« sind nach Mars denkbar? Schon parallel zu seiner Erschließung werden vielleicht neue Expeditionen in größere Sonnenabstände hinausgehen und als nächstes den Asteroidengürtel zwischen Mars und Jupiter erforschen. In diesem Bereich, etwa 2,7-mal weiter von der Sonne entfernt als die Erde, liegen etwa 98 Prozent der rund 5000 derzeit bekannten Asteroiden. Bei vielen von ihnen vermutet man neben kostbarem Wassereis auch reichhaltige Minerallager an Platin, Palladium, Iridium, Rubidium und anderen Stoffen, die wertvoller als Silber sind und auf Mars und Erde dann dringend benötigt werden. Ihre Prospektierung, Gewinnung und Beförderung bedeuten eine neue Konsolidierungsphase, die ihrerseits der Erforschung der noch weiter entfernten faszinierenden Jupitermonde vorausgeht, von denen etwa der Mond Europa kürzlich durch seine Eiskruste und den darunter vermuteten Wasservorkommen mit möglicher Biota weltweit Schlagzeilen gemacht hat. Es wäre schon phantastisch, dort draußen Leben zu finden, wo man es früher nie vermutet hätte!

33 Spaceshuttle: Rettungsambulanz zum Hubble-Teleskop

Donnerstag, 8. April 1999

In die geplante Startfolge von Montageflügen zur Raumstation ISS haben wir vor ein paar Tagen einen Sonderflug eingeschoben, der dem großen Raumteleskop Hubble zu Hilfe eilen soll.

Seit seinem Start im April 1990 hat Hubble immer wieder weltweit Schlagzeilen gemacht, zuerst durch die fehlerhafte Herstellung seines Primärspiegels, dann durch eine bis heute nicht abreißende Kette von aufsehenerregenden, teilweise sogar für die Fachwelt sensationellen Entdeckungen im Universum. Benannt nach dem amerikanischen Astronom Edwin Hubble, der in den 20er Jahren als Erster die beobachteten Bewegungen ferner Galaxien als Expansion des Universums nach einem Urknall interpretierte, liefert das Hubble-Teleskop seitdem ständig neues, seine Ausdehnungstheorie untermauerndes Wissen. Die 1,5-Milliarden-Dollar-Maschine aus Glas und Metall hat die Ausmaße eines Eisenbahntankwagens: 13 m lang, 4,27 m weit und mit über elf Tonnen so massig wie zehn Pkw. Seitlich spreizen sich, Flügeln gleich, zwei fast zwölf Meter lange Sonnenenergiepaddel, besetzt mit 48 000 Photovoltaik-Siliziumzellen. In der Bildebene des Teleskops sitzen eine Reihe von Hochleistungsinstrumenten. Hubble umkreist die Erde in einer Höhe von 605 km, und seine Bahnneigung zum Äquator beträgt 28,5 Grad.

Wegen eines Schleiffehlers, genannt Kugelabweichung oder sphärische Aberration, zeigte der Primärspiegel nach dem Start eine minimale Abweichung der gekurvten Oberflächenkontur von der gewünschten Form; sie war um ein Fünfzigstel der Dicke eines Menschenhaares flacher ausgefallen, als gewünscht, doch das genügte, um bei den Instrumenten mit der höchsten Auflösung eine störende Unschärfe zu verursachen. Der Sehfehler wurde im Dezember 1993 bei der ersten Reparatur- und Wartungsmission mit dem Spaceshuttle Endeavour (STS-61) durch Einbau spezieller Korrekturlinsen vollständig beseitigt. Bei der zweiten Versorgungsmission im Februar 1997 durch die Discovery (STS-82) tauschten unsere Astronauten im Verlauf von fünf Raumausstiegen zehn Wissenschaftsinstrumente des Observatoriums aus. Und nun ist es Zeit für einen weiteren Besuch beim Hubble, nur handelt es sich diesmal um eine dringliche Rettungsaktion, die erst seit ein paar Tagen beschlossene Sache ist.

Es dreht sich dabei um die Lageregelung, die das Teleskop mit extremer Präzision und Stabilität im Raum auf seine Zielobjekte ausgerichtet hält, auf eine Hundertstel Bogensekunde genau über 24 Stunden lang mit einer Stabilität von sieben Tausendstel Bogensekunden, obgleich das Teleskop dabei mit 27 000 Stundenkilometern um die Erde rast. Stünde es in Berlin, so könnte es in Frankfurt am Main einen Lichtstrahl auf einem Pfennig ausgerichtet halten, ohne vom Münzdurchmesser abzuweichen. Die Richtsteuerung bedient sich fünf verschiedener Sensortypen, von denen der wichtigste eine Präzisions-Kreiselanlage zur Messung feinster Winkelbeschleunigungen um alle drei Achsen ist, da sie uns zu jeder Zeit die genaue Raumlage des Teleskops mitteilt. Sie besteht aus drei getrennten Aggregaten mit je zwei Gyroskopen und dazugehöriger Elektronik. Es sind die besten Kreiselsensoren, die es gibt, aber sie haben nur eine begrenzte Lebenszeit von sechs bis zwölf Jahren. Von den insgesamt sechs Gyroskopen sind in den ersten Jahren drei ausgefallen, zwei aus elektronischen Gründen, eines wegen Kabelabnützung. Vier von ihnen wurden sicherheitshalber bei der ersten Wartungsmission vor sechs Jahren gegen neue Kreisel ausgetauscht. Nun sind wiederum drei ausgefallen, sodass zurzeit noch drei Kreisel fehlerfrei arbeiten, und wenn davon ein weiterer versagt, dann würde sich das Hubble automatisch abschalten und könnte seine Forschungsmission nicht fortsetzen, aber natürlich ohne seine sichere Umlaufbahn um die Erde zu verlassen. Es ist also höchste Zeit, dem wertvollen Observatorium einen Reparaturbesuch abzustatten, eine so genannte »call up«-Mission. Glücklicherweise war ohnehin schon seit langem eine dritte Wartungsmission für nächstes Jahr geplant, für die alle Vorbereitungen bereits liefen, eingeschlossen des Crewtrainings, sodass wir diese Mission nun einfach in zwei getrennte Besuche unterteilt und den ersten vorgezogen haben. Er findet im kommenden Oktober statt, genauer: am 14. Oktober, und der zweite Besuch folgt dann im Juni 2001.

Die Oktober-Mission wird von der Discovery durchgeführt (STS-103). Sie soll neun Tage dauern und zur siebenköpfigen Crew gehören zwei europäische ESA-Astronauten, der Franzose Jean-François Clervoy und der Schweizer Claude Nicollier. Die Gesamtkosten der Mission liegen bei 136 Mio. Dollar, verteilt über vier Jahre. In mehreren Raumausflügen werden die Astronauten außer den sechs Gyroskopen einen Feinsteuerungssensor und den Bordcomputer des Observatoriums gegen neue und modernere Exemplare austauschen. Das ist leichter gesagt, als getan: Der Feinsteuersensor allein ist anderthalb Meter lang, ein Meter weit und wiegt 220 kg. Neben weiteren Installationen soll bei beiden Missionen ferner an der Außenwand des Hubble neues Isoliermaterial zur Temperaturkontrolle angebracht werden.

Der zweite Besuch in 2001 dient dann hauptsächlich dem Einbau eines neu entwickelten Instruments, der Fortgeschrittenen Überblicks-Kamera, die zehnmal lichtstärker ist als die gegenwärtige Schwachobjektkamera, ehemals ein europäischer Beitrag zum Hubble. Des Weiteren erhält das Teleskop dann neue, verbesserte Solarzellenflügel und ein neu entwickeltes Kühlsystem im Heckteil, das bessere Wärmeabfuhr und dadurch den Betrieb mehrerer Instrumente zur gleichen Zeit erlaubt. Auch die Nahinfrarot-Kamera mit dem Multiobjekt-Spektrometer, die im letzten Januar abgeschaltet werden musste, als ihr Vorrat an Stickstoffeis zur Kühlung erschöpft war, wird eine neue Kühlanlage erhalten und damit die Arbeit wieder aufnehmen können.

34 30. Jubiläum von Apollo 9

**Mittwoch,
3. März 1999**

Heute ist es 30 Jahre her, dass wir mit der Mission Apollo 9 die erste Flugerprobung der Mondlandefähre »Lunar Module« (oder LM) durchgeführt haben, des dritten wichtigen Elements des Apollo-Raumschiffs, nach den erfolgreichen Testflügen der Saturn-V-Trägerrakete in den vorhergegangenen 15 Monaten und des Kommando- und Maschinenteils während der Mondumkreisungsmission von Apollo 8 im Dezember 1968. Ich steckte damals bereits seit sieben Jahren tief im Apollo-Programm und weiß noch heute sehr genau, was für eine Zitterparty die Mission wieder für uns war.

Um den spinnenartigen, aus Gewichtsgründen höchst zerbrechlichen Lander durchzuprüfen, brauchten wir natürlich nicht zum Mond zu fliegen; es genügte, die Erprobung in einer Erdumlaufbahn durchzuführen – was denn auch im Verlauf von zehn Tagen sehr gründlich gemacht wurde. Die eigentlichen Lande- und Aufsetzcharakteristiken konnten mit Hilfe verschiedener Simulatoren auch am Erdboden in normaler 1g-Schwere getestet werden (auf dem Mond herrscht ja nur ein Sechstel der Erdanziehung).

Die Crew bestand aus dem Kommandant James McDivitt, dem Pilot der Kommandokapsel »Gumdrop« (Lutschbonbon) David Scott und dem Pilot der vierbeinigen Landefähre »Spider« (Spinne) Russell Schweickart, genannt Rusty (er war zudem noch rothaarig). Sie startete am 3. März 1969 auf unserer vierten Saturn V und erreichte eine Kreisbahn von 190 km Höhe. Der Start hatte sich um zwei Tage verzögert, da die Crew zuvor noch einen leichten Schnupfen mit Halsweh auskurieren musste.

Erstmals erlebten wir danach das so genannte Transponier- und Andockmanöver, bei dem sich das Apollo-Raumschiff von der übrig gebliebenen dritten Stufe der Saturn V, genannt S-IVB, abtrennte, sich ein Stück entfernte, um 180 Grad wendete und zur S-IVB zurückschwebte, um sich mit der Andocksonde in der Nase an der Verbindungsluke des noch immer mit der Raketenstufe verbundenen Mondlanders einzuklinken und ihn danach mittels der Rückstoßdüsen aus seinem geschützten Frachtraum herauszuziehen. Das recht kompliziert Manöver, ohne das die Apollo-Mond-Mission nicht durchführbar gewesen wäre, verlief wie im Bilderbuch, und natürlich stockte uns dabei vor Spannung der Atem.

Als die beiden Fluggeräte sicher aneinander gedockt waren, öffneten McDivitt und Schweickart die Luke zum Verbindungstunnel und schwebten in das Landemodul hinüber. Noch immer entsprach der Missionsablauf damit genau dem Apollo-Profil, das ja simuliert werden sollte, natürlich abgesehen davon, dass Neil Armstrong und Buzz Aldrin später im Juli bei dieser Traverse bereits auf dem Weg zum Mond sein würden. Nachdem sie sich in »Spider« etabliert und alle Bordsysteme eingeschaltet hatten, stand als Erstes ein Test des Triebwerks auf dem Programm – ohne ihn wäre die nachfolgende Abtrennung ein unverantwortliches Risiko gewesen. Der Raketenmotor, der später im Jahr die Landefähre »Eagle« von Apollo 11 auf die Mondoberfläche bringen sollte, funktionierte nahezu einwandfrei und erzeugte dabei viereinhalb Tonnen Schub. Die Verbrennung der Treibstoffe verlief lediglich etwas holprig, was wir auf ungleichförmige Zufuhr des Druckgases Helium zurückführten.

Als Nächstes war ein zweistündiger Weltraumausstieg von Schweickart geplant, doch hatte es den armen Kerl böse erwischt. Die so genannte Raumkrankheit, besser: das Raumadaptionssyndrom, das am Anfang des Aufenthalts in der Schwerelosigkeit rund 50 Prozent aller Astronauten befällt, hatte ihn in voller Stärke erfasst, mit Schwindel, Übelkeit und zweimaligem Erbrechen. So musste sein längerer Raumausflug abgeblasen werden, denn das Risiko eines weiteren Erbrechens im Inneren des Raumhelms konnte man aus Sicherheitsgründen nicht eingehen.

Aber Rusty strengte sich gewaltig an und überwandt sich dermaßen, dass er zumindest die Ausstiegsluke öffnen und auf die Trittplattform der »Spinne« hinausklettern durfte, um dort die Leiter am vorderen Landebein der Fähre zu erproben. Währenddessen hatte Dave Scott auch die Luke seiner Kommandokapsel geöffnet und sich mit Kopf und Schultern ins freie All hinausgelehnt, um Rustys Ausflug zu fotografieren. Das genügte auch, um den für die Mondausflüge neu entwickelten Raumanzug und seine Lebensversorgungsanlage durchzutesten.

Am vierten Flugtag trennten McDivitt und Schweickart, dem es wieder gut ging, die Landefähre vom Kommandoschiff »Gumdrop« ab und entfernten sich bis auf 180 km von ihm. Rusty empfand dabei die Steuerung des von der Firma Grumman gebauten Geräts wesentlich angenehmer und leichter als die des Kommandoteils – ein Unterschied wie zwischen einem Jagdflugzeug und einer Transportmaschine, wie er sagte. Hierauf folgte das wohl kritischste Manöver: die Abtrennung des Kabinenteils des Landemoduls vom unteren Teil mit den Beinen, das beim Aufstieg vom Mond auf dem Boden zurückbleiben würde.

Danach zündeten die beiden Testpiloten das Triebwerk der Aufstiegsstufe; es entfaltete einen Schub von anderthalb Tonnen und arbeitete makellos. Bei der eigentlichen Mondlandemission würde es bis zu dieser ersten Zündung vom Hersteller »versiegelt« bleiben. Das Manöver leitete den Rückflug zu »Gumdrop« ein, und mehrere Stunden später hatte »Spider« das Mutterschiff wieder eingeholt.

Der Andockvorgang, der bei der tatsächlichen Mond-Mission in der Umlaufbahn um den Erdtrabanten vonstatten gehen würde, verlief ebenfalls plangemäß, und damit hatte Apollo 9 seine Aufgabe der möglichst akkuraten Simulation des Mondflugs erfolgreich erfüllt. Am 13. März kehrten McDivitt, Scott und Schweickart zur Erde zurück und wasserten nach bewährter Apollo-Manier im Ozean (diesmal der Atlantik).

Danach konnten wir an die echten Mond-Missionen gehen, und als nächstes kam Apollo 10, im Mai 1969, obwohl die Landefähre noch nicht für die eigentliche Landung bereit war. Aber das ist eine andere Eintragung in meinem Weltraumjournal.

35 Geschichte: Anfänge der Raumfahrt

Mittwoch, 12. April 1999

Heute sind es genau 38 Jahre seit dem ersten Flug eines Menschen ins All: des wagemutigen Luftwaffenoffiziers Jurij Gagarin auf Wostok 1. In Russland wird dieser Tag deshalb alljährlich als »Kosmonautik-Tag« gefeiert. Ist die bemannte Raumfahrt daher nun 38 Jahre alt? Im engeren Sinn, gewiss. Im weiteren Sinn, wenn man die Schaffung der zu ihrer Durchführung erforderlichen Technik mit einbezieht, ist sie tatsächlich wesentlich älter.

Wenn man mal davon absieht, dass die Chinesen schon vor tausend Jahren mit Pulverraketen Reichweiten von über 300 m erzielten und der chinesische Mandarin Wan Hu im 16. Jahrhundert mit einer Batterie von 47 Feuerwerksraketen zu starten versuchte, als der Welt erster Testpilot sozusagen, wobei er freilich mitsamt dem Stuhl, auf dem er saß, unter Getöse das Zeitliche segnete, stehen am Anfang dieser technischen Entwicklung die drei Pioniere Konstantin Ziolkowskij in Russland, Robert Goddard in den USA und Hermann Oberth in Siebenbürgen. Diese drei Väter der Raumfahrt lösten durch ihre visionären Schriften eine wahre Revolution aus. Besonders Oberths Buch »Die Rakete zu den Planetenräumen« von 1923 erwies sich in Deutschland als Impulsgeber für das einsetzende Raketenfieber. Einer der davon angesteckten

Eiferer war der visionsstarke Max Valier aus Bozen, der in den 20er Jahren außerordentlich populäre Vorträge hielt und sich einen Namen als wagemutiger Erbauer und Pilot raketengetriebener Fahrzeuge machte. Seine Raketenautos rasten über breite Fernverkehrsstraßen und auf Eisenbahnschienen. Todesmutige Fahrer saßen auf raketengetriebenen Motorrädern und Fahrrädern. 1929, also vor 70 Jahren, schoss Valier auf einem von 19 Pulverraketen getriebenen Schlitten über den Eibsee, erreichte dabei 400 Stundenkilometer und legte eine erstaunliche Strecke von 210 m zurück. In der Presse war es eine Sensation, aber es sollte noch toller werden – vorerst jedenfalls. 1929 startete das erste raketengetriebene Flugzeug der Welt, ein mit Pulverraketen ausgerüstetes Segelflugzeug, konstruiert, gebaut und eingeflogen von dem 22-jährigen Ingenieurstudenten Julius Hatry aus Mannheim, den ich letztes Jahr im Juni im Haus von Hermann Oberth in Feucht bei Nürnberg kennen lernen durfte. Begann die bemannte Raumfahrt also 1929? Wie man's nimmt ...

Europas erste Flüssigkeitsrakete startete im März 1931 in der Nähe von Dessau; die welterste Flüssigkeitsrakete war bereits fünf Jahre davor, 1926, von Robert Goddard in Massachusetts gestartet worden. Doch bis zum ersten Raumflug eines Menschen auf einer Rakete sollten noch 30 Jahre vergehen – die Technik war einfach noch zu weit davon entfernt, dies zu ermöglichen.

Kurioserweise, und so unwahrscheinlich es klingen mag, gingen aber bereits 1933, nur zehn Jahre nach dem Erscheinen von Oberths richtungsweisendem Buch und neun Jahre vor dem ersten Flug einer V2 in Peenemünde, einige Enthusiasten daran, einen bemannten Raketenflug vorzubereiten. Dieses Ereignis sollte in Magdeburg stattfinden; unter dem Namen »Magdeburger Pilotenrakete« ging es in die Geschichte der Raketentechnik und Raumfahrt ein, und in seinem gleichnamigen Buch aus dem Mitteldeutschen Verlag hat Frank E. Rietz im Einzelnen darüber berichtet.

Der Vorschlag stammte von dem Magdeburger Ingenieur Franz Mengering, angeregt durch Rudolf Nebel, einen sehr tatkräftigen Mitarbeiter Hermann Oberths und Mitbegründer des Raketenflugplatzes Berlin. Sie konnten die Stadt Magdeburg, unter ihrem damaligen Oberbürgermeister Ernst Reuter, dazu überreden, den ersten bemannten Flug auf einer Rakete zu finanzieren, und die Stadtverordnetenversammlung erklärte sich bereit, eine Bürgschaft in Höhe von 16 000 Reichsmark zu übernehmen, für den Fall, dass im Frühjahr 1933 die erste bemannte Flugrakete auf dem Flugplatz am Stadtrand von Magdeburg startete.

Die Stadtväter hofften dabei, die Raketenstarts könnten tausende von Menschen anziehen, die Stadtkasse füllen und dem Provinzstädtchen Magdeburg zu einem weltweit glanzvollen Image verhelfen. Franz Mengering verfolgte jedoch einen anderen, höchst abstrusen Grund, den die kuriose Hohlwelttheorie des Amerikaners Koresh, mit richtigem Namen Cyrus Ray Teed, lieferte. Ihr »Hoher Priester« in Deutschland hieß Karl Neupert. Mengering war Anhänger dieses Weltbildes, und er trug sich mit der absonderlichen Idee, mittels eines Raketenstarts das kopernikanische Weltbild als unrichtig und die Hohlwelttheorie als richtig zu beweisen. Rudolf Nebel und seine Mitarbeiter Klaus Riedel und Wernher von Braun betrachteten diese Lehre zwar als ausgemachten Unsinn, setzten Mengering aber nicht unverzüglich vor die Tür, da sie sofort die Möglichkeit sahen, eine neue Geldquelle für ihre Raketenexperimente zu erschließen.

In Magdeburg begann alsbald ein riesiger Propagandarummel; Plakate wurden gedruckt, die Geschäfte sogar sonntags geöffnet (und das wollte schon damals etwas heißen!) und Sonderzüge sollten bereitgestellt werden – eifrige Vorbereitungen auf eine Sensation, die gar mit dem berühmten Magdeburger Halbkugel-Versuch von Otto von Guericke zum Beweis des Vakuums 1660 verglichen wurde. Der ausgewählte Raketenpilot Kurt Heinisch musste unzählige Interviews geben und absolvierte einen Fallschirmspringerlehrgang.

Freilich total umsonst, denn natürlich kam es zu einem Riesendebakel, ein typisch deutscher Schildbürgerstreich. Eine vom Nebel-Team vorbereitete kleinere Version der Pilotenrakete wurde am 29. Juni 1933 auf dem Gut Mose nördlich von Magdeburg in einem unbemannten Vorversuch getestet. Beim Verlassen des Startgestells blieb sie hängen und geriet außer Kontrolle. Sie flog 30 m hoch und 60 m weit und schlug nach 15 Sekunden Flugzeit auf der Wiese auf. Nebel erhielt danach zwar noch eine Bürgschaft von

Magdeburg, doch dann wurde das Projekt eingestellt. Kurze Zeit später nutzte das Reichswehrministerium den Röhm-Putsch vom Juni/Juli 1934 dazu, die private Raketenforschung in Deutschland endgültig auszuschalten. Damit begann die dunkle Seite der Raketenentwicklung, die bis zur Gründung der NASA 1958 weitgehend nur der Waffentechnik diente.

36 Internationale Raumstation ISS: Das Servicemodul verzögert sich

Dienstag, 20. April 1999

Letzte Woche ist wieder eine Gruppe von NASA-Ingenieuren aus Moskau zurückgekehrt, wo sie mit unseren russischen Partnern in einer Programm-Review eine weitere Runde technischer Besprechungen erfolgreich über die Bühne gebracht haben. Es ging dabei hauptsächlich um das überaus wichtige dritte Bauelement der internationalen Raumstation, das so genannte Servicemodul, und um die Termine für seinen kommenden Start und die damit verbundenen weiteren Montageschritte.

Gebaut wurde das 20 t schwere Raumstationselement vor vielen Jahren von den Firmen Chrunitschew und Energija im Moskauer Vorort Kaliningrad, als es noch eine sowjetische Raumfahrt gab und diese plante, eine Nachfolgerin für die Raumstation Mir zu schaffen. Wie jedermann weiß, kam es aber nie zu einer Mir Zwo. Die Sowjetunion brach auseinander, und die Zelle des neuen Moduls stand stattdessen jahrelang im Rohzustand in einer Lagerhalle. Dann kam Russlands Beitritt zur Partnerschaft der ISS, und der erste russische Beitrag, nach dem Abschluss des überaus erfolgreichen Shuttle/Mir-Programms, der »Phase Eins« von ISS, wurde das Mir-Nachfolgermodul, das damit einen neuen Verwendungszweck erhielt: und zwar als wichtige Kernzelle der neuen Station.

Mit seinen Lebensversorgungssystemen, Mannschaftsquartieren und hygienischen Anlagen macht es den wachsenden Stationskomplex erstmalig bewohnbar für Menschen, und sein Antriebssystem liefert die Schubkraft für die kritisch benötigte periodische Anhebung der Bahnhöhe der ISS.

Nach einer sorgfältigen Überholung, Überprüfung und Fertigstellung bei Chrunitschew transportierte man das lokomotivgroße Servicemodul zur benachbarten Raumfahrtfirma Energija in Koroljow, wie Kaliningrad heute heißt, stattete es dort mit weiteren Untersystemen aus und unterzog es in den vergangenen Monaten einem gründlichen Checkout. Gleichzeitig und parallel dazu wurde ein elektrisches Analogmodell des Geräts, der so genannte Komplexstand, zur Erprobung von neuen Systemen hinzugezogen, die nicht im Flugartikel getestet werden konnten. Insgesamt beliefen sich die Checkout-Tests am Flugartikel auf rund 500, die am Komplexstand auf 600. Ich habe beide Anlagen, die in der gleichen Halle nebeneinander liegen, letztes Jahr inspiziert und war echt beeindruckt von der Komplexität und Werksqualität des riesigen Bauteils, wie auch von der Kompetenz und Professionalität der Belegschaft.

Aufgrund des Wirtschaftskollapses im August letzten Jahres ist die russische Raumfahrtbehörde RKA allerdings in kritische Zahlungsschwierigkeiten geraten, und dadurch hat sich die Fertigstellung des Servicemoduls verzögert. Die NASA musste mit Dollars Hilfestellung leisten, zuerst 60 Millionen, jetzt weitere 100 Millionen, für die wir Sach- und Dienstleistungen im Gegenwert erhalten. Wie die Programm-Review Anfang April in Moskau gezeigt hat, ist der Checkout-Prozess soweit abgeschlossen, dass das Modul jetzt zum Startplatz Baikonur transportiert werden kann. Seine festliche Enthüllung durch Energija wird am 26. April, also nächsten Montag, stattfinden. Dann wird es für die lange Reise vorbereitet, sicher verpackt und von Chrunitschew auf einen Spezial-Eisenbahnwagen geladen.

Für die eigentliche Flugvorbereitung des Servicemoduls rechnen wir nach seiner Ankunft um den 17. Mai mit ungefähr sechs Monaten; es sollen noch einige fehlende Teile eingebaut und die Abschlussphase des Testprogramms durchgeführt werden. Der eigentliche Starttermin kann erst im Lauf des Sommers festgesetzt werden, doch dürfte er im November liegen. Als Trägerrakete für das 20 t schwere Element dient wieder eine leistungsstarke Proton;

das Rendezvous im Orbit und das Andocken an der ISS erfolgen automatisch. Sollte etwas dabei schief gehen, so würden wahrscheinlich zwei Kosmonauten in einer Sojus-Kapsel starten und das Anklinkmanöver manuell vornehmen; das wird derzeit näher untersucht.

Verläuft jedoch alles planmäßig, so folgt die erste Besatzung Anfang 2000 hinterher, wahrscheinlich um den 25. Januar. Da freilich derzeit noch nicht feststeht, ob dann auch schon genügend Versorgungsgüter und Stauvolumen für sie an Bord vorhanden sind, müssen wir auch diese Frage zuerst noch genauer untersuchen. Die erste Crew besteht, wie bereits gesagt, aus dem Kommandant William Shepherd, genannt »Shep«, und den russischen Kosmonauten-Veteranen Jurij Gidsenko und Sergeij Krikaljow.

37 Weltraumtourismus – Sinn oder Nonsens?

Sonntag, 25. April 1999

Ich sitze im Flugzeug, auf dem Weg von Frankfurt/Main zurück nach Washington, und schreibe auf meinem Laptop. Gestern war ich noch in Bremen, wo vom 21.–23. April das zweite »International Symposium on Space Travel« stattfand, eine internationale Raumfahrt-Tagung. Bei ihr ging es, wie auch schon beim ersten Symposium vor zwei Jahren, um Zugang zum All für die breite Öffentlichkeit und um Weltraumtourismus.

Seit den Starts von Sputnik und Explorer 1 ist die Raumfahrt mit Beginn dieses Jahres 40 Jahre alt geworden und steht nun vor dem Schritt in ein neues Jahrhundert. Da erscheint es durchaus an der Zeit, das provokative und visionäre Thema eines kommerziellen Weltraumtourismus ernsthafter ins Auge zu fassen. Wie stehen die Chancen für Otto und Emma Normaltourist, in den Weltraum zu fliegen – nicht als berufsmäßige Astronauten innerhalb der bestehenden Raumfahrtprogramme der NASA oder anderer Weltraumbehörden, der öffentlichen Hand also, sondern in einem von industriellen Unternehmern kommerziell durchgeführten Programm aus den gleichen Gründen wie etwa eine Touristikreise nach Ägypten?

Nachgedacht haben Raumfahrtexperten und Fans darüber schon seit vielen Jahren, allen voran der Deutsche Krafft Ehricke, der 1967 eine detaillierte Studie eines Weltraumhotels veröffentlichte. Wie er, sehen viele von uns den Weltraum heute als zukünftige Lebensstätte für den Menschen, und weil er nahezu grenzenlos ist, werden sich Menschen mit der Zeit in großer Zahl in ihm ausbreiten. Mit anderen Worten: Der Weltraum wird ein völlig neues Habitat für uns werden, angefangen in niederen Erdumlaufbahnen und später in größeren Entfernungen bis hin zum Mars und dann zum Asteroidengürtel und weiter hinaus.

Reisen und Touristik als Dienstleistung sind heute eines der größten Geschäfte der Welt. Allein in den USA übersteigt sein Bruttoumsatz 400 Milliarden Dollar im Jahr, und als Arbeitgeber liegt es an zweiter Stelle. Wie Umfragen in verschiedenen Ländern gezeigt haben, würden schon heute Millionen von Menschen auch den Weltraum als Reiseziel wählen, wenn es gelingt, ihn für größere Gruppen unter akzeptablen Bedingungen von Kosten, Sicherheit und Bequemlichkeit zugänglich zu machen. In Japan ergab 1993 eine Volksbefragung eine Zahl von einer Million möglicher Touristen im Jahr, die einen Flugpreis von 14 000 Dollar bezahlt haben würden. Rund 70 Prozent der Befragten wären gerne geflogen und fast 50 Prozent hätten dafür drei Monatseinkommen bezahlt. Für Europa ermittelte die DaimlerChrysler Aerospace (DASA) ein Volumen von 450 000 Touristen im Jahr bei Ticketpreisen von maximal 50 000 Dollar. In den USA zeigte eine NASA-Studie unter Teilnahme von Raumfahrtexperten, Reise- und Tourismusunternehmern, Vertretern von Hotels, Fluglinien und Versicherungen, dass in absehbarer Zeit ein sehr reales Potenzial für ein großes und profitables kommerzgetriebenes Raumfahrt- und Touristikunternehmen entstehen wird. Von 1500 befragten Amerikanern zeigten 42 Prozent großes Interesse an einem Trip ins All, zu einem Durchschnittspreis von 10 800 Dollar.

Voraussetzung zur Erreichung von attraktiven Ticketpreisen und damit eines Weltraumtourismus ist die Senkung der Transportkosten. Mit einer heutigen Shuttle-Mission, die bei einer siebenköpfigen Crew um die 400 Mio. Dollar kostet, käme der Transport von 50 Passagieren in der Nutzlastbucht auf rund 10 Mio. Dollar pro Person, nur für Betriebs- und Unterhaltskosten allein. Auch liegt die Zuverlässigkeit des Shuttle mit 1 in 438, also einem Verlust in 438 Flügen, wesentlich unter der eines Verkehrsflugzeuges. Damit ist es also nicht getan, man braucht ein neues Trägersystem, das die Transportkosten um den Faktor 100 und mehr senkt und dabei größere Flugsicherheit bietet. Solche Systeme benötigen Strukturen und Antriebstechnologien, die es zur Zeit nicht gibt, in den kommenden ein, zwei Jahrzehnten jedoch entwickelt werden sollen.

Die Schwierigkeit bei der Erreichung einer Umlaufbahn ist ja nicht deren Höhe, die gerade mal 200 km beträgt, sondern die Geschwindigkeit, die für sie erreicht werden muss, denn die liegt bei über sieben Kilometer in der Sekunde. Bei einem Langstrecken-Verkehrsflugzeug besteht rund die Hälfte seiner Masse aus Treibstoff; bei der Orbitalrakete müssen es 90 Prozent sein, sodass für die Passagiere und alle Bordsysteme nur 10 Prozent bleiben. Das umgeht man heute damit, dass man eine Rakete aus mehreren Stufen baut, die jeweils nach dem Ausbrennen abgeworfen werden. Aber dadurch verteuert und kompliziert sich ihr Betrieb, und gerade das erlaubt ja ein kommerziell lebensfähiger Tourismus nicht. Man kann also abschätzen, dass bis zu einem echten Weltraumtourismus noch an die 25 Jahre vergehen werden.

Aber kommen wird er mit absoluter Sicherheit. Für den strategischen Planer steht fest, dass er sich evolutiv in Phasen entwickeln wird, angefangen mit einer Pionierphase, bei der kühne Touristen für das noch wenig komfortable und nicht unriskante Abenteuer einen Preis zwischen 250 000 Dollar und einer Million zu zahlen bereit sind. Solche gibt es heute schon in erstaunlicher Zahl. Nach der Pionierphase folgt die Exklusivphase für Wohlhabende, mit Ticketpreisen zwischen 50 000 und 250 000 Dollar, und darauf die Reifephase mit Preisen von 10 000 bis 50 000. Ob es danach einst einen Massentourismus geben wird, hängt davon ab, ob sich die Flugpreise auf 10 000 Dollar und darunter drücken lassen.

Anders als beim irdischen Tourismus wird der Raumflug für lange Zeit für die meisten Menschen ein einmaliges Erlebnis und zumeist auch der Höhepunkt ihres Lebens sein. Die Umfragen haben gezeigt, dass weitaus die meisten Interessenten daher nicht nur für die Dauer weniger Stunden, also etwa eine dreimalige Umkreisung der Erde, sondern für 2–3 Tage bis zu einer Woche und länger im All verbringen wollen. Man kann also davon ausgehen, dass die Nachfrage nach Weltraumtourismus ihr volles Potenzial erst dann erreichen wird, wenn es neben dem erschwinglichen Transportgerät auch ein orbitales Hotel für den längeren Aufenthalt gibt. Es ist deshalb nicht verwunderlich, dass Entwürfe solcher Großanlagen in der Erdumlaufbahn schon seit vielen Jahren vorliegen, angefangen mit Krafft Ehricke vor 30 Jahren bis zu einem neueren Entwurf der japanischen Shimizu Corporation und einem Konzept der deutschen DASA in Bremen. Eugen Sänger hat schon 1963 auf die Möglichkeit der Weltraumtouristik hingewiesen, und Ehricke hat sie 1967 technisch untersucht und gefragt, ob Erforschung und Eroberung des Alls als Eckpfeiler einer zukünftigen kosmischen Zivilisation denn auf Dauer überhaupt spirituell sinnvoll sind, wenn wir uns nicht die Zeit nehmen, uns an der neu gefundenen Umgebung auch zu erfreuen. Es besteht deshalb absolut kein Grund, warum Unterhaltung, Spiel, Sport, Erholung und Erfrischung im »Reizklima« des Weltraums nicht ebenso Handelsgut werden können, wie dies bei der irdischen Touristik der Fall ist.

Ein Weltraumhotel kann wie die internationale Raumstation ISS aus einzelnen Modulen zusammengesetzt werden und mit der Zeit wachsen. Es muss in Massenverteilung, Raumlage und Energiemanagement sorgfältig kontrolliert werden und ständig in Betrieb sein, rund um die Uhr, da seine Gäste ja aus allen Weltteilen eintreffen und ihre wertvolle Zeit nicht mit ungewohnten Schlafzeiten vertun wollen. Umfragen haben gezeigt, dass an Bord des Hotels weitaus am beliebtesten der Ausblick auf die Erde und die Erfahrung der Schwerelosigkeit sein werden, doch wird es mit Sicherheit zahlreiche neue Unterhaltungsmöglichkeiten geben, etwa neue Sportarten ohne Schwere, Kunstvorführungen wie Tanz und Theater, sowieso Themenmodule, hergerichtet auf exotische Planetenwelten wie Mars oder Venus mit den entsprechenden Schwerefeldern oder auf schwerelose Sciencefiction-Umwelten.

38 Europa im All: Die ESA bilanziert

**Sonntag,
2. Mai 1999**

Die Triebfeder hinter unseren Bemühungen um die Raumfahrt, die uns alle motiviert, ist der Entdeckertrieb, der schon das Kleinkind veranlasst, im Wohnzimmer kriechend auf Entdeckungsreise zu gehen. Mit Entdeckung verbindet sich freudvolle Bewusstseinserweiterung und geistige Befriedigung, und so etwas macht wohl süchtig. Deshalb steht es für mich außer Zweifel, dass der Mensch seinen Weg ins Weltall ständig fortsetzen wird und dass ihm diese Aufgabe letztlich von der Schöpfung auferlegt ist.

Letzten Monat stellte die Europäische Raumfahrtbehörde ESA eine Liste der dreißig bedeutendsten Entdeckungen im Kosmos zusammen, auf die die europäische Weltraumforschung der vergangenen 16 Jahre mit Stolz zurückblicken kann. Einige davon möchte ich heute hier anführen, da ich die Entdeckerfreude der beteiligten Forscher voll und ganz teile.

Ein erster großer Höhepunkt war 1986, vor 13 Jahren, der Vorbeiflug der ESA-Sonde Giotto an Halley's Komet. Giotto war die erste europäische Planetenmission, und sie verzeichnete beachtliche Erfolge. Kometen waren bis dahin lediglich als feurige Erscheinungen am Himmel bekannt gewesen, mit denen der Mensch in der Vergangenheit mystische und magische Vorstellungen verband. Bis zu jenem Moment am 13. März 1986, als der berühmte Komet Halley nach 76-jähriger Abwesenheit wieder in unser Sonnensystem zurückgekehrt war, hatten die Wissenschaftler hinter seinem riesigen Schleier aus glühendem Gas und Staub lediglich eine Art großen schmutzigen Schneeball vermutet, nach der Hypothese des amerikanischen Astronomen Fred Whipple. Unter Verwendung von Positionsdaten zweier sowjetischer Halley-Sonden namens Vega gelang es den Navigatoren der ESA, Giotto bis auf 600 km an den Kometen heranzusteuern und die detailliertesten Bilder von ihm aufzunehmen, die jemals von einem Komet gewonnen worden waren.

Dabei machte man die unerwartete Entdeckung, dass der Kern des Kometen Halley in Wirklichkeit kein Schneeball ist, sondern ein dunkles kartoffelförmiges und poröses Objekt mit kraterartigen Aushöhlungen und Bergzügen, bei einer Größe von 15 km Länge und acht Kilometer Breite – d. h. wesentlich größer als erwartet, aber dabei relativ leichtgewichtig. Seine Oberfläche erwies sich als extrem dunkel, schwärzer als Kohle, und das lässt auf eine dicke Staubschicht schließen. Von seiner aktiven, sonnenbeschienenen Seite sprühten mehrere geysirartige Strahlen Gas und Staub ins All, und ihr Rückstoß verlieh dem Komet eine merkwürdig wackelnde Taumeldrehung, die wahrscheinlich über Jahrhunderte, ja Jahrtausende beständig ist.

In Dante Alighieris »Göttlicher Komödie« trägt der große Seefahrer Odysseus im 26. Gesang des »Infernos« seiner Mannschaft auf: »Verpasst nicht die Chance, die menschenlose Welt auf der Rückseite der Sonne zu erfahren.« Als 1990 eine von der NASA gestartete ESA-Sonde zur Erforschung der Sonne aufbrach, trug sie deshalb den Namen Ulysses, englisch für Odysseus. Nicht nur sollte sie zur Rückseite der Sonne reisen, sondern dabei auch die beiden Pole unseres Zentralsterns überfliegen, die bis dahin noch niemals von irdischen Augen gesehen worden waren. Ihre kosmische Reise wurde eine glänzende Entdeckungsfahrt, wie die von Odysseus, und sie veränderte für alle Zeiten das Bild, das wir uns vom Umfeld unserer Sonne, der Heliosphäre, gemacht hatten. Ulysses überflog die Sonnenpole im Abstand von 300 Mio. Kilometer und sondierte dabei den ihnen entströmenden Sonnenwind aus allen Richtungen. Daraus entstand die erste dreidimensionale Darstellung der Heliosphäre, und man entdeckte dabei, dass der Wind aus den kühleren Regionen nahe den Polen bis zu zwei Drittel der Heliosphäre einnimmt, d. h. sich stark ausbreitet und dabei Geschwindigkeiten von 750 km in der Sekunde erreicht, wesentlich schneller als die 350 km/s des von der Äquatorzone der Sonne kommenden Windes. Die schnellen und langsamen Windströme kollidieren miteinander in der Nähe des Äquators und erzeugen dabei rhythmische Stoßwellen, die mit der Sonne rotieren und, wie Ulysses entdeckte, sich noch bis zu den Polarzonen der Sonne fühlbar machen. Die Sonde begann vor zwei Jahren eine zweite Umrundung der Sonne, und sie verfügt derzeit noch über genügend Manövertreibstoff und elektrische Energie, um die

Sonnenpole in 2000 und 2001 zumindest noch einmal zu überfliegen.

Zwei weitere glänzende Erfolgstorys wurden von zwei kosmischen Entdeckern der ESA geschrieben: Hipparcos und ISO. Der
erdumkreisende Forschungssatellit Hipparcos, benannt nach dem
ersten wirklichen Astronom des Altertums, Hipparch von Nikaia,
nahm zwischen 1989 und 1993 den gesamten Himmel auf, mit
genauen Messungen der Winkel zwischen den Sternen. Daraus
wurde dann mit dem bis dahin größten Rechenaufwand in der Geschichte der Astronomie ein Katalog von 120 000 Sterne erstellt, in
dem für jeden Stern Position und Bewegung aufgeführt sind, mit
einer Genauigkeit, die einhundertmal größer als bisherige Ster-
nenübersichten ist. Dank der Messungen von Hipparcos können
wir uns nun nicht nur ein realistischeres Bild von unserem Universums machen, sondern auch eine genauere Vorstellung von seiner
Größe und seinem Alter. Entdeckt wurde nämlich auf diese Weise,
erstens, dass das Universum wesentlich größer und daher auch erheblich älter ist, um rund eine Milliarde Jahre, als bisher angenommen, und zweitens, dass aber seine ältesten Sterne auch viel jünger
sind als erwartet – um rund vier Milliarden Jahre. Wenn man für
das Alter 12 Milliarden Jahre ansetzt, dann stimmen alle diese
neuen Funde gut überein.

Ein nachhaltiger Erfolg der europäischen Weltraumforschung
war auch das erdumkreisende Infrarotobservatorium ISO, dem es
von November 1995 bis Mai 1998 gelang, Wärmequellen im Kosmos von bis zu einer Milliarde Lichtjahre Entfernung aufzunehmen, und das mit einer Genauigkeit, wie wenn man die Bewegung
eines Menschen über 1000 km Entfernung verfolgt. Um solche
schwachen Wärmequellen zu sehen, musste ISO für die Dauer
seines Betriebs eines der kältesten Objekte im All sein, und die
Ingenieure erreichten das mit einem Kryostat an Bord, einem Vorrat von 2000 l flüssigen, unterkühlten Heliums, mit dem das Teleskop und seine Instrumente bis nahe am absoluten Nullpunkt von
minus 273 °C gekühlt wurden. Der Heliumvorrat hielt über 28
Monate lang, wesentlich länger als die geforderten 18 Monate, und
ermöglichte dadurch eine um 30 Prozent längere Beobachtungs-
und Entdeckungszeit. Eine der ganz großen Entdeckungen von

ISO waren Unmengen von Wassermolekülen in allen Ecken und Winkeln des Universums, sodass wir heute über den Kosmos sagen können: Wasser, Wasser überall!

39 Geschichte: Von Utopie und Sciencefiction zur Raumfahrt

Montag, 10. Mai 1999

Unser zu Ende gehendes Jahrhundert hat unzählige Erfindungen aufzuweisen, aber die Vorstellung eines Fluges in den Weltraum ist nicht darunter. Sie ist nämlich wesentlich älter.

Lange bevor die Verwirklichung des uralten Traums vom Raumflug durch Wissenschaft und Technik anfangs dieses Jahrhunderts allmählich in den Bereich des Möglichen rückte, haben sich in aller Welt Träumer den langen Weg zu den Planeten und Sternen allein auf Leitern aus Denkprozessen und schierer Vorstellungskraft emporgearbeitet: mit phantastischen Vorstellungen. In Schriften festgehalten, regten sie damit häufig andere Menschen erst dazu an, auf dem Weg weiterzugehen, und den Traum der Verwirklichung näher zu bringen. Die erste Aufzeichnung des Traums finden wir in der klassischen Welt der griechischen Spätantike, bei Lukian von Samosata (um 160 n.Chr.), also vor über 1830 Jahren. Seine Dichtung »Vera Historia« (Wahre Geschichte) beschreibt höchst amüsant die Reise von Lukian und seinen Gefährten zum Mond, in einem vom Wirbelsturm getragenen Segelschiff. Sie erleben den Krieg des Mondkönigs Endymion und seines Heeres phantastischer Fabelwesen, darunter 30 000 Reitflöhe, jeder so groß wie zwölf Elefanten, gegen die Armeen des Sonnenkönigs Phaeton. In einem zweiten Buch, »Ikaromenippus oder die Luftreise« lässt Lukian seinen Helden Menippus mit einem Adler- und einem Geierflügel zuerst zum Mond, dann zum Göttervater Zeus auf dem Olymp fliegen. Als bloßer Sterblicher erregt er bei den Göttern freilich erhebliches Missfallen: Hermes schleppt ihn am rechten Ohr zur Erde zurück und nimmt ihm die Flügel weg.

Auch der große Johannes Kepler, dem wir mit den keplerschen Gesetzen eine fundamentale Voraussetzung der Raumfahrt verdanken, konnte es sich nicht verkneifen, den Traum vom Raumflug zu träumen. Als heimlicher Anhänger des kopernikanischen Weltbildes, bei dem die Erde nicht mehr im Mittelpunkt stand, wollte er seine kontroversen astronomischen Ideen einer vom klerikalen Dogma und der Inquisition eingeschüchterten Welt möglichst unverfänglich darlegen; deshalb gab er seinem Werk von 1634 utopischen Charakter und nannte es gar »Somnium« (Traum): eine Mondflug-Phantasie, in der sich autobiographische Züge, Philosophie und direkte Mondbeschreibung, zum Teil von Galilei beeinflusst, vermischen.

Hundert Jahre früher, um 1532, erschien als Hauptwerk des italienischen Renaissance-Dichters Ariost eine Geschichte in 46 Gesängen namens »Orlando furioso« (Der rasende Roland) über eine Mondreise per Pferdewagen. Hundert Jahre später, 1638, veröffentlichte der anglikanische Bischof Francis Godwin unter dem Pseudonym Domingo Gonzales eine Mondflug-Phantasie namens »Der Mensch im Mond, oder: ein Diskurs über eine Reise dorthin«. Und ein zweiter englischer Bischof, John Wilkins, verfasste im gleichen Jahr sein Werk »Entdeckung einer Neuen Welt«, eine Art Sachbuch über den Mond als bewohnbarer Planet.

Zu der langsam wachsenden Zahl der Raumflugphantasten gesellten sich im 17. und 18. Jahrhundert auch die Franzosen Hector-Savinien de Cyrano (genannt Cyrano de Bergerac), Bernard Le Bovier de Fontenelle und Louis Guillaume de La Folie. Im späten 18. und beginnenden 19. Jahrhundert wurde es den Raumflugphantasten offenbar zunehmend klar, dass sie in ihren Erzählungen dem Leser eine Reisemöglichkeit ins All plausibler machen mussten als durch bloßes Träumen oder märchenhaftes Hinwünschen. So schlich sich die Suche nach der angebrachten Technik, die den Traum zu realisieren vermochte, in ihre Bücher ein. Durch die zunehmende Einbeziehung kontemporären Wissens um den Kosmos erschienen die utopischen Dichtungen allmählich realistischer. John Wilkins stellte in seinem Sachbuch die Theorie auf, dass es vier verschiedene Möglichkeiten gebe, ins Weltall vorzudringen: 1. durch Hilfe von Geistern und Engeln, 2. durch die Verwendung von fliegenden Tieren, 3. durch die Verwendung von künstlichen Flügeln und 4. durch fliegende Fahrzeuge.

Als Otto von Guericke in Magdeburg durch sein berühmtes Vakuum-Experiment mit den Halbkugeln 1660 Berühmtheit erlangte, entwarf der Jesuit Francesco de Lana flugs eine Flugmaschine, die mit Hilfe von vier leer gepumpten Kupferkugeln zum Flug aufsteigen sollte. Die Idee inspirierte wiederum Dichter und Satiriker wie Eberhard Christian Kindermann, der in einer Story, betitelt »Die Geschwinde Reise auf dem Luftschiff nach der oberen Welt«, 1744 die Reise von fünf deutschen Matrosen in einem mit sechs Kugeln ausgerüsteten Flugschiff zu Mond und Mars beschrieb.

Mit Beginn des industriellen Zeitalters erkannten die Autoren fiktiver Reisen mehr und mehr, dass ihre Erzählungen mit der Hinzuziehung neuer Erkenntnisse aus Wissenschaft und Technik wahrhaftiger erschienen und dadurch beim Publikum an Interesse gewannen. Aus dem Jahr 1863 stammt der schon recht realistische Roman »Reise zur Venus« des Franzosen Achille Eyraud, und zwei Jahre später erschien das Werk »Von der Erde zum Mond« von seinem großen Landsmann Jules Verne aus Nantes, der als eigentlicher »Vater des technologischen Romans« gilt. Aus seiner Feder kamen zwischen 1863 und dem Beginn des 20. Jahrhunderts an die 80 Romane, ein riesiges Werk von derart einmaliger Geschlossenheit, dass für seine einzelnen Bücher der klassischen Zeit der Sciencefiction-Reiseschilderung eine eigene Gruppenbezeichnung geschaffen wurde: »Les Voyages Extraordinaires«. Es ist keineswegs übertrieben, zu sagen, dass Jules Vernes kühne, schweifende Phantasie und Vorstellungskraft, der Weitblick seiner visionären Ideen und die nahezu geniale Einfühlung seiner Werke in die Möglichkeiten von Technik und Wissenschaft unzählige Menschen entscheidend beeinflusst haben.

Einer von ihnen war Simon Lake, ein Pionier in der Entwicklung des Unterseeboots, den Jules Vernes »20 000 Meilen unterm Meer« anregte, und in der Raumfahrt vor allem der junge Hermann Oberth. Schon als Schüler ließ ihm Vernes Idee eines Kanonenschusses zum Mond keine Ruhe, und aus seinen Bemühungen, in einer Studienschrift die Brauchbarkeit dieser Methode für den bemannten Raumflug zu widerlegen, entstand 1923 sein berühmtes Werk »Die Rakete zu den Planetenräumen«, dem die erweiterte Version »Wege zur Raumschiffahrt« nachfolgte, die zur »Bibel der Raketenleute« wurde.

Auch der Engländer Herbert George Wells beeinflusste Oberth mit seinen Sciencefiction-Büchern, wie auch der russische Raumfahrtpionier Konstantin Ziolkowskij. H.G. Wells inspirierte nicht nur Oberth, sondern auch den amerikanischen Professor Robert Goddard sowie deutsche Raketenpioniere wie Wernher von Braun, Walter Hohmann und Eugen Sänger.

Damit waren die Weichen für den realen Weltraumflug gestellt. Wie es weiterging ist bekannt.

40 30. Jubiläum von Apollo 10

Dienstag, 18. Mai 1999

Genau heute jährt sich zum dreißigsten Mal der Start von Apollo 10, dem zweiten Flug von Menschen zum Mond, den wir als die Generalprobe der von Präsident Kennedy 1961 zum nationalen Ziel erklärten Mondlandung betrachteten. Ich werde jene Tage nie vergessen, schon wegen Gene Cernans berühmt gewordener Schimpfkanonade aus dem All.

Der Flug sollte die für Juli geplante Apollo-11-Mission in allen Aspekten detailgetreu duplizieren, ausgenommen die eigentliche Landung selbst, also kein Touchdown und Aufenthalt auf dem Mondboden. Wir wollten damit dem Flugkontrollteam in Houston zusätzliche Gelegenheit geben, Erfahrung für die Durchführung der eigentlichen Apollo-Mission zu sammeln. Ferner konnten die Bahnverfolgungsstationen ihre Positionsermittlungen des Raumschiffs über Mondentfernung und vor allem vor dem störenden Mondboden-Hintergrund noch einmal üben, und die Flugbahnspezialisten erhielten die Möglichkeit, die starken Unregelmäßigkeiten des lunaren Schwerefelds genauer zu ermitteln, die so genannten Mascons (Masse-Konzentrationen).

Dass Apollo 10 nicht auf dem Mond landete, hatte freilich einen triftigeren Grund: seine Landefähre war dazu noch nicht in der Lage. Bei der Herstellung der Landegeräte durch die Firma Grumman war die unvermeidbare Gewichtszunahme aufgetreten, die sich immer bei solchen Entwicklungen zeigt, und dem Fluggerät musste ein rigoroses Abspeckungsprogramm auferlegt werden. Im Mai 1969 waren die abgespeckten Mondfähren noch nicht flugbereit, sodass Apollo 10 mit einer der ungeänderten Ausführungen starten musste, die für Mondlandung und Rückstart noch zu schwer waren.

Zum Start diente die fünfte Saturn V auf ihrem dritten bemannten Einsatz, denn nur zwei unbemannte Testflüge waren ihrer vollen Inbetriebnahme vorausgegangen. Sie setzte Apollo 10 mit Thomas Stafford als Kommandant, John Young als Kommandomodulpilot und Eugene Cernan als Mondlanderpilot auf eine nahezu perfekte Flugbahn zum Erdtrabant. Nach dem Einschuss trennte Young das 32 t schwere Kommandoschiff »Charlie Brown« von der Saturnstufe ab, wendete um 180 Grad und dockte es an der Scheitelluke des Mondlanders »Snoopy« an, wie es Apollo 9 vorgemacht hatte. Dann löste sich auch Snoopy von der Raketenstufe ab, die durch ein automatisches Ausweichmanöver auf eine andere Flugbahn steuerte.

Die Apollo-Landefähre bestand aus zwei Teilen, denn das meiste Gewicht hatte man dadurch sparen können, dass man den nicht länger benötigten Landeteil mit den Beinen auf dem Mond zurückließ und nur den oberen Teil, die Aufstiegsstufe, in die Mondumlaufbahn zurückstartete. Daher stehen noch heute sechs Landemodule, kurz LM genannt, an verschiedenen Stellen auf der uns zugewandten Mondhälfte auf ihren vier geknickten Spinnenbeinen und warten auf die ersten Touristen von der Erde.

Am 22. Mai umkreiste Apollo 10 den Erdtrabant in 110 km Höhe, und mein Freund Gene Cernan bereitete Snoopy für das Abstiegsmanöver vor. Er und Tom Stafford trennten den Lander vom Kommandoschiff Charlie Brown, und der an Bord gebliebene John Young legte durch ein kleines Schubmanöver von Snoopy ab. Dann, um 14:35 Uhr Houstonzeit, begann das kritische Schubmanöver des Landetriebwerks, das den mondnahen Punkt von

Snoopys Orbit von 110 km auf 15 km verringern sollte. Das Raketentriebwerk benötigte dazu nur etwa 30 Sekunden und musste äußerst präzise arbeiten, denn wenn es nur zwei Sekunden länger brannte, als im LM-Computer programmiert, wäre der Lander auf dem Mondboden zerschellt. John Young hörte über das Radio mit und verfolgte die Fähre mit dem Sextant des Mutterschiffs, um Stafford und Cernan augenblicklich zu Hilfe eilen zu können, falls sie durch eine Fehlfunktion des Triebwerks in einem falschen Orbit havariert wären.

Im vorberechneten Moment zeigte der Computer die Zahl »99«, und Gene drückte auf den Knopf »Proceed«. Das Triebwerk zündete geräuschlos im Vakuum. »Wir brennen, John«, rief Cernan, und vom Mutterschiff aus konnte Young den Leuchtschein der Triebwerkglocke sehen. Eine halbe Minute später, genau im richtigen Moment, verschwand er, und Snoopys Computer zeigte, dass sie auf der gewünschten Ellipse waren, die sich dem Mond bis auf 15 km näherte und dann wieder auf 110 km aufstieg.

Für Stafford und Cernan begannen nun atemberaubende Minuten, in denen sich der Lander mehr und mehr dem Mondboden näherte und dabei schneller und schneller flog. Immer wieder mussten sie sich mit einem Blick auf den Computer davon überzeugen, dass sie den aufragenden Mondgebirgen, die sich nun als die Ränder riesiger Krater erwiesen, nicht zu nahe kamen. Gewaltige Steinbrocken wurden unter ihnen sichtbar, manche von ihnen hunderte von Meter groß. Der Flug wurde immer rasanter – an der tiefsten Stelle rasten sie mit nahezu 6000 Stundenkilometer relativ dicht über den Boden – entsprechend fünffacher Schallgeschwindigkeit auf der Erde, schneller als sie jemals so nahe dem Boden geflogen waren. Möglich war dies nur, weil der Mond keine Atmosphäre hat, die sie hätte behindern können.

Die beiden Mondstürmer erkundeten die für Apollo 11 geplante Landestelle im *Mare Tranquillitatis*, dessen Ebene ihnen wie nasser Lehmboden erschien. Sie meldeten, dass die Landestelle in ihrem Zentralbereich glatter war, als sie erwartet hatten, und dadurch eine Landung sehr begünstigte, aber sie warnten auch, dass Neil Armstrong und Buzz Aldrin bei einem Overshoot, also wenn der Landeanflug über diesen Bereich hinausschoss, schon nach wenigen Meilen stark geröllbedeckten Boden vorfinden würden und dann hoffentlich genug Treibstoff mit sich führten, um auf der Suche nach einer passenden Stelle herummanövrieren zu können. Genau das trat dann ja auch zwei Monate später ein.

Kurz bevor Stafford die Abtrennung von der leer gebrannten Landestufe auslöste, geriet Snoopy außer Kontrolle und begann zu rotieren. Jählings davon überrascht, stieß Cernan ein paar kräftige Schimpfworte aus, die die amerikanische Öffentlichkeit über die offene Nachrichtenverbindung zu hören bekam: »Son of a bitch ... What the hell happened?« Es hagelte einige Proteste im Land, und die NASA hatte ein paar Public-Relations-Probleme mehr.

Nach dem Abwerfen der Landestufe konnte Stafford die Aufstiegsstufe nach acht Sekunden unter Kontrolle bekommen. Zehn Minuten später zündete er ihr Triebwerk, um zu Charlie Brown mit John Young zurückzukehren, und 31 Stunden danach, in den frühen Morgenstunden des 24. Mai, startete Apollo 10 den Rückflug zur Erde. Als Charlie Brown am 26. im Pazifischen Ozean wasserte, hatten wir die große Generalprobe, Gott sei Dank, in nahezu perfekter Weise bestanden, und der Weg war frei für Apollo 11 zur Erreichung des von John F. Kennedy acht Jahre zuvor gesteckten Ziels.

41 Internationale Raumstation ISS: Zwei wichtige Schritte weiter

Mittwoch, 19. Mai 1999

Heute notiere ich mit großer Freude zwei weitere wichtige Fortschritte in der Entwicklung und Montage der internationalen Raumstation ISS, denn in der jüngsten Vergangenheit haben wir wieder ein paar Meilensteine geschafft und erfolgreich passiert.

Der wichtigste betrifft das russische Servicemodul, dessen näher rückende Fertigstellung ich vor ein paar Wochen verzeichnet habe. Inzwischen ist es so weit, denn heute früh ist es endlich in Baikonur in Kasachstan eingetroffen!

In der Nacht auf den 13. Mai, eine halbe Stunde nach Mitternacht, hatte sich der geschlossene Eisenbahntransporter mit dem wichtigen 20-Tonnen-Bauteil in der Herstellerfirma Chrunitschew in Moskau in Bewegung gesetzt, gezogen von einer Lokomotive. Abstandsfühler am vordersten Wagen achteten auf genügend Spielraum um die Waggons während der langen Fahrt. Auf dem Moskauer Bahnhof von Fili überprüften Beamte der Eisenbahnkommission noch einmal die wertvolle Ladung nebst dazugehörigen Dokumenten, worauf der Wagen an einen längeren Güterzug angehängt wurde, auf dem schon eine Proton-Trägerrakete in einzelnen Stufen, die Sonnenzellen des Moduls und andere Ausrüstungen verladen waren. Zwei weitere Lokomotiven vervollständigten den Sondertransport, der dann in Begleitung von acht bewaffneten Sicherheitsbeamten losrollte, auf die lange Fahrt zum fernen Kasachstan, jenseits des Urals.

Diese Transporte erinnern mich immer an Szenen aus dem Film »Dr. Schiwago«, wenn der Zug südostwärts rollt, vorbei an den Südausläufern des Urals, der Grenze zwischen Europa und Asien, und dann schnurgerade, wie die Krähe fliegt, durch die gewaltigen Einöden der zentralasiatischen Steppen dampft, wo einst Kosaken ritten. Fast sechs Tage brauchte er für die 3200 km lange Strecke von Moskau zur fernen Wüste Kisil-Kum nicht weit vom Ostufer des Aralsees, wo das Städtchen Baikonur liegt. Früher hieß es Tjuratam und war der Startplatz für alle großen Raumfahrtunternehmen der Sowjets, von Sputnik 1 über Jurij Gagarins Flug bis zu den sieben Raumstationen von Saljut bis Mir. Auch die sowjetische Mondrakete N1 Herkules startete viermal von hier, allerdings ohne einen einzigen erfolgreichen Flug verzeichnen zu können, und vor noch nicht langer Zeit auch die Riesenrakete Energija und die sowjetische Spaceshuttle-Version Buran. All das ist heute nur noch Geschichte, aber dafür ist Russland mit seinen erprobten Sojus- und Progress-Raumschiffen und seinen zuverlässigen Trägerraketen Sojus-U und Proton ein geschätzter Partner der ISS geworden.

Die großen Startanlagen des Kosmodroms von Baikonur werden von den Raketenstreitkräften des russischen Militärs betrieben, unter einem speziellen Übereinkommen mit der heutigen Republik von Kasachstan, einst Teil der Sowjetunion. Nach seiner Ankunft

heute früh (von der mir Gordon Ducote, mein NASA-Kontakt-
mann vor Ort, sofort ein paar elektronische Fotos e-mailte), wurde
das Servicemodul von Chrunitschew-Technikern in Empfang genommen, die in großen Gruppen von Moskau vorausgeflogen
waren und derzeit im Begriff sind, die dem eigentlichen Start
vorausgehende Schlussmontage, Überprüfung und Integration mit
der Proton-Trägerrakete vorzubereiten. Wir rechnen damit, dass
das Element in zwei Wochen erstmals unter Strom gesetzt und
dann bis in den frühen September hinein elektrisch durchgeprüft
wird. Die Integration und die damit zusammengehörigen Tests
schließen sich dann an, bis Mitte November, und danach könnte
der Rollout zur Startrampe erfolgen. Der eigentliche Starttermin
wird erst im Lauf des Sommers festgesetzt, doch dürfte er um den
20. November liegen.

Nach dem Erreichen des Orbits und dem automatischen Andocken am Sarja-Ende der ISS macht das potente Servicemodul
mit seinen Lebensversorgungssystemen, Mannschaftsquartieren
und hygienischen Anlagen den wachsenden Stationskomplex erstmalig für Menschen bewohnbar, und sein Antriebssystem mit
Triebwerken und vollen Tanks liefert die Schubkraft für die kritisch
benötigte periodische Anhebung der Bahnhöhe der ISS.

Vier Tage nach der Abfahrt des Servicemoduls, am 16. Mai, erreichten wir einen zweiten wichtigen Meilenstein für den Bau der
ISS: der erste große Beitrag Kanadas traf am Kennedy Space Center
in Florida ein. Es handelt sich um das von der kanadischen Raumfahrtbehörde CSA entwickelte und von der Firma Macdonald
Dettwiler Space and Advanced Robotics in Ontario gebaute Manipulatorsystem SSRMS (Space Station Remote Manipulator
System), ein Teil der externen mobilen Wartungsanlage, die Kanadas Beitrag darstellt. Der 17 m lange Roboterarm von 127 t Tragfähigkeit ist dreifach gegliedert, also mit Schulter-, Ellbogen- und
Handgelenk. Nach fertig gestellter Montage gleitet er auf einer
mobilen Transporter-Laufkatze außen am Hauptträger der ISS entlang, durch Fernsteuerung von Bord positioniert für robotische
Montage- und Wartungsaufgaben.

Der Manipulatorarm besteht aus mehreren auswechselbaren
Baueinheiten, darunter zwei so genannten Endeffektoren mit

Halteklammern sowie einer starken Oberarm- und einer Unterarmstange von je 3,60 m Länge mit insgesamt sieben Gelenken, die seine Bewegung und Drehung in alle Richtungen und Lagen gestatten. Dem mit Elektronikboxen und Videokameras bestückten Arm kann am Handgelenk auch eine spezielle fein gegliederte Greifvorrichtung mit zwei 3,50 m langen Armen mit je sieben Gelenken angesetzt werden. Gesteuert wird die ganze Anlage von einer Kontrollstation aus, der Robotic Workstation, die in doppelter Ausführung an Bord der ISS bereitstehen wird, die eine im US-Laboratorium »Destiny«, die andere am Kuppelfenster, der von Italien gebauten Cupola, die später in einer der Seitenluken des Knotens Unity montiert wird.

Im Verlauf des Monats Juni wird das Manipulatorsystem nun im Kennedy Center einer sorgfältigen Funktionsprüfung unterzogen und dann mit dem »Destiny«-Modul elektrisch verbunden, um in Bezug auf sein Zusammenspiel mit ihm getestet zu werden. Dieses Arrangement ist Teil des sehr wichtigen Multi-Element-Integrationstests MEIT, bei dem nach und nach alle verfügbaren oder elektrisch simulierten US-Bauteile der ISS bereits auf der Erde auf ihr späteres Zusammenwirken im All geprüft werden können. Gestartet wird das kanadische Manipulatorsystem mit dem Shuttle Endeavour im Juli nächsten Jahres mit Mission STS-100, und die weiteren Teile der mobilen Wartungsanlage folgen später nach.

42 Spaceshuttle: Wartungsmission STS-96 zur Raumstation

Donnerstag, 27. Mai 1999

Heute früh um 6:50 Uhr Floridazeit donnerte die Discovery zum von uns mit Spannung erwarteten 94. Spaceshuttle-Flug in den Himmel. Es ist eine weitere historische Mission: Zum ersten Mal besuchen Menschen einen neuen Stern am Himmel. Die erste Visite der neuen Raumstation durch eine Crew – der erste Versorgungsflug.

Denn die siebenköpfige Besatzung von STS-96, so lautet die offizielle Bezeichnung des Fluges, soll die internationale Raumstation ISS mit Nachschub ausstatten und sie auf das Eintreffen der eigentlichen Stationsmannschaft in wenigen Monaten vorbereiten. Insgesamt bringt der Shuttle über 1600 kg an Cargo für die Station, von Bauteilen über Proviant und Kleidungsstücken bis zu Kameras, Laptop-Computer und einem Drucker.

Die Crew ist gemischt und international, denn drei der sieben Astronauten sind Frauen und von den fünf internationalen Partner-Organisationen des ISS-Programms sind drei an Bord vertreten: USA, Kanada und Russland. Die amerikanischen Astronauten sind der Kommandant Kent Rominger, der Pilot Rick Husband und die Missionsspezialisten Daniel Barry, Tammy Jernigan und Ellen Ochoa. Aus Russland kommt der Luftwaffenoberst Walerij Tokarew und aus Kanada die Nutzlastspezialistin Julie Payette, Offizierin in der kanadischen Luftwaffe, Tiefseetaucherin und, ganz nebenbei, eine reizende Frau. Alle haben während der neuntägigen Mission ganz spezifische Aufgaben zu verrichten.

Der Start erfolgte auf die Sekunde genau, als sich das Zielobjekt ISS gerade nordwestlich von Bermuda befand. Ohne die Einhaltung des knappen Startfensters von neun Minuten wäre ein Einholen der davonziehenden Raumstation und ein Rendezvous mit ihr nicht möglich.

43 Internationale Raumstation ISS: Erster Besuch durch Menschen

**Samstag,
29. Mai 1999**

Discovery hat glücklich an der Raumstation angelegt!

Nach dem Start von Cape Canaveral benötigte der Shuttle zunächst zwei Tage für das Aufhol- und Rendezvousmanöver zur ISS. Mit zeitlich exakt bemessenen Schubimpulsen seiner Manövertriebwerke näherte er sich der Raumstation nach und nach in 380 km Höhe, bis er heute früh, am dritten Tag, etwa 15 km hinter ihr flog. Damit begann die Endphase, die etwa drei Stunden, beziehungsweise zwei Erdumkreisungen, in Anspruch nahm. Während der Shuttle diese Manöver durchführte, steuerten die Flugkontrolleure in Koroljow bei Moskau die bisher horizontal zur Erde fliegende Station in eine neue Raumlage, in der sie senkrecht zur Erde steht, damit die Funkantennen an Sarja auch nach dem Andocken der Discovery freie Sicht zum Boden haben. Der Shuttle traf unter ihr ein, umflog sie durch 180 Grad und schob sich dann sehr langsam und behutsam von oben an sie heran, um schließlich am nach oben gerichteten Knotenelement Unity anzulegen. Die hierbei nötige Präzisionsarbeit mit den Feinsteuerdüsen wurde durch einen Laser-Abstandssensor in der Nutzlastbucht der Discovery unterstützt. Beim eigentlichen Andocken assistierte Pilot Rick Husband dem Kommandanten, während Tammy Jernigan den Andockmechanismus bediente und Ellen Ochoa Abstands- und Geschwindigkeitswerte maß und meldete. Dann hatte Kent Rominger es geschafft: Der 42-jährige Kommandant und Absolvent den berühmten »Top Gun«-Kampfpilotenschule der Marine legte den Shuttle mit traumhafter Sicherheit an der ISS an – heute früh um 24 Minuten nach Mitternacht, als die beiden Raumfahrzeuge in einer Höhe von rund 380 km die russisch-kasachische Grenze überflogen.

Am Abend werden Tammy und Dan Barry Raumanzüge anlegen und ins freie All aussteigen, um in der offenen Nutzlastbucht mitgebrachte Gerätschaften vom Shuttle zur ISS zu bringen.

44 Internationale Raumstation ISS: Mission STS-96 erfolgreich!

Sonntag, 6. Juni 1999 Heute früh um 2:03 Uhr kehrte die Discovery von ihrer mit großem Erfolg durchgeführten Mission STS-96 zurück.

Insgesamt verbrachten die Raumaussteiger Jernigan und Barry sieben Stunden 55 Minuten im All um alle mitgeführten Ausrüstungen und Nachschubbehälter außen an der ISS zu verstauen. Es war der zweitlängste Raumausflug in der Geschichte des Shuttle-Programms. Während seines Verlaufs montierten sie außen an der Station zwei mitgebrachte Baukräne für spätere Montagearbeiten und transferierten zwei neue Fußstützen sowie drei große Gerätebehälter voller Werkzeuge und Handgeländer vom Shuttle zu bestimmten Staupositionen, insgesamt rund 200 kg an Material. Hierzu stand Tammy mit den Füßen auf einer Ankerplattform am Ende des Shuttle-Manipulatorarms, der dann von Ellen Ochoa von der Shuttle-Kabine aus herumgeschwenkt wurde. Der Transfer der amerikanischen und russischen Krananlagen für die spätere Handhabung größerer Nutzlastelemente dauerte jeweils eine Stunde.

Das amerikanische Gerät, genannt OTD, wurde außen an der Station montiert; der große russische Kran namens Strela (»Pfeil«) wurde provisorisch verstaut, um beim zweiten Shuttlebesuch Endes des Jahres mit weiteren Bauteilen fertig zusammengesetzt und dann außen an Sarja angebracht zu werden. Zusammen mit der bei STS-88 im freien Weltall verbrachten Zeit, beläuft sich die für die ISS aufgebrachte EVA-Zeit nun auf 29 Stunden 17 Minuten.

Am nächsten Tag, dem 30. Mai, öffneten Tammy und Walerij die Lukendeckel zum Knotenelement Unity, gefolgt von drei weiteren Luken dahinter, durch die sie kurz nach zehn Uhr nachts in den Kontroll- und Energieblock »Morgenröte« einschwebten. Die restliche Crew folgte bald nach. Um zu verhindern, dass sich die beim Aufenthalt von Menschen unvermeidbare Feuchtigkeit in der Bordatmosphäre an den kalten Wänden des Knotenelements als Kondenswasser niederschlug und womöglich Probleme mit der Elektronik verursachte, war die Station schon 24 Stunden vor Eintreffen des Shuttle durch elektrische Heizelemente in den Wänden vorgewärmt worden, bis die Innentemperatur über dem Taupunkt lag. Wir hatten in den vorhergegangenen Tagen eine Reihe umfangreicher Tests mit der ISS durchgeführt, um sicherzustellen, dass ihre Sonnenzellen und das daran angeschlossene Bordstromsystem auch in der lotrechten Raumlage zu dieser Jahreszeit genügend elektrische Leistung für die Heizelemente und den Betrieb der übrigen Bordsysteme zu liefern vermochten.

Damit konnte die Umladung der mitgebrachten Vorräte, Gerätschaften und anderer Nachschubgüter beginnen, die fast drei Tage in Anspruch nahm. Wichtig dabei war die Buchführung, die in Händen von Ellen Ochoa lag. Jedes mitgebrachte Teil musste seinem Massengewicht und Stauplatz nach genau aufgelistet werden, denn die zusätzliche Ladung veränderte die Massencharakteristiken der ISS, vor allem auch die Lage ihres Schwerpunkts, und eine exakte Kenntnis dieser Daten ist wichtige Voraussetzung zur Planung zukünftiger Raumlagemanöver der Station durch die Flugkontrolleure. Am Ende des Mittwochs, 2. Juni, hatte die Crew insgesamt 1618 kg Frachtgut vom Shuttle in die ISS umgeladen, darunter über 300 kg Wasser. Achtzehn Behälter von 90 kg Masse hatten sie von der ISS in die Discovery gebracht, als Rückfracht zur Erde.

Von ihrem neuen Gehäuse im All zeigten sich alle Besatzungsmitglieder hellauf begeistert; nach ihren Worten fühlten sie sich »wie in einem Hotel«. Am meisten staunten sie über das ungewohnt große Volumen, das die neue Station bereits in ihrem jetzigen Frühstadium bietet, in dem sie ja lediglich aus einem amerikanischen und russischen Modul besteht. Bei ihrer Fertigstellung in fünf Jahren wird der permanente Außenposten an die 36 Elemente umfassen und 400 t Masse haben. Die einzelnen Module sind so groß, dass ein Astronaut mit ausgestreckten Armen in ihnen schweben und Kapriolen schlagen kann, ohne die Wände zu berühren. Die fast kindliche Begeisterung der Crew über diese neue Umgebung kannte keine Grenzen.

Zu ihren Bordtätigkeiten gehörten auch Reparatur- und Wartungsarbeiten. So ersetzten Julie Payette und ihr russischer Kollege Tokarew 18 Steuer- und Wiederaufladegeräte der sechs Bordbatterien in Sarja, während Dan Barry und Rick Husband im Knoten Unity fehlerhafte Teile im Kommunikationssystem erneuerten. Im Vakuum hatten sich ferner die unter Innendruck stehenden Module geringfügig gedehnt, was bei Raumstationen normal ist – nur können dann unter Umständen die Lukendeckel etwas klemmen. Durch Lockerung und Neueinstellung der Gleitschienen der Deckel stellte die Crew den reibungsfreien Betrieb der Luken in Unity wieder her.

Am achten Flugtag, dem 3. Juni, kehrten die Astronauten in den Shuttle zurück und machten um 4:44 Uhr die Luken dicht.

Gegen 5:30 Uhr hob Kent Rominger mit 17 Schubimpulsen der Steuerdüsen die Flughöhe des Außenpostens um etwa zehn Kilometer auf 392 km an und legte dann um 6:39 Uhr ab. Wenn im November der nächste Baustein hinzukommt, das russische Servicemodul Swesda (»Stern«), wird die ISS ihren Orbit durch Luftreibung auf 355 km abgesenkt haben, gerade richtig zum Rendezvous mit dem 20-Tonnen-Modul.

Nach der Abtrennung umflog die Discovery den Außenposten zweieinhalb Mal, um ihn zu inspizieren und zu fotografieren. Insgesamt war sie fünf Tage 18 Stunden 17 Minuten an ihm angedockt, und die Crew hatte 79 $1/2$ Stunden an Bord zugebracht. Zusammen mit den 28 $1/2$ Stunden bei der Montage von Sarja und Unity letzten November durch STS-88, beläuft sich die Gesamtbewohnung der neuen Station durch Menschen jetzt schon auf 108 Stunden.

Am 5. Juni entließ Julie Payette einen etwa 40 kg schweren kugelförmigen Satelliten namens STARSHINE aus der Nutzlastbucht, der mit seinen 878 hochpolierten Aluminiumspiegeln wie die rotierende Spiegelkugel in früheren Nachtlokalen aussah. Die etwa zweieinhalb Zentimeter im Durchmesser messenden Spiegel sind von Technikstudenten im Bundesstaat Utah hergestellt worden, aber poliert haben sie Schüler in Argentinien, Australien, Belgien, China, Dänemark, England, Finnland, Japan, Kanada, Mexiko, Neuseeland, Österreich, Pakistan, Südafrika, Spanien, Türkei, USA und Zimbabwe. STARSHINE ist ein Akronym für »Student-Tracked Atmospheric Research Satellite for Heuristic International Networking Equipment«, und das bedeutet, dass der zu Unterrichtszwecken dienende Reflektorsatellit von Schülern und Studenten rund um die Erde vom Boden aus optisch verfolgt und mit großer Genauigkeit bezüglich seiner keplerschen Bahnelemente vermessen und per Internet gemeinsam studiert werden soll. Da der Widerstandsbeiwert der hohlen Aluminiumkugel bekannt ist, lässt sich aus diesen Beobachtungen die Dichte der oberen Erdatmosphäre ermitteln und aus ihren Schwankungen auch Rückschlüsse auf den Einfluss der Sonne und ihrer Sonnenflecken-Ausbrüche auf die obere Atmosphäre ziehen. Der STARSHINE-Satellit hat eine Lebensdauer von etwa sechs Monaten, und wer ihn dann bei seinem flammenden Meteoreintritt am Missionsende am besten fotografiert, kriegt einen schönen Preis. Es ist die Absicht von Projekt STARSHINE, während der gesamten Dauer eines Sonnenzyklus von elf Jahren je einen Satelliten pro Jahr zu starten. Bereits jetzt arbeiten die Hochschulstudenten von Utah an den Spiegeln des zweiten Satelliten.

Nach insgesamt neun Tagen 20 Stunden und einer Flugstrecke von 6,4 Mio. Kilometer kehrte die Discovery dann heute früh zum Kennedy Space Center zurück, mit (erst) der elften Nachtlandung des Shuttle-Betriebs, der im letzten April 18 Jahre alt wurde.

45 Station Skylab: Feuriges Ende vor 20 Jahren

**Sonntag,
11. Juli 1999**

Heute, am Vorabend der ISS-Station, gedenken wir des 20. Jahrestags des Endes der amerikanischen Raumstation Skylab, die am 11. Juli 1979 in einem feurigen Spektakel auf die Erde zurückstürzte, ähnlich wie es der russischen Raumstation Mir demnächst bevorsteht. Jenes Programm stand mir besonders nahe und ich bekam seine »Freuden und Leiden« persönlich zu spüren.

Das 86 t schwere Weltraumlaboratorium, an dessen Bau, Start und Betrieb ich im Marshall-Raumflugzentrum in Huntsville mitgearbeitet hatte, war zur dieser Zeit gerade sechs Jahre alt geworden. Gestartet hatten wir es am 14. Mai 1973 auf der 13. Saturn-V-Trägerrakete, und ich werde jenen Tag nie vergessen, da wieder einmal alles ganz anders kam, als es unsere jahrelange Planung vorgesehen hatte: Der Start ging nämlich ganz schlimm schief. So fanden sich in jenem Mai vor 20 Jahren Erfindergeist, Ingenieurkunst und Astronautenmut zusammen, um in zehn heroischen Tagen eine Leistung zu vollbringen, die weder geplant noch überhapt vorher für durchführbar gehalten worden war: die Rettung des Zwei-Milliarden-Dollar-Projekts Skylab.

Skylab war in der zweiten Hälfte der 60er Jahre als Nachfolge-programm von Apollo ins Leben gerufen und unter weitgehender Verwendung von bereits entwickelten Apollo-Systemen konzipiert worden. Der eigentliche Zellenkörper der Raumstation, die so ge-nannte Werkstatt, war ursprünglich eine S-IVB gewesen, die dritte Stufe der Saturn V, und Apollo-Raumschiffe, gestartet auf den klei-neren Saturn-IB-Trägern, sollten die Besatzungen zur Station kut-schieren und zurückbringen. Ein von Grund auf neu entwickelter Bauteil war das Apollo Telescope Mount ATM, ein Aggregat von acht neuartigen Teleskopen zur Beobachtung und Erforschung der Sonne.

Der Start der Raumstation erfolgte unbemannt am 14. Mai. Laut Plan sollte die erste Besatzung am nächsten Tag folgen. Skylab erlitt jedoch 60 Sekunden nach dem Start schwere Schäden, als sich der dünne Mikrometeoritenschild von der Außenwand des Work-shops losriss und dabei die zur Stromerzeugung nötigen Sonnen-zellenflügel beschädigte. Ein Flügel ging verloren, der andere ver-klemmte sich, sodass er sich nach Erreichen der Erdumlaufbahn nicht entfalten konnte. Für Skylab ergab sich daraus eine Situation, in der es um Leben oder Tod der Raumstation ging. Nur noch 35–40 Prozent der vorgesehenen Bordenergie standen zur Verfü-gung, vom ATM geliefert, und ohne den auch als Wärmeschutz dienenden Mikrometeoritenschild begann sich die Station prompt zu erhitzen. Schon nach wenigen Minuten betrug die Wandtempe-ratur an die 90 °C, und Menschen konnten unter diesen Umstän-den nicht auf Dauer an Bord sein.

Noch zur gleichen Stunde bildeten sich in Huntsville und Houston Teams von Ingenieuren, die fieberhaft nach Möglichkei-ten suchten, um Skylab zu retten und bewohnbar zu machen. Was getan werden musste, war uns sofort klar: Zunächst musste die Raumstation durch Fernsteuerung in eine Raumlage gelenkt wer-den, in der ihre Erhitzung auf ein Minimum beschränkt blieb. Zweitens mussten wir eine technische Lösung dafür finden, dass Skylab von außen Schatten erhielt – eine Art Sonnenschirm also. Und drittens mussten Methoden und Gerätschaften entwickelt werden, mit denen Astronauten von außen den verklemmten Son-nenflügel befreien konnten.

All dies wurde innerhalb von zehn Tagen geschafft und erprobt, und die für den späteren Betrieb vorgesehenen Astronauten halfen uns dabei. Am 25. Mai, dem elften Tag nach dem Unglück, erfolgte der Start der Saturn IB, die die erste Crew zur havarierten Raumstation hinaufbrachte. Es waren der Arzt Joseph Kerwin, der Pilot Paul Weitz und der Kommandant Charles »Pete« Conrad, der vier Jahre vorher als dritter Mensch den Mond betreten hatte.

Es gelang ihm und seiner Crew, einen ersten Schattenspender über dem Workshop zu entfalten und den verklemmten Sonnenflügel zu befreien. Damit hatte Skylab wieder ausreichend Strom, und die Bordtemperaturen sanken auf 22 °C. Nach 28 Tagen wurden Conrad, Kerwin und Weitz durch die zweite Crew abgelöst, Alan Bean, Owen Garriott und Jack Lousma, die ein zweites Schattensegel aufspannten und 59 Tage im All blieben. Es folgte noch eine dritte Raumstationsbesatzung: Gerald Carr, Edward Gibson und William Pogue, und sie konnte die Verweilzeit gar auf 84 Tage ausdehnen. Insgesamt verbrachten die drei Mannschaften 171 Tage und 13 Stunden im All, mehr als alle Flüge im Mercury-, Gemini- und Apollo-Programm zusammengenommen. Die Ernte, die Skylab für die Wissenschaft einbrachte, war gewaltig: Rund 26 Prozent der insgesamt etwa 12 000 Mannstunden waren rund hundert wissenschaftlichen Experimenten gewidmet, auf Gebieten wie Raumphysik, Solarastronomie, Biomedizin, Umweltforschung und Werkstoff-Forschung; die Fülle des daraus gezogenen neuen Wissens stellte alle Erwartungen vor Beginn des Fluges in den Schatten und trug entscheidend zu den Nachfolgeprogrammen Spaceshuttle und internationale Raumstation ISS bei.

Der Rücksturz von Skylab war ursprünglich eigentlich nicht geplant gewesen. Verursacht wurde er natürlich durch die zunächst winzige, dann allmählich zunehmende Luftreibung in den äußersten Schichten der Erdatmosphäre. Wir hatten beabsichtigt, die Raumstation rechtzeitig in eine höhere Bahn anzuheben und in Sicherheit zu bringen, doch machten uns zwei unvorhergesehene Entwicklungen einen Strich durch die Rechnung: Erstens zeigte die Sonne eine erheblich stärkere Aktivität, als vorhergesagt, sodass sich die Erdatmosphäre stärker erhitzte und aufblähte als erwartet und dadurch einen größeren Bremseffekt bewirkte. Und zweitens hatte sich die Entwicklung des Spaceshuttle, der zum Start des zur Orbitanhebung nötigen Raketenelements gebraucht wurde, so weit verspätet, dass er ganz einfach noch nicht da war, als er gebraucht wurde.

So trat Skylab dann am 11. Juli 1979 während seiner 34981. Erdumkreisung in die Atmosphäre ein. Wir konnten ihre Raumlage noch so weit steuern, dass die Rücksturzbahn begrenzt kontrollierbar blieb. Die Station begann in zwölf Kilometer Höhe auseinander zu brechen, und der Pilot einer in 8500 m Höhe fliegenden Verkehrsmaschine beschrieb den zunächst blauen, dann orangeroten Schein der verglühenden Meteore aus Menschenhand. Massivere Überreste der Station, insgesamt etwa 26 t, stürzten unschädlich in den Indischen Ozean, der größte Teil jedenfalls. Ein paar Bruchstücke fielen auch auf Südwest-Australien, doch richteten sie keinen Schaden an. Später brachte eine kleine australische Delegation die Überreste zum Marshall-Raumflugzentrum in Huntsville zurück, wo wir sie andachtsvoll im Museum aufbahrten.

46 Helden der Raumfahrt: Charles »Pete« Conrad †

Freitag, 16. Juli 1999

Gestern Abend erhielt ich eine sehr traurige Nachricht über einen Todesfall, der alle Freunde der Raumfahrt schwer trifft: Sie hat einen ihrer besten »Frontkämpfer« verloren, dessen Begeisterung für die Fliegerei und speziell den Menschenflug ins All seit Jahrzehnten bei jedem, der ihm zuhörte, ansteckend wirkte: Charles Conrad, genannt »Pete«, der vor allem als dritter Mensch auf dem Mond Geschichte gemacht hat. Gerade neulich gedachte ich seiner in meinem Journal in Bezug auf Skylab.

Pete Conrad starb gestern bei einem Motorradunfall, als er mit seiner schweren Harley Davidson bei einer Ausflugsfahrt in Kalifornien in einer Kurve von der Straße abkam. Nach Jim

Irwin, Jack Swigert und Alan Shepard ist er nun der vierte unserer Apollo-Astronauten, der die Erde verlassen hat, diesmal für immer.

Conrad, der am 2.Juni 1930 in Philadelphia, Pennsylvanien, geboren und zur Zeit seines Todes also 69 Jahre alt war, verkörperte von Beginn an den echten NASA-Geist des »can-do«, der Probleme als Herausforderungen ansieht und ohne viel Aufhebens mit ihnen fertig wird. Wenn wir heute in vier Tagen den 30. Jahrestag von Apollo 11 feiern können, so liegt das zum Teil auch daran, dass das Apollo-Programm Pete und seinen erfolgreichen Rendezvous- und Andockversuchen mit den Flügen Gemini 5 und Gemini 11 in den 60er Jahren eine wesentliche Voraussetzung verdankte.

Conrads Leidenschaft fürs Fliegen begann schon mit fünf Jahren. Damals nahm ihn sein Vater mit zu einem Jahrmarkt in Ambler, Pennsylvanien, wo jemand Rundflüge in einem kleinen Waco-Kabinenflugzeug feilbot. Papa bezahlte ihm einen Mitflug im Vordersitz, und das hat er nie vergessen. Fliegen wurde seine Leidenschaft. Er studierte Flugzeugtechnik an der Princeton-Universität, erwarb mit 23 Jahren einen akademischen Grad und trat unverzüglich in die Marine-Testpilotenschule in Patuxent River, Maryland, von allen Marinefliegern nur »Pax« genannt, ein, um seine Karriere fortzusetzen. Nach der Graduierung 1958 wechselte er zur Marine-Flugstation Miramar in San Diego über, wo er sich für die allerschwierigste Fliegeraufgabe qualifizierte: Nachtlandungen auf einem Flugzeugträger. Und ein Jahr später wurde er einer von 69 jungen Piloten, die mit Geheimorders nach Washington geschickt wurden, wo man sie ins Projekt Mercury einführte, Amerikas erstes bemanntes Raumfahrtprogramm. Siebenunddreißig der Piloten sahen von einer Freiwilligenmeldung ab; die verblieben 32 wurden in der Lovelace-Klinik in Albuquerque eine Woche lang medizinisch unter die Lupe genommen. Als die Endauswahl von sieben Mercury-Astronauten verkündet wurde, war Conrad nicht unter ihnen. Aber ihm machte das nichts aus – er kehrte nach Pax zurück, dann nach Miramar.

Dort erreichte ihn am 9. September 1962 ein Telefonanruf aus Houston; am Apparat war Deke Slayton von der NASA, der Chef des Astronautenkorps. Im Februar war John Glenn als erster Amerikaner in den Orbit geflogen, und jetzt brauchte die NASA weitere Raumflieger für das Mercury-Nachfolgeprogramm Gemini. So wurde Pete mit 32 Jahren ein Mitglied der zweiten Astronautengruppe, der so genannten »Neuen Neun«, und eines seiner liebsten Hobbys war es, in seiner schnittigen Corvette, einem schnellen Sportwagen von Chevrolet, mit den Astronauten der »Original 7« und ihren Corvettes auf der Autobahn 45 nach Houston Wettrennen auszutragen.

Im August 1965 wurde er Gordon Coopers Kopilot in Gemini 5, einem achttägigen Marathonflug in der Erdumlaufbahn, mit dem er Techniken für die spätere Verwendung im Apollo-Programm ausfeilte und den Beweis erbrachte, dass Menschen länger als eine Woche im Weltraum verbringen konnten. Bei seinem nächsten Einsatz, Gemini 11 im September 1966, war er dann der Kommandant, und mit seinem Kopilot Richard Gordon, einem Kumpel von der Testpilotenschule in Pax, führte er das schnellste Weltraum-Rendezvous- und Andockmanöver in der Geschichte durch, mit einer Agena-Raketenstufe. Dabei erzielten sie einen neuen Höhenrekord von 1350 km. Einen Tag später stieg Dick Gordon ins Freie aus, mit Gemini 11 durch eine neun Meter lange Nabelschnur verbunden, und schaffte es, wenn auch mit Mühe, von der Agena zur Nase des Raumschiffs ein Dacron-Seil für ein Experiment zu spannen. Es fehlten ihm aber noch die Erfahrungen späterer Aussteiger für die Betätigung in der Schwerelosigkeit, sodass er sich zu sehr abstrampelte und seinen Raumanzug überhitzte. Dadurch haben wir alle etwas Neues gelernt.

Bei der ersten Mondlandung durch Apollo 11, am 20. Juli 1969, saß Pete Conrad neben dem Capcom Charlie Duke im Flugkontrollzentrum, und er war es, der dem Kapselkommunikator riet, dass der »Adler« sich beim Landeanflug etwas zur Seite drehen sollte, um Armstrongs und Aldrins Nachrichtenverbindung zur Erde zu verbessern. Es funktionierte.

Vier Monate später war Pete dann selber an der Reihe, als Kommandant der zweiten Mond-Mission, Apollo 12. Er startete mit Alan Bean und Richard Gordon am 14. November 1969, und kurz nach dem Start wurde Apollo 12 in einer Gewitterwolke vom Blitz getroffen. Nie zuvor hatte eine Crew auf ihrer Steuerkonsole so viele Warnlämpchen auf einmal aufleuchten gesehen; der künstliche Horizont drehte sich wie wild, und die Steuerung war weg. Conrad beschrieb in einem Atemzug die längste Liste von Fehlfunktionen, die die Flugkontrolleure je gehört hatten. Zuerst war auch die Telemetrie ausgefallen, sodass man am Boden noch nicht einmal sehen konnte, was los war. Dann schaltete Al Bean kaltblütig die Reservetelemetrie an, und es zeigte sich, dass die Hauptsicherungen zu allen drei Energiezellen herausgeflogen waren. Apollo war ohne Bordstrom. Die Saturn V raste währenddessen stur weiter auf ihrem Kurs; sie hatte ihr eigenes Steuersystem, und das war nicht ausgefallen. Nach der ersten Stufenabtrennung schaltete Conrad die Energiezellen wieder hinzu, und eines nach dem anderen erloschen die Warnlämpchen. Die Crew setzte die Mond-Mission fort, als ob nichts geschehen wäre.

Bei der Mondlandung gelang es Pete, seine Landefähre Intrepid nur etwa 180 m von der unbemannten Sonde Surveyor 3 im *Oceanus Procellarum* entfernt aufzusetzen, die 31 Monate früher weich gelandet war. Als er am 19. November, einem Mittwoch, um 5:38 Uhr Houston-Zeit als dritter Mensch die Leiter zum Mondboden hinunterstieg, sagte er: »Whoopie! Mann, das mag ein kleiner Schritt für Neil gewesen sein, aber für mich ist's ein langer!« Die Welt lachte, und viel später enthüllte er uns, dass er vorher mit der italienischen Journalistin Oriana Fallaci um 500 Dollar gewettet hatte, dass er das sagen würde.

Zu Beginn des ersten von zwei Mondausflügen richteten Conrad und Bean ihre Fernsehkamera versehentlich auf die Sonne, mit dem Erfolg, dass die lichtempfindliche Beschichtung ihrer Vidicronröhre wegbrannte. So wurde der zweite Mondbesuch der Geschichte eine Radioshow, aber wer brauchte schon Bilder, mit Pete Conrad auf dem Mond? Wenn er nicht mit »Beano« plauderte, sprach er mit sich selbst, oder summte und sang in seinem Helm vor sich hin, oder brach immer wieder in Kichern und Gelächter aus, vor allem, als er auf seiner Checkliste am Handgelenk Comiczeichnungen und selbst Miniatur-Pin-up-Bilder aus »Playboy« entdeckte, die die Backup-Crew Dave Scott und Jim Irwin dort heimlich versteckt hatte. Als Apollo 12 am 23. November zur Erde zurückkehrte, hatte das Raumschiff 34 kg Gesteinsproben, eine reiche Film- und Fotoausbeute und die von Surveyor 3 abmontierte Fernsehkamera an Bord.

Ein letztes Mal flog Pete Conrad als Kommandant der ersten Crew von Skylab, Amerikas experimenteller Raumstation, ins All. Wie schon erwähnt, war sie bei ihrem unbemannten Start am 14. Mai 1973 stark beschädigt worden und hatte einen der beiden flügelähnlichen Sonnenzellenträger verloren. Pete Conrad, Joseph Kerwin und Paul Weitz starteten elf Tage später, um mit den Reparaturarbeiten zu beginnen, zu deren Vorbereitung uns nur zehn Tage verblieben waren. An Bord entfalteten sie zunächst einen provisorischen Sonnenschirm über der erhitzten Station, um die Innentemperaturen auf erträgliche Werte zu senken. Dann, am 13. Tag ihres Aufenthalts in Skylab, machten sich Conrad und Kerwin daran, den noch verbliebenen, aber verklemmten Sonnenzellenflügel der Station zu befreien. In ihrem Raumanzügen außen an der Raumstation hängend, schnitten sie zuerst mit einer Blechschere an einer 7,5 m langen Stange eine Aluminiumlasche durch, die den Flügel verklemmt hatte. Doch auch dann klappte er nicht auf! Das Scharnier mit seinem hydraulischen Stoßdämpfer war in der Kälte des Raumschattens eingefroren. Da platzte Pete Conrad der Kragen. Sich zwischen die Raumstation und eine am Ende des Trägers angebrachte Leine zwängend und sich mit beiden Beinen von der Wand abstemmend, richtete er sich ruckartig auf, das Seil mit der Kraft seiner Schultern spannend. Das genügte: Das Dämpfergestänge brach, und der Sonnenzellenträger entfaltete sich vorschriftsmäßig. Der coole Conrad, an seiner Rettungsleine hängend, wurde dadurch freilich in den Weltraum hinausgestoßen. »Wir sehen Ampère!«, meldete Houston hocherfreut, als der wackere Kommandant mit Kerwins Hilfe kichernd zur Luftschleuse der Raumstation zurückstrampelte.

Nach dem Ende des Skylab-Programms trat Pete aus der NASA aus und wurde zunächst Vizepräsident der American Television and Communications Corporation für Entwicklung von Kabelfernsehsysteme, dann Vizepräsident der Raumfahrtfirma McDonnell Douglas in Long Beach, Kalifornien, und schließlich Verkaufschef für alle kommerziellen und militärischen Projekte der Douglas Aircraft Company. Von 1991 – 1993 half er bei der Entwicklung

25

25   Europas ISS-Beitrag: Modul »Columbus« (am Knoten 2, ihm gegenüber Japans Modul »Kibo«). [26]

26   ESA-Modul »Columbus«.   [26]
27   Kometensonde Stardust auf Kurs zu Wild-2.   [27]

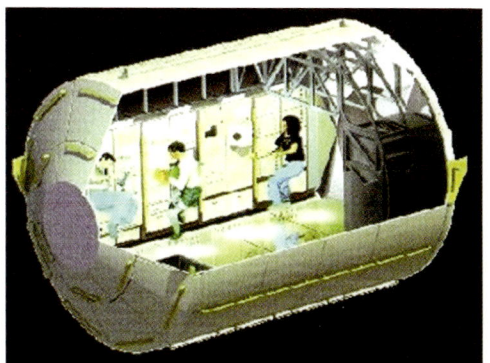

26

27

28

28 3. 6. 99: Abschiedsblick von STS-96/Discovery auf ISS. [42, 43, 44]

29 Mai 1999: Astronautin Ellen Ochoa im Tunnel zwischen STS-96/Discovery u. ISS. [42, 43, 44]

30 6. 6. 99: Für STS-96/Discovery die 47. Shuttlelandung am Kennedy Space Center. [42, 43, 44]

31 7. 6. 99: Wieder auf der Erde - Missionsspezialistin Ellen Ochoa mit Sohn Wilson (Ellington Air Force Base, Houston). [44]

29

32 Astronautin Eileen M. Collins, Kommandantin von STS-93. [48]

33 Juli 1999: STS-93-Kommandantin Collins und -Pilot Jeff Ashby. [52]

34 27. 7. 99: Hoch über der Saturn V an Houstons Johnson Space Center zieht die rückkehrende STS-93/Columbia ihre feurige Schleppe. [52]

35 23. 7. 99: Aussetzung des 25-t- Röntgenobservatoriums Chandra aus der Columbia-Nutzlastbuch (dahinter Wüste in Namibia). [52]

30

31

32

33

34

35

36

36　Juli 1969: Die Crew von Apollo 11. V. l.:
Kommandant Neil Armstrong, Kommandomodul-
Pilot Michael Collins, Mondfähren-Pilot Buzz
Aldrin. [47]

38　Juli 1999: Neil Armstrong u. Buzz Aldrin
(30-Jahresfeier von Apollo 11). [47]

39　Juli 1969: Erdaufgang auf dem Mond,
von Apollo 11. [47]

40　1. 6. 73: An Bord der Raumstation Skylab nimmt
SL-2-Kommandant Charles »Pete« Conrad eine
Dusche. [45,46]

37　20. 7. 69: Buzz Aldrin am Mondlander »Eagle«
im Mare Tranquillitatis. [47]

37

38

39

40

41 Wernher von Braun u. Ernst Geissler (1960/61). [51]

42 Eberhard Rees u. Wernher von Braun (ca. 1973). [51]

43 Auch das war Huntsville 1965/66: Der Verf. beim Waldspaziergang auf dem Monte Sano. [51]

44 *Juli 1969: Huntsville feiert Wernher von Braun nach der Mondlandung.* [51]

44

45 *Februar 1970: Huntsville nimmt Abschied von Wernher von Braun u. Familie.* [51]

46 *26. 7. 69: Wernher u. Maria von Braun (MSFC-Mondlande-party).* [51]

45

46

47 Cassini am Ziel: Abwurf der Titan-Eintritts-
sonde Huygens. [8, 53]

48 Gasgigant Neptun am Horizont seines Monds
Triton (computerbearbeitete Fotomontage). [54]

49 15. 10. 97: Saturnsonde Cassini startet auf
Titan IVB/Centaur von Cape Canaveral. [8, 53]

47

48

49

und Flugerprobung der DC-X »Delta Clipper«, eines wiederverwendbaren unbemannten Versuchs-Prototyps eines zukünftigen, nur aus einer Stufe bestehenden Trägergeräts.

Charles »Pete« Conrad, mit dem ich in den Skylab-Tagen manche unvergessliche Stunde verbracht habe, wurde am 19. Juli 1999 auf dem Nationalfriedhof Arlington bei Washington beigesetzt. Sein unbeugbarer Geist, sein sprudelnder Humor, sein unerschütterlicher Optimismus, sein Talent als Pilot, seine Expertise als Astronaut und sein brennendes Interesse am Weltraumflug, auch nach dem Verlassen der NASA, waren eine echte Bereicherung des Raumfahrtprogramms, und wir vermissen ihn.

47 30. Jubiläum von Apollo 11

Dienstag, 20. Juli 1999

Heute jährt sich zum dreißigsten Mal die erste Landung von Menschen auf dem Mond!

Jener Tag ist vielen Menschen unvergesslich in der Erinnerung geblieben; andere waren damals noch zu klein, um das Ereignis bewusst zu erleben, und wieder andere waren im Juli 1969 noch gar nicht geboren. Und dann gab es auch Menschen, rund ein Fünftel der Erdbevölkerung, die mit keinem Wort von dem Geschehnis erfuhren: die Bevölkerungen von China, Albanien, Nordkorea und Nordvietnam. Ich selber gehörte zu dem Team, das das Unternehmen durchführte, nachdem Präsident Kennedy im Mai 1961 vor der Plenarversammlung des US-Kongresses ausgerufen hatte: »Unsere Nation sollte sich das Ziel stecken, noch vor dem Ende dieses Jahrzehnts einen Menschen zum Mond zu schicken und wieder heil zur Erde zurückzubringen!«

Das Team um Wernher von Braun in Huntsville, Alabama, das 1962, als ich hinzustieß, zu einem großen Teil aus deutschen Wissenschaftlern und Ingenieuren bestand, war ausschlaggebend für die Durchführung der monumentalen Expedition, denn ihm unterstand die Entwicklung der hierzu nötigen Weltraumrakete, der Saturn V. Nur sechseinhalb Jahre vergingen von Kennedys Aufruf bis zum Jungfernflug dieses Giganten am 9. November 1967, und das Vertrauen in seine uhrwerkhafte Perfektion war so groß, dass die Rakete nur zweimal unbemannt erprobt wurde. Bereits mit dem dritten Flug kamen Menschen zum Einsatz, und zwar mit Apollo 8, dem unvergesslichen Weihnachtsflug um den Mond im Dezember 1968. Nach Apollo 9, einem Erdorbitflug mit der vierten und dem Mondumkreisungsflug Apollo 10 mit der fünften Maschine, wagte man die bemannte Mondlandung bereits mit dem sechsten Gerät, unter dem Druck des damaligen Spannungsfeldes des Kalten Krieges mit der säbelrasselnden Sowjetunion, die, wie wir wussten, ja seit 1964 ebenfalls eine bemannte Mondlandung vorbereitete.

Der Starttag war der 16. Juli 1969, und er gehört zu den stärksten Erlebnissen meines Lebens. Um 9:32 Uhr Ortszeit begann der weiß und schwarz gemusterte, 3000 t schwere Riese in die Höhe zu klettern; ein 36 Stockwerke hoher, zehn Meter weiter Turm aus Aluminium, balanciert auf fünf riesigen Triebwerken mit der Schubkraft von 40 Boeing-Jumbos, umtobt vom Krachen und Prasseln der Flammenbündel, dem irren Kreischen der Motor-Turbopumpen, der stärksten Kreiselpumpen der Welt, und dem hochfrequenten Schrillen aus den überschallschnellen Düsenstrahlen. Hoch oben auf dem Inferno die Besatzung: Neil Armstrong, Michael »Mike« Collins und Edwin »Buzz« Aldrin, alle 39 Jahre alt und von der NASA nach der Rückkehr der Apollo 8 aus 50 Bewerbern ausgewählt.

Zwölf Minuten später war die Erdumlaufbahn erreicht, und zweieinhalb Stunden später, um 12:16 Uhr, zündete das Triebwerk der dritten Saturnstufe zum zweiten Mal und setzte das Raumschiff auf die vorberechnete Flugbahn zum Mond. Danach vergehen drei Tage antriebslosen Flugs, und die Welt verfolgt das Unternehmen mit steigender Spannung und Erregung. Am 19. Juli, um 13:20 Uhr Floridazeit, bremst sich das Raumschiff hinter dem Mond, unser Sicht entzogen, mit einem Schubmanöver in die geplante Umlaufbahn um den Erdtrabant ein. Alles verläuft nach wie vor perfekt.

Der eigentliche lang erwartete Gipfelsturm beginnt im zwölften Mondumlauf am Sonntag, 20. Juli, heute vor 30 Jahren. Neil und Buzz zünden um 15:08 Uhr hinter dem Mond für 30 Sekunden das Triebwerk ihres Landemoduls Eagle (»Adler«). Für sie beginnt der Abstieg, aber Mike Collins bleibt im Mutterschiff Columbia im Orbit zurück. Der Landeanflug dauert etwas über eine Stunde und ist geladen von nervenzerreißender Spannung. Die Flugbahn zeigt unvorhergesehene Abweichungen, verursacht durch Unregelmäßigkeiten im Schwerefeld des Mondes, sodass der »Adler« um sieben Kilometer über den vorgesehenen Landeplatz in unbekanntes Gelände hinausgetragen wird, und gleichzeitig haben die beiden Astronauten an Bord mit den Alarmen ihres überforderten Landecomputers zu kämpfen. Als Neil Armstrong den »Adler« endlich mit Handsteuerung im *Meer der Stille* aufsetzt, sind die Treibstofftanks leer: Nur noch 22 Sekunden hätte der kaltblütige Testpilot auf seiner Suche nach einer geeigneten Landestelle weiterfliegen können! Den Aufschrei der Erleichterung, der in diesem Moment durch die Flugleitzentrale und unsere Teams geht, muss man gehört haben!

Die Landung erfolgt um 16:17 Uhr – da war es in Westeuropa 22:17 Uhr. Als Neil Armstrong sechseinhalb Stunden später die Leiter des »Adler« heruntersteigt und als erster Mensch den Mond betritt, ist es in Europa bereits 4:56 Uhr früh am 21. Juli. Bei seinem oft geübten Ausspruch »*That's one small step for a man, one giant leap for mankind!*« (Das ist ein kleiner Schritt für einen Menschen, ein Riesensprung für die Menschheit) passiert ihm ein kleiner Versprecher: In der Erregung lässt er das wichtige Wörtchen »a« aus.

Insgesamt verbringen Neil und Buzz 21 Stunden und 37 Minuten auf dem Mond, davon zweieinhalb Stunden im Freien im Raumanzug. Zur Ausbeute der Expedition gehören neben den Ergebnissen der von ihnen aufgestellten Forschungsinstrumente ein reicher Schatz an Fotos und Filmen sowie rund 22 kg Gesteinsproben in luftdicht versiegelten Aluminiumbehältern. Die zurückgebrachte Menge von Sand, Staub, Gesteinssplittern, Schlackenstücken und Lavaproben wurde später in Houston in einer von der NASA für 9 Mio. Dollar gebauten Isolierstation namens Lunar Receiving Laboratory analysiert.

48 Spaceshuttle: STS-93 – Eine Frau führt das Kommando

Freitag,
23. Juli 1999

Heute früh um 31 Minuten nach Mitternacht ist der Shuttle Columbia gestartet, auf eine herausragende Astronomie-Mission namens Chandra, die ein neues Fenster zu einem unsichtbaren Universum öffnen soll. Der Start erfolgte nach zwei früheren Versuchen, der erste am 20. Juli, der wegen zu starker Wasserstoffgas-Konzentration im Triebwerksteil abgeblasen wurde (eine Falschmessung, wie sich später herausstellte), und gestern wegen schlechter Wetterbedingungen am Cape. Der Aufstieg zum Orbit heute früh verlief normal, wenn auch gestört: Ein Kurzschluss ließ die Hauptkontrollcomputer von zwei der drei Flüssigkeitstriebwerke ausfallen, und bei einer Triebwerk-Düsenglocke zeigte sich ein kleines Wasserstofffleck.

Der gewaltige Astronomieauftrag der Columbia-Nutzlast wäre zweifellos schon bemerkenswert genug, aber so ein richtig neues Stück Raumfahrtgeschichte schreibt die Mission STS-93 vor allem dadurch, dass zum ersten Mal ein Spaceshuttle von einer Frau kommandiert wird – von Eileen Collins. Die 42-jährige Kommandantin mit dem Rang eines Oberst der US-Luftwaffe hat bereits an zwei vorhergegangenen Shuttleflügen teilgenommen, und zwar beide Male als Pilot: STS-63 im Februar 1995, beim ersten Rendezvous mit der russischen Raumstation Mir, und STS-84 im Mai 1997, dem sechsten Andockflug an Mir. Sie hat bis jetzt 419 Stunden im All zugebracht und in über 30 verschiedenen Flugzeugtypen mehr als 5000 Flugstunden angesammelt.

Insgesamt sind in der US-Raumfahrt bisher 30 Frauen ins All geflogen, beziehungsweise 76 bei Berücksichtigung der Mehrfachflieger. Der Einzug von Frauen ins Astronautenkorps des Shuttle-Programms begann 1978 mit der Auswahl der ersten sechs Raumfahrerinnen. Ihrem Aufgebot war eine Öffentlichkeits-»Kampagne« durch die TV-Schauspielerin Nichelle Nichols (Star Treks »Leutnant Uhura«) vorausgegangen, die ich zur Popularisierung der Idee, dass Frauen und »Minoritäten« sich als Shuttleflieger bewerben sollten, für drei Monate unter Vertrag genommen hatte. Ein Mitglied dieser Gruppe war Sally Ride, die im Juni 1983 die erste Amerikanerin im All wurde, beim siebten Einsatz der Columbia, mit dem auch der deutsche Astronaut Ulf Merbold flog. Den nächsten Markstein setzte Kathy Sullivan, die im Oktober 1984 am 13. Shuttleeinsatz teilnahm und als erste Amerikanerin im Raumanzug ins Freie ausstieg. Im September 1992 wurden Mae Jamison dann die erste Afro-Amerikanerin und im April 1993 Ellen Ochoa die erste Hispano-Amerikanerin im All. Die erste Japanerin im Weltraum, Chiaki Mukai, nahm im Juli 1994 am Shuttleflug STS-64 teil. Dann kam Frau Collins erster Piloteneinsatz im Februar 1995. Von einer Frau wurde ferner der neue, derzeit gültige Langzeitrekord im All für alle US-Astronauten und weltweit für alle weiblichen Raumflieger aufgestellt: durch die Wissenschaftlerin Dr. Shannon Lucid, die vom März 1996 an an Bord der Raumstation Mir weilte und 188 Tage fünf Stunden, also über sechs Monate, dort zubrachte. Im Dezember 1996 erhielt sie dafür von Präsident Clinton die Weltraummedaille des US-Kongresses. Im März 1998 wurde Eileen Collins dann zur Shuttlekommandantin ernannt, und zwar durch First Lady Hillary Clinton persönlich. Jetzt hat ihr Flug begonnen.

Die anderen Crewmitglieder der Chandra-Mission sind der Pilot Jeffrey Ashby und die Missionsspezialisten Catherine Coleman, eine Oberstleutnantin der Luftwaffe, ferner Steven Hawley auf seinem fünften Shuttleflug, und Michel Tognini, ein französischer Luftwaffenoberst, der im Juli 1992 bereits 14 Tage an Bord der Mir zugebracht hat.

Das Röntgenstrahlen-Teleskop Chandra, genannt nach dem großen indisch-amerikanischen Nobelpreisträger Subrahmanyan Chandrasekhar, dem 1995 verstorbenen führenden Astrophysiker des 20. Jahrhunderts, ist das dritte in einer Reihe von vier sich gegenseitig ergänzenden orbitalen großen Observatorien der NASA. Die ersten beiden waren das Hubble-Teleskop für sichtbare und ultraviolette Strahlung (April 1990) und das Gammastrahlen-Observatorium Compton (April 1991); das vierte wird 2001 die Space Infrared Telescope Facility SIRTF (ausgesprochen »Sirtif«) für das infrarote, d.h. Wärme-Spektrum sein.

Chandra ist mit 24 t Masse und fast 14 m Länge das bisher

schwerste und größte Frachtgut des Spaceshuttle. Seine Optik besteht aus vier konzentrischen konisch gekrümmten Spiegelpaaren, und zwar den glattesten und saubersten Spiegeln, die jemals (bis dato) hergestellt worden sind. Sie allein wiegen bereits über eine Tonne. Um die eintreffenden Röntgenstrahlen in die Brennpunktfläche zu bündeln, wo die eigentlichen Beobachtungsinstrumente sitzen, müssen die Spiegelflächen fast parallel zur Längsachse des Teleskops ausgerichtet sein, damit die Röntgenstrahlen flach genug auftreffen, um vom Spiegel in die gewünschte Richtung abzuprallen, statt in ihm zu verschwinden. Das erklärt auch die gewaltige Länge des Teleskops von 14 m. Seine Auflösung ist entsprechend groß: Man könnte mit ihm die Buchstaben auf einem Stopzeichen auf 20 km hinweg lesen. Es vermag Röntgenstrahlen zu entdecken, die 100-mal schwächer sind, als alle bisherigen Röntgenteleskope, und 60-mal schärfere Aufnahmen abzubilden.

Die Fünf-Tage-Mission an Bord der Columbia stellt somit einen neuen Höhepunkt und Durchbruch für die Astronomie und Astrophysik dar. Aber für mich steht fest, dass für das weltweite Laienpublikum die erste Shuttlekommandantin wesentlich interessanter sein wird und die Mission zu so etwas wie eine kleine Sensation, ähnlich dem phänomenalen Raumflug von John Glenn, machen kann, eine »Mini-John-Glenn-Mission«, sozusagen.

49 Apollo 11 – Wie die Welt reagierte

Samstag, 24. Juli 1999

Heute vor 30 Jahren kehrte Apollo 11 zur Erde zurück und wasserte um 12:49 Uhr ostamerikanische Zeit im Pazifischen Ozean, rund 950 Seemeilen südwestlich von Hawaii und etwa 13 Seemeilen (24 km) vom Flugzeugträger HORNET entfernt. Die Mission Apollo 11 dauerte damit genau acht Tage drei Stunden, 17 Minuten und 22 Sekunden.

Ich glaube, diejenigen von uns, die das historische Ereignis der ersten Mondlandung damals in der Nacht vom 20. auf den 21. Juli miterlebt haben, wissen noch genau, wo sie sich zu jener Zeit aufhielten. Wie hat die Welt das historische Ereignis der ersten Mondlandung damals aufgenommen? Darüber möchte ich hier ein wenig in meinen Erinnerungen herumstöbern.

In der geschlossenen Gemeinschaft des Apollo-Teams verfolgten wir selbst den Missionsverlauf in ständiger adrenalingestresster Bereitschaft, halb in Hochstimmung, halb in anhaltendem Bewusstsein des Risikos. Obwohl es unsinnig schien, war man versucht, zu glauben, dass mit jeder verstreichenden Stunde die Chance eines katastrophalen Zwischenfalls größer wurde.

Währenddessen bemüht sich die Welt, die Einmaligkeit des Ereignisses zu verstehen. Rund um die Erde wurde das Unternehmen mit großer Erregung verfolgt. Präsident Richard Nixon führte das streckenmäßig längste Ferngespräch in der Geschichte der Menschheit, und, wie er selber sagte, wahrscheinlich das historisch bedeutendste Telefongespräch in der Geschichte des Weißen Hauses, als er um 23:47 Uhr die beiden Mondausflügler nach dem Ausstieg von seinem Oval Office aus anrief. Unter anderem sagte er zu ihnen: »Hallo, Neil und Buzz! Aufgrund dessen, was Sie beide vollbracht haben, ist der Himmel ein Teil der Welt des Menschen geworden, und wenn Sie vom Meer der Ruhe zu uns sprechen, inspiriert es uns zur Verdoppelung unserer Anstrengungen, Frieden und Ruhe auf die Erde zu bringen. Einen unschätzbaren Moment lang in der gesamten Geschichte der Menschheit sind alle Völker dieser Erde wahrhaftig eins – eins in ihrem Stolz über Ihre Tat und eins in unseren Gebeten, dass Sie wohlbehalten zur Erde zurückkehren mögen.«

Die Moskauer Presse hatte schon nach dem Start am 16. Juli ihre Anerkennung geäußert und Neil Armstrong den »Zar der Astronauten« genannt. Doch mit keinem Wörtlein erwähnte sie die bisher gescheiterten Pläne des sowjetischen bemannten Mondlandeprogramms. Im Fernsehen durfte die sowjetische Bevölkerung das Ereignis nicht mitverfolgen; aber im zentralen Fernsehstudio in der Schabolowka, also der Schabolow-Straße, gab es einen speziellen Betriebskanal, über den Westeuropa empfangen werden konnte, für den »Dienstgebrauch«, versteht sich. Von dort aus durften einige Insider und die für den eigenen Mondflug trainierenden Kosmonauten aus Swesdnij Gorodok, dem Sternstädtchen, die Mondlandung miterleben. Ein sowjetischer Akademiker telefonierte aus Moskau: »*Attaboy, Americans!*«, und der Zukunftsautor Arthur Clarke sagte im CBS-Fernsehen: »*Seit zwanzig Jahren habe ich nicht mehr geweint oder gebetet, aber heute habe ich beides getan. Es war der perfekte letzte Tag der alten Welt.*«

Die Medien schienen in hartem Wettstreit um die Ehre zu liegen, die meisten und rührendsten Szenenschilderungen zu liefern. Der 21. Juli, ein Montag, wurde in den USA zum »Mondtag« erklärt und Präsident Nixon machte ihn zum nationalen »Tag der Anteilnahme«. In Kalifornien appellierte Bürgermeister Alioto von San Francisco an seine Bürger, ihre Häuser Tag und Nacht zu beflaggen. Der berühmte Bandleader Duke Ellington komponierte für Apollo den Schlager »Moon Maiden« und gab im Radio damit sein Gesangdebüt. Ritual und Symbolik gingen schon damals über alles.

In der Wartehalle des Flughafens O'Hare von Chicago erhob sich eine ältere Dame vor dem riesigen Fernseh-Projektionsschirm in der Wartehalle und stimmte aus vollem Hals die Hymne »America the Beautiful« an. In Peru nannte eine Mutter ihr während des Mondflugs geborenes Baby nach Neil Armstrong. Radio Warschau wünschte: »*Mögen sie gut zurückkommen! Ihre Niederlage wäre die Niederlage der ganzen Menschheit.*« In Bogota verkündete eine Zeitungsschlagzeile: »*Die Zukunft hat begonnen!*«, und in der Bundesrepublik flehte die BILD-Zeitung über den Reportagen meines Freundes Wolfgang Will aus Cape Kennedy inbrünstig auf der Titelseite: »*JUNGS, KOMMT GUT ZURÜCK!*« Im westdeutschen Fernsehen moderierte Günther Siefarth die Übertragungen vom Mond mit großer Sachkenntnis und persönlicher Anteilnahme, und für den damaligen Bundeskanzler Kurt Georg Kiesinger war die Landung »*eines der größten und denkwürdigsten Ereignisse in der Geschichte der Menschheit*«.

Auf Apollo 11 folgten sechs weitere Expeditionen, von denen eine, Apollo 13, nicht zu einer Landung führte und nur um Haaresbreite einer Katastrophe im All entging. Die nächste Expedition war Apollo 12, vier Monate später, im November 1969. Pete

Conrad und Alan Bean führten im *Oceanus Procellarum* (Meer der Stürme) zwei Ausstiege von insgesamt $7^3/4$ Stunden aus und statteten dabei dem 31 Monate früher eingetroffenen Landeroboter Surveyor 3 einen Besuch ab. Apollo 14 traf im Februar 1971 im hügeligen Gelände beim Krater *Fra Mauro* ein und verbrachte über 33 Stunden auf dem Mond, mit zwei Ausstiegen von Big Al Shepard und Ed Mitchell von zusammen über neun Stunden Dauer. Im Juli/August gleichen Jahres landete Apollo 15 an der *Hadley-Rille* bei den Mond-Apenninen. Dank der inzwischen erhöhten Tragfähigkeit unserer Saturn-V konnte die Verweilzeit auf fast 67 Stunden ausgedehnt und das erste von drei elektrisch betriebenen Mondfahrzeugen, der Lunar Rover, eingesetzt werden. Mit ihm legten Dave Scott und Jim Irwin auf Forschungsausflügen insgesamt 27,9 km Strecke zurück. Apollo 16 fand im April 1972 statt, und die Crew erforschte das Hügelgelände um den Krater *Descartes*. Ihre Verweilzeit belief sich bereits auf 71 Stunden, während wir sie bei Apollo 17, der letzten Apollo-Mission im Dezember 1972, gar auf 75 Stunden strecken konnten. Erforscht wurde von ihr das Bergland um *Taurus-Littrow*, wobei Kommandant Gene Cernan und der Geologe Dr. Harrison Schmitt den dritten Lunar Rover über eine Rekordstrecke von 35,7 km steuerten und Cernan dann der letzte Mensch auf dem Mond wurde.

Insgesamt verbrachten die zwölf Apollo-Männer nahezu 300 Stunden auf dem Mond. Die wissenschaftliche Ausbeute der sechs Landungen belief sich auf 383 kg Gestein und andere Bodenproben, über 33 000 Fotos, zahlreichen 16-mm-Filmen und mehr als 20 000 Magnetspulen mit Messdaten. Die sechs auf dem Mond aufgestellten automatischen Forschungsstationen blieben bis Ende 1977 in Betrieb. Noch heute werden ihre Laser-Reflektoren zu Distanzmessungen von der Erde verwendet.

Drei weitere geplante Flüge, Apollo 18, 19 und 20, wurden gestrichen, als sich die US-Regierung zur Einstellung des Mondlandeprogramms nach Apollo 17 entschloss. Wir hatten diese Entscheidung, die unsere langfristigen Pläne über den Haufen warf, längst kommen sehen, aber sie stellte nichtsdestoweniger eine bittere Enttäuschung dar.

50 Apollos Nutzen für die Welt

Montag,
26. Juli 1999

Man hört immer wieder die Frage nach der Bedeutung Apollos, nach seinem Vermächtnis, und das gerade jetzt wieder, anlässlich des dreißigsten Jahrestags von Apollo 11. Es ist in den seither verstrichenen drei Jahrzehnten wiederholt untersucht worden, was Apollo eingebracht hat, doch lässt es sich kaum in einfache Worte zusammenfassen. Ich will hier versuchen, eine faire und objektive Bilanz zu ziehen.

Was hat die Menschheit denn von diesem gigantischen Unternehmen gehabt, mit dem Menschen zum ersten Mal in der Geschichte die Fesseln unserer Erde gesprengt haben und auf einem anderen Himmelskörper gelandet sind? Um es vorweg zu nehmen: Das Apollo-Programm hat wichtige Auswirkungen bei uns allen erzielt, und für die USA hat es sich auf vielen Gebieten mehr als gelohnt.

Apollo war natürlich in erster Linie ein politisch motiviertes Prestigeunternehmen, das im Klima des Kalten Krieges die wissenschaftlich-technische Führungsstellung der USA vor aller Welt demonstrieren sollte; darin war es sagenhaft erfolgreich. Doch daneben hat es einen Innovationsschub ausgelöst, der Amerikas industrielle Führungsrolle auf vielen Gebieten auf Jahre hinaus bis in die Gegenwart sicherte.

Zunächst ein Wort zu den Kosten des Unternehmens, die ebenfalls immer wieder hinterfragt werden, und auch da kursieren falsche Vorstellungen. Die Gesamtkosten des Programms bis zum Ende durch Apollo 17 beliefen sich auf 24 Milliarden damalige Dollars, das sind umgerechnet knapp 150 Milliarden D-Mark nach heutigem Wert – 150 Milliarden verteilt über zehn Jahre, wohlgemerkt. Und das ist gerade so viel, wie die alten deutschen Bundesländer in jüngster Vergangenheit jedes Jahr an die fünf neuen Bundesländer gezahlt haben – und das zehn Jahre lang! Davon hätte man also an die zehn Apollo-Programme finanzieren können. Reiches Deutschland!

Was die Politik betrifft, so hat der Erfolg von Apollo uns alle im damaligen Spannungsfeld der beiden Atommächte USA und So-wjetunion auf friedliche Weise vor einer *militärischen* Demonstra-tion der nationalen Stärke der USA bewahrt, d. h. der Demonstra-tion einer US-Überlegenheit im Bau von Atombomben-Trägern globaler Reichweite, und hat damit ein Gleichgewicht wieder-hergestellt, das uns womöglich vor einem dritten Weltkrieg be-wahrt hat.

Auf die Wissenschaft hat Apollo umwälzend und belebend ge-wirkt. Unsere Vorstellungen über die Entstehung des Mondes, der Erde und des Sonnensystems mussten revidiert werden, und zwar so sehr, dass der Mond als »Rosette-Stein des Sonnensystems« be-zeichnet wurde, der Stein, mit dessen Hilfe Champollion die Hieroglyphen entschlüsselt hat. Der wohl wichtigste wissenschaft-liche Fund Apollos auf dem Mond war seine Sterilität: Er ist leblos, ohne die geringsten Spuren früherer lebender Organismen, Fossili-en oder eingeborener organischer Verbindungen. Hinsichtlich sei-ner Entstehung erwies er sich außerdem keineswegs als urzeitlicher Körper im ursprünglichen Zustand. Wie die Erde ist er ein evol-vierter terrestrischer Planet mit unterschiedlichen inneren Zonen. Apollo zeigte uns, dass sein Gestein wiederholt geschmolzen, durch Vulkane ausgespien und durch Meteoreinschläge klein gehämmert worden ist, und dass er aus dem gleichen Reservoir von Stoffen wie die Erde entstanden ist, jedoch in anderem, leichterem Mischver-hältnis. Er hat weitaus weniger Eisen und aufgrund seiner geringen Schwerkraft von nur einem Sechstel der Erde praktisch keine flüch-tigen Elemente, wie sie zur Bildung von atmosphärischen Gasen und Wasser nötig sind. Seine spezifische Dichte ist deshalb wesent-lich geringer als die der Erde: Bei ihm wiegt der Kubikzentimeter nur 3,36 Gramm statt 5,5 Gramm wie bei uns. Er ist so alt wie die Erde, doch wegen deren tektonischer Dynamik und Verwitterung gewährt nur er noch immer Einblick in die Frühgeschichte der ers-ten Jahrmilliarde, die allen terrestrischen Planeten gemeinsam ge-wesen sein muss.

Natürlich brachten Herausforderung und Durchführung des Unternehmens für tausende von Wissenschaftlern und Ingenieuren neue Methoden, neue Erkenntnisse, neues Spezialwissen auf Ge-bieten wie Mathematik, Astrodynamik, Werkstoffkunde, Aerodynamik, Thermodynamik, Computertechnik, Biotechnik, Medizin und Triebwerkbau.

Profitiert hat davon die Industrie, die von Apollo an die Grenze des Möglichen getrieben wurde und dabei gezwungen war, neue Ideen, Managementmethoden, Techniken, Qualitätskontrollnormen und Entwicklungen zu produzieren. Diese erschlossen ihrerseits zahllose neue Gebiete für die Wirtschaft, schufen neue Arbeitsplätze und verstärkten und vertieften die industriellen Grundlagen der USA. Zehntausend neue Produkte fielen dabei als »Spinoffs« (Beiprodukte) ab. Inzwischen sind rund 60000 neue Produkte aus der Raumfahrt in die Volkswirtschaft geflossen. Die von dem gar nicht dafür ausgelegten Apollo-Programm ausgelösten Innovationen haben weltweit den High-Tech-Markt erobert, auf Gebieten wie Medizintechnik, Biomechanik, Computertechnik, Videotechnik, Hochleistungswerkstoff, Messtechnik und Datenübermittlung, Strukturdynamik von Autokarosserien sowie Hochhäusern und Brücken, Zivilluftfahrt-Techniken, Umwelt- und Vertragsüberwachung und vieles andere mehr.

Das Apollo-Programm schuf natürlich Arbeitsstellen – viele Arbeitsstellen. Auf seinem Höhepunkt stützte es über 400000 Jobs bei der NASA und in mehr als 20000 Betrieben in 49 US-Bundesstaaten; beteiligt waren außerdem Lehrpersonal und Studenten an etwa 200 Universitäten und akademischen Forschungsinstituten in vielen Ländern. Auch die internationale Raumstation ISS hat Arbeitsstellen geschaffen, für die USA allein über 42000. Dagegen hat Deutschland der Ausstieg aus der bemannten Raumfahrt tausende von Jobs gekostet, und die Bundesrepublik ist heute in dieser Zukunftstechnologie ganz entschieden ins Hintertreffen geraten.

Apollo formte für die USA ein neues soziologisches Gebilde, in dem Regierung, Industrien und Universitäten erstmalig in Friedenszeit in eng verstrickter, massierter Teamarbeit reibungslos funktionierten, ermöglicht durch innovative Projektmanagement-Methoden. Das Programm zeigte eine Dynamik und Entschlussfähigkeit, an der man sich heute ein Beispiel nehmen kann: Mit der Zaghaftigkeit und Ängstlichkeit vieler politischer und technologischer »Führer« unserer Tage wäre es damals mit Sicherheit zu keiner Mondlandung gekommen. Den Menschen gab Apollo die erneute Hoffnung, dass die großen Probleme unserer Zeit doch durch den Menschen und seine Technik gelöst werden können, wenn er den Willen und die entsprechende Motivierung dazu aufbringt. Vor allen Dingen muss man sich ein festes, klar erkennbares Ziel setzen, wie es John F. Kennedy 1961 getan hat.

Das alles sehe ich als Vermächtnis von Apollo.

51 Huntsville, Alabama: Als wir die Saturn V bauten

Mittwoch, 28. Juli 1999

Das 30-jährige Jubiläum von Apollo 11 ist überall in der NASA und auch in der Öffentlichkeit mit mehr oder weniger großem Aufwand gefeiert worden. Mich hat es stark angerührt, weil ich zurückdenken musste an die unvergesslichen Tage in Alabama, wo das Team um Wernher von Braun in Huntsville acht Jahre an der Entwicklung der Trägerrakete Saturn V gearbeitet hat, um dieses historische Unternehmen überhaupt erst zu ermöglichen. Die Zeit ist vergangen wie im Flug.

Als ich vor 37 Jahren, also 1962, einem Ruf von Wernher von Braun folgend, als frisch gebackener Diplomingenieur an einem glühend heißen Augusttag auf Huntsvilles altem Landflughafen aus der schon etwas klapprigen zweimotorigen Martin 404 der Southern Airways kletterte und mit großen Augen staunend um mich blickte, waren es gerade erst 15 Monate seit Präsident John F. Kennedys Aufruf vor dem US-Kongress, dem auch ich gefolgt war.

Die NASA war zu jenem Zeitpunkt gerade mal zweieinhalb Jahre alt, und ihre einzige Erfahrung in der bemannten Raumfahrt belief sich auf 15 Minuten 22 Sekunden: Denn 20 Tage zuvor, am 5. Mai, war Alan Shepard, »Big Al«, mit einer von Wernher von Brauns Redstone-Raketen des Heeres auf einer suborbitalen Parabel in 185 km Höhe geflogen und in seiner Mercury-Kapsel »Freedom 7« im Atlantik niedergegangen. Unmittelbar nach Kennedys

Auftragserteilung begann die NASA unverzagt mit einer intensiven Rekrutierungswelle, und zur Zeit meines Eintreffens hatte sie bereits rund 3000 Wissenschaftler und Ingenieure angeheuert. Inzwischen war auch der zweite NASA-Astronaut, Virgil »Gus« Grissom, suborbital 188 km hoch geflogen, wobei ihm freilich seine Mercury-Kapsel »Liberty Bell 7« nach dem Ausstieg im Atlantik absoff (kürzlich ist sie übrigens wiedergefunden worden), und der unübertroffen »coole« John Glenn war ein halbes Jahr vor meiner Ankunft in »Friendship 7« in vier Stunden 55 Minuten dreimal um die Erde geflogen und damit Amerikas erster Raumflieger und ein echter Nationalheld geworden. Das Raumfahrtzeitalter hatte also just begonnen, und ich fand, dass es für mich allerhöchste Zeit war, wenn ich daran beteiligt sein wollte. Und ob ich das wollte!

Die meisten Menschen können sich die Welt, in die ich kam, heute kaum noch vorstellen. Es hatte eine solche nie zuvor gegeben und wird sie niemals wieder geben. Noch heute sehe ich aus dem Kabinenfenster das Flugzeug niedrig über das Dach des Kaufhauses Montgomery Ward hinwegbrausen und unweit der Cadillac-Vertretung auf der holprigen Rollbahn aufsetzen. Beim Hinaustreten aus der eisig-klimatisierten Bordluft in den Hochsommer knallte mir die Außenluft von 40 °C im Schatten und 90 Prozent Feuchtigkeit wie ein nasser Sandsack vor die Stirn. Das waren meine allerersten, nie vergessenen Eindrücke dieser Hochburg der Raketenbauer in einer Landschaft von Baumwollfeldern, Magnolienbäumen und roter Lehmerde. Das am Ortsrand stolz als »Rocket City, USA« ausgewiesene, mit gleichem Stolz aber auch als »Heart of Dixie«, Herz des südstaatlichen Dixielands, beschilderte Nest Huntsville war der Ort, wo, wie es hieß, »der Weltraum begann«. Alles was in der US-Raumfahrt heute als selbstverständlich erscheint, hat hier, im »Space Capital of the Universe« des Volksmundes, seinen Anfang gehabt.

Im Norden des Bundesstaats Alabama gelegen, wo die Ausläufer der Smoky Mountains entlang der Ufer des Tennessee-Flusses in weite Baumwollfelder übergehen, hatte das 1811 gegründete Kreisstädtchen jahrzehntelang in klassischer Lethargie vor sich hin gedöst und es immerhin zum »Watercress Capital of the World« gebracht: Amerikas Hauptproduzent von Brunnenkresse. Dann kam ein jähes Erwachen, und fast über Nacht wandelte sich Huntsville zum aufstrebenden Symbol für Wirklichkeit gewordene Utopien. Den Umschwung brachten Wernher von Braun und 132 Peenemünder Raketenexperten, die am 15. April 1950 unter den Auspizien des US-Heeres aus Texas kamen, um militärische Mittelstreckenraketen zu entwickeln. Man muss sich diese einmalige Szenerie ausmalen: Eingebettet zwischen der Schwelle zum Weltraum und der Vorkriegsromantik des tiefen Südens von Dixieland, vorgelagert der ländlichen Kulisse arg verfolgter schwarzbrennender »Moonshiners« und noch ärger respektierter Klapperschlangen und Copperhead-Vipern, und durchzogen vom fremdartigen Fluidum der selbstsicheren, guttural sprechenden Germans, wurde Huntsville schnell zu einem überaus faszinierenden Kaleidoskop der Traditionen, Horizonte, Träume und Zukunftsvisionen.

»Rocket City, USA« war die Hochburg Wernher von Brauns und der Entstehungsort der neuen Generation großer Trägerraketen, die Kennedys Auftrag erfüllen und dem Menschen den Weltraum aufschließen sollten. Was ich dort im romantischen Tennessee-Tal vorfand, war ein faszinierender Ort der Gegensätze: Die Raketenstadt hatte sich über Nacht in eine Boom Town der Zukunftstechnik verwandelt, in der die ehemalige Plantagenromantik des tiefen Südens mit Magnolien- und Jasminduft und dem schrillen Chor von Grillen und Baumfröschen nur noch stellenweise überlebt hatte neben dem neuen Zeitgeist der Düsenflugzeuge, Würstchenbuden, Elvis-Presley-Ära-Freiluftkinos, Bungalowsiedlungen, Straßenkreuzer mit Heckflossen wie Haie, Wohnwagen und Swimmingpools, aber auch der modernsten Raumfahrtentwicklung.

Das Team, zu dem ich voller jugendlichem Eifer und Erwartungen stieß, hatte seine Anfänge in Peenemünde auf der Ostseeinsel Usedom in der Baltischen Bucht, wo unter der technischen Leitung von Wernher von Braun vom 1. Oktober 1932 an das Aggregat 4 entstand, die A-4, später in V2 (für Vergeltungswaffe 2) umbenannt, die erste serienmäßig hergestellte Groß-Flüssigkeitsrakete der Welt. Nach Kriegsende brachte die amerikanische Armee die Kerngruppe der Peenemünder nach den USA und beschäftigte sie zunächst im texanischen Fort Bliss mit der Dokumentierung

175

und Weiterentwicklung der A-4, bevor sie dann 1950 nach Huntsville kamen, als die Armee infolge des Koreakriegs ihre Raketenexperten erstmalig voll heranzog.

Das von-Braun-Team, dem ich mich im August 1962 beigesellte, war 1950 von Fort Bliss nach Huntsville in das nach dem dort vorherrschenden roten Lehmboden benannten Redstone Arsenal übergesiedelt, und schon bald füllten sich seine verlassenen, verstaubten Hallen mit neuem Leben, als die von-Braun-Leute an die Arbeit gingen. Zunächst entstand aus der Peenemünder V2 die Mittelstreckenrakete Hermes C, und daraus dann die Muster Redstone und Jupiter. Der erste Probeflug einer Redstone gelang im August 1953, dem Jahr, in dem Josef Stalin starb, zwei Männer die Spitze des Mount Everest erklommen, der Koreakrieg mit einem Waffenstillstand endete und die Sowjetunion ihre erste H-Bombe testete. In den anschließenden fünf Jahren erfolgten 37 Erprobungsflüge der Redstone, die eine Reihe neuer Entwicklungen gegenüber ihrer Vorgängerin V2 aufwies. So gelangte am 31. Januar 1958, keine vier Monate nach der Herausforderung durch Sputnik 1, der erste US-Satellit Explorer 1 auf einer dreistufigen Redstone in die Erdumlaufbahn und entdeckt prompt den Van-Allen-Strahlungsgürtel. In Huntsville tanzten die Menschen auf den Straßen und bereiteten dem im offenen Auto durch die Straßen fahrenden Wernher von Braun einen Triumphzug sondergleichen. Im selben Jahr noch wurde die zivile Weltraumbehörde NASA gegründet, als Amerikas Antwort auf Sputnik 1. Der schlafende Riese war wieder einmal erwacht. Später flogen US-Satelliten, Primaten und die Astronauten Shepard und Grissom auf der Redstone-Rakete.

1960 wurden die Peenemünder vom Fernwaffenamt der US-Army in den Zivildienst der NASA übernommen, und damit erbte die Raumfahrtbehörde nicht nur v. Brauns Raketenentwicklungsteam, sondern auch seine Pläne der Juno 5, eines aus gebündelten Redstone- und Jupitertanks gebildeten und von acht Jupiter-Motoren angetriebenen Super-Boosters, des später in »Saturn I« umbenannten kleinsten Mitglieds der Trägerraketen der Saturn-Familie.

Vor meiner Ankunft waren bereits zwei dieser Geräte erfolgreich von Kurt Debus und seiner Mannschaft gestartet worden. Der dritte Flug war gerade für November 1962 in Vorbereitung, und ich wurde zu meiner Begeisterung sofort daran eingespannt. Insgesamt flog die Saturn I zehnmal – durchweg erfolgreich, und danach kamen die stärkere Saturn IB mit neun ebenfalls erfolgreichen Missionen und die insgesamt 13 Einsätze der gewaltigen, auch heute noch nicht übertroffenen Saturn V, die Apollo zum Mond brachte.

Für Huntsville bedeuteten die Deutschen aber nicht nur Raketen. Eine Tageszeitung im benachbarten Chattanooga in Tennessee meldete Anfang der fünfziger Jahre in großen Lettern: DEUTSCHE BRINGEN WISSEN UND PUMPERNICKEL NACH HUNTSVILLE! Ohne die tolerante, sprichwörtlich gastfreundliche Einstellung der Southerners und ihrem Vertrauen den wunderlichen deutschen Einwanderern gegenüber, wäre freilich das, was geschah, kaum möglich gewesen: Deutsche gründeten eine Kammermusik-Gruppe, aus der bald Huntsvilles beachtliches Stadtorchester hervorging; sein Konzertmeister war für viele Jahre der MSFC-Fabrikationsdirektor Werner Kuers, und sein erstes Konzert eröffnete es im Dezember 1955 mit dem Concerto grosso von Corelli. Das wichtigste Einkaufszentrum und die Parkway, Huntsvilles Stadtautobahn, verdanken ihre Existenz der 1951 erfolgten Planung des ehemaligen Peenemünder Architekten Hannes Lührsen.

Deutsche förderten die Entwicklung der Stadtbibliothek, den Bau des heute mit einem Planetarium von der *Von Braun Astronomical Society* betriebenen Observatoriums auf dem Monte Sano, die Gründung des Forschungsinstituts der Universität von Alabama unter dem in Fachkreisen heute legendären Peenemünder Aerodynamiker Dr. Rudolph Hermann sowie die Entstehung des städtischen Kunstvereins. Ein Journalist berichtete in der Illustrierten *Collier's* scherzhaft: »Als die Deutschen in die Stadt kamen, holten sie sich zuerst ihre Bücherei-Karten, noch ehe sie ihre Wasseruhren anschließen ließen.« Auf von Brauns Initiative und mit seiner Hilfe entstand das öffentliche Raumfahrtmuseum *Alabama Space and Rocket Center* mit dem sich heute weltweit größter Beliebtheit und Nachahmung erfreuenden *Space Camp*.

Huntsvilles Deutsche haben sich nie abgesondert. Weder gab es ein »Little Germany«, noch »organisiertes Deutschtum« im Stil der quasi-bayrischen Trachten- und Brauchtumsverbände von Baltimore, Philadelphia oder New York, doch hatte sich im Laufe der Jahre eine vorwiegend deutsche Wohngegend auf dem Monte Sano herausgeschält. Hier, auf diesem 550 m hohen eichenbestandenen Hügel, zu dessen Füßen sich die Huntsviller Ebene zum Tennessee hin erstreckt, wohnte es sich einsamer, zeitweise buchstäblich in oder gar über den Wolken, weitab von Schule und Einkaufszentrum und im Winter kälter – alles Begleitumstände, die dem Durchschnittsamerikaner nicht behagten. Was uns Germans in Anbetracht der dort sehr niedrigen Grundstückspreise und der prachtvollen Abendsicht auf den strahlenden Lichterteppich im Tal jedoch nichts ausmachte. Wernher und Maria von Braun wohnten mit Söhnchen und Töchtern an der Big Cove Road am Fuß des Berges.

Deutsche gehörten im Ort zum Straßenbild. Übergangslos, wenn auch ihres schweren Akzents wegen unverkennbar, hatten sie sich in die lokale Gemeinschaft eingefügt, ohne von ihr verschluckt zu werden. Beim wöchentlichen Großeinkauf im Supermarkt konnte man immer deutsche Worte hören oder an bestimmten Tagen in Nathan Marlins *Delikatessen* sächselnde, schwäbelnde oder rheinländernde Hausfrauen zusammenstehen sehen. Für die Deutschen importierten Feinkosthändler Pumpernickel, Löwenbräu, Allgäuer Käse, Bauernbrot, Salami und Rheinwein; in der Zeitschriftenhandlung *Andan's* gab's deutsche Illustrierte, Romanhefte, den *Spiegel* auf Luftpostpapier und die *FAZ*. Zwei lokale Radiostationen brachten wöchentlich eine »deutsche Stunde«, und nicht selten gastierten deutsche Künstler wie Anneliese Rothenberger oder Stars von Radio Luxemburg vor ausverkauftem Haus.

Wer waren diese Menschen um Wernher von Braun, die ich in Huntsville vorfand?

Bei Kriegsende hatten sie ihr zerstörtes Heimatland verlassen, um mit ihren Familien in der Fremde unter anderen Gesetzen und Freiheiten zu leben und einer damals noch allgemein als phantastisch, ja als verrückt angesehenen Vision nachzujagen. Man könnte fast sagen, dass sie Wernher von Braun gefolgt waren wie dem Rattenfänger von Hameln, um den USA den Weg ins All zu bahnen. Da waren die »alten Peenemünder«, hemdsärmelige Ingenieure von altem Schrot und Korn aus den Anfangsjahren der Raketenforschung, aber auch grauhaarige Gelehrte, die einst das Machtwort der Nazidiktatur von ihren Dozentenstellen und Lehrstühlen, zum Teil auch von der Russlandfront weg nach Peenemünde gerufen hatte. Die gemeinsame Vision hatte die unterschiedlichsten Charaktere zusammengebracht: den sanftmütigen Intellektuellen, den ehemaligen Versuchsingenieur aus der Luftfahrtforschung und den energiegeladenen Tatmenschen. Namen wie Arthur Rudolph, Helmut Horn, Karl Heimburg, Emil Hellebrand, Erich Neubert, Eberhard Rees, Kurt Debus, Ernst Stuhlinger, Walter Häussermann, Ernst Geißler, und Hermann Weidner, um nur einige zu nennen, waren weit über die Grenzen von Huntsville hinaus in der Aerospace-Welt zum Begriff geworden. Sie hatten sich eine Aufgabe gestellt, ein Ziel gesetzt und einen Weg gebahnt, und sie verfolgten ihn mit der Unbeirrbarkeit von Fanatikern und der ruhigen, selbstsicheren Gelassenheit von Menschen, die von der Richtigkeit ihres Tuns absolut überzeugt sind. Jahrzehnte lang, seit Mitte der 30er Jahre, hatten sie mit Wernher von Braun daran gearbeitet – eine Zeit, die sie zu einem Team von legendärer Einmaligkeit zusammenschmiedete.

Neben ihnen die Nachwuchskräfte: junge Ingenieure und Physiker, die wie ich Ende der 50er/Anfang der 60er Jahre hinzugekommen waren. In Huntsville fanden wir eine annehmbare soziale Infrastruktur vor, die sich gegen Ende der 50er Jahre allmählich entwickelt hatte, auch wenn die damalige Rassentrennung zu dieser Zeit noch das südstaatliche Bild dominierte und erst Mitte der 60er zu verschwinden begann. Das Einleben in den Alltag folgte dem typischen amerikanischen Schema: Zunächst die Anschaffung des lebensnotwendigen »Straßenkreuzers«, wobei Kredit kein Problem war. Dank des guten Leumunds der Deutschen genügte nämlich der Akzent als Sicherheit für das Bankdarlehen. Dann die Wohnungssuche: das Lesen von Zeitungsannoncen, die Empfehlungen durch Bekannte, das Stadtplan-Studieren, das Herumfahren von Ortsteil zu Ortsteil, die unschlüssige Begutachtung der 3-Zimmer-Wohnung, das Erschrecken vor den »hohen«, aus heutiger

Sicht freilich traumhaft niedrigen Preisen. Bald danach kam das eigene Haus, vorwiegend ein einstöckiger Bungalow.

Die Umstellung war nicht leicht, aber die Jugend und die Begeisterung, ja auch die Ungebundenheit der Kriegsgeneration machten uns den Anfang leicht. Außerdem überstieg die Herausforderung, die uns der von Kennedy 1961 erteilte Mondlande-Auftrag bot, alles, was sich ein Ingenieur jemals hätte wünschen können. Für uns alle waren Huntsville und das Apollo-Jahrzehnt jener sechziger Jahre ein märchenhaftes Schlaraffenland der Technik und Wissenschaft.

Was den Anlass zu Präsident Kennedys Aufruf vom Mai 1961 gegeben hatte, ist bekannt: Am 12. April, sechs Wochen zuvor, war Jurij Alexejewitsch Gagarin auf einer von Sergeij Koroljow ebenfalls aus der V2 entwickelten dreistufigen R7-Rakete, der »Semjorka«, als erster Mensch ins All geflogen. In 89 Minuten hatte der mutige 27-jährige Luftwaffenmajor in seiner primitiven Kapsel »Wostok 1« eine Erstleistung vollbracht, die für die USA einen Schock bedeutete. Amerika bekam es mit der Angst zu tun, weil man mit einer solchen Rakete natürlich auch eine Atombombe um den Erdball herum schicken konnte. Kennedy musste das Gleichgewicht wiederherstellen, und zwar auf friedliche Weise, und gleichzeitig verschrieb er der Nation mit seinem Aufruf eine Psychotherapie, die nicht besser oder stimmiger sein konnte: »Wir fliegen ins All, weil – ganz gleich, was die Menschheit unternehmen muss – freie Menschen voll daran teilhaben müssen.« Wernher von Braun sagte 1964 über den Präsidenten: »He made the country feel young again.« Die politische Atmosphäre war also goldrichtig, und die Nation stimmte begeistert zu; Geld spielte keine Rolle. Dank sorgfältiger Planungsarbeit und NASA-interner Analysen waren bereits Ende 1961 alle Industrieaufträge unter Dach und Fach und das Apollo-Programm damit auf vollen Touren.

Die Entwicklungsforderungen bedeuteten für uns acht Jahre harter, doch begeisternder Arbeit voll technologischer Durchbrüche von teils epochaler Bedeutung, gescheiterten Erwartungen und Hoffnungen, strahlenden Erfolgen und bitteren Enttäuschungen und Verlusten, am schlimmsten Kennedys Ermordung am 22. November 1963. Aber Apollo war ins Rollen gekommen wie eine

Dampfwalze, und nichts konnte das Unternehmen mehr aufhalten. Natürlich gab es immer wieder Schwierigkeiten zu überwinden. Im September 1965 zerplatzte eine Test-Raketenstufe im kalifornischen Seal Beach; eine zweite explodierte acht Monate später, im Mai 1966, im Prüfstand in Mississippi. Im Januar 1967 explodierte eine voll beladene S-IV-B-Raketenstufe beim Countdown im Teststand mit der Gewalt von mehr als einer Tonne TNT, und am 27. Januar 1967 erlebten wir den schwärzesten Tag des Apollo-Jahrzehnts, als Virgil Grissom, Edward White und Roger Chaffee bei einer Brandkatastrophe in der Apollo-1-Kommandokapsel in Cape Kennedy umkamen. Trotzdem trug nicht einmal zwei Jahre nach dem Unglück, im Oktober 1968, eine Saturn IB das Raumschiff Apollo 7 mit Walter Schirra, Donn Eisele und Walter Cunningham in der umgebauten Kommandokapsel in den Erdorbit.

Zwei Monate danach, am 21. Dezember 1968, schickte bereits die dritte Saturn V, so groß war das Vertrauen in unser Werk, das Raumschiff Apollo 8 mit der Crew Frank Borman, James Lovell und William Anders auf den unvergesslichen Weihnachtsflug zur zehnfachen Umkreisung des Mondes.

Und in der Nacht des 20. Juli 1969 landete der »Adler« von Apollo 11 im *Meer der Stille* und erfüllte Kennedys Auftrag.

52 Spaceshuttle: Röntgenobservatorium Chandra

Sonntag, 8. August 1999

Inzwischen hat die Shuttle-Mission STS-93 stattgefunden, jener Flug der Columbia, der nicht nur die bisher schwerste und größte Nutzlast des Shuttle-Programms ins All befördern sollte, nämlich das 1,5 Milliarden Dollar teure Röntgenstrahlen-Observatorium Chandra, sondern auch als erster Shuttleflug von einer Frau kommandiert wurde, der 42-jährigen Oberstin Eileen Collins. Jetzt liegen die ersten Ergebnisse vor. Bevor sie ihr wertvolles Frachtgut an Ort und Stelle abliefern konnte, hatten die Kommandantin und ihre vier Besatzungsmitglieder, wie sich inzwischen herausgestellt hat, mit einigen echten Problemen zu kämpfen.

Der Start war kurz nach Mitternacht am 23. Juli erfolgt, aber erst nach zwei stressvollen Startverschiebungen: die erste am 20. Juli, dem 30. Jahrestag von Apollo 11, früh um 0:36 Floridazeit, als Sensoren im Heckteil des Shuttle eine etwas zu hohe Konzentration von Wasserstoffgas meldeten, eine Fehlanzeige des Sensorsystems, wie sich kurze Zeit später zeigte. Die Crew musste freilich unverrichteter Dinge wieder in ihr Quartier zurückkehren, und das wiederholte sich zwei Tage später, als wir den zweiten Startversuch am 22. Juli um 0:28 Uhr wegen eines Gewitters mit Blitzen in der Nähe der Startrampe abblasen mussten.

Der dritte Versuch am folgenden Tag gelang dann um 0:31 Uhr – aber zum Aufatmen war es für die Kommandantin noch zu früh, denn bis der Shuttle Columbia die Umlaufbahn um die Erde erreichte, gab es noch weitere Probleme. Bereits fünf Sekunden nach dem Abheben fielen bei zwei der drei Flüssigkeitstriebwerke die Triebwerkkontrollcomputer aus, als ein Kurzschluss ihre Stromzufuhr unterbrach. Zwar übernahmen Reserve-Rechner sofort automatisch ihre Funktion, und der Flug konnte ohne weiteres fortgesetzt werden, doch hätte der Verlust dieser Primärsysteme bei einem Ausfall zweier Triebwerke zu einem Flugabbruch führen können, der bisher noch nie erprobt worden war.

Überdies trat unabhängig von dem Kurzschluss bald nach dem Start ein kleines Wasserstoffleck in einer der drei Triebwerk-Schubdüsen auf, und die Columbia verlor dadurch während des achteinhalb Minuten langen Aufstiegs an die 1100 kg Wasserstoff-Brennstoff. Um dem dadurch verursachten Druckabfall in der Brennkammer entgegenzuwirken, ließ der Computer mehr Oxidator als vorgesehen einströmen, und das kostete einen zusätzlichen Verbrauch von 1800 kg Sauerstoff. Das wiederum führte dazu, dass sich die Triebwerke durch verfrühte Tankleerung vor der geplanten Zeit abstellten, und zwar eine Sekunde zu früh, und die von der Columbia erreichte Höhe dadurch 13 km tiefer lag als vorgesehen. Eileen Collins machte die Differenz dann mit den beiden Manövertriebwerken des Shuttle wieder wett, und die Columbia erreichte die gewünschte Kreisbahn von 278 km Höhe.

Doch von nun an lief alles bestens für Collins und ihre Crew. Sieben Stunden und 16 Minuten nach dem Start setzten Catherine Coleman und der französische Astronaut Michel Tognini die wertvolle Nutzlast ins All aus, und Collins manövrierte die Columbia in sicheren Abstand, bevor die zweistufige Schubrakete des Röntgenobservatoriums zündete und Chandra in größere Höhen trug.

Danach folgte für die Crew eine achtstündige Schlafpause, und am zweiten Tag begann sie mit dem wissenschaftlichen Experimentprogramm, das ebenfalls zum Flugauftrag der Mission gehörte. Steve Hawley arbeitete mit einem neuen Bordteleskop, um Ultraviolett-Bilder von Merkur, Venus, Jupiter, dem Mond und einem neu entdeckten Kometen namens Lynn aufzunehmen, während Cady Coleman sich um mehrere Pflanzenwachstumsexperimente kümmerte und Michel Tognini biologische Zellkulturen beobachtete. Eileen Collins und ihr Pilot Jeffrey Ashby probierten eine neue Manövertechnik aus, die bei der Shuttle-Mission STS-99 im kommenden September angewendet werden wird. Bei ihr soll nämlich ein 60 m langer Mast aus der Nutzlastbucht ausgefahren werden, der eine riesige Radarantenne zum Studium der Erdtopographie trägt, und die spezielle Manövertechnik soll die unvermeidbaren Erschütterungen des Radarmastes so gering wie möglich halten.

An den folgenden Tagen wurde das Bordprogramm mit weiteren Experimenten fortgesetzt, mit besonderem Schwergewicht auf biologischen und biomedizinischen Versuchen, darunter zwei Experimente mit neuen Medikamenten zur Verhinderung des Knochen- und Muskelschwunds von Astronauten bei langen Raumflügen durch die Schwerelosigkeit. Gegen Mittag des dritten Tages gelang es Collins und Tognini, Radiokontakt mit den drei Kosmonauten in der etwa 12 000 km entfernten russischen Raumstation Mir aufzunehmen. Tognini unterhielt sich dabei mit seinem Landsmann Jean-Pierre Haigneré an Bord von Mir, der am 28. August mit Kommandant Wiktor Afanasjew und Flugingenieur Sergeij Awdejew zur Erde zurückkehren soll.

Am Abend des vierten Flugtags, dem 27. Juli, ging die Mission zu Ende. Die Scheunentore der Nutzlastbucht wurden geschlossen, und das etwas über zwei Minuten lange Bremsmanöver der Triebwerke erfolgte in der 79. Erdumkreisung, um 22:19 Uhr Floridazeit. Touchdown der Columbia auf der von Scheinwerfern hell beleuchteten Landepiste des Kennedy-Raumfahrtzentrums erfolgte eine Stunde später, um 23:20 Uhr, und ein paar Stunden später konnte Eileen Collins überglücklich ihre Tochter Bridget in die Arme schließen.

Das Observatorium hat sich mittlerweile mit seinen eigenen Triebwerken erfolgreich in größere Höhen hinaufgeschoben und gestern, am 7. August, seine endgültige elliptische Umlaufbahn von 139 190 km Apogäum und 9 655 km Perigäum erreicht, in der es für jede Erdumkreisung 63,5 Stunden benötigt. Heute Abend öffnete sich die Schutzklappe vor einem der Bordinstrumente, dem fortgeschrittenen CCD-Spektrometer ACIS, und damit kann die weitere Aktivierung und Erprobung des Instruments beginnen, mit dem Chandra später in diesem Monat seine ersten Aufnahmen machen wird.

53 Cassini nimmt Kurs auf Saturn

**Mittwoch,
18. August
1999**

Heute verabschiedete sich unsere Tiefraumsonde Cassini mit ihrer von der europäischen ESA entwickelten Titan-Eintrittskapsel Huygens zum letzten Mal von der Erde und macht sich nun endgültig auf den langen Weg zum Ringplaneten Saturn, der über eine Milliarde Kilometer von uns entfernt ist. Der mit extremer Präzision ausgeführte Vorbeiflug an der Erde erfolgte heute früh um 5:28 Uhr mitteleuropäische Sommerzeit (MESZ). Zweck des Vorbeiflugs war die Erzielung eines Schleudereffekts auf die Großsonde durch das mächtige Schwerefeld der Erde, und sie erhielt dadurch einen Geschwindigkeitszuwachs von 5,5 km in der Sekunde, das sind 19 800 km/h. Zur Zeit entfernt sie sich von der Erdbahn mit 73 600 km/h, aber trotz dieser gewaltigen Geschwindigkeit wird sie ihr Ziel erst im Jahr 2004 erreichen.

Um den Schleudereffekt des so genannten »gravity assist«-

Manövers voll auszuschöpfen, musste die Sonde möglichst dicht an die Erde herangeführt werden und diese in Richtung der Erdbewegung um die Sonne passieren, um sozusagen »mitgerissen« zu werden, und das bedeutet eine Gratis-Beschleunigung. Beim heutigen Vorbeiflug betrug ihr Minimalabstand nur 1171 km; über dem Ostteil des Südpazifiks und von der Insel Pitcairn, bekannt als Zufluchtsort der Meuterer von der »Bounty«, oder auch von der Osterinsel aus, hätte man sie vielleicht sehen können.

Die NASA verfügt über langjährige Erfahrung in der Durchführung solcher »gravity assist«-Manöver, die planetare Schwerefelder ausnützen, um dadurch wesentliche Einsparungen in der durch die Antriebssysteme aufzubringenden Energie zu erzielen. Dabei erfährt die Flugbahn außerdem stets eine genau berechnete Richtungsänderung. Ohne solche Schleuderpassagen wären manche Planetenmissionen mit den verfügbaren technischen Mitteln erheblich schwieriger durchzuführen, wenn nicht gar unmöglich. So auch die siebenjährige Gewalttour der Sonde Cassini zum Saturn. Vorausgegangen waren ihrer Erdpassage zwei weitere Vorbeiflüge, und ein vierter gravity-assist steht noch bevor. Die ersten beiden Manöver bedienten sich des Planeten Venus, das erste am 26. April 1998, in einer Distanz von nur 284 km, das zweite am 24. Juni 1999 in 600 km Abstand. Dabei wurden von den Bordinstrumenten wissenschaftliche Daten des Wolkenplaneten gewonnen und später zur Erde gefunkt. Der vierte und letzte Vorbeiflug erfolgt nächstes Jahr am 30. Dezember, und zwar am Riesenplanet Jupiter; dabei wird die Flugbahn ein weiteres Mal gekrümmt, um die Sonde dann am 1. Juli 2004 zum Zielplaneten Saturn zu bringen.

Cassini ist die größte und teuerste Tiefraumsonde, die die NASA jemals ausgeschickt hat. Das mehr als sechs Tonnen schwere, über zwei Stockwerke hohe und 3,4 Milliarden Dollar teure Gerät war am 15. Oktober 1997 auf einer Titan-4-Trägerrakete von Cape Canaveral gestartet, nachdem der Liftoff wegen schlechten Wetters und technischer Probleme um zwei Tage verschoben werden musste. An Bord trägt sie eine fast luxuriös zu nennende Wissenschaftsausrüstung von 18 Instrumenten sowie die ebenfalls instrumentierte abtrennbare Eintrittskapsel Huygens, die nach der Ankunft beim Ringplanet auf seinem geheimnisumwitterten Mond Titan landen soll. Als Energiequelle führt Cassini außerdem 34 kg Plutonium mit, das in Radionuklidgeneratoren den nötigen Bordstrom erzeugt. Saturn ist rund zehnmal weiter von der Sonne entfernt als die Erde, sodass er nur etwa ein Prozent der von der Erde aufgenommenen Sonnenstrahlung erhält. Hätte man Cassini mit photovoltaischen Sonnenzellenflächen ausrüsten wollen, so hätten diese die Größe zweier Tennisplätze haben müssen, und das hätte die Einschussrakete nicht geschafft. Das mit dem Plutonium verbundene Risiko für die irdische Biosphäre war nach sehr sorgfältigen Studien vor der Mission von unabhängigen Gremien außerhalb der NASA als annehmbar befunden worden. Selbst bei einem Rücksturz der Sonde zur Erde während des Vorbeiflugs letzte Woche, eine Chance von weniger als Eins zu einer Million, hätte die Konstruktion der Plutoniumbehälter den Belastungen standgehalten. Und selbst wenn die gepanzerten Behälter bei einem Wiedereintritt zerstört worden wären, so zeigten die Berechnungen, wäre die Auswirkung des Plutoniums auf die Erdbevölkerung während der nächsten 50 Jahre geringer gewesen, als der Strahlungseinfluss einer Röntgenuntersuchung beim Zahnarzt oder bei einem Transkontinentalflug über den nordamerikanischen Kontinent.

Im vergangenen Januar hat uns Cassini freilich einen kleinen Schreck eingejagt, als der Bordcomputer einen möglichen Fehler im Raumlagesteuersystem zu erkennen glaubte und sofort, wie es ihm für so eine Situation einprogrammiert ist, die Funktion aller nicht missionskritischen Bordgeräte einstellte. Die Nachrichtenverbindung zur Erde blieb jedoch bestehen, und die Ingenieure fanden schnell heraus, dass Cassinis Sternsucher offenbar mehr Zeit mit der Suche nach seinen Navigationssternen am Firmament zugebracht hatte, als es dem Computer aufgrund seiner vorgegebenen Limitwerte als angemessen erschien. Ein paar Tage später war dann an Bord der Normalzustand wiederhergestellt.

Die Tiefraumsonde, die jetzt die Welt des inneren Sonnensystems verlässt und in die kalten, dunklen Tiefen der Welt der äußeren Riesenplaneten eintritt, funktioniert weiterhin ausgezeichnet. Bis sie dann im Juli 2004 am Ziel eintrifft, müssen wir noch viel Geduld haben und der Qualität ihrer Konstruktion, aber auch der Genialität ihrer Navigatoren und Systemingenieure der NASA in Kalifornien und der ESA in Darmstadt vertrauen. Spannend wird es dann, wenn ihre Forschungen am Saturn beginnen, der zehnmal größer und 95-mal schwerer ist als die Erde, und vor allem dann, wenn die Sonde Huygens an ihrem Fallschirm auf Titan landet. Dieser Mond, der größte von 18 uns bekannten Saturntrabanten, ist besonders interessant durch seine vielen erdähnlichen Charakteristiken. Nicht nur hat er eine Atmosphäre aus Stickstoff und nachgewiesene organische Substanzen darin und auf der Oberfläche, sondern im vergangenen Juli entdeckten Wissenschaftler mit dem Großteleskop auf dem Mauna Kea in Hawaii auch dunkle Flächen auf ihm, die als flüssige Meere eingeschätzt werden – nicht aus Wasser, sondern aus Methan, Äthan und anderen Kohlenwasserstoffen – etwa auch Benzin? Wenn dies zutrifft, dann hätte Saturns größter Mond die einzigen uns bekannten Flüssigkeitsvorkommen im Sonnensystem neben der Erde. Und man weiß, dass solche Meere Lebensformen hervorgebracht haben und beherbergen können, auch wenn die Wahrscheinlichkeit dagegen spricht – aufgrund der auf Titan herrschenden Kältetemperaturen um minus 180 °C. Na, wir werden sehen – Lebensformen sind unheimlich zäh!

54 Besuch am Neptun: Zehn Jahre danach

Mittwoch, 25. August 1999

Heute jährt sich ein historisches Ereignis in weiter Weltallferne zum zehnten Mal. Es war der Tag, an dem 1989 die Raumsonde Voyager 2 am Planeten Neptun vorbeiflog und damit der erste – und bisher einzige – Sendbote von der Erde zu dem weit entfernten Gasriesen wurde.

Neptun war die letzte Station von Voyager 2 auf seiner grandiosen und bis heute unerreichten Tour des äußeren Sonnensystems. Er hatte für die Reise zwölf Jahre gebraucht, und nur für ein paar kurze Tage hielt er sich in der Nähe des Planeten auf.

Schon 165 Jahre davor, 1824, hatte Friedrich Wilhelm Bessel in Deutschland die Möglichkeit erwogen, dass gewisse Unregelmäßigkeiten in der Umlaufbahn des 1781 von William Herschel entdeckten Uranus durch einen anderen Planeten verursacht sein könnten. Zwei junge Mathematiker berechneten dann den Ort dieses hypothetischen Himmelskörpers, John Couch Adams 1845 in England und Urbain Jean Joseph Le Verrier ein Jahr später in Frankreich. Entdeckt wurde Neptun dann tatsächlich am 23. September 1846 von Johann Gottfried Galle an der Sternwarte Berlin.

Von den neun Planeten der Sonne ist Neptun der achte. Nach ihm kommt nur noch Pluto, der jedoch aufgrund seiner stark elliptischen Bahn die Neptunbahn kreuzt und in unseren Tagen der Sonne näher ist. Neptun ist ein bläulich-grün erscheinender Gasriese mit einer Atmosphäre aus Wasserstoff, Helium und Methan, von der 17fachen Masse der Erde und einer Oberflächentemperatur von weniger als −200 °C, der von der Sonne 30-mal weiter entfernt ist als die Erde.

Für Voyager 2 war Neptun das vierte Expeditionsziel. Vorausgegangen waren der Forschungsvisite nahe Vorbeiflüge am Uranus, am 24. Januar 1986, also über drei Jahre zuvor, dann fünf Jahre früher am Saturn, am 25. August 1981, und zwei Jahre davor am Jupiter, am 5. März 1979. Aufgebrochen war Voyager 2 von der Erde im Sommer 1977.

Die Nacht seiner Neptunpassage vor zehn Jahren war wahnsinnig aufregend. Ich war einer derjenigen, die die eintreffenden Bilder im öffentlichen US-Fernsehen kommentierten, aus dem Stegreif natürlich, und die Überraschungen überschlugen sich, angefangen von der perfekten Funktion des beim Start 825 kg schweren Raumschiffs, das auf seiner zwölfjährigen Reise eine Strecke von sieben Milliarden Kilometer zurückgelegt hatte, bis zur Entdeckung von sechs neuen Monden, mit denen die Gesamtzahl der uns bekannten Neptunmonde auf acht stieg. Die beiden bereits bekannten Trabanten waren Triton und Nereide, die neuen erhielten mittlerweile die Namen Proteus, Larissa, Galatea, Despina, Thalassa und Naiad.

Die Raumsonde beobachtete den »Großen Roten Fleck« des Planeten, einen permanenten Wirbelsturm mit Geschwindigkeiten von 2000 km/h, und sie maß seine Temperaturen, Radiowellen und Magnetfeldstärken. Da Neptuns Drehachse wie die der Erde schräg steht (mit 29 Grad sogar noch schräger als die 23,5 Grad der Erde), entsteht der gleiche Effekt wie bei uns: nämlich Jahreszeiten. Voyager 2 überflog die Nordhalbkugel des Neptuns zur Winterzeit, und entsprechend eisig erschienen uns die Fernsehbilder, die zur Erde vier Stunden sechs Minuten benötigten.

Damit Voyager 2 den Neptun zum richtigen Zeitpunkt erreichte, musste sein Uranus-Vorbeiflug, eine gravity-assist-Schleuderpassage, genau abgestimmt werden, und davor natürlich auch seine Swingbys an Saturn und Jupiter. Die größte Annäherung erreichte Voyager 2 am 25. August 1989 um 3:55 Uhr und 26 Sekunden Greenwichzeit (GMT), in einer Entfernung von 29000 km vom Mittelpunkt des Planeten, d. h. nur 4000 km von der oberen Wolkendecke entfernt, da Neptun einen Radius von 25000 km hat. Fünf Stunden später passierte die Raumsonde den Mond Triton in 38000 km Entfernung und schoss dann mit einer Geschwindigkeit von 68400 Stundenkilometer relativ zur Sonne in die Weiten des Kosmos hinaus. Auf Triton entdeckten wir aktive geysirartige Eruptionen, mit denen flüssiges Stickstoffgas und dunkle Staubpartikel mehrere Kilometer hoch in die Atmosphäre des Mondes geschleudert wurden, und selbst die zwei Ringe des Neptuns mit ihren rätselhaften sichelförmigen Staubansammlungen, die den Planeten in Stücken umkreisen und in jüngerer Vergangenheit mit dem Hubble-Teleskop untersucht wurden, entgingen seinen Kameras nicht.

Heute befindet sich die Supersonde rund 8,8 Milliarden Kilometer von der Sonne entfernt (58,67 Astronomische Einheiten, AE), das ist doppelt so weit wie vor zehn Jahren, mit 56000 Stundenkilometer (15,7 km/s) Geschwindigkeit relativ zur Sonne auf dem Weg in den interstellaren Raum. Ihr Instrumentarium funktioniert noch immer, seit 22 Jahren, und wir empfangen nach wie vor ihre Radiosignale, die für ihre Reise über acht Stunden benötigen. Ihren Sonnenabstand in Astronomischen Einheiten kann man überschlägig bestimmen aus der Formel 59,75 + 3,13 mal (Jahr-2000). Für Voyager 1 gilt entsprechend 76,34 + 3,50 mal (Jahr-2000). (1 AE = 149,6 Mio. km).

55 Neues vom Kosmos: Chandras »First Light« – eine Sensation

Donnerstag, 26. August 1999

Heute haben wir der Welt die ersten Aufnahmen des neuen Röntgenobservatoriums Chandra vorgestellt, und man kann sagen, dass sie den Wissenschaftlern den Atem verschlugen. Es sind gestochen scharfe Bilder einer Sternenexplosion im Sternbild Kassiopeia, die vor 320 Jahren gewaltige Materiemassen mit rund 20 Mio. Stundenkilometer Geschwindigkeit kugelförmig ins All hinausschleuderte, begleitet und aufgeheizt von gigantischen akustischen Stoßwellen. So entstand eine 50 Mio. Grad heiße und dadurch im Röntgenspektrum strahlende Gasblase.

Das Superteleskop Chandra, genannt nach dem brillanten indisch-amerikanischen Astrophysiker und Nobelpreisträger Subrahmanyan Chandrasekhar, hatte eine Woche früher, am 19. August, sein Auge geöffnet und auf das uns nächstliegende und jüngste Beispiel eines der gewaltsamsten Ereignisse im Universum gerichtet – auf eine Supernova.

Das Instrument war, wie bereits erwähnt, am 23. Juli von der Crew der Shuttle-Mission STS-93 aus dem Frachtraum der Columbia ins All ausgesetzt worden. Dann wurde es von einer IUS-Oberstufe in einen hohen elliptischen Orbit manövriert, in dem es von keinem Shuttle mehr zur etwaigen Reparatur oder einstigen Bergung erreicht werden kann, und das war so beabsichtigt. Seine Umlaufbahn kommt der Erde nur noch auf rund 10 000 km nahe, und ihr fernster Punkt, das Apogäum, liegt bei 140 000 km, ein Drittel des Weges zum Mond. Das gibt ihm den Vorteil, dass es für die Dauer seines auf fünf Jahre geschätzten Betriebslebens seine Beobachtungen völlig frei von Störungen durch die Ausläufer der Erdatmosphäre vornehmen kann.

Das 1,6 Milliarden Dollar teure Chandra-Observatorium bedeutet im Bereich der Röntgenstrahlung das, was das Hubble-Teleskop im optischen und ultravioletten Teil des elektromagnetischen Spektrums ist. Der Grund, warum Röntgenstrahlen so wichtig für die Forschung sind, ist die Tatsache, dass sie uns ein einzigartiges Fenster zu den heißesten und turbulentesten Gebieten des Universums auftun, wie etwa Explosionen von Sternen und Galaxien, Ansammlungen von Gas auf schwerkraft-kollabierten Objekten wie Neutronensterne, und Hochtemperaturgase in Milchstraßenhaufen. Denn die Gastemperaturen, bei denen Röntgenstrahlung ausgesendet wird, liegen bei 50 Mio. Grad. Ein Beispiel ist der gewaltsame Schwerkraftkollaps eines Sterns, der nach der Theorie zur Entstehung eines Neutronensterns oder sogar eines Schwarzen Loches führt. Bereits auf seinem ersten Bild hat Chandra, wie es scheint, im Zentrum der Supernova Kassiopeia A ein solches Überbleibsel eines explodierten Sterns von der 10- bis 30fachen Masse unserer Sonne gefunden.

Für die beobachtende Astronomie bildet die irdische Atmosphäre, die nur im optischen Bereich und in einigen Abschnitten längerer Wellen Strahlung aus dem Weltraum zur Erdoberfläche gelangen lässt, seit alters her ein großes und ärgerliches Hindernis. Mit der Entwicklung der Radioastronomie nach dem 2. Weltkrieg öffnete sich erstmals ein zusätzlicher Abschnitt: die Radiostrahlung aus dem All. Mit ihren Großantennen auf der Erde entdeckten die Radioastronomen unter anderem die wichtige 21-cm-Spektrallinie des interstellaren neutralen Wasserstoffs, zahlreiche Radioquellen, die kosmische Hintergrundstrahlung und die gewaltigen Quasare. Zur Radioastronomie gehört auch die Radarastronomie, die im 2. Weltkrieg dadurch entstand, dass man Radarechos von Meteoren beobachtete. Mit ihrer Hilfe gelang vor allem auch eine genaue Bestimmung des Abstands der Erde von der Sonne, die so genannte Astronomische Einheit, von 149 597 870,660 km.

Um auch die restlichen Bereiche des elektromagnetischen Spektrums für die Astronomie zu erschließen, mussten die Forscher außerhalb der Erdatmosphäre gehen, d. h., es bedurfte der Raketen und Satelliten, um den Weg zu einer Allwellenastronomie zu eröffnen. Für die Astronomie im optischen und ultravioletten Bereich wurde in den letzten Jahren mit dem Hubble-Teleskop und nun auch im Röntgenspektrum mit dem Chandra-Observatorium eine neue Ära eingeleitet, deren Ende nicht abzusehen ist.

Chandra hat spezielle Spiegel an Bord, die Bilder von astronomischen Objekten im Röntgenlicht mit zehnmal besserer Winkelauflösung, hundertmal größerer Abbildungsempfindlichkeit und tausendmal größerer Empfindlichkeit für Spektroskopie machen können. Mit einer Öffnung von 120 cm und einer Brennweite von zehn Meter vermag das Reflexionsteleskop Abbildungen im Energiebereich von 0,1 keV bis 8 keV mit einer halben Bogensekunde Auflösung zu liefern. Das entspräche der Fähigkeit eines Zeitungslesers, auf 800 m Entfernung eine Schlagzeile von 1 cm Höhe lesen zu können. Um von Spiegeln überhaupt fokussiert zu werden, müssen Röntgenstrahlen unter sehr kleinen Winkeln auf die Spiegelfläche auftreffen, da sie sonst von dieser absorbiert und nicht reflektiert werden. Deshalb sind solche Teleskope immer von beträchtlicher Länge. Auch die Form des Spiegels ist maßgeblich: die erste Reflexion erfordert eine Hyperboloid-Fläche, die zweite, die zur Fokussierung führt, ein Paraboloid. Chandra verwendet sechs ineinander geschachtelte Paraboloid-Hyperboloid-Paare, deren Segmente jeweils 84 cm lang sind. Die Spiegel bestehen aus einem Keramikmaterial namens Zerodur und sind mit einer Iridiumschicht von 60 Tausendstel Millimeter Dicke belegt. Das zylindrische Observatorium hat eine Gesamtmasse von fünf Tonnen, eine Länge von 14 m und einen Durchmesser von vier Meter. Sein durchschnittlicher Energiebedarf beträgt 2,4 Kilowatt, die von Sonnenzellen geliefert werden.

Mit weiteren tollen Überraschungen von ihm können wir mit Sicherheit rechnen.

56 Raumstation Mir: Libelle im All! Kommt das Ende?

Samstag, 28. August 1999

Gestern verließ die (vorläufig?) letzte Mir-Besatzung ihre Station im All. Wiktor Afanasjew, Sergeij Awdejew und der Franzose Jean-Pierre Haigneré legten um 21:15 Uhr GMT in ihrem Raumschiff Sojus TM-29 ab. Etwas über drei Stunden später, heute früh um 0:35 Uhr, landete ihre glockenförmige Kapsel am Fallschirm nur etwa 60 km vom Baikonur-Kosmodrom in Kasachstan entfernt, wo sie gestartet waren, in der Nähe des Dorfes Chapajewka. Sie wurden von den Dorfbewohnern willkommen geheißen, die in ihrer nächtlichen Erntearbeit pausierten, nebst elf Hubschraubern, 170 Mitgliedern des Rettungsteams einschließlich Ärzten und Boris Jeltsins Ratgeber Jurij Baturin, der sich selber einmal in Mir aufhielt. Bei der Landung fiel die Kapsel im starken Wind um.

Der Flugingenieur Sergeij Awdejew hatte in Mir diesmal 379 Tage zugebracht. Zusammen mit seinen früheren Raumflügen in Sojus TM-15 und -22 kann er eine Gesamtzeit von 747 Tagen im All verbuchen und hat damit den Arzt Walerij Poljakow geschlagen, der freilich noch den Rekord für ununterbrochenen Aufenthalt in Mir hält, 438 Tage von 1994–95, mit denen er die ungefähre Dauer eines Marsfluges erprobte.

Das Kernmodul von Mir (auf deutsch »Welt«, »Dorf«, aber auch »Frieden«) war am 20. Februar 1986, also vor über 13 Jahren, von der Sowjetunion gestartet worden, und erhielt in diesem Zeitraum von 135 Menschen Besuch – 78 Kosmonauten mit 29 Sojus-Raumschiffen, plus 57 Menschen mit dem Shuttle, der die Station zehnmal anflog und neunmal an ihr andockte. Zu den Besuchern gehörten 50 Amerikaner, von denen nacheinander sieben im Rahmen der Phase 1 des Programms der internationalen Raumstation ISS für längere Zeit an Bord der Station gelebt und gearbeitet hatten, insgesamt 943 lehrreiche Tage, um für die ISS Erfahrung zu sammeln: Norman Thagard, Shannon Lucid, John Blaha, Jerry Linenger, Michael Foale, David Wolf und Andrew Thomas. Wer von uns würde jemals die Astronautin Shannon Lucid mit ihren rosa Socken, rotem Wackelpudding und zwei Jurijs vergessen, die an Bord von Mir einen Rekord für US-Astronauten von 184 Tagen im All aufstellte und die Frau mit der längsten Raumflugdauer der Welt wurde?

Zwar war Mir von Anbeginn an auch für Kosmonauten anderer Länder offen, doch kamen sie anfangs ausschließlich aus dem Ostblock. Begonnen hatte die Beteiligung nicht sowjetischer Besatzungsmitglieder 1978 mit dem Tschechen Wladimir Remek in Sojus 28. Nach dem Zusammenbruch der UdSSR wurde Mir echt international und beherbergte bis heute Gastkosmonauten von 18 verschiedenen Nationen. Der erste Deutsche im All war der Ostdeutsche Sigmund Jähn aus dem vogtländischen Morgenröthe-Rautenkranz mit Sojus 31 und sieben Tagen in der Raumstation Saljut 6 im August 1978. Nur noch zweimal war Deutschland danach in Mir vertreten: mit Klaus-Dietrich Flade 1992 und Dr. Reinhold Ewald Anfang 1997. Ewalds Bordprogramm, unter der Bezeichnung Mir 1996, umfasste 20 Experimente der Biowissenschaften, sechs der Materialwissenschaften, sieben der Betriebstechnik, zwei aus Kommunikation und Navigation, und eines der Technologieforschung. Für die europäische ESA flogen Ulf Merbold 1994 und Thomas Reiter 1995.

Für die NASA war das Shuttle/Mir-Gemeinschaftsprogramm der Phase 1, für das wir Russland rund 400 Mio. Dollar bezahlten, außerordentlich lehrreich: an die 500 dokumentierte »Lessons learned«, also Lektionen, resultierten aus der Zusammenarbeit, die nun bei der Montage und dem nachfolgenden Betrieb der ISS in Anwendung kommen und nicht nur unser Risiko verringern, sondern auch Kosten sparen. Für die Raumwissenschaftler der USA bot die Mir eine einzigartige Plattform zur Instrumentenentwicklung und Durchführung von Forschungsprogrammen in der Mikrogravitation über die Dauer mehrerer Monate an einem Stück. Die NASA konnte das seit 1974 bis jetzt nicht bieten, da Shuttleflüge nicht länger als maximal 17 Tage dauern.

Als die Crew von ihrer Station ablegte, hatte Mir in seinen 13,5 Jahren des Bestehens insgesamt 77 274-mal die Erde umkreist und dabei eine Strecke von über 3,2 Milliarden Kilometer zurückgelegt. Sie ist in der Tat ein Bauwerk der Superlative. Die Zahl der technischen Versager an Bord, die Reparaturen erforderten, übersteigt 1500 (inoffizielle Quellen sprechen von 1600 Pannen), und die Zahl der an Bord durchgeführten Wissenschaftsexperimente übersteigt 16 000. Beide Zahlen sind verblüffend – die erstere in ihrer Typisierung der russischen Begabung und Zähigkeit in der Bewältigung oft unüberwindlich erscheinender technischer Schwierigkeiten –, und beide zeugen zweifellos für die fundamentlegende Bedeutung von Mir für die sie ablösende ISS als zukünftiger ständiger menschlicher Außenposten im All.

Mir umkreist die Erde derzeit in einer mittleren Höhe von 355 km. Ihre etwas elliptische Bahn um die Erde wird in den kommenden Wochen und Monaten langsam an Höhe verlieren, aufgrund des immer noch, wenn auch schwach, wirkenden Luftwiderstands, bis sie im Zeitraum Februar/März nächsten Jahres rund 240 km erreicht. An diesem Punkt ist die Zeit zur endgültigen Entscheidung über ihr Leben oder Tod gekommen. Afanasjew und seine Crew haben sie mit einem Reservecomputer ausgestattet und sie in einem Schaltzustand zurückgelassen, in dem ihre Bordsysteme, wenn nichts schief geht, mehrere Monate lang unbemannt überdauern und Anfang nächsten Jahres wieder von der Bodenkontrolle erweckt werden können. Ein unbemanntes Progress M1-Tankerschiff soll dann an Mir anlegen und je nachdem, wie sich ihre russischen Besitzer entschieden haben, sie entweder mit einem Reboost-Manöver in größere Höhe schieben oder mit einem Deorbit-Bremsimpuls ihren gezielten Absturz in ein freies Gebiet des Pazifischen Ozeans einleiten. Die Planung sieht vor, dass eine weitere Crew von zwei Kosmonauten bereit ist, um im Bedarfsfall zur Mir hinaufzufliegen und den kontrollierten Absturz vorzubereiten.

Ganz gleich, welches Schicksal Mir nächstes Frühjahr bevorsteht, sicher ist, dass die Station in unserem fortlaufenden Streben nach der Errichtung einer ständigen menschlichen Präsenz im All eine sehr wesentliche Rolle gespielt und einen tüchtigen Abschnitt unserer Berufsleben in Anspruch genommen hat. Je mehr sie einem die Nerven zermürbte (wer könnte jemals das Bordfeuer oder die Kollision mit dem Progress-Frachtschiff vergessen?), desto mehr wuchs sie einem ans Herz. Und ist sie nicht eine zauberhafte Schönheit, diese 130 t schwere leuchtende Libelle im pechschwarzen All?

Dies ist das erste Mal in zehn Jahren, dass Mir die Erde ohne menschliche Bewohner umkreist. Für uns bedeutet das auch, dass es höchste Zeit für die Erstellung der ISS geworden ist. Es ist durchaus möglich, dass nach dem An-Bord-Gehen ihrer ersten Besatzung nächsten Frühling der außerirdische Weltraum niemals wieder ohne Menschen sein wird. Ein uralter Traum wird dann Wirklichkeit geworden sein: die permanente menschliche Präsenz im All. Ein großartiger Auftakt beim Überschreiten der Schwelle zu einem neuen Jahrtausend, so meine ich.

Do swidanja, Mir!

57 Spaceshuttle: Die Namen der Orbiter

**Donnerstag,
2. September
1999**

Meine heutige Eintragung befasst sich mit der oft gestellten Frage, wie denn die Spaceshuttles der NASA eigentlich zu ihren Namen gekommen sind. Die Flotte umfasst derzeit vier Maschinen, aber sechs Shuttle-Orbiter sind gebaut worden, und da es sich um Raumschiffe handelt, lage es nahe, ihnen Schiffsnamen zu geben, und zwar beschloss man, sie alle nach berühmten Forschungsschiffen aus der Pionierzeit der Hochseeschiff-Fahrt zu benennen. Man suchte in den Geschichtsbüchern nach Schiffen mit historischer Bedeutung für geographische Entdeckungen. Ein zweites Auswahlkriterium war die Berücksichtigung der Internationalität des Spaceshuttle-Programms.

Der erste Shuttle, Baujahr 1976, war die Enterprise, und mit ihr verbindet sich eine besonders pikante Story. Als Prototyp war sie noch nicht für den Weltraumeinsatz gebaut worden, sondern lediglich zur Flugerprobung im Unterschallbereich, wobei sie im Huckepackflug auf einem 747-Trägerflugzeug aus großer Höhe abgeworfen wurde. Sie sollte ursprünglich auf den Namen »Constitution« getauft werden, zu Ehren des 200-jährigen Jahrestags der amerikanischen Verfassung, der Constitution von 1776. Deshalb war auch die Rollout- und Tauffeier für den Constitution Day in Vorbereitung, den 17. September 1976. Doch die NASA hatte die Rechnung ohne die tausende von Fans der Sciencefiction-Fernsehserie »Star Trek« gemacht (»Raumschiff Enterprise« in Deutschland). Aus ihren Kreisen kam der Wunsch, dass der Shuttle nach ihrem geliebten Sternenschiff Enterprise benannt sein sollte, und es begann ein eifriges Sammeln von Unterschriften für eine entsprechende Bittschrift an US-Präsident Gerald Ford. Ich war damals schon eng befreundet mit Star-Trek-Schöpfer Gene Roddenberry und unterstützte den Wunsch der »Trekkies« bei Vorträgen auf ihren Tagungen, doch empfahl ich ihnen, nicht gleich auf dem ersten Shuttle zu bestehen, der ja gar nicht ins All fliegen würde, sondern den Namen für den zweiten aufzusparen. In ihrem Übereifer der Unterschriftensammlung fand das freilich kein Gehör, und so

kam es, dass Präsident Ford eine Bittschrift mit zehn- bis zwölf-
tausend Unterschriften überreicht bekam und kurze Zeit später
einwilligte. Dem Marineveteran Ford gefiel es dabei natürlich, dass
»Enterprise« auch der Name mehrerer berühmter Seeschiffe der
Navy war, angefangen von einem 1775 im Krieg gegen die Engländer eingesetzten Kutter über drei verschiedene Schoner, eine Barke,
ein Motorboot und einen Flugzeugträger, die »Big E«, bis zum
berühmten ersten mit Atomkraft getriebenen Flugzeugträger Enterprise, der achten Enterprise, der 1960 vom Stapel lief und unter
anderem 1962 als Funk- und Vermessungsschiff für John Glenns
ersten Raumflug diente.

Bei der Rolloutfeier in Palmdale in der kalifornischen Mojave-
Wüste am 17. September 1976 habe ich dann dafür gesorgt, dass
Gene Roddenberry und die ganze Crew der Fernseh-Enterprise,
einschließlich Mr. Spock, anwesend waren. Als der Shuttle-Orbiter
mit dem Namenszug Enterprise, von einem Traktor gezogen, um
eine Hangarecke in Sicht kam und feierlich auf der Bildfläche erschien, stimmte die berühmte Musikkapelle der US Air Force die
Themenmusik aus Star Trek an, zum tosenden Beifall der geladenen Zweitausend, versteht sich. Später waren viele Trekkies
natürlich enttäuscht, dass die Enterprise nicht für Raumflüge zum
Einsatz kam.

Den ersten Flug eines wiederverwendbaren Raumschiffs führte
am 12. April 1981 die zweite Maschine, genannt Columbia, aus,
pilotiert von John Young und Bob Crippen. Fertig gestellt 1979,
trägt sie den Namen einer berühmten Schaluppe aus Boston, Massachusetts, die im Mai 1792 unter ihrem Kapitän Robert Gray eine
gefährliche Sandbank in der Mündung eines wichtigen Flusses be-
zwang, der sich fast 2000 km weit durch das heutige östliche Bri-
tisch-Kolumbien in Kanada und zwischen den Bundesstaaten
Oregon und Washington erstreckt und nach dem Schiff benannt
wurde. Unter Captain Gray umsegelte die Schaluppe und ihre
Crew als erstes amerikanisches Schiff die Erde, wobei sie eine
Ladung Otterfelle nach Kanton in China brachte und dann nach
Boston zurückkehrte. Es gab noch andere Segelschiffe namens
Columbia, und so hieß auch das Kommandoschiff von Apollo 11.
Von alters her ist Columbia die allegorische feminine Personifizie-

rung der Vereinigten Staaten, und das geht natürlich auf einen anderen berühmten Entdecker zurück: auf Christoph Columbus.

Der dritte Shuttle war der Challenger, genannt nach Her Majesty Ship HMS Challenger der britischen Marine, das in den 1870er Jahren mit ausgedehnten Reisen den Atlantischen und Pazifischen Ozean erforschte. Challenger hieß auch ein von Robert Jackson 1853 in Boston für hohe Geschwindigkeiten gebauter Extrem-Clipper, der in den Jahren um 1860 routinemäßig in nur vier Monaten von Boston und New York ums Kap Horn nach San Francisco raste. Und auch die Mondlandefähre von Apollo 17 trug den Namen Challenger. Den Shuttle dieses Namens haben wir am 28. Januar 1986 mit seiner siebenköpfigen Besatzung, darunter die Lehrerin Christa McAuliffe, in einer furchtbaren Katastrophe 73 Sekunden nach dem Start verloren.

Der vierte Shuttle-Orbiter ist die Discovery, Baujahr 1983, genannt nach einem der beiden Schiffe des berühmten englischen Entdeckers James Cook, der in den 1770er Jahren den Südpazifik erforschte. Auf drei großen Forschungsreisen besuchte er alle sieben Kontinente, und er gilt als einer der größten Entdecker der Menschheitsgeschichte. Auch die Küsten von Südalaska und Nordwest-Kanada erforschte er mit seiner Discovery, und wegen der wissenschaftlichen Bedeutung seiner Forschungen genoss das britische Schiff während des amerikanischen Freiheitskrieges auf Betreiben Benjamin Franklins sogar freie Passage. Eine andere berühmte Discovery diente dem Entdecker Henry Hudson zur Erforschung der Hudson-Bai in Kanada und auf der Suche nach der erhofften Nordwestpassage vom Atlantik zum Pazifik in den Jahren 1610–11, und eine weitere Discovery benutzte die Britische Königliche Geographische Gesellschaft 1875 für eine Nordpolexpedition.

An fünfter Stelle steht die Atlantis, und sie trägt den Namen des führenden Forschungsschiffs des Ozeanographischen Instituts von Woods Hole in Massachusetts von 1930 bis 1966. Die 460 Registertonnen große zweimastige Ketsch, ein Küstenschiff, wurde als erstes US-Schiff gezielt für die ozeanographische Forschung eingesetzt. Damals, als die Wasserwege zunehmend von dampf- und dieselgetriebenen Schiffen dominiert wurden, galt die Ozeanographie als letzte Bastion der Segelschiffe.

Der sechste und vorläufig letzte Shuttle ist die Endeavour, die als Ersatz für den verlorenen Challenger gebaut und 1990 fertig wurde. Sie unterscheidet sich von den anderen Orbitern darin, dass bei ihrer Namensfindung tausende von Schulkindern aus aller Welt beteiligt waren. Endeavour hieß das andere der beiden Forschungsschiffe von Captain Cook, ein umgebauter Kohlenfrachter, auf dessen Jungfernfahrt im August 1768 Cook mit 80 Besatzungsmitgliedern und elf Wissenschaftlern zum Südpazifik segelte, um den seltenen Transit des Planeten Venus zwischen Sonne und Erde zu beobachten. Ein Jahr später erstellte Captain Cook die erste vollständige Kartierung von Neuseeland, das lediglich 126 Jahre früher, 1642, von einem Holländer namens Abel Tasman aus der niederländischen Provinz Zeeland besucht worden war. Die Endeavour und ihre Crew machten auch dadurch Geschichte, dass auf ihrer Seereise niemand von der Besatzung an Skorbut starb, wie es bis dahin die Regel gewesen war. Cook bestand nämlich an Bord auf den Verzehr einer stark Vitamin-C-haltigen Diät aus Kresse, Sauerkraut und einem Orangenextrakt. Mit den Schiffen Resolution und Discovery entdeckte er auch die Inselwelt von Hawaii, und dort wurde er dann 1779 von aufgebrachten Eingeborenen erschlagen (nicht gänzlich unverschuldet, wenn man den Logbucheintragungen des Schiffsarztes David Samwell glauben darf). Aber seine Crew setzte die von ihm in Angriff genommene Weltumsegelung fort und kehrte stark dezimiert nach England zurück. Ein Stück von seiner Endeavour ist übrigens vom Shuttle Endeavour ins All mitgenommen worden.

58 Der Weg zum Mars: MCO – Verlust am Roten Planeten

Montag, 27. September 1999

Der letzte Donnerstag war ein trauriger Tag für das seit drei Jahren beschleunigte Marsforschungsprogramm der NASA: Durch den Verlust einer neuen Forschungssonde, des Mars Climate Orbiters, haben wir einen schweren Rückschlag erlitten.

Der robotische Aufklärer, geplant als erster interplanetarischer Wettersatellit, der die klimatischen Zustände auf dem Mars aus der Umlaufbahn beobachten und vermessen sollte, war am 11. Dezember letzten Jahres auf einer Delta 2 gestartet und hatte seinen neunmonatigen Flug zum Roten Planeten über eine Strecke von 670 Mio. Kilometer hervorragend gemeistert. Acht Tage vor der Ankunft am Ziel, am 15. September, wurde eine letzte Mittkurskorrektur vorgenommen, bei der die Manövertriebwerke 15 Sekunden lang brannten. Als Resultat, so glaubte man, sollte die Sonde dem Planeten über seinem Nordpol bis auf 140 km nahe kommen und zu diesem Zeitpunkt ihr Haupttriebwerk zum eigentlichen Bremsmanöver zünden, um sich in den Zielorbit um den Mars einzuschießen. Dass die tatsächliche Flugbahn nach der Bahnkorrektur ganz anders verlief, blieb den Navigatoren in der Bodenkontrolle in Pasadena, Kalifornien, allerdings vorerst verborgen.

Zunächst ging alles programmgemäß. Am vergangenen Donnerstag, dem 23. September um 10:41 Uhr mitteleuropäischer Sommerzeit, zog der Klimaorbiter die Flächen seines Sonnenzellenflügels ein und um 10:50 Uhr schwenkte er seine Raumlage in die für das Bremsmanöver nötige Richtung. Sechs Minuten später detonierten kleine Sprengsätze und öffneten die Ventile zur Druckbelüftung der Treibstofftanks. Um 11:01 Uhr sprang das Bremstriebwerk an, um 16 Minuten 23 Sekunden lang zu arbeiten. Fünf Minuten nach seiner Zündung verschwand die Sonde hinter dem Mars und damit aus dem Funkbereich der NASA-Antennen. Nach dem Erlöschen des Triebwerks sollte sie um 11:27 Uhr auf der anderen Seite wieder zum Vorschein kommen und sich mit einem Funksignal melden. Aber die Ingenieure warteten vergebens auf ein Lebenszeichen; die Sonde war und bleibt verschollen, und heute Abend brachen die Flugkontrolleure die Suche nach ihr ab, nachdem sie den für die Position der Sonde in Frage kommenden Raumbereich mit der 70-Meter-Antenne des Tiefraumfunknetzes der NASA gründlich durchkämmt hatten.

Wie durch Auswertungen der per Dopplerpeilung ermittelten Bahnmessungen inzwischen festgestellt wurde, war der Klimaorbiter dem Mars nicht nur auf 140 km, sondern bis auf 57 km nahe gekommen, also fast 100 km mehr als geplant, und damit tief genug in die Marsatmosphäre eingetreten, um von den Luftkräften zerstört zu werden. Nur 28 km höher, und die Sonde hätte die Berührung mit den Ausläufern der Atmosphäre dort wahrscheinlich überlebt. Wahrscheinlich ist sie stark beschädigt in den Weltraum hinausgeschossen und umkreist jetzt die Sonne in ihrem eigenen Orbit.

Natürlich ist man beim Jet Propulsion Laboratory bereits fieberhaft auf der Suche nach der Ursache dieses gewaltigen Navigationsfehlers, der ihnen noch niemals vorgekommen ist. Es hat sich dabei peinlicherweise herausgestellt, dass es sich lediglich um eine fehlende Übertragung vom englischen ins metrische Maßsystem handelte, und dass dieses Missverständnis zwischen dem Sonden-Hersteller, der Lockheed Martin Astronautics Company, und den Navigatoren des Jet Propulsion Laboratory der NASA schon von Beginn der Mission an vorlag. Statt der Maßeinheit Newton für Kraft wurde das englische Pound verwendet. Nun gilt es, sicherzustellen, dass die nächste Sonde, der sich derzeit dem Mars nähernde Polar Lander, diesen Fehler nicht auch in seiner Flugbahn hat. Nach der Landung wird er von dem Verlust insofern betroffen, als der Mars Climate Orbiter als Funkbrücke für seinen UHF-Sender mit der Erde dienen sollte. Trotzdem wird er seine Forschungsmission unbeeinträchtigt, wenn auch langsamer, durchführen können, da er seine Daten noch auf zwei anderen Wegen zur Erde funken kann: direkt mit seiner eigenen Bordantenne im X-Band zu bestimmten Tageszeiten sowie mit UHF über den seit zwei Jahren um den Mars kreisenden Global Surveyor, der neben seinen anderen Aufgaben nun die Rolle einer Relaisstation übernehmen wird.

Obwohl der Ausfall dieses ersten interplanetarischen Wettersatelliten, der die gigantischen Sandstürme und die Polarkappen beobachten und bei der Suche nach Wasser helfen sollte, das Marsforschungskonzept der Wissenschaftler zumindest für die nächsten zwei Jahre über den Haufen wirft, wird er die langfristige Erkundung der Nachbarwelt kaum beeinträchtigen, denn ihre Erschließung durch robotische Raumsonden als Vorboten des Menschen geht weiter. Die nächsten Aufklärer, sowohl Orbiter als auch Lander und ferngesteuerte Roverfahrzeuge, möglicherweise auch eine Probenrückholung zur Erde, sind für 2001, 2003 und 2005 bereits in Vorbereitung. Zunächst aber konzentriert sich unsere Aufmerksamkeit auf den Polar Lander, der neulich, am 1. September um 19:07 Uhr, mit einem Schubmanöver von 30 Sekunden Dauer das für ihn ausersehene Landegebiet am Südpol angesteuert hat: und zwar bei 76 Grad Breite und 195 Grad westliche Länge, letztere gemessen vom kleinen Krater *Airy*, der 300 km südlich des Äquators liegt und als Nullmeridian gilt. Am 3. Dezember trifft er dort ein, und selbstverständlich werde ich das lang erwartete Ereignis in mein Weltraumjournal eintragen und ihm bis dahin beide Daumen drücken.

59 Neues vom Kosmos: Supersonde Galileo auf Entdeckungsflug

**Montag,
18. Oktober
1999**

Seit fast vier Jahren erforscht die robotische Tiefraumsonde Galileo das Weltensystem des Riesenplaneten Jupiter. Am 7. Dezember 1995 war sie dort nach einer Reise von sechs Jahren angelangt, und gestartet haben wir sie mit dem Spaceshuttle *Atlantis* heute vor zehn Jahren, am 18. Oktober 1989. Offiziell endete ihre Mission zwei Jahre nach der Ankunft, doch wurde sie dann um weitere zwei Jahre verlängert. Nun sind auch diese vorbei, aber noch immer erforscht die Supersonde den faszinierenden Jupiter und seine Welten.

Jetzt liegen uns neue atemberaubende Bilder von Io vor, dem bizarrsten der 16 derzeit bekannten Monde des Jupiters, aufgenommen von Galileos Kameras im Herbst letzten Jahres. Sie zeigen Io als eine Welt von einer leuchtenden Farbenpracht, gegenüber der die Nordlichter der Erde verblassen. Io ist ein Mond, der durch seine Buntheit besticht und unseren eigenen eintönigen Mond damit weit deklassiert, obwohl beide von ähnlicher Größe und Dichte sind. Während die Apollo-Astronauten von der leblosen Ödheit und Monotonie des Erdtrabanten berichteten, ist Io ein tanzender Derwisch von Elektrizität und vulkanischen Ausbrüchen und damit einer der hervorstechendsten Himmelskörper in unserem Sonnensystem überhaupt. Wissenschaftler haben ihn als ein gigantisches Labor für Experimentalphysik bezeichnet.

Die erstaunlichen Bilder voll geisterhafter Blau-, Grün- und Rottönungen gelangen der Tiefraumsonde bei einer Bedeckung des Mondes, einer Eklipse, durch seine Zentralwelt Jupiter, bei der seine Atmosphärenschichten hervortraten. Die damit deutlich erkennbare Lichtshow beruht auf Partikeln, die in der oberen Atmosphäre leuchten, wie die Emissionen in irdischen Nordlichtern oder Auroras. Nötig zu ihrer Erzeugung sind Gase, deren Moleküle durch Kollision mit Elektronenschwärmen zunächst angeregt, d. h. auf ein höheres Energieniveau gebracht werden müssen, um diesen Energieüberschuss dann wieder in Form von Photonen abzugeben, also Lichtquanten, die sich uns als Leuchten zeigen.

Die Energie hinter Ios grandioser Lichtershow entstammt einer gigantischen Elektrizitätsquelle und der Vulkantätigkeit des Jupitermonds, der sich so als ein gewaltiger Stromgenerator mit einem Ausstoß von rund einer Milliarde Kilowattstunden Strom erweist. Erzeugt wird die Elektrizität durch Jupiters mächtiges Magnetfeld, das den kleinen Mond bei seinem Umlauf um den Planeten von einer Seite zur anderen überstreicht. Dadurch macht sie ihn zu einem elektromagnetischen Leiter wie der Rotor in einem Stromgenerator. Diese Elektrizität zeigt sich als leuchtend blaues Glühen an gegenüberliegenden Rändern von Io, die wie Batteriekontakte wirken. Zwischen ihnen fließt ein ständiger Strom, der über die große Entfernung zum Jupiter hinweg bis in dessen obere Atmosphärenschichten gelangt. Das blaue Glühen wird auf Schwefeldioxid zurückgeführt, das Ios brodelnde Vulkane ausspeien, angetrieben durch Jupiters mächtiges Schwerefeld, das das Innere des Mondes ständig durchwalkt und knetet. Die roten und grünen Leuchteffekte stellen derzeit noch ein Rätsel dar, könnten jedoch auf Sauerstoff oder auf Sauerstoff und Natrium hinweisen.

Überraschend ist auch, was Galileo dieses Jahr beim größeren Jupitermond Europa entdeckt hat: Schwefelsäure, eine ätzende Flüssigkeit, die wir hauptsächlich von Autobatterien her kennen. Sie kommt in der Natur vor, doch nicht in größeren Mengen. Am Badestrand müsste man lange danach suchen, aber nicht auf Europa: Dort sind große Bodenflächen mit Schwefelsäure bedeckt. Die Entdeckung wurde von Wissenschaftlern des Jet Propulsion Laboratory der NASA mittels eines im nahen Infrarot arbeitenden Spektrometers an Bord der Tiefraumsonde gemacht.

Wenn bisher auch noch keine Anzeichen von Leben auf Europa gefunden worden sind, zeigen Galileos Aufnahmen und Messungen doch, dass unter der Eiskruste des kalten Mondes möglicherweise ein Ozean flüssigen Wassers liegt. Wasser ist eine Hauptvoraussetzung für Leben, doch würde die neue Entdeckung von Schwefelsäure auf dem Mond nicht bedeuten, dass damit die Chancen für Lebensvorkommen schwinden? Immerhin ist Schwefelsäure, wie wir wissen, nicht sehr lebensfreundlich, obwohl es auch auf der Erde Bakterien mit einer Vorliebe für die Säure gibt.

Nach Meinung der JPL-Wissenschaftler schließt die Schwefelsäure ein Leben jedoch durchaus nicht aus. Leben benötigt auch Energie, d. h. einen Brennstoff, und Schwefel, wie auch Schwefelsäure, sind anerkannte Oxidatoren, also Energiequellen, für irdische Lebensformen.

Wo der Schwefel auf Europa herkommt, ist eine andere Frage. Eine Theorie besagt, dass die Schwefelatome aus den Vulkanen des ungestümen Mondes Io stammen, in Jupiters Magnetfeld gelangen und von dort zu Europa getragen werden. Eine zweite Theorie glaubt, dass die Schwefelsäure aus dem Inneren Europas kommt und von Schwefelsäuregeysire ausgestoßen oder durch Risse im Eis gedrückt wird. Eine dritte spricht davon, dass Natrium- und Magnesiumsulfate aus unterirdischen Ozeanen an die Oberfläche ausgetreten und dann von Jupiters starkem Strahlungsfeld in Schwefelsäure und andere Schwefelverbindungen umgewandelt worden sein könnten. Als nächstes planen die JPL-Wissenschaftler, sich den Mond Ganymed vorzunehmen.

Mit dem offiziellen Ende der verlängerten Mission sahen sich die Flugkontrolleure in der Lage, die ferne Tiefraumsonde in gewagteren Manövern als in der Vergangenheit einzusetzen und mehr zu riskieren. So steuerten sie Galileo am 10. Oktober dieses Jahres als glänzenden Abschluss seiner vierjährigen Mission zu einem extrem nahen Vorbeiflug an Io, bei dem die Sonde alles auf eine

Karte setzte: Nur 612 km entfernt sollte sie an der vulkanischen Welt vorbeirasen und dabei mit ihren Kameras und Sensoren aus allen Rohren »schießen«. Nicht nur riskierte Galileo bei einem Navigationsfehler den Absturz, sondern auf dem Spiel stand auch der Totalverlust seiner Computer und Flugsteuerung durch Ios intensive radioaktive Strahlung. Der Moment des Vorbeiflugs kam um 7:06 Uhr MESZ, und als der Höllenritt vorüber war, erwiesen sich alle Bordsysteme als völlig unbeschädigt. Bis die Forschungsdaten alle auf der Erde eingetroffen sind, wird es später November werden, und dann wird es noch einmal ein Jahr dauern, bis die Resultate im Detail veröffentlicht werden.

60 Europa im All: ESA fliegt Achterbahn

Montag, 25. Oktober 1999

Heute startete vom französichen Flughafen Bordeaux-Mérignac ein Airbus A-300 zum Ersten einer Serie von Flügen, die der bemannten Raumfahrt gewidmet sind! Alle Achtung.

Das zu diesem Zweck speziell ausgerüstete Flugzeug führt nämlich in der Woche bis zum 29. Oktober so genannte Parabelflüge aus, mit denen Menschen und Ausrüstungen kurzzeitig in der Schwerelosigkeit getestet werden, bevor sie zum tatsächlichen Einsatz ins All kommen. Untersucht werden sowohl die Funktion neuer technischer Systeme als auch biologische, chemische und physikalische Prozesse in fehlender Schwere oder, wie es wissenschaftlich genauer heißt, Mikrogravitation (da die Schwere in der Praxis niemals auf absolut null reduziert werden kann).

Bei der neuen Testserie, der 27., die die europäische Raumfahrtbehörde ESA bisher durchgeführt hat, werden hauptsächlich das menschliche Atmungssystem und die Herstellung neuer Werkstoffe erforscht.

Bei einem Parabelflug steigt das Flugzeug zunächst in steilem Steigflug in die Höhe. Dabei entsteht in seinem Inneren durch

Zentrifugalkraft ein Andruck von rund 1,8 g für die Dauer von 20 Sekunden (1,8 g bedeutet 1,8-mal die Erdschwere auf dem Boden). Dann drosselt der Pilot den Schub der Düsentriebwerke auf nahezu null, gerade genug, um den Luftwiderstand auszugleichen, und wirft das Flugzeug damit in eine Parabel. Auf dieser Kurve steigt es wie ein geworfener Stein weiter an, bis zum Gipfelpunkt, wo es dann vornüber kippt und allmählich in den Sturzflug übergeht. Dieser Zustand, in welchem die Passagiere und alles nicht festgezurrte Zubehör in der Kabine in freiem Fall schweben, also schwerefrei sind, dauert etwa 25 Sekunden. Wenn dann der Schrägwinkel der Parabelbahn 45 Grad nach unten erreicht, gibt der Pilot wieder Gas, beschleunigt die Maschine und zieht sie aus dem Sturzflug in normalen Horizontalflug hoch, was wiederum Andruck erzeugt. Diese stuka-ähnlichen Parabelflüge werden je Einsatz rund 30-mal wiederholt, sodass jeder Flug eine kumulative Verweilzeit in der angenäherten Schwerelosigkeit von rund zwölf Minuten erreicht.

Solche Parabelflugprogramme werden seit Beginn der bemannten Raumfahrt von den Weltraumbehörden durchgeführt, d. h., es gibt sie auch in USA und Russland. Bei der NASA werden traditionell alle Astronauten, auch die heutigen Shuttlecrews, dem Erlebnis des wiederholt verschwindenden und zurückkehrenden Schwereandrucks bei diesen Flügen ausgesetzt, und mancher von ihnen kann dabei einen Anfall altmodischer Luftkrankheit, also einen kleinen Übelkeitsanfall, nicht vermeiden. Das disqualifiziert jedoch niemanden vom eigentlichen Raumflug.

An dem gerade laufenden 27. Parabelflugprogramm der ESA nehmen insgesamt 28 Wissenschaftler teil, von Forschungsinstituten in sechs europäischen Ländern und den USA. Sie messen Blutdrucke unter wechselnden Bedingungen, überwachen die Funktion eines neu entwickelten Instruments oder erhitzen Metall-Legierungen in einer speziell dafür entwickelten Ofenkammer. Zu den Forschungsthemen gehören diesmal Untersuchungen der Mikro-g-Auswirkungen auf die Lungenfunktion, auf mögliche Blutgefäßveränderungen, das Gleichgewichtsorgan im Ohr und die Funktion des Herz-Kreislauf-Systems, also alles Fragen, die zum besseren Verständnis unseres Körpers nicht nur im All, sondern auch im

Schwerefeld auf der Erde beitragen. Auf dem Werkstoffsektor gibt's Experimente zur Bildung von Metallschäumen in Mikro-g, Wärmeanalysen von reinem Silizium und Aluminium-Silizium-Legierungen und zur Fehleranfälligkeit von Kabelisolierungen unter verschiedenen Strombelastungen in der Schwerelosigkeit.

Im Verlauf der vorhergegangenen 26 Flugprogramme der ESA sind seit 1984 insgesamt 2650 Parabeln geflogen und fast 15 Stunden Schwerelosigkeit angesammelt worden, entsprechend einer erdnahen Raum-Mission mit zehn Erdumrundungen. Dabei wurden 360 Experimente durchgeführt.

Da ein Flugzeug gewöhnlich nicht dafür gebaut ist, wie ein Stein abzustürzen, erfordern diese Parabelflüge besondere Flugtechnik und -präzision. Der Airbus holt sich zunächst Schwung auf über 800 km/h, der ihn dann bis zu 2000 m nach oben »fallen« lässt und auf 390 km/h verlangsamt, gefolgt vom Absturz und Abfangen auf der Ausgangshöhe. Bei der ESA hat der Franzose Jean-Pierre Haigneré das Null-G-Flugprogramm entwickelt, zunächst für die Caravelle. 1993 weilte er 21 Tage in der russischen Raumstation Mir, erprobte dann in Toulouse als Testpilot den Airbus A300 als neues Null-G-Flugzeug, und war im vergangenen Februar ein zweites Mal auf der Mir.

Im Hinblick auf die an Bord der gegenwärtig entstehenden internationalen Raumstation ISS durchzuführenden Forschungsprogramme sind weitere Parabelflüge in Zukunft von ausschlaggebender Bedeutung, denn sie haben sich bisher bestens bewährt zur Vorbereitung von Experimenten, Ausrüstungen und Besatzungen. Geplant sind für die kommenden vier Jahre bei der ESA jeweils zwei Parabelprogramme im Jahr. Dazu werden regelmäßig Wissenschaftler in aller Welt eingeladen, ihre Experimentvorschläge zur Bewertung und Beurteilung durch einen Kollegenausschuss einzureichen. Wer von ihnen die Prüfung übersteht und angenommen wird, hat die Möglichkeit, selber an einem Parabelflugprogramm teilzunehmen. Zu den Bewerbern können auch Studenten gehören, denn es ist in unser aller Interesse, dass die Wissenschaftler von morgen schon frühzeitig mit den Vorteilen des Experimentierens in der Schwerelosigkeit und den von der ISS gebotenen beträchtlichen Forschungsmöglichkeiten vertraut gemacht werden.

61 Neues vom Kosmos: Pluto enthüllt sich im Okular

Dienstag, 26. Oktober 1999

In der letzten Zeit häufen sich die Entdeckungen der Weltraumforscher in den Tiefen des Universums, und fast jede von ihnen bringt eine Überraschung. Manche stellen uns vor neue Rätsel. Besonders Pluto, der äußerste Planet des Sonnensystems, hat in den letzten Tagen von sich reden gemacht.

Wissenschaftler haben mit dem neuen japanischen Subaru-Teleskop auf dem Mauna Kea in Hawaii mittels einer Infrarotkamera zur Bestimmung der chemischen Bestandteile ferner Weltenkörper auf Pluto das Vorkommen des Kohlenwasserstoffs Äthan nachgewiesen. Das ist eine chemische Verbindung des Kohlenstoffs mit Wasserstoff in der mit dem Methan beginnenden so genannten Paraffinreihe. Möglicherweise ist das Äthan – und das ist das Bedeutsame bei der Entdeckung – ein Überbleibsel der ursprünglichen interstellaren Gaswolke, aus deren Kollaps vor viereinhalb Milliarden Jahren unser Sonnensystem entstanden ist. Die neuen Beobachtungen liefern nicht nur die Bestätigung, dass der kleine Planet, von nur 2260 km Durchmesser, von gefrorenem Stickstoff, Methan und Kohlenmonoxid überdeckt ist, sondern sie zeigen auch die unverkennbaren Spektrallinien von Äthan-Eis. Die Temperaturen auf Pluto erreichen Tiefstwerte um minus 233 °C.

Ob das Äthan tatsächlich primordiales Material aus dem Urnebel ist, das durch die extreme Kälte am Außenrand des Sonnensystems erhalten geblieben ist, können vielleicht weitere Untersuchungen zeigen. Eine andere Erklärung für sein Vorkommen ist, dass es aus dem einfacheren Kohlenwasserstoff Methan durch Einwirkung ultravioletten Sonnenlichts entstanden ist. In jedem Fall würde eine genauere Untersuchung des Äthans, das nicht in Form getrennter Körner vorkommt, sondern in dem weitaus häufigeren Stickstoffeis auf Plutos Oberfläche eingebunden ist, zu einem besseren Verständnis der physikalischen Zustände auf dieser mysteriösen Welt führen.

Die Subaru-Aufnahmen sind so scharf, dass Pluto und sein Mond Charon erstmals deutlich voneinander getrennt erscheinen, obwohl sie nur knapp 20 000 km voneinander entfernt sind. Mit einem Durchmesser von 1165 km ist der erst 1978 entdeckte Charon etwa halb so groß wie Pluto und damit ein ungewöhnlich großer Trabant für einen Planeten. Die Aufnahmen von Charon bestätigten, dass der Mond größtenteils von Wassereis bedeckt ist, das bei Pluto fehlt; in der Tat zeigen die Oberflächen der beiden Körper völlig unterschiedliche Zusammensetzungen. Das stützt die Hypothese der Astronomen, dass das Pluto-Charon-Doppelsystem in den frühen Anfängen des Sonnensystems aus den zerschmetterten Bruchstücken einer Kollision entstanden ist. Die beiden Himmelskörper drehen sich auf ihrer Bahn um die Sonne wie ein Tanzpaar umeinander, sich gegenseitig stets dieselbe Seite zuwendend. Den Namen hat Charon natürlich vom Fährmann des Flusses Styx am Eingang zu Plutos mythischer Unterwelt der Griechen.

Neues gibt's auch vom Titan, dem größten Trabant des Ringplaneten Saturn. Auf ihm fanden Forscher mit dem Keck-Teleskop auf dem Mauna Kea in Hawaii Hinweise auf mögliche flüssige oder gefrorene Meere aus Kohlenwasserstoffen. Der Himmel über der Oberfläche des faszinierenden Mondes, der größer ist als der Planet Merkur, ist von einem dichtem Smog-Nebel aus Kohlenwasserstoffen erfüllt, der den Boden verhüllt. Doch mittels hunderten von Infrarot-Schnappschüssen und anschließender Verarbeitung in einem Computer ließen sich Oberflächenmerkmale bis auf 240 km Größe herunter ausmachen. Manche dieser Flächen erscheinen im Infrarot derart extrem dunkel, dass man sie sich derzeit nur als riesige Seen aus Kohlenwasserstoffen wie flüssigem Methan oder Äthan oder als feste organische Substanzen zu erklären vermag. Auf jeden Fall weisen die dunklen Flächen auf das Vorkommen komplexer organischer Chemieprozesse auf dem Titan hin, die dem gewaltigen Mond mehr Ähnlichkeit mit der präbiotischen Erde nach der Geburt des Sonnensystems verleihen, als jeder andere nichtterrestrische Himmelskörper. Damit erhält die amerikanisch-europäische Saturn-Mission Cassini, die 2004 am Ringplaneten eintrifft, zusätzliche Bedeutung, und die Erwartungshaltung steigt insbesondere für Huygens, die von der ESA gelieferte Eintrittssonde, die in die trübe Atmosphäre des Titan eindringen und auf dem geheimnisvollen Mond landen soll.

62 Geschichte: Geburtswehen der Weltraumrakete

**Dienstag,
9. November
1999**

Heute sind es 32 Jahre, seitdem die vom Team um Wernher von Braun entwickelte Mondrakete Saturn V zum ersten Mal geflogen ist – am 9. November 1967. Vorausgegangen war dem historischen Start ein Jahrzehnt angestrengter Trägerraketenentwicklung in den beiden Großmächten USA und Sowjetunion, getrieben vom Spannungsfeld des Kalten Krieges.

Wo genau der Unterschied zwischen Höhenraketen und Weltraumraketen gezogen werden kann, das war anfangs nicht immer klar definiert gewesen, besonders wenn das Gerät Experimente sowohl geophysikalischer als auch astrophysikalischer Forschung an Bord hatte. Inzwischen hat sich längst die Konvention eingebürgert, Startraketen von Satelliten, Raumfahrzeugen und Planetensonden als Trägerraketen zu bezeichnen. Obwohl die V2-Rakete als Stamm-Mutter der Weltraumrakete gilt, beginnt die Ära der Trägerrakete daher erst mit dem ersten Satellitenstart der Welt, am 4. Oktober 1957. Mit Sputnik 1 als Eröffnung des Raumfahrtzeitalters verwies damals die Sowjetunion die Vereinigten Staaten auf den zweiten Platz, weil man in den USA zur Beteiligung am 1. Internationalen Geophysikalischen Jahr (IGY) zunächst nicht auf militärisch wichtige Raketenwaffen hatte zurückgreifen wollen. Stattdessen sollte die auf den zivilen Höhenforschungsraketen Viking und Aerobee basierende Vanguard-Rakete den ersten US-Satelliten als Amerikas Beitrag zum IGY starten. Der Versuch, am 6. Dezember 1957, misslang jedoch kläglich. Insgesamt kamen 12 Vanguard-Träger zum Einsatz, aber erst im Februar 1959 konnte das Gerät den ersten Satelliten, Vanguard 2, zur Wolkenbeobachtung in eine Kreisbahn bringen. Die Vanguard-Entwicklung trug danach freilich trotz allem noch Früchte: Ihre Zweit- und Drittstufe wurde von den späteren Thor- und Atlas-Trägern und ihre dritte Stufe außerdem von der kleineren Scout-Rakete übernommen.

Der Misserfolg von Vanguard 1 brachte nun doch, wenn auch etwas verspätet, die militärische Konkurrenz mit Wernher von

Braun ins Rennen. Amerikas erster Satellit, Explorer 1, erreichte am 31. Januar 1958 auf einer Juno 1 seinen Orbit, und sie basierte auf einer modifizierten Redstone-Rakete des Heeres als erster Stufe, auf die die von-Braun-Gruppe drei Oberstufen gesetzt hatte. Im Einsatz für den Start eines Wiedereintritts-Testkörpers erhielt sie aus bürokratischen Gründen den Namen Jupiter-C, hatte aber mit der größeren Jupiter-Mittelstreckenrakete wenig zu tun. Wie die Vanguard und die Scout gehörte die Redstone/Juno 1 zu den »kleinen« Satellitenträgern.

Größere Trägerraketen entstanden aus den Mittelstreckenraketen Jupiter und Thor. Während die Jupiter die erste Stufe der neuen Juno 2 abgab und bis Anfang der 60er Jahre Amerikas Explorer- und Pioneer-Sonden startete, ist die Thor in vielen Abwandlungen und Verbesserungen zu mehr Satellitenstarts eingesetzt worden, als irgendeine andere US-Trägerrakete. Erst der wiederverwendbare Spaceshuttle übernahm 20 Jahre später einen Teil ihrer Nutzlasten, zumindest bis zur Challenger-Katastrophe, aber Thor-Deltas, heute als Delta-Familie bekannt, fliegen weiter: Wie die anderen Verlustraketen der USA gingen ihre Herstellung, Vermarktung und Flugabwicklung in den 80er Jahren von der NASA an kommerzielle Privatunternehmen über.

Eine noch größere Trägerraketenklasse entstand Ende der 50er aus den Interkontinentalraketen Atlas und Titan der US-Luftwaffe. Vor allem die Atlas hat in mehreren Weiterentwicklungen seit ihrem ersten (übrigens misslungenen) Flug im November 1959 bis heute als zuverlässige Trägerrakete gedient. Was am 5. Mai 1961 von Brauns Redstone mit dem Flug Alan Shepards zur Eröffnung des Mercury-Programms mit einem Parabelflug begann, führte die Atlas mit John Glenns Mission und drei weiteren Mercury-Einsätzen fort: nämlich die ersten Orbitalflüge amerikanischer Astronauten.

Die größere Interkontinentalwaffe Titan II, aus der drei Meter kürzeren, 50 t leichteren Titan 1 hervorgegangen, erhielt die Aufgabe, die zweisitzige Kapsel des Gemini-Programms in Erdumlaufbahnen zu tragen. Dies tat sie zehnmal, allemal mit Erfolg. Für den V2-Konstrukteur Wernher von Braun war es indessen von Anfang an klar gewesen, dass die auf Fernwaffen basierenden Satellitenträger auf die Dauer für anspruchsvollere bemannte Weltraumflüge nicht ausreichen würden. Aus dieser Erkenntnis heraus begann sich seine Gruppe zu überlegen, wie weit man mit Fortentwicklungen von Grundelementen der Jupiter- und Redstone-Raketen kommen könnte. Daraus entstand das »Bündelungsprinzip« der ersten Großträgerraketen vom Typ Saturn. Für die eigentliche Mondrakete Saturn V entschied man sich indessen für eine von Grund auf neue Entwicklung, in der die seit den Tagen der V2 gemachten Erfahrungen und angesammelten Technologien optimal zusammenkamen, d.h. mit maximaler Leistung und Sicherheit für die Bemannung. Danach entschieden sich die USA für den Bau eines größtenteils wiederverwendbaren Raumschiffs, dem heutigen Spaceshuttle.

Die sowjetischen Trägerraketen überboten in den Anfangsjahren der Raumfahrt die der USA an schierer Schubkraft. Da auch sie aus militärischen Fernwaffen entwickelt worden waren, an deren Anfang ebenfalls die V2 stand, umbenannt in R-1, wird dieser anfängliche Vorsprung auf das erheblich größere »Wurfgewicht« der sowjetischen Atombomben zurückgeführt, für deren Transport die Träger ursprünglich ausgelegt wurden. Die erste Interkontinentalrakete der UdSSR, unter der NATO-Bezeichnung SS-6 »Sapwood«, diente dem großen Raumfahrtkonstrukteur Sergeij Pawlowitsch Koroljow als Basis für den Sputnik-Träger R-7. Mit relativ geringfügigen Modifikationen wurde die Wostok-Rakete R-7, von ihren Technikern »Semjorka« (Koseform von »Sieben«) genannt, über die seitdem vergangenen Jahrzehnte hinweg zur meistgeflogenen Trägerrakete der Welt, mit weit über 1000 Starts, ein wahres »Arbeitspferd« und bleibendes Monument Koroljows. Eine größere Trägerrakete erschien 1965, als die Sowjetunion den 12 t schweren Satellit Proton 1 startete. Der Proton-Booster, entwickelt aus dem Superatombombenträger UR-500K, diente zur Beförderung von Forschungssonden zum Mond, zu den Planeten Venus und Mars und in neuerer Zeit zum Start der Raumstationen Saljut und Mir. Heute ist die Proton ein zuverlässiger Großträger für kommerzielle Nutzlasten, etwa Nachrichtensatelliten zu hohen Erdorbits, aber auch Bauteile der internationalen Raumstation ISS. Für den bemannten Raumflug ist aus der Wostok die bewährte Sojus-

Rakete entstanden, während zwei noch größere Superträger, die für das russische Mondlandeprogramm geplante N1 »Herkules« und die hauptsächlich für den Transport des sowjetischen Shuttle »Buran« (Schneesturm) gedachte überschwere Großrakete Energija heute nur noch Geschichte sind. Die erstere verschwand nach vier fehlgegangenen Starts Anfang der 70er Jahre von der Bildfläche, und die letztere ging nach zwei Flügen, einer davon mit der unbemannten Buran, mit der Sowjetunion unter – aus wirtschaftlichen Gründen.

63 Helden der Raumfahrt: Oberst John P. Stapp †

Samstag, 13. November 1999

Wieder haben wir einen echten Pionier der Raumfahrt verloren: Heute starb John Stapp, dereinst der »Schnellste Mensch auf der Erde«. Wir verdanken ihm revolutionäre Fortschritte in der Betriebssicherheit von Fluggeräten und Automobilen. Ich erinnere mich an das gruselige Staunen, mit dem ich als junger Mann die ersten Zerrfotos seiner gefolterten Gesichtszüge während seiner Testfahrten gesehen habe.

Stapps Ruf als der Welt schnellster Mann beruhte auf seinen damals sensationellen Selbstversuchen mit raketengetriebenen Schlitten, die den menschlichen Körper extrem hohen Beschleunigungs- und Verzögerungskräften aussetzten. Sein Raketenschlitten-Testlauf von 1954, der letzte von insgesamt 27 von ihm selbst durchgeführten Bremsverzögerungsversuchen, fand am 10. Dezember mit dem von zwölf Pulverraketen angetriebenen Schienenschlitten »Sonic Wind I« statt. Dabei wurde der damals 44-Jährige auf der Holloman-Luftwaffenbasis bei Alamagordo (Bundesstaat New Mexico) auf einem 1000 m langen Schienenstrang innerhalb von fünf Sekunden auf einen neuen Land-Geschwindigkeitsrekord von 1011 km/h beschleunigt und dann durch Wasserbremsung innerhalb von *1,3 Sekunden* auf null abgebremst. Er überstand dabei einen Andruck von über 40 G (d.h. 40fache Erdschwere), und sein Körper wog einen Moment lang über drei Tonnen. Der auf ihn einpeitschende »Fahrtwind« entsprach einem Ausstieg aus einem Überschallflugzeug in großer Höhe.

Stapp demonstrierte mit seinen Versuchen, dass ein Mensch eine Belastung von wenigstens 45 G ertragen kann, wenn er nach vorne gerichtet und korrekt angeschnallt ist. Es war die höchste je von einem Menschen freiwillig auf sich genommene Belastung, doch war damit die wahre Toleranzschwelle des Menschen, wie Stapp glaubte, noch nicht erreicht, sondern liegt in Wirklichkeit viel höher. Im Verlauf seiner Versuche entwickelte der Extremforscher eine verbesserte Version der bisher von Piloten verwendeten Schulter- und Sitzgurtkombination. Im Gegensatz zu den 17 G Maximalbelastung, für die diese ausgelegt war, widerstand das neue hochfeste Anschnallsystem 45,5 G.

Stapps hochriskante Crashtest-Versuche über die Beschleunigungs- und Verzögerungstoleranzen des menschlichen Körpers führten in der Automobilwelt zur gesetzlich vorgeschriebenen Entwicklung und Einführung von Sitzgurten, zu besseren Stoßdämpfern und gepolsterten Armaturenbrettern. Flugzeugpassagiere verdanken ihm heute bessere Sitzkonstruktionen und größere Überlebenschancen bei Notfällen. Ganz allgemein ist die moderne Technik von Anschnallsystemen und Schutzhelmen weitgehend von seinen brutalen Höllenfahrten vorangetrieben worden.

Dr. John Paul Stapp, geboren 1910 in Bahia, Brasilien, hatte Zoologie und Chemie studiert und 1940 den Doktorgrad für Biophysik erhalten. Danach wurde er Arzt und trat 1944 als Doktor der Flugmedizin in die US-Luftwaffe ein, in der er es bis zum Oberst brachte. Die Selbstversuche seines Forschungsprogramms trugen ihm zahlreiche Blutergüsse in den Augen, Rippenbrüche und zwei Handgelenkbrüche ein (einen auf dem Rückweg zu Fuß von einem Test!), doch verdanken heute unzählige Menschen seiner Opferbereitschaft und Forschung ihr Leben.

Wie Oberst Stapp 1984 einem Interviewer sagte: »Ich habe meine Risiken für Information akzeptiert, die permanent gültig und stets von Nutzen sein würde. Solche Risiken sind den Einsatz wert.«

64 30. Jubiläum von Apollo 12

**Mittwoch,
17. November
1999**

Im vergangenen Juli haben Menschen überall auf der Welt den 30. Jahrestag von Apollo 11 gefeiert, die erste Landung von Menschen auf dem Mond. Heute jährt sich die zweite Mondlandung zum 30. Mal, und das ist für mich besonders bedeutungsvoll, denn Apollo 12 bedeutete einen neuen Höhepunkt für die Mondforschung und für den weiteren Verlauf des Apollo-Programms.

An sich hatten wir mit Apollo 11 ja den eigentlichen Auftrag von Präsident Kennedy ausgeführt, und von einer zweiten oder dritten Landung hatte er in seiner Zielsetzung nichts gesagt. War die Apollo-Mission deshalb vorbei? Sollten wir uns mit einer bloßen Demonstration der technischen Machbarkeit der Mondlandung zufrieden geben, wie etwa eine erstmalige Überfliegung des Atlantiks? Niemand hätte damals von Charles Lindbergh verlangt, ein zweites Mal über den großen Teich zu fliegen. Nun, wir dachten anders bei der NASA, denn die schon lange vor Beginn des Apollo-Programms entstandenen Pläne Wernher von Brauns und anderer sahen für die Zeit nach der ersten Mondlandung eine weit in die Zukunft reichende Weiterentwicklung zu einer Raumstation und einer permanenten und wachsenden Basis auf dem Mond. Es ist das große Verdienst von Jim Webb, dem damaligen NASA-Administrator, dass der US-Kongress und der Bundesrechnungshof des Weißen Hauses weitere Apollo-Missionen zum Mond gutgeheißen und uns ursprünglich die Beschaffung von 15 Saturn-V-Trägerraketen genehmigt hatten.

Während der Auftrag von Apollo 11 lediglich die Landung eines Menschen auf dem Mond und seine sichere Rückkehr forderte, sollte Apollo 12, aufbauend auf den mit Apollo 11 gemachten Erfahrungen, zum ersten Mal die eigentliche systematische wissenschaftliche Erforschung des Erdtrabanten in Angriff nehmen, auf die man sich für das übrige Apollo-Programm geeinigt hatte. Ferner sollte die Crew zum ersten Mal eine Präzisionlandung versuchen, nachdem Armstrong und Aldrin bei ihrer Landung, aufgrund ungenügender Kenntnis der Unregelmäßigkeiten des

Mondschwerefeldes, die Zielstelle noch um sieben Kilometer verfehlt hatten.

Die Besatzung bestand aus Charles »Pete« Conrad als Kommandant, Richard Gordon als Pilot des Raumschiffs »Yankee Clipper« und Alan Bean als Pilot des Landemoduls »Intrepid«. Der Start erfolgte am 14. November 1969, vormittags um 11:22 Uhr Floridazeit in eine dichte Wolkendecke. Kurz nach dem Abheben sah Conrad im linken Sitz einen hellen Lichtblitz vor der Sichtluke, dann erfüllte seine Kopfhörer ein lautes Rauschen und darüber der schrille Ton der Warnanlage. Das Raumschiff war weniger als eine Minute nach dem Liftoff in der Gewitterwolke vom Blitz getroffen worden!

Conrad wollte seinen Augen nicht trauen: Nie zuvor hatten er oder irgendein anderer Astronaut auf der Steuerkonsole so viele Warnlämpchen auf einmal aufleuchten gesehen; die Kugel des künstlichen Horizonts torkelte wie wild in ihrem Gehäuse und die Steuerung war ausgefallen. Die Liste von Fehlfunktionen, die Conrad in einem Atemzug an die Bodenkontrolle herunterrasselte, war die längste, die die Flugkontrolleure je gehört hatten. Da zunächst auch die automatische Datenübertragung nicht funktionierte, konnte die Bodenkontrolle noch nicht einmal sehen, was überhaupt los war. Dann schaltete der kaltblütige Al Bean im rechten Sitz blitzschnell das Reservefunksystem ein, und da zeigte sich, dass die Hauptsicherungen zu allen drei Energiezellen herausgeflogen waren, d. h., Apollo 12 war ohne Bordstrom. Unsere mächtige Saturn V ließ sich mittlerweile auf ihrem Kurs nicht stören, sondern raste unter Getöse weiter schräg aufwärts; sie hatte ihr eigenes Steuersystem, und es funktionierte zuverlässig. Nach der ersten Stufenabtrennung schaltete Conrad die Energiezellen wieder hinzu und die Warnlämpchen erloschen eines nach dem anderen. Die Crew setzte die Mond-Mission fort, in typischer Conrad-Manier: heiter und fröhlich witzereißend und kichernd, als ob nichts geschehen wäre.

Nach einer Flugzeit von $83\,^1/_2$ Stunden erreichte Apollo 12 am 17. November den Mond und ging in eine Umlaufbahn, und am nächsten Tag stiegen Conrad und Bean in die »Intrepid«, trennten sie von »Yankee Clipper« ab und leiteten den Abstieg zum Mond ein. Anders als bei Apollo 11 flog der Lander während des gesamten Landeanflugs in Kopf-nach-oben-Stellung, sodass die dramatischen letzten Minuten der Landung im *Ozean der Stürme* mit der 16-mm-Filmkamera an Bord festgehalten werden konnten. Der Abstieg erfolgte steiler als geplant, und bei 210 m Höhe ging Conrad auf manuelle Steuerung, um etwas abzubremsen und Zeit für die Suche nach einem geeigneten Landeplatz zu gewinnen. Das geplante Ziel war der so genannte *Surveyor-Krater,* in dem die zweieinhalb Jahre früher eingetroffene unbemannte Mondsonde Surveyor 3 stand. Pete erspähte eine günstige Stelle, doch musste er um den Krater herumfliegen, um sie zu erreichen. Als er die »Intrepid« schließlich, in der aufgewirbelten Staubwolke nur nach Instrumenten fliegend, zum Aufsetzen brachte, hatte er eine sensationelle Präzisionslandung ausgeführt: Die beiden Astronauten waren lediglich 183 m vom Surveyor 3 entfernt.

Pete und »Beano« führten während ihres Aufenthalts zwei Mondausflüge von zusammen $7^3/4$ Stunden Dauer aus und statteten dabei dem dreibeinigen Surveyor einen Besuch ab, um ihm die Fernsehkamera und andere Stücke abzumontieren und sie zur Untersuchung zur Erde zurückzubringen. Der Landeroboter war am 20. April 1967 im *Oceanus Procellarum* eingetroffen und beim Touchdown zu unserem Schrecken dreimal in die Höhe gehüpft, weil seine Steuerraketen, die ungefähr 90 Prozent seines Mondgewichts aufhoben, nicht von selbst abschalteten, sondern erst per Fernkommando von der Erde abgestellt werden mussten.

Nach einem Aufenthalt von 31 Stunden 31 Minuten im *Ozean der Stürme* starteten Conrad und Bean am 20. November in die Umlaufbahn zurück, wo Dick Gordon in »Yankee Clipper« ausgeharrt und eine Batterie wissenschaftlicher Experimente bedient hatte. Am 24. kehrten sie zur Erde zurück und platschten nach einer äußerst erfolgreichen Mission von 10 Tagen 4 Stunden 36 Minuten und 24 Sekunden in den Pazifik, wo sie ein Hubschrauber vom Flugzeugträger U.S.S. Hornet auffischte.

Pete Conrad ist kürzlich im Alter von 69 Jahren an den Folgen eines Motorradunfalls gestoben, wie ich hier bereits vermerken musste; Dick Gordon, heute 70 Jahre (ich teilte neulich mit ihm eine Vortragsveranstaltung), und Alan Bean, 67, leben beide sehr aktiv im Ruhestand. Für mich sind sie lebende Legenden.

65 Der Weg zum Mars: MCO – Diagnose einer Panne

Mittwoch, 24. November 1999

Vor ein paar Tagen ist die Untersuchung des verloren gegangenen Mars Climate Orbiters abgeschlossen worden, und der detaillierte Befund des Untersuchungsausschusses liegt jetzt vor, natürlich auch publik im Internet.

Wie wir bereits kurz nach dem Verschwinden der Raumsonde vermuteten, lag die unmittelbare Ursache darin, dass das Raumschiff auf seiner Flugbahn über die interplanetäre Distanz falsch gesteuert wurde, weil bestimmte Steuerdaten nicht ordnungsgemäß aus dem englischen ins metrische Maßsystem übertragen worden waren.

Der Klimaorbiter MCO war am 11. Dezember 1998 auf einer Delta 2 gestartet worden, d. h. die Reise zum Mars dauerte für ihn neuneinhalb Monate. Beim Eintreffen am Roten Planeten sollte sein Haupttriebwerk zünden, um ihn in eine elliptische Umlaufbahn um den Planeten einzuschießen. Für die Dauer mehrerer Wochen sollte die Sonde dann periodisch die obersten Schichten der Marsatmosphäre streifen, um durch den Luftwiderstand seines einzelnen, fünfeinhalb Meter langen Sonnenzellenträgers auf treibstoffsparende Weise abgebremst zu werden. Durch dieses so genannte Aerobremsmanöver wäre die Ellipse des Orbits in einen Kreis umgewandelt worden, und die Dauer jedes Umlaufs, Periode genannt, sollte sich dabei von über 14 Stunden auf zwei Stunden verkürzen. Am 23. September war die Zeit für das geplante Triebwerkmanöver auf der Rückseite des Mars gekommen: 11 Uhr mitteleuropäischer Sommerzeit (MESZ). Doch die Sonde kam nicht mehr hinter dem Planeten hervor; stattdessen trat sie in seine Atmosphäre ein, weil sie viel zu tief geflogen war, und brach in Flammen auseinander.

Wie sich bei der Untersuchung ergab, hatten sich bereits im Frühjahr und Sommer dieses Jahres bei den Vermessungen der Sondenflugbahn kleine Unstimmigkeiten gezeigt, die die direkt daran beschäftigten Ingenieure nicht ohne Sorgen zur Kenntnis nahmen, jedoch nicht formell an die Projektleitung weitermeldeten, weil sie überlastet waren. Das war ein Fehler. Eine Woche vor der Ankunft am Mars führte der Klimaorbiter dann eine letzte Kurskorrektur aus, die ihn laut Berechnung bis auf eine Nähe von 226 km an den Planeten heranführen sollte. In der verbleibenden Woche wurde seine Flugbahn weiter mit Dopplerpeilungen vermessen, und es zeigte sich überraschenderweise, dass der Nahpunkt des Vorbeiflugs wesentlich dichter an der Atmosphäre liegen würde, bei nur 110 km. Der äußerste Höhenwert, der für ein Überleben der Sonde gerade noch zulässig war, betrug 80 km.

Die Navigatoren, denen die Fernsteuerung der Sonde unterstand, und die für die Raumschiffsysteme zuständigen Ingenieure, zwei verschiedene Teams, kratzten sich zunächst am Kopf und sahen sich die bereits viel früher aufgetretenen Unstimmigkeiten näher an, die offenbar mit der mathematischen Modellierung der dem Raumschiff befohlenen Geschwindigkeitsänderungen zu tun hatten, die wir »delta-Vs« nennen. Die delta-V-Werte, die die Ingenieure des Sondenherstellers Lockheed Martin den NASA-Navigatoren zur Erstellung ihrer Kommandosequenzen mitgeteilt hatten, waren alle um einen Faktor von 4,45 zu klein gewesen. Und das ist genau der Umrechnungsfaktor zwischen der englischen Krafteinheit »pound« (entsprechend unserem alten Pond) und der heute international gültigen Krafteinheit Newton (die definiert ist als die Kraft, die nötig ist, um ein Kilogramm Masse je Sekunde um einen Meter pro Sekunde zu beschleunigen). Damit war sofort alles klar. Mit dieser Korrektur ergab sich nun eine größte Annäherung an den Mars von 57 km (statt 110 km), und das war viel zu gering zum Überleben gewesen. Aber jetzt war's zu spät.

Die Navigatoren hatten also seit Monaten die Flugbahn falsch berechnet. Obwohl eine Marssonde vom Typ des Klimaorbiters antriebslos, d. h. im Wesentlichen ungestört über die vielen Millionen Kilometer hinweg zum Roten Planeten fliegt, auf einer ballistischen Bahn von der Form einer halben Ellipse, ist sie während der Reise doch sehr geringen Kräfteeinwirkungen unterworfen, die die Bahn minutiös beeinflussen. Sie rühren vor allem von den kleinen Schubimpulsen her, mit denen die Lagekontrolldüsen von Zeit zu Zeit die Stabilisierungskreisel von dem in ihnen angesammelten Drehmoment befreien müssen. Das nennt man Drehmoment-Entsättigung. Diese Entsättigung fand außerdem 10- bis 14-mal öfters statt, als erwartet, weil der Druck des Sonnenlichts auf die asymmetrische Form der Sonde, die ja nur einen Solarzellenflügel hatte, offenbar nicht genügend berücksichtigt worden war. Die Schubimpulse wurden von der Herstellerfirma der Sonde, Lockheed Martin, mathematisch so realistisch wie möglich modelliert und in Form einer Softwaredatei an die Navigatoren im NASA Jet Propulsion Laboratory geliefert. Der für die Zusammenstellung dieser Datei zuständige junge Ingenieur wusste nicht, dass er die Kraftwerte vor der Auslieferung ins metrische System umrechnen musste, wie es die Vorschriften und der Kontrakt mit der Firma verlangten. Es fehlte ihm an Ausbildung und Erfahrung. Das war der Hauptfehler.

In seinem Abschlussbericht identifizierte der Untersuchungsausschuss neben der eigentlichen Ursache noch eine Reihe weiterer Faktoren, die zu dem Verlust der 150 Mio. Dollar teuren Marssonde geführt hatten, darunter das Fehlen einer systematischen Abnahmekontrolle und Überprüfung der gelieferten Dateien durch den zuständigen Systemingenieur der NASA. Es war das erste Mal, dass zwei verschiedene Teams zuständig waren für ein zum Mars fliegendes Raumschiff, von denen das eine Team das Gerät gebaut und gestartet hatte und seinen weiteren Betrieb dann einem neuen Team überstellt hatte, das sich daneben noch um andere Missionen, wie etwa den Mars Polar Lander, kümmern musste. Also nicht ein technischer Fehler, sondern menschliches Versagen auf ganzer Linie. Der treibende Faktor hinter alldem war natürlich Kostenersparnis: die Durchführung eines Marsforschungsprojekts mit einem Minimalbudget. So etwas lässt sich sicherlich machen, doch setzt es, und das wird oft übersehen, ganz spezielle Sorgfalt und Wachsamkeit bei der Durchführung der Mission voraus, also ein Management, das bei der zur Kosteneinsparung erforderlichen Trennung des technisch Nötigen vom Unnötigen ständig darum besorgt ist, dass dieser Prozess nicht die Qualität der Arbeit in Mitleidenschaft zieht.

Selbstverständlich sind sofort durchgreifende Änderungen in der Durchführung solcher Sondenforschungsmissionen vorgenommen worden, damit bei der Landung des nächsten Marsroboters im Dezember nichts übersehen wird. Das Management wurde mit Personal größerer Erfahrung verstärkt, das überforderte Navigationsteam durch zusätzliche Spezialisten aufgestockt, ein spezieller Chefsystemingenieur ernannt, interne Überwachungs- und Beratungsgruppen mit Experten aufgestellt und der technische Prozessablauf systematisch revidiert.

66 Der Weg zum Mars: Mars-Polarforscher MPL

Dienstag, 30. November 1999

In drei Tagen landet der neueste Forschungsroboter auf dem roten Planeten Mars, wenn der Mars Polar Lander der NASA am 3. Dezember, sein Ziel erreicht. Wenn alles gut geht, wird die Sonde genau um 21 Uhr MEZ am Rand der Eiskappe des marsianischen Südpols landen, als Fortsetzung des sich über viele Jahre erstreckenden Programms der Erforschung und Erschließung unserer Nachbarwelt.

Das Unternehmen soll fundamentale Fragen beantworten helfen, die für unsere eigene Zukunft auf der Erde wichtig sind: Wie sind Meteorologie und klimatische Geschichte unserer Nachbarwelt beschaffen? Hat es jemals Leben auf ihr gegeben, gibt es es vielleicht auch heute noch? Welche Geologie und Rohstoffvorkommen hat der Mars? Und: Kommt der Mars als nächstes Ziel menschlicher Forschungsbesuche in Frage?

Der Polar Lander kann natürlich nur einen kleinen Teilbereich dieses riesigen Fragenkomplexes untersuchen; in seinem Fall sind es das Wetter, das Klima, das Vorkommen und die Verteilung von Wasser und Gasen sowie die Zusammensetzung des Bodens an der

Landestelle. Er ist nur einen Meter hoch, aber über dreieinhalb Meter breit und wiegt 290 kg. Seine wissenschaftliche Ausrüstung besteht aus vier Instrumentenpaketen, nämlich zwei Bodenpenetratorsonden, dem Gase- und Klimaforschungspaket MVACS, der Landeanflugskamera MARDI, einem LIDAR-Lasersondierungsgerät und einem Außenmikrophon.

Gestartet war der Mars Polar Lander am 3. Januar dieses Jahres in Cape Canaveral auf einer Delta-2-Rakete. Mit kleinen Schubdüsen-Manövern wurde in den darauf folgenden Monaten sein Kurs so reguliert, dass der Eintritt in die Marsatmosphäre am 3. Dezember und die Landung in der sorgfältig ausgesuchten Landezone mit großer Präzision erfolgen sollte. Solche Manöver erfolgten am 21. Januar, 15. März, 1. September und 30. Oktober. Eine weitere Kurskorrektur ist für heute, den 30. November, vorgesehen.

Das Landegebiet liegt bei 76° s.B., 195° w. L., bezogen auf den kleinen Krater *Airy*, der den Nullmeridian festlegt, also den marsianischen Greenwich-Meridian. Die Landestelle befindet sich dicht am Nordrand einer rätselhaften Bodenformation der Südpolregion, die als terrassenförmig abgesetzte Schichten von Material, wahrscheinlich Eis und windgeblasenem, periodisch deponiertem Staub und Vulkanasche, erscheint. Sie könnte durch einschneidende Klimaveränderungen verursacht worden sein, wie ähnliche Formationen auf der Erde, und gerade deshalb erwählten die Missionsplaner diesen Bereich zum Ziel des Unternehmens. Bis vor kurzem war das Gebiet noch von Trockeneis bedeckt, also gefrorenem Kohlendioxid (bei $-128\,°C$), doch steigen die Temperaturen mittlerweile an, auf $-70\,°C$, und damit verschwindet das Eis und gibt den trockenen Boden frei, der aber stellenweise noch von Wassereis bedeckt sein kann. Auf jeden Fall wird es bei der Landung bei uns starkes Herzklopfen geben, denn Ende Oktober zeigten hochauflösende Fotos vom Mars Global Surveyor in der Marsumlaufbahn, dass die ursprünglich aufgrund alter Viking-Fotos für eine glatte, nur wenig gewellte Ebene gehaltene Landezone wesentlich rauher ist und steilere Erhebungen hat, die dem dreibeinigen Landegerät das Aufsetzen schwer machen könnten. Aber je interessanter eine Bodenformation für die Forschungsroboter ist, desto riskanter ist oft die Landung. Nun, wir wollen das Beste hoffen …

Die Vorbereitungen für das komplexe Landemanöver beginnen am Samstag um 7 Uhr früh mit der letzten vierstündigen Flugbahnvermessung von der Erde aus. Sollte sich daraus die Notwendigkeit für ein letztes Korrekturmanöver ergeben, so werden die entsprechenden Computerkommandos rund siebeneinhalb Stunden vor dem Atmosphäreneintritt zum Raumschiff gefunkt, das sie bis 14 Uhr nachmittags noch ausführen kann. Von diesem Punkt ab können wir das Gerät nur noch per Radiosignale beobachten, nicht mehr fernsteuern. Der vorprogrammierte Bordcomputer übernimmt diese Aufgabe; er öffnet eine Reihe von Ventilen, um die Landetriebwerke zu entlüften und lässt daraufhin Druckgas in die Treibstofftanks einströmen. Erst vor wenigen Tagen ist bei der Untersuchung des verloren gegangenen Mars-Klimaorbiters festgestellt worden, dass die Landetriebwerke bei zu kalten Temperaturen unter Umständen nicht zünden könnten. Man hat daraufhin schnell dafür gesorgt, dass die Triebwerke mit Hilfe der Heizkörper der Treibstoffanlage auf + 8 °C vorgewärmt werden.

Sechs Minuten vor dem Eintritt in die Atmosphäre zünden die Lagekontrolldüsen für 80 Sekunden und drehen das Gerät mit dem Hitzeschild in Flugrichtung; dabei wird der Lander vom Raumschiff abgesprengt. Ohne dessen Sonnenzellen ist er nun auf seine Bordbatterie angewiesen, bis er nach der Landung seine eigenen Sonnenzellenträger entfalten kann. Wenige Sekunden später werden auch zwei Penetratorsonden abgetrennt, die sich wie Geschosse in den Marsboden bohren sollen. Mittels eines öffentlichen Aufrufs, der 17 000 Einsendungen brachte, haben sie ihre eigenen Namen erhalten: Scott und Amundsen, nach den beiden berühmten Erforschern des Südpols der Erde. Jede von ihnen befindet sich in einem Wärmeschutzbehälter, der beim Auftreffen auf der Marsoberfläche mit rund 200 m/s Geschwindigkeit zerspringt und die Miniatursonde freigibt. Diese besteht aus zwei Teilen, von denen der vordere bis zu zwei Meter tief in den Boden eindringt, während der andere, der mit ihm durch ein Kabel verbunden ist, an der Oberfläche bleibt und als Wetterstation und Radiorelais dient. Der Penetratorkopf soll dagegen in erster Linie nach unterirdischem

Wassereis suchen. Scott und Amundsen werden etwa 50 Stunden lang im Betrieb bleiben, und ihr Einsatz ist der Test einer völlig neuen Technologie für das neue Millennium, die in Zukunft weit fortgeschrittenere Konzepte hervorbringen wird.

Etwa 33–37 Sekunden nach Abtrennung der Penetratoren tritt der Polarlander mit 6,8 km/s Geschwindigkeit bei 125 km Höhe in die Atmosphäre ein, und es beginnt der komplexe vollautomatisierte Vorgang des kontrollierten Absturzes bis zur Landung. Insgesamt dauert er nur 4 Minuten 33 Sekunden, in denen sich die einzelnen programmgesteuerten Schritte in rasender Folge jagen. Das Hitzeschild erreicht in diesen kritischen Sekunden eine Temperatur von 1650 °C und bremst das Gerät mit bis zu 12 g's (Erdschweren) auf etwa 490 m/s ab. Dann schießt in einer Höhe von 7,3 km ein kleiner Mörser einen Fallschirm heraus, und schon zehn Sekunden später erfolgt die pyrotechnische Absprengung des Hitzeschilds, während die Bordkamera mit einer Serie von rund zehn Aufnahmen der Landephase beginnt.

Etwa anderthalb Minuten vor der Landung aktiviert der Lander die Entfaltung seiner drei Beine und unmittelbar darauf den Radar-Höhenmesser, der die weitere Steuerung übernimmt. Bei einer Geschwindigkeit von 280 km/h zünden die Landetriebwerke, und der weitere Flug verläuft nun senkrecht abwärts mit sinkender Geschwindigkeit. Der eigentliche Touchdown erfolgt mit 8,6 km/h, und dann stellen Sensoren in den Fußtellern die Triebwerke ab, die insgesamt etwa 40 Sekunden lang gearbeitet haben.

Danach entfaltet der Mars Polar Lander seine Sonnenzellen, die 200 Watt Strom liefern, und beginnt mit seinem Forschungsprogramm. Zum Instrumentenpaket MVACS (für Mars Volatiles and Climate Surveyor) gehören meteorologische Experimente für Temperatur, Druck, Feuchtigkeit, Windrichtung und -geschwindigkeit, Sauerstoff- und Kohlendioxidgehalt der Atmosphäre und unterirdische Temperaturen. Die Zusammensetzung des Bodenmaterials wird untersucht, und dazu dient ein ferngesteuerter Roboterarm mit Grabschaufel zum Schürfen. Er ist mit einer eigenen Kamera ausgerüstet, während eine spezielle Stereo-Fernsehkamera auf dem Lander multispektrale und dreidimensionale Aufnahmen und Panoramen der Umgebung macht. Beteiligt an den beiden

Kameras ist auch das deutsche Max-Planck-Institut für Aeronomie bei Lindau.

Auf der Landestation befinden sich außerdem ein Gallium-Aluminium-Arsen-Laser zur Sondierung der Atmosphäre lotrecht über der Landestelle, den die russische Raumfahrtbehörde beigesteuert hat, und ein Mikrophon, um die Geräusche im Umfeld der Landestelle aufzunehmen. Selbstverständlich werden nicht nur die Bilder, sondern auch die Geräusche im Internet auf mehreren Websites in die ganze Welt hinausgetragen werden. Und zum Schluss: An Bord des Landers befindet sich auch eine CD-ROM mit 932 816 Namen von Menschen, die sich per Internet seit 15. Juli 1998 darum beworben hatten, ihren Namen zum Mars zu senden.

67 Der Weg zum Mars: MPL – Enttäuschung Nummer zwei

Dienstag, 7. Dezember 1999

Wie furchtbar: Schon drei Tage ohne das geringste Signal vom Mars! Ich bin bitterlich enttäuscht, denn es bleibt nicht mehr viel Hoffnung für unseren Mars Polar Lander.

Wir haben bei der NASA noch nichts von der Landesonde gehört, und natürlich wächst bei den zuständigen Teams beim Jet Propulsion Laboratory in Kalifornien mit jedem verstreichenden Tag die Niedergeschlagenheit. Da sich der Mars in seinem Orbit um die eigene Achse dreht, so wie sich ja auch die Erde einmal in 24 Stunden dreht, ist die Landestelle an der Südpolkappe des Mars nur zeitweise in Sicht der großen 70-m-Funkantennen auf der Erde. Solche so genannten »Gelegenheitsfenster« für den Funkverkehr sind nun schon mehrfach verstrichen, und bei jedem wurde von den Kontrollingenieuren eine andere, dafür vorgesehene Strategie verwendet, um das Landegerät zu kontaktieren – doch ohne Erfolg.

Am letzten Freitag, dem Tag der Ankunft am Ziel, verlief bis zwölf Minuten vor der Landung alles nach Plan. Dann konnte das

Funksignal mit den Telemetriedaten von Bord nicht länger empfangen werden, da die Antenne nicht mehr zur Erde gerichtet war und sie außerdem aufgrund der ungewöhnlich weit südlich verlaufenden Eintrittsflugbahn durch den Flammenschweif hinter dem Eintrittskörper hätte senden müssen. Die ionisierte Luft hätte eine Übertragung kaum erlaubt.

So wissen wir bis jetzt nicht, ob der Polarlander tatsächlich plangemäß um 21:15 Uhr MEZ ohne Zwischenfall gelandet ist. Die Entfernung zum Mars beträgt über 200 Mio. Kilometer, und das Funksignal benötigt dafür 14 Minuten Übertragungszeit. Um 21:39 Uhr hätte das erste Signal bei uns eintreffen sollen – aber es kam nichts. Es gibt nun zahlreiche mögliche Ursachen, die in den kommenden Tagen und Wochen in den technischen Fehleranalysen berücksichtigt werden müssen.

Es steht zum Beispiel nicht fest, ob sich die Landekapsel ordnungsgemäß von der interplanetären Stufe abgetrennt hat oder ob sich die beiden Mikropenetratoren Scott und Amundsen danach von der Landekapsel gelöst haben. Auch von ihnen fehlt bis jetzt jedes Lebenszeichen, und sie werden ab heute Abend als verloren aufgegeben, weil ihre Batterien erschöpft sind. Wir wissen nicht, ob sich der Fallschirm des Landers entfaltet hat oder die Bremstriebwerke plangemäß gezündet und gefeuert haben. Vielleicht herrschten Sturmwinde am Südpol, durchaus keine Seltenheit beim Mars, die den Fallschirmabstieg zunichte gemacht haben. Es kann aber auch sein, dass alles ordentlich geklappt hat, aber dass der Lander beim Aufsetzen beschädigt oder zerstört wurde. Vielleicht ist er mit seinen drei Beinen auf einer gefrorenen Bodenkruste gelandet und eingebrochen, vielleicht in einer dicken Staubschicht versunken oder ist auf einem Schräghang eines sich dort befindlichen Kraters aufgesetzt und abgerutscht. Vielleicht waren die Bordbatterien leer bei der Landung oder das Ausklappen der Sonnenzellenträger hat nicht funktioniert.

In so einem Fall hätte der Bordcomputer alle Systeme zur Sicherung in eine Art temporären Tiefschlaf versetzt, aus dem sie später zu bestimmten Zeiten – eben während der Funkfenster zur Erde – automatisch erwacht wären. Vielleicht hat die kleine Schüsselantenne des für die Direktverbindung zur Erde vorgesehenen

X-Band-Radios nicht die Erde am Firmament gefunden, wo sie ja nur einer von sehr vielen Sternen ist, wenn auch ein sehr heller. Das wäre besonders dann sehr schwierig gewesen, wenn der nordsuchende Kreiselkompass an Bord kurz nach der Landung nicht plangemäß die Nordrichtung und damit einen Kompass-Bezugspunkt für die Steuerung der Antenne festgelegt hätte.

Mit Funkbefehlen, die sozusagen ins »Blinde« geschickt wurden, hat man inzwischen mehrfach versucht, dem Lander bei der Antennensteuerung behilflich zu sein, bisher ergebnislos. Es gibt noch ein zweites Radio an Bord, eine Ultrakurzwellenanlage mit einer Rundstrahlantenne, aber die benötigt den Mars Global Surveyor in der Umlaufbahn als Relaisstation. Diese Route ist gestern ausprobiert worden, aber auch hier fand man in der normalen Telemetriesendung des MGS-Orbiters nicht das geringste Signal vom Polarlander.

Noch immer geht man natürlich davon aus, dass die Landung nach Plan verlaufen ist, doch allmählich schwindet die Hoffnung. Wenn er bis zum sechsten Tag nach der Landung, also bis nächsten Donnerstag, nicht mit der Erde in Kontakt war, wird der Polarlander programmgemäß damit beginnen, seine eigene Hardware an Bord auf Fehler zu untersuchen und notfalls Umgehungs- und Reserveschaltungen vorzunehmen. Nur den Leistungsverstärker der Haupt-Radioanlage kann er nicht umgehen, den gibt's nur einmal an Bord. Wenn auch am Donnerstag, dem 9. Dezember, kein Signal vom Mars kommt, besteht so gut wie keine Hoffnung mehr. Dann beginnen die Fehleranalysen, die ganz besonders schwierig sind, weil keinerlei Zustandsmeldung von der Sonde vorliegt, die später als zwölf Minuten vor der Landung eingetroffen wäre – und bis dahin verlief ja anscheinend alles noch nach Plan. Und ohne ein besseres Verständnis der bei der Mission aufgetretenen wahrscheinlichen Fehler wird man kaum die nächsten Sonden zum Mars losschicken wollen, die für den Start in zwei Jahren bereits in Vorbereitung sind.

Roboter sind halt anfällig, wenn sie nicht viel kosten dürfen, und es geht letzten Endes eben doch nichts über den Menschen an Bord.

68 Europa im All: Start des Röntgenteleskops XMM

**Freitag,
10. Dezember
1999**

Derzeit bin ich gerade in meinem Geburtsort Leipzig, wo ich gestern Nachmittag einen Vortrag an der hiesigen Universität gehalten habe, auf Einladung von Professor Zeidler. Heute früh kam der Oberbürgermeister, Herr Tiefensee, zu mir ins »Renaissance« zu einem für beide Seiten fruchtbaren Gespräch am Frühstückstisch. Ich finde Leipzig eine sehr lebensvolle und zukunftsträchtige Stadt, und das beileibe nicht deshalb, weil ich hier geboren bin.

Noch eine andere Besonderheit macht diesen Freitag aufzeichnungswert: Heute startete die europäische Raumfahrtagentur ESA ein fast vier Tonnen schweres Superteleskop, das wie das letzten Juli vom NASA-Shuttle Columbia ins All getragene Observatorium Chandra hochenergetische Objekte wie Galaxien, Quasare, Supernovae-Trümmer und Schwarze Löcher im Röntgenlicht untersuchen soll. Der Start verlief vollkommen erfolgreich.

Das Teleskop trägt die Bezeichnung XMM, für X-ray Multi-Mirror (also Multispiegel-Röntgenteleskop), und die für seinen Start verwendete neue Großträgerrakete Ariane 5 trat damit ihren vierten Flug ins All an. An sich besteht XMM nicht nur aus einem Teleskop, sondern aus drei Teleskopen in Modulform, die die von ihnen aufgenommenen Lichtstrahlen entlang dem Fernrohrtubus leiten und in fünf Kameras am äußeren Ende des Raumfahrzeugs abbilden. Im Brennpunkt der Teleskope sitzen drei elektronische Kameras, so genannte charge-coupled-device- oder CCD-Instrumente, die auch äußerst schwaches Röntgenlicht aufzeichnen können. Welche Wellenlänge die Aufzeichnung jeweils hat, bestimmt ein davor geschaltetes Filter mit sechs verschiedenen Durchlässen.

Zusätzlich zu diesem EPIC-System (das steht für European Photon Imaging Camera) tragen zwei der Spiegelmodule je ein reflektierendes Gitterspektrometer, das die einfallenden Strahlen auf einen zweiten Brennpunkt mit seiner eigenen elektronischen CCD-Kamera ablenkt und sie dabei in ein hochdetailliertes Spektrum auffächert, noch feiner als es die EPIC-Kameras vermögen.

Das dritte Instrument an Bord ist ein gewöhnliches, aber sehr empfindliches Teleskop für sichtbares und ultraviolettes Licht, das jeweils den gleichen Himmelsbereich aufnimmt, wie die Batterie der Röntgenteleskope, sodass man später erkennen kann, ob die untersuchten Röntgenquellen auch in den normaleren Wellenlängen strahlen. Das Teleskop ist nur 30 cm weit, doch im All, außerhalb der Erdatmosphäre, hat so ein Fernrohr die gleiche Empfindlichkeit wie ein vier Meter weites Instrument auf dem Erdboden.

Jedes der drei Röntgenfernrohre besteht aus 58 ineinander geschachtelten Spiegeln von höchster Präzision. Im Querschnitt sieht so ein Teleskop aus wie ein durchgesägter Baumstamm, bei dem man die Jahresringe erkennen kann, und jeder Ring ist der Rand eines Spiegels, der wie ein Eimer ohne Boden geformt ist. Die Röntgenstrahlen können nämlich nur dann von einem Spiegel abgelenkt werden, wenn sie sehr flach auftreffen. Sie fallen durch die engen Spalten zwischen den ineinander geschachtelten »Eimern« und werden von ihnen auf einen gemeinsamen Brennpunkt gelenkt. Die Spiegel sind mit einer hauchdünnen Goldschicht belegt, und das macht das XMM zum empfindlichsten Röntgenteleskop, das jemals für den Weltraum gebaut worden ist.

Das Observatorium, das seine Erbauer liebevoll »Black Beauty« (schwarze Schönheit) nennen, ist eine mächtige Maschine, die, wenn mit ihrer Inbetriebnahme alles gut geht, neue revolutionäre Erkenntnisse in der Kosmologie liefern könnte. Sie ist rund zehn Meter lang und wiegt nahezu vier Tonnen. Um alle drei Achsen feingesteuert, versieht sie ihren Dienst auf einer Umlaufbahn, auf der sie sich bis zu 114 000 km von der Erde entfernt und ihr danach auf nur 7000 km nahe kommt. Jeder Umlauf dauert 48 Stunden, und 40–42 davon sind reine Beobachtungszeit. Die nominelle Lebenszeit des Teleskops beträgt zwei Jahre, doch hat es einen genügend großen Vorrat an Verbrauchsgütern an Bord, um zehn Jahre lang in Betrieb zu bleiben. Gepowert wird es natürlich mit Sonnenenergie aus zwei mächtigen Solarzellenträgern.

Die Hauptaufgabe des XMM ist die Jagd nach Schwerkraftmaschinen im All. Schwerkraft hält Planeten, Sterne und Galaxien zusammen und die Planeten auf ihren Bahnen. Sie formt das ganze Universum, und bei vielen Objekten im Kosmos, auch ganz kleinen, kommt sie in einer so hohen Konzentration vor, dass vorwiegend nur hochenergetische Strahlung, wie das Röntgenlicht, von ihnen entfliehen kann. Wenn sie alles Licht zurückhalten, spricht man von Schwarzen Löchern, und diese lassen sich dann nur noch an den ihrem Umfeld entfliehenden Röntgenstrahlen erkennen. Andere Schwerkraftmaschinen sind Quasare, Neutronensterne, Pulsare, Supernovae-Kerne und die Dunkelmaterie, die sich uns nur durch ihre Schwerkraftwirkung auf das heiße Gas zwischen den zu Haufen zusammengezogenen Milchstraßen zeigt. Damit ist das XMM für die Forscher in der ganzen Welt ein Observatorium an der vordersten Front der neuen Astronomie des 21. Jahrhunderts.

Wir leben wahrlich in aufregenden Zeiten.

69 Das Hubble-Teleskop versagt!

Sonntag, 12. Dezember 1999

Morgen, Montag, beginnen meine alljährlichen Vorlesungen an der Fachhochschule Aachen über Raumfahrttechnik aus amerikanischer Sicht – eine »Blocklehrveranstaltung«, die sich jeweils über eine Woche hinzieht. Das mache ich schon seit mindestens 15 Jahren, auf Veranlassung von Professor Dr. Willi Hallmann, und wenn meine Studenten jeweils so viel davon haben, wie ich selbst, kann ich (und die NRW-Bildungsbehörde in Düsseldorf) zufrieden sein.

Aber diese Eintragung hat eine andere, wichtigere Sache zum Thema: Seit einem Monat befindet sich das berühmte Hubble-Teleskop in Not, und das bringt uns langsam in wachsende Krisenstimmung. Ich stehe dazu per Laptop mit meiner Washingtoner Dienststelle in täglicher Verbindung, erschwert durch sechs Stunden Zeitunterschied.

Am 12. November versagte im Maschinenteil des Observatoriums ein kritischer Steuerkreisel, schon der Vierte von insgesamt sechs dieser Gyroskope, die das Superteleskop auf seiner Umlaufbahn um die Erde auf die gewünschten Zielsterne in den Tiefen des Kosmos ausgerichtet halten. Damit verbleiben nur noch zwei funktionsfähige Kreisel, und das ist einer zu wenig, um mit dem 6-Milliarden-Dollar-Observatorium Wissenschaft zu betreiben. Für diesen Fall war der Bordcomputer angewiesen, die Großanlage in Sicherheitszustand zu versetzen, d. h., sofort die große Öffnungsklappe zu schließen und sie mittels eines Sonnensensors und Sternensuchers so auszurichten, dass ihre Solarzellen zur Sonne weisen. Dies ist geschehen, und damit ist Hubble gegenwärtig außer Gefahr, wenn auch untätig – und das bei Betriebskosten, die sich jeden Monat auf 20 Mio. Dollar belaufen.

Bei der NASA hat man diesen Moment kommen sehen, da die Kreisel im jahrelangen Betrieb merklich schlechter geworden waren. Und wir glauben auch zu wissen, warum: Jedes dieser Präzisionsinstrumente hat einen mit 19 200 Umdrehungen in der Minute rotierenden gasgelagerten Rotor in einem zylindrischen Behälter, welcher in einer zähen Flüssigkeit wie Motorenöl der Viskosität 10W-30 schwimmt. Der elektrische Strom für den Antrieb kommt über hauchdünne Drähte, die in diesem Öl eingebettet sind. Man ist sich ziemlich sicher, dass beim Zusammenbau Luft mit hineingekommen ist, deren Sauerstoff die Drähte angegriffen und korrodiert hat.

Bereits im letzten Februar wurde deshalb bei uns beschlossen, die ursprünglich für Mitte 2000 geplante nächste Reparaturmission eines Spaceshuttle zum Hubble in zwei Flüge zu zerlegen und den ersten davon bereits dieses Jahr durchzuführen. So trifft es sich gut, dass die Discovery bereits jetzt im Dezember mit Mission STS-103 dem in Not geratenen Observatorium zur Hilfe eilen kann. Das war, wie sich jetzt zeigt, eine weise Entscheidung.

Die Reparatur- und Wartungsmission wird von sieben Astronauten durchgeführt, die dafür intensiv trainiert haben. Unter ihnen sind zwei Europäer: Claude Nicollier aus der Schweiz, der bereits beim ersten Hubble-Besuch und bei zwei weiteren Shuttleflügen dabei war, und der Franzose Jean-François Clervoy, der auf zwei Shuttle-Missionen und auf einen Besuch an Bord der Raumstation Mir bei einer davon zurückblicken kann. Die anderen fünf sind der Kommandant Curtis Brown, der Pilot Scott Kelly und die Missionsspezialisten Steven Smith, Dr. John Grunsfeld und Dr. Michael Foale. Nachdem sie das Hubble-Teleskop mit dem Shuttle-Greifarm in die offene Nutzlastbucht gebracht und dort auf eine drehbare Montageplattform aufgesetzt haben, führen sie paarweise abwechselnd insgesamt vier Raumausflüge durch und verrichten in deren Verlauf die nötigen Reparatur- und Wartungsarbeiten am Hubble.

Am wichtigsten ist zunächst das Auswechseln der fehlerhaften Gyroskope. Jeweils ein Paar davon ist in einem austauschbaren Block von zwölf kg Masse montiert, und die himmlischen Mechaniker werden alle drei Aggregate, also sechs Kreisel, erneuern. Das Teleskop erhält ferner einen neuen Feinsteuersensor, einen von dreien, die in 90 Grad Abstand um seinen Umfang herum angeordnet sind. Sie helfen dabei, das Hubble auf eine Hundertstel Bogensekunde genau auf ein Ziel auszurichten, das entspricht etwa einem Hundertstel der Weite einer Büroklammer, die zwei aneinander gelegte Fußballplätze weit vom Beobachter entfernt ist. Das Teleskop erzielt damit die Stabilität und Präzision eines Laserstrahls, der über eine Distanz von über 300 km reglos auf ein Pfennigstück gerichtet verharrt. Die Wissenschaft der Astrometrie kann damit die Positionen und Bewegungen von Sternen zehnmal präziser messen, als es ein Teleskop auf dem Erdboden vermag.

Daraufhin wird die Crew den veralteten Bordcomputer des Hubble ausbauen und ihm einen neuen einsetzen, also eine Art Gehirntransplantation durchführen. Der alte Rechner stammt noch aus den späten 70er Jahren und basierte auf einem Intel 386-Chip. Der neue hat einen sehr stabilen 486er Chip, rechnet zwanzigmal schneller und verfügt über sechsmal mehr Speicherkapazität als Hubbles gegenwärtiges Gehirn. Um auf Nummer sicher zu gehen, haben wir den neuen Computer bereits letztes Jahr im Oktober an Bord des Shuttle Discovery im All getestet, ebenso wie andere elektronische Ersatzteile für das Teleskop.

Die sechs Speicherbatterien an Bord sind nach ihrem neunjährigen Betrieb nämlich auch nicht mehr die jüngsten. Um ihr Leben zu verlängern, erhalten sie spezielle elektronische Regler, die ihren maximalen Ladezustand und die damit zusammenhängende Erwärmung in Berücksichtigung ihres Alters etwas herabsetzen.

Das Hubble hat ferner zwei getrennte S-Band-Radiosender, die die Bildinformation der Teleskopinstrumente in Digitalform zur Erde übermitteln, aber nicht etwa direkt, obwohl es nur 570 km bis zum Boden sind, sondern zuerst hinaus ins All zu den großen TDRS-Datenrelaissatelliten der NASA im 35 000 km entfernten geostationären Orbit, und erst von dort zu einer Bodenstation im Bundesstaat New Mexico. Einer der beiden Radiosender ist letztes Jahr ausgefallen und die Crew wird einen neuen einbauen.

Andere Reparaturaufgaben betreffen den Austausch eines altmodischen mechanischen Daten-Recorders gegen einen neuen Festkörper-Recorder, der weder Magnetbänder noch irgendwelche bewegten Teile hat. Er speichert seine Daten in computerähnlichen Gedächtnischips, und zwar zehnmal mehr als ein gleich großes Bandgerät, d. h. zwölf Gigabits an Information. Außerdem können diese Geräte gleichzeitig aufnehmen und zurückspielen und erlauben überdies den augenblicklichen Zugriff auf ihre Daten (random access), da bei ihnen kein Band zurückgespult werden muss.

Am Schluss ihrer Arbeiten bedecken die Astronauten fast die gesamte Außenseite des riesigen Teleskops mit neuem Isoliermaterial zum Schutz gegen zu starke Erwärmung, da die alte Isolierung durch die Einflüsse vor allem des UV-Sonnenlichts im Lauf der Jahre gelitten hat.

Das Hubble-Teleskop war immerhin schon 1990 gestartet worden, also vor bald zehn Jahren. Kurz nach dem Start musste man bei seiner Inbetriebnahme feststellen, dass den Herstellern seines Hauptspiegels ein mikroskopisch kleiner Schleiffehler unterlaufen war, der die optische Qualität des Großteleskops beeinträchtigte. Beim ersten Reparaturbesuch im Dezember 1993 durch den Shuttle Endeavour wurde ihm deshalb eine Korrekturoptik eingesetzt, quasi eine komplexe Brille verpasst, und von diesem Moment an entsprachen Hubbles Leistungen nicht nur den Erwartungen, sondern übertrafen sie sogar. Bei der zweiten Wartungsmission, durch die Discovery im Februar 1997, erhielt das Teleskop neue Wissenschaftsinstrumente, und der gegenwärtige Besuch ist nun der dritte. Eine vierte Wartungsmission folgt Mitte 2001, und eine fünfte im Juli 2003. Hubble soll bis 2010 aktiv tätig sein und wird dann entweder mit einem Shuttle auf die Erde zurückgeholt, oder zur

Selbstzerstörung gezielt zum Absturz gebracht, oder mit einer Boostereinheit in einen höheren Friedhoforbit geschoben.

70 Das Ypsilon-Zwo-Kilo-Problem

**Dienstag,
28. Dezember
1999**

In Oberlech am Arlberg zum Skifahren – wie jedes Jahr über die Weihnachts- und Neujahrsfeiertage, in der rustikal-eleganten »Pension Sabine« bei Familie Reischl ...

Nur noch drei Tage trennen uns vom Silvester 1999 und dem Wechsel ins neue Jahr 2000. Dass wir alle diese schöne, runde Jahreszahl erreicht haben, die man in der westlichen Welt traditionsgemäß als Symbol des Begriffs »Zukunft« und in meiner Jugend noch als schier unerreichbar sah, ist wirklich eine tolle Feier wert. Aber damit beginnt beileibe noch nicht das neue Jahrtausend – der Silvester ist lediglich der Beginn des letzten Jahres des 20. Jahrhunderts. Und noch etwas anderes bedeutet der kommende Silvester für uns in den Industrieländern. Ich sage nur: »Y2K«. Sicher weiß jeder, was »Y2K« heißt, also »Ypsilon-Zwo-K«? Es steht für »Year 2Kilo« und ist englisch für das Jahr-2000-Problem: den Millennium-Bug.

Das Jahr-2000-Problem, was ist es? Im Grunde ist es ganz einfach ein Problem der verkürzten Darstellung von Jahreszahlen in bestimmten Computeranlagen. Es ist noch gar nicht lange her, dass die Speicher in Computern sehr teuer und daher knapp waren, sodass Programmierer bei der Codierung ihrer Software-Programme zur Speichereinsparung nur zwei statt vier Stellen für Jahreszahlen vorsahen, also nur für die beiden letzten Ziffern. Berechnungsabläufe wurden daher so programmiert, dass sie zum Beispiel statt »1970« nur auf »70« eingestellt waren. Die davor stehende »19« wurde stillschweigend vorausgesetzt, und so kommt es, dass diese Software-Programme das Jahr 2000 automatisch als das Jahr 1900 ansehen und sich beim Jahreswechsel entsprechend um hundert

Jahre zurückdatieren. Viele Programmierer hatten damals gar nicht damit gerechnet, dass ihre Programme noch Jahrzehnte später im Einsatz sein könnten, sodass sie den Fehler bewusst in Kauf nahmen. Frühere Programmiersprachen, wie etwa COBOL, waren außerdem nicht so flexibel wie die heutigen und können deshalb nicht ohne erheblichen Aufwand umgestellt werden. Für diese Aufgabe sind unzählige frühere Programmierer aus dem Ruhestand zurückgerufen worden.

Das Jahr-2000-Problem betrifft nicht nur Personal Computer, auf denen mit Daten gearbeitet wird. Im Gegenteil, potenziell gefährdet ist jedes System mit einem so genannten »embedded chip«, also Computerchips, in denen Kleinprogramme für zeitabhängige Berechnungen fest »eingebettet« sind, angefangen mit der Mikrowelle in der Küche bis zum Kraftwerk, aus dem der Strom für sie kommt. Auch Systeme ohne den Millennium-Bug sind gefährdet durch unkorrekte Daten von anderen, die ihn haben. Viele daraus entstehende Fehlfunktionen sind trivial – etwa das Datum in meiner Camcorder/Videokamera; andere können ernste Folgen haben, wenn etwa die Heizung im Familienheim mitten im Winter ausfällt und die Familie gerade verreist ist. Man rechnet zwar nicht damit, schließt es aber nicht aus, dass die allgemeine elektrische Stromversorgung für einen Tag oder länger ausfällt, was natürlich auch Verkehrssysteme belangen würde, die außerdem mit Computerchips gesteuert werden. Andere wichtige Gefahrenpunkte sind die städtische Gasversorgung, das Bankwesen, Verkehrsregelung, Wasserversorgung und Abfallentsorgung, das Nachrichtenwesen, eingeschlossen Telefone, Beepers und Handys (die bei uns freilich »cellular phones« heißen) usw. usw. Wer einen Apple Macintosh-Computer hat, braucht sich allerdings um seinen Rechner keine Sorgen zu machen – die sind »Y2K-sicher«.

Was die USA betrifft, so hat man in den vergangenen Monaten dem »Millennium-Bug« mit unterschiedlicher Energie nachgestellt. Für die Bundesregierung, und das betrifft natürlich auch die NASA, hat Präsident Clinton vor einiger Zeit entsprechende unzweideutige Sicherungsanordnungen erlassen, nach denen rigoros vorgegangen wird.

Zum Beispiel bei den Flughäfen: In den USA gibt es 565 Verkehrsflughäfen, die von der Bundesluftfahrtbehörde FAA kontrolliert werden. Wie das dafür zuständige Verkehrsministerium berichtet, haben sie alle ihre Computeranlagen getestet, und keiner von ihnen hat Computerprobleme gemeldet, die am 1. Januar Sicherheitsrisiken bilden könnten. Dazu gehören Flugfeldbeleuchtung, Radioanlagen, Feuermeldeanlagen und Zeitschlösser an Türen zu Sperrzonen. Etwa die Hälfte der befragten Flughäfen verfügen überhaupt nicht über computerisierte Systeme zur Zugangskontrolle zu Flugzeugparkbereichen und anderen sensitiven Flughafenstellen. Die Behörde hat überdies eine Regel erlassen, nach der alle Flughäfen unmittelbar nach Beginn ihres Betriebs im neuen Jahr zur Sicherheit noch einmal sorgfältige »Bereitschaftschecks« durchführen müssen. Bei den verkehrsreicheren Flughäfen wird diese Jahr-2000-Doppelprobe schon auf die frühen Morgenstunden des 1. Januar fallen, um sich zu vergewissern, dass die Computer die beiden Jahresziffern 00 korrekt als 2000 interpretiert haben. Das Verkehrsministerium veröffentlicht auf seiner Internet-Seite alle verfügbare Information über die Bereitschaft von Fluglinien und Flughäfen, auch von anderen Ländern, die als Reiseziele von US-Touristen in Frage kommen.

Die amerikanischen Postämter freuen sich über das Jahr-2000-Problem. Sie erwarten sich einen bedeutend höheren Briefmarkenverkauf, da viele Menschen zwischen den Jahren ihre Briefe und Dokumente vermutlich lieber per Briefträger zustellen wollen, als per elektronischer E-Mail. Die US-Post sieht sich dabei als eine Art »Frühwarn-Alarm«, da sie ihre Briefträger auf fast jeder Straße in Amerika hat. Vom 30. Dezember bis 4. Januar unterhält sie deshalb ein National Operations Center, in dem alle Jahr-2000-Meldungen zusammenkommen und koordiniert werden.

Wie alle Behörden und Agenturen der US-Bundesregierung hat auch die NASA genaue Pläne darüber ausgearbeitet, wer über den Jahreswechsel Dienst hat, welche Dienstleistungsfirmen auf schnellen Abruf bereitstehen müssen, welche Schritte am letzten Tag des alten Jahres und am Neujahrstag getan werden müssen, um einen möglichst glatten, ereignisfreien Übergang zu gewährleisten. Wie sich das bei der Privatindustrie, bei Betrieben, Geschäften und allen nicht vom Bundesstaat beaufsichtigten Einrichtungen des öffentlichen und privaten Lebens verhält, steht allerdings auf einem anderen Blatt. Und das wird sich erst nach dem 1. Januar zeigen.

Die NASA hat das Jahr-2000-Problem nicht nur mit der für alle Bürokratien typischen Pedanterie angegangen, sondern darüber hinaus, in Anbetracht der ihr anvertrauten Menschenleben und Milliardenprojekte, mit der für sie typischen Gründlichkeit. Das war zwar sehr teuer, verleiht uns aber die Gewissheit, dass für den Wechsel ins neue Jahr alles Menschenmögliche getan worden ist. Der Countdown verläuft nach einer sorgfältig vorbereiteten Schrittfolge, die im Juni 1998 begonnen hat und im nächsten März endet. Der Höhepunkt ist am 31. Dezember 1999 erreicht, wenn der so genannte Zero-Day-Plan, also der Nulltag-Plan, in Aktion tritt. Auf ihn folgt ein weiterer Plan für »Post Zero Day« im Januar, und bis Ende März 2000 muss ein Abschlussbericht mit den gelernten Lektionen abgeliefert werden.

Da sind zunächst die so genannten missionskritischen Systeme auf dem Boden und im All. Sie alle sind in den vergangenen Monaten systematisch nach genauen Ablaufplänen durchgeprüft worden, und ein detaillierter Lagebericht musste alle Vierteljahre an eine zentrale Koordinierungsstelle abgeliefert werden. Hierbei wurden tausende von kommerziell im Laden eingekauften Computerprogramme untersucht, auch solche für die zahlreichen Supercomputer der NASA, und über 52 000 Computer-Workstations und Datei-Netzwerkrechner auf mögliche Jahr-2000-Probleme in ihren BIOS-Chips geprüft, auch mein eigener Laptop, der mich auf meinen Reisen begleitet. Ein besonderes Textfilterprogramm ist dazu am Jet Propulsion Laboratory entwickelt worden, mit dem an die hundert Mio. Zeilen Computercode inspiziert worden sind.

Für den Spaceshuttle-Betrieb haben wir drei minutiöse Tests entwickelt, mit denen die Jahr-2000-Sicherheit aller vier Raumschiffe und der dazugehörigen Bodenanlagen und Nachrichtennetze für die Vorflugphase, die eigentliche Flugdurchführung und die Nachflugphase durch eine gründliche Überprüfung von einem Ende zum anderen bestätigt wurde.

Doch geht die NASA auf Nummer sicher: Über die Jahreswende wird keiner der vier Spaceshuttles im Weltraum sein, sondern sicher im Hangar sitzen, mit abgestellten Flugcomputern und

Bordelektroniken. Bei der Überprüfung aller für bemannte Flüge ins All benötigten Rechenanlagen sind keine Kosten gespart worden; nichtsdestoweniger wird nichts riskiert, nach dem Motto: Tue nicht, was du nicht unbedingt tun musst. Selbst die dringend benötigte Reparatur des Hubble-Teleskops durch den Shuttle Discovery mit Mission STS-103 hätte bis Anfang nächsten Jahres warten müssen, wenn sie nicht am 19. Dezember zum Start gekommen wäre. Bei einer laut Plan siebentägigen Mission plus zwei Reservetage für den Fall schlechten Wetters bei der Landung wäre sie am 28. Dezember zurückgekommen, und dann wären gerade noch 2–3 Tage verblieben, um die Discovery sicher in ihrem Hangar im Kennedy Space Center unterzubringen und alle Computersysteme herunterzufahren. Allerdings hätte die Crew bei dieser Missionsterminierung das Weihnachtsfest im Orbit verbringen müssen, und das hat die NASA traditionell schon immer so weit wie möglich vermieden. Flugleitzentrale und Bodenteams der NASA haben an diesem Tag typischerweise frei. Das letzte Mal, dass eine ganz aus US-Amerikanern bestehende Crew den Weihnachtstag im All zubrachte, war die Mondumrundungsmission Apollo 8 im Dezember 1968 mit Frank Borman, James Lovell und William Anders.

Was die internationale Raumstation ISS betrifft, so sind die Dinge etwas komplizierter. Durch die bis dahin noch nie da gewesene Zusammenarbeit von vielen Nationen konnte sich die NASA nicht mit der Jahr-2000-Problemsicherung ihres eigenen Teils begnügen, der bei etwa 50 Prozent liegt, sondern wir mussten auch dafür sorgen, dass die Problematik gemeinsam mit allen internationalen Partnern auf hoher Prioritätsstufe bearbeitet wurde. Das ist mit großem Nachdruck geschehen, und ein unabhängiger Prüfungsausschuss amerikanischer und russischer Experten hat bis jetzt keine ernsteren Probleme für die ISS gefunden.

Ähnliches gilt auch für die unbemannten Raumsonden und Satelliten, die die NASA für wissenschaftliche Forschungszwecke im Weltall unterhält. Allgemein sind solche Raumgeräte selbst Jahr-2000-sicher, da sie keine Zeituhren, sondern einfache Zähler enthalten, die durch Computerbefehle an- und abgestellt werden, um zu bestimmten Zeiten bestimmte Handlungen auszuführen. Die Zeitrechnung findet auf dem Boden statt und kann dort ohne weiteres überprüft und verifiziert werden. Einige Sonden benützen Borduhren mit julianischer Zeitrechnung, die erst im Jahr 2022 von vorne beginnen.

Auch bei den so genannten nicht missionskritischen Systemen hat die NASA auf der ganzen Front durchgegriffen, um einen glatten Übergang ins Jahr 2000 zu garantieren. Solche Systeme stützen gewöhnlich Programm-Managementaufgaben, Buchhaltung und Kostenplanung, Inventuren, Archive und andere Infrastrukturaspekte. Über 350 nicht missionskritische Systeme wurden repariert, um sie Jahr-2000-sicher zu machen, 250 andere Programme sind abgeschafft und 200 weitere ersetzt oder modernisiert worden.

Zum Abschluss noch eine weitere Besonderheit, die das Jahr 2000 neben dem Millennium-Bug zeigt: Es ist ein Schaltjahr, mit einem 29. Februar, obwohl Schaltjahre, bei denen die Jahreszahl ja durch 4 teilbar sein muss, nicht stattfinden, wenn diese durch 100 teilbar ist. Diese Ausnahme wird jedoch noch durch eine weitere Ausnahme außer Kraft gesetzt, nämlich wenn die Jahreszahl durch 400 teilbar ist – und das ist beim Jahr 2000 der Fall. Es ist fraglich, ob das bei allen Computerkalendern auch vollständig berücksichtigt worden ist!

71 Raumfahrt 1999: Rückblick

**Montag,
3. Januar
2000**

Der Rutsch ins letzte Jahr des alten Millenniums – ich tat ihn beim Wintersport am Arlberg – war diesmal besonders deftig! Nur noch zwölf Monate verbleiben uns jetzt, um alle Vorbereitungen für das 21. Jahrhundert zu treffen – eine aufregende Zeit. Bei jedem Jahreswechsel ist es guter Brauch, auf die verstrichenen zwölf Monate zurückzublicken, sie mit ihren Höhepunkten noch einmal vorbeiparadieren zu lassen und diese in Perspektive zu setzen. Das tue ich hier für das Kapitel Weltraum, wobei freilich nur die wichtigsten Ereignisse als Streiflichter erwähnt werden können. Denn 1999 war ein Jahr voller Schlagzeilen aus der Raumfahrt, Momente, die wieder einmal gezeigt haben, dass Forschungstrieb und Wachstumswille des Menschen nach wie vor ungeschmälert sind.

Im Mai führte der Spaceshuttle Discovery den ersten Besuch von Menschen bei der entstehenden internationalen Raumstation ISS aus, und im Juli brachte die Columbia unter der ersten weiblichen Shuttlekommandantin Eileen Collins das große Röntgenteleskop Chandra ins All. Im August verließ die (vermutlich) letzte Crew die russische Raumstation Mir und landete in ihrer Sojus-TM-29-Kapsel in Kasachstan. Seitdem treibt Mir unbemannt um die Erde, mit abgestellten Bordsystemen und einem Luftdruck, der durch ein mysteriöses Leck inzwischen unter die für die Bordelektronik zuläßige Grenze gefallen ist. Über die denkwürdige Reparaturmission zum Hubble-Teleskop durch den Shuttle Discovery habe ich eine frühere Eintragung gemacht.

Zunächst zu unserem Arbeitsbereich auf der Erde selbst: Der kanadische Umweltsatellit Radarsat hat 1999 die Erde intensiv beobachtet, und mit seinen Daten haben die NASA und ein internationales Team dieses Jahr die genaueste Landkarte unseres Südpolkontinents Antarktika angefertigt, die es gibt. Sie ist so detailliert, dass man eine Forschungshütte auf einem Eisberg erkennen könnte, und sie hat bereits viele bisher offene Fragen der Polarforscher beantwortet, ihnen aber auch neues Kopfzerbrechen über bisher noch nie derart deutlich gesehene rätselhafte und faszinierende Formationen bereitet.

Für frühere Kartierungssatelliten mit geringerer Auflösung erschien Antarktika immer sauber, unberührt, weiß und größtenteils blank. Mit der neuen Karte erwacht der Kontinent mit einem Mal zum Leben! Die Satellitenkarte von Radarsat bietet eine völlig neue Ansicht des gesamten Südpolkontinents, ein Bild eines außergewöhnlichen Teils unserer Welt und wie der Mensch ihn zu verändern droht, in lokaler ebenso wie in globaler Sicht. Man erkennt Blöcke von zerborstenem See-Eis entlang den Küstenlinien, und geschichtetes Gestein aus den felsigen Wänden der antarktischen Trockentäler herausragen. Die immense Eisdecke der Südpolkappe fließt verkrümmt und verzwirbelt ins Meer, Vulkane durchstoßen die Eisschicht, und Eisströme laufen wie Flüsse in den südlichen

Ozean. Ein typisches Eisstromsystem schickt jedes Jahr fast 80 km^3 Eis zum Meer, etwa so viel, dass man eine Stadt wie Washington alle zwölf Monate mit einer 500 m dicken Eisschicht bedecken könnte. Erkennbar sind selbst die Raupenspuren von Schneetraktoren auf der Fahrt zu Inlandstationen.

Auf dem Gebiet neuer Raumtransporttechnik hat die NASA letztes Jahr das erste von drei Flugzeugen des Hyper-X-Programms enthüllt, die X-43A, die im neuen Jahr am Dryden-Flugtestzentrum der NASA im Überschallbereich erprobt werden soll. Damit erreicht eine Entwicklung ihren Höhepunkt, die über 20 Jahre in Anspruch genommen hat – nämlich die Entwicklung von Staustrahlantrieben mit Überschallverbrennung, auch Scramjets genannt (für Supersonic Combustion Ramjets). Ich selber habe mich vor über 30 Jahren auch damit beschäftigt.

Die fast vier Meter langen unbemannten X-43-Testflugzeuge sind die ersten NASA-Maschinen, die im Überschall nicht von einem Raketenmotor angetrieben werden, sondern von einem luftatmenden Triebwerk, das seinen zur Verbrennung benötigten Sauerstoff nicht in einem Tank mitführen muss, sondern aus der Außenluft bezieht: eben einem Staustrahltriebwerk. Nur verwenden diese speziellen Ramjets bei den X-43-Maschinen erstmalig Überschallverbrennung, bei der die im Staurohr einströmende komprimierte und dann unter Kraftstoffeinspritzung verbrennende Luft nicht zuvor in einem speziellen Einlaufdiffusor auf Unterschallgeschwindigkeit heruntergebremst wird. Um dies zu erreichen, ist der Rumpf des Flugzeugs selber durch seine Formgebung ein kritisches Element des Einlaufs und hinter der Verbrennungszone ist die Rumpfgeometrie dann auch ein Teil der Ausstoßdüse. Es ist ein echt futuristischer Antrieb, der die Zukunft der Raumtransportsysteme zu revolutionieren vermag, wenn er so funktioniert, wie wir uns das vorstellen.

Jede der drei Hyper-X-Maschinen wird zuerst von einer Pegasus-Boosterrakete auf genügend hohe Geschwindigkeit gebracht, um die Zündung des Scramjet-Antriebs zu ermöglichen. Pegasus und X-43 werden ihrerseits von einem Großflugzeug vom Typ B-52 auf Höhe getragen und dann vor Zündung des Boosters abgeworfen. Geplant sind vorläufig drei Flugtests, zwei bei Mach-7, also siebenfacher Schallgeschwindigkeit, und einer bei Mach-10. Überschall ist alles, was über Mach-1 liegt, aber wenn die Fluggeschwindigkeit Mach-5 überschreitet, spricht man von Hyperschall. Daher die Projektbezeichnung Hyper-X. Das wird äußerst aufregend werden, wenn diese coolen Supertriebwerke entfesselt werden und loslegen!

Und weiter: Am Marshall-Raumflugzentrum der NASA in Huntsville, Alabama, studieren Wissenschaftler mittlerweile in einem so genannten Dusty Plasma Laboratory, wie sich Staub im Vakuum und in der Schwerelosigkeit des Weltraums benimmt. Das Interesse daran entspringt Fragen von den größten makroskopischen Dimensionen der hauptsächlich aus Staub bestehenden Ringe von Planeten und Schweife von Kometen, bis hinunter ins Mikroskopische, nämlich wie sich der Staub in einer Raumstation verhält, und wie man ihn im Vakuum aufsaugen kann, in dem ein normaler Staubsauger natürlich nicht funktioniert.

Um diese Fragen zu untersuchen, haben unsere Forscher dieses Jahr damit begonnen, einzelne Staubteilchen mit Elektronen zu beschießen und dabei ihre Reaktion zu beobachten. Dies geschieht in einer Vakuumkammer, in der ein geladenes Staubteilchen im elektrischen Feld dreier speziell geformter Elektroden in der Schwebe gehalten wird. Man bombardiert es dann mit Elektronen und beobachtet dabei die Reaktion mit Hilfe eines Laserstrahls. Mal sehen, ob nicht auch eines Tages für uns auf der Erde daraus ein neuer Staubsauger als Spinoff herausspringt?

Technik aus der Raumfahrt erweist sich jetzt auch für eines der schlimmsten Probleme unserer Tage als heilbringend: Landminen. Von ihnen gibt es schätzungsweise 80 Mio. oder mehr aktiv im Boden von mindestens 70 Ländern rund um die Erde. Jedes Jahr töten oder verstümmeln sie an die 26 000 Menschen, die meisten davon Frauen oder Kinder, und gewöhnlich noch lange, nachdem militärische Auseinandersetzungen geendet haben. Weltweit tritt alle 22 Minuten ein Mensch auf eine Mine.

Bei der NASA ist nun eine Lösung dafür gefunden worden, wie man Landminen an der Stelle, wo sie im Boden vergraben sind, ohne den Einsatz von Explosivstoffen oder Handentschärfung zerstören kann. Es geschieht durch Hitzeeinwirkung, und als Brennstoff dient fester Raketentreibstoff, der bei der Herstellung der Fest-stoff-Boosterraketen für den Spaceshuttle übrig bleibt. Nachdem er einmal gemischt ist, wird der Treibstoff hart, sodass die Überreste beim Gießen der Raketensegmente nicht für weitere verwendet werden können; daher bereitet sein Einsatz bei der Minenentsorgung dem Steuerzahler keine zusätzlichen Kosten. Wenn der Treibstoff in der Nähe von Landminen angezündet wird, eine sichere und einfache Prozedur, brennt er ein Loch in die Mine und entzündet ihre Ladung. Gewöhnlich verbrennt sie dann ohne zu explodieren, doch wenn sie es tut, ist die Explosion schwächer und kontrollierter.

Mit den bevorstehenden Montagemissionen an der internationalen Raumstation ISS ist bei der NASA 1999 auch die Betriebsamkeit im Virtual Reality Lab, dem Virtuellen-Realität-Laboratorium am Johnson-Raumflugzentrum in die Höhe geschnellt. Hier arbeiten Astronauten an einem computergestützten Simulator, um wichtige Verrichtungen an Bord und außenbords der ISS zu üben. Das Training im VR-Labor ist zu einem wichtigen Teil der Vorbereitung einer Crew für den Einsatz im All geworden.

Der VR-Simulator sieht aus wie ein High-Tech-Computerspiel, mit Handschuhen, Videohelm, Brustpack und Kontrollgerät. An ihm trainierten die Astronauten das Bugsieren großer Massen für die Reparatur des Hubble-Teleskops und hier bereiten sie sich auf die noch schwierigeren Montageaufgaben bei der ISS vor. Die Computer helfen ihnen dabei, indem sie ein System von Kabeln und Seilzügen steuern, mit denen nicht nur die Maschinenteile, sondern auch die Astronauten selber in genauer Entsprechung der im All herrschenden kinematischen Gesetzmäßigkeiten geführt werden.

Um sich oder eine Nutzlast in der Schwerelosigkeit in die gewünschte Richtung schweben zu lassen, ist Übung erforderlich, denn oft kommt es vor, dass man das Ziel zwar anblickt, der Körper sich dabei aber anderswohin bewegt. Hubschrauberpiloten werden damit leichter fertig, denn auch bei ihnen ist die Richtung, in die sie blicken, nicht unbedingt auch die, in die sie fliegen. Der VR-Simulator erlaubt das Training mit dem Manövriergerät SAFER, mit dem Astronauten sich draußen in Sicherheit bringen können, wenn sich ihre Halteleine löst oder sie den Halt in den Fußklammern verlieren. Auch die Bedienung des Roboterarms des Shuttle wird im VR-Labor geübt. Dabei hat sich gezeigt, dass die computererzeugten Bilder der Außenbordszenen besser sind, als die von den Videokameras des Shuttle gezeigten realen Darstellungen. Sie werden deshalb absichtlich mit Störsignalen verschlechtert. Alles was die Astronauten dabei in ihren geschlossenen Videohelmen sehen, können ihre Ausbilder auch auf ihren Konsolbildschirmen verfolgen.

Große Fortschritte wurden für die Raumbesatzungen letztes Jahr auch auf einem anderen wichtigen, vielleicht noch wichtigeren?, Gebiet gemacht: dem Essen und Trinken. Speisenzubereitung für Mahlzeiten im All war schon immer mit Problemen behaftet, weil die Schwerelosigkeit, die Bordatmosphäre, die ganzen Zustände in der volumen- und energiebeschränkten Umgebung der Raumkabinen das Mitführen, Speichern und das Verzehren von Nahrung erschweren. Ursprünglich, in den 60er Jahren, aus Fruchtsäften in Beuteln, Kraftriegeln, krümelfreien Speisenwürfeln und Tubenpasten bestehend, ist die Speisekarte der heutigen Shuttlecrews wesentlich besser und reichhaltiger geworden, mit vorverpackten Mahlzeiten, ein wenig wie die Feldrationen beim Militär, doch mit erheblich weniger Kalorien- und Salzgehalt, und es gibt sogar Shrimps-Cocktails.

Ein neues Problem für die Nahrungsmitteltechniker bei der NASA und bei der russischen Raumfahrt erwächst kurioserweise aus der multikulturellen Zusammensetzung der ISS-Crews. Amerika und Russland teilen sich die Anfertigung der Nahrung für die Besatzungen, sodass die Kosmonauten an Bord nicht auf ihren Borscht und ihr Schwarzbrot und die Amerikaner nicht auf ihren Truthahn und ihre süßen Kartoffeln verzichten müssen.

Bei zukünftigen längeren Weltraumexpeditionen, etwa zum Mars, kommt man mit der ISS-Speisekammer von heute freilich nicht sehr weit. Was man an Vorräten mitnehmen kann, ist begrenzt und reicht nicht aus, um eine sechsköpfige Besatzung an die drei Jahre lang zu verpflegen, wenn man nicht gewaltige Kosten in Kauf nehmen will. Irgendwelcher Nachschub von der Erde kommt natürlich nicht in Frage. Wenn sich an Bord aber eine Art Treibhaus befindet, in dem Gemüse, Salat, Maiskorn und andere pflanzliche Nahrung wächst, könnte man nicht nur die Marsflieger speisen, sondern dabei auch noch Sauerstoff und Wasser für sie gewinnen. Wegen der benötigten Proteine wird man allerdings nicht ganz auf vorverpackte Fleischspeisen verzichten (obgleich es auch protein-haltige Pflanzen gibt); vielleicht ist noch Fischzucht an Bord denk-bar.

Solche Entwicklungen sind bei der NASA bereits im Gang, und die zu lösenden Aufgaben sind nicht leicht, denn der zukünftige Weltraumfarmer arbeitet in einem eng geschlossenen System, in dem zum Beispiel die Ausdünstungen der verwendeten Nährlösun-gen und selbst der angenehme Duft von frisch gebackenem Brot die Gesundheit gefährden könnten. Nicht leicht zu nehmen sind auch das Recycling des Wassers, der zum Wachstum und Verarbei-ten von Nährpflanzen benötigte Zeitraum, und die absolute Sauberhaltung der Bordelektronik, d. h. der Navigation, Energie-versorgung, Kommunikation und Stabilisierung des Raumschiffs. Hierzu sind viele Experimente nötig. Bereits 1995 haben NASA-Forscher in einem 15-Tage-Versuch demonstriert, wie man Weizen in einem geschlossenen System wachsen lassen kann, um Nahrung und Luft zu liefern. Für 2004 werden derzeit ausgefeilte Langzeit-experimente im BIO-Plex-Laboratorium der NASA in Houston geplant, bei denen vier Personen bis zu acht Monate lang einge-schlossen werden, für die Dauer eines Marsfluges also. In Russland sind solche Versuche am renommierten Moskauer Institut für Bio-medizinische Programme (IBMP) ebenfalls bereits im Gang.

Das vergangene Jahr brachte einen schönen Erfolg für ein wich-tiges Gemeinschaftsprojekt der NASA mit dem Deutschen Zen-trum für Luft- und Raumfahrt (DLR) namens SOFIA. Es ist NASAs großes neues »Stratosphärisches Observatorium für Infra-rot-Astronomie« (daher SOFIA), an dem Deutschland zu 20 Pro-zent beteiligt ist. Dafür wurde das Teleskop in Deutschland von MAN Technologie und Kayser-Threde gebaut, ein gewaltiges Ins-trument von 2,70 m Öffnung, das in einem Flugzeug zum Einsatz kommen wird. Der besondere Durchbruch dabei war letztes Jahr eine Gewichtsreduktion des bei Schott in Mainz gegossenen Hauptspiegels um 80 Prozent, von ursprünglich viereinhalb Tonnen auf 880 kg. Damit kann das zulässige Fluggewicht des SOFIA-Teleskops von insgesamt 20 t realisiert werden. Es wird an Bord einer Boeing 747SP in zwölf Kilometer Höhe und darüber, also in der Stratosphäre, ins All blicken, und zwar aus dem nach oben offenen Rumpf des Flugzeugs, das zu diesem Zweck umgebaut werden musste. So ermöglicht es ab 2002 den Astronomen, 20 Prozent davon aus Deutschland, die Untersuchung von Schwarzen Löchern, Milchstraßenevolutionen, chemischen Zusammensetzungen interstellarer Gaswolken, komplexen organischen Molekülen im All und der Bildung von Sternen und Sonnensystemen.

Auf unserem Plan für zukünftige Weltraummissionen stehen jetzt zwei neue Projekte, die Ende letzten Jahres von der NASA aus einer Liste von 31 Vorschlägen von Wissenschaftlern im Explorer-Raumsonden-Programm ausgesucht worden sind. Das eine, genannt Swift, soll die größten Explosionen im Universum beobachten, während das andere, FAME, nach Planetensystemen um 40 Millionen Sonnen suchen wird.

Bei dem Swift Gamma-Ray Burst Explorer handelt es sich um ein aus drei Teleskopen bestehendes Raumobservatorium, das nach dem Start in 2003 drei Jahre lang im Orbit tätig sein wird und dabei am Firmament nach Ausbrüchen von Gammastrahlen, aber auch nach neuen Schwarzen Löchern und anderen Gammaquellen Ausschau hält. Gammastrahl-Ausbrüche sind zwar die größten uns bekannten Explosionen im Kosmos, die den Rest der Schöpfung überstrahlen können, doch stellt ihre Ursache eines der großen Rätsel der Astrophysik dar. Sie geschehen völlig unvorhersagbar in fernen Galaxien, und niemand hat die geringste Ahnung, warum. Die neue Raumplattform Swift wird die einzigartige Fähigkeit haben, sich in seinem Orbit um sich selbst zu drehen und wahlweise sein Gammastrahlteleskop, Röntgenteleskop oder Ultraviolett/Optisches Teleskop in Minutenschnelle auf einen neu entdeckten Ausbruch richten zu können.

Das zweite Projekt ist der Full-sky Astrometric Mapping Explorer, oder FAME, ein Raumteleskop, das, wie der Name sagt, den ganzen Himmel kartieren und dabei mit höchster Präzision Positions- und Helligkeitswerte von 40 Millionen Sternen astrometrisch aufnehmen wird. Die so erfasste Datei erlaubt es den Astronomen, die Distanz zu allen Sternen auf unserer Seite der Milchstraße mit großer Genauigkeit zu messen, dabei große Planeten und Planetensysteme um Sterne bis zu 1000 Lichtjahre von unserer Sonne entfernt zu entdecken, und die Menge der Dunkelmaterie in der Milchstraße aus ihrer Beeinflussung der Bewegungen der Sterne zu bestimmen.

Eine ganze Reihe weiterer Entdeckungen verdankten wir letztes Jahr dem Hubble-Teleskop. Eine Untersuchung einer Supernova veranlasste zwei Astrophysiker zu der interessanten Theorie, dass ein gewaltiger Ausbruch von Gammastrahlen, wie er bei solchen Sternexplosionen auftritt, die Bildung der steinigen Planeten unseres Sonnensystems in Minutenschnelle ausgelöst haben könnte. Der Ausbruch fand danach nur etwa 300 Lichtjahre von der Sonne entfernt statt, und die eintreffenden unvorstellbar großen Energien haben womöglich die Körner in der ursprünglichen Staubwolke um die Sonne geschmolzen und dabei zu Klümpchen zusammengeschweißt. Dadurch kann die Bildung der Erde und der anderen felsigen Planeten aus einer Scheibe von Gas und Staub sehr schnell vonstatten gegangen sein. Die Zusammenschmelzung von bis zu einhundertmal die Masse der Erde zu solchen Klümpchen, so genannte Chondrulen, hat nur Minuten gedauert, und die eisenreichen Chondrulen haben dann Gamma- und Röntgenstrahlen förmlich aufgesogen. Wohlgemerkt, es ist nur eine von mehreren Theorien, aber sie würde immerhin einen Teil der Uranfänge unseres Sonnensystems erklären.

Zu den 1999 vom Hubble-Teleskop im Kosmos gemachten Entdeckungen gehört auch die eines faulen Eis. Ja, das stimmt!: ein faules Ei, so jedenfalls haben Astronomen einen Lichtklumpen genannt, der wahrscheinlich demonstriert, was einst mit unserer eigenen Sonne geschehen wird. Das »Faule Ei« sieht freilich eher aus wie ein gigantischer schwimmender Oktopus, als wie ein Ei. Es ist der im Todeskampf liegende Stern OH231.8+4.2, der sich gerade von einem normalen Roten Riesen in einen planetaren Nebel umwandelt. Der Kern des Sterns selbst liegt im Zentrum des Lichtklumpens und schießt aus zwei gegenüberliegenden Seiten gewaltige Fontänen von Gas und Staub hinaus. Dass er dahinter überhaupt sichtbar ist, liegt am Ultraviolettlicht, in dem ihn das Hubble-Teleskop aufgenommen hat. Warum aber hat man ihn »Faules Ei« genannt? Ganz einfach: Die Forscher entdeckten mengenweise Schwefelverbindungen in den ihn umgebenden Gaswolken – und die riechen, wie jeder weiß, eben nach faulen Eiern.

72 Spaceshuttle: Ergebnisse von John Glenns Raumflug

Samstag, 29. Januar 2000

Seit dem Raumflug des 77-jährigen Seniors John Glenn im Herbst 1998 haben wir gespannt auf die Ergebnisse der biologisch-medizinischen Untersuchungen gewartet, die er und seine sechs Mannschaftskameraden im All durchgeführt hatten. Gestern und vorgestern, am 27. und 28. Januar, berichteten die einzelnen Forscher in einem Symposion im NASA-Hauptquartier in Washington über ihre einschlägigen Experimente.

Bei der neuntägigen Shuttle-Mission STS-95 hatten Glenn und die anderen Astronauten 88 Forschungsaufgaben abzuwickeln, hauptsächlich auf dem Gebiet der Lebenswissenschaften, aber auch werkstoffkundliche, landwirtschaftliche und kommerzielle Experimente für Universitäten und Privatindustrien. Außerdem setzten sie die freifliegende Instrumentenplattform Spartan zur Beobachtung der Sonne aus und testeten neue Gerätschaften für das Hubble-Teleskop.

Im Mittelpunkt der Glenn-Mission standen neben den biomedizinischen Experimenten an der Crew die Erforschung einer neuen Methode der Tumorbekämpfung, des Blutfarbstoffs Hämoglobin, der Zuckerkrankheit, der Immunschwäche Aids und der tödlichen parasitären Chagas-Krankheit, die in Teilen von Südamerika Seuchenausmaß angenommen hat. Für die Tumorbekämpfung testeten die Wissenschaftler einen Miniaturballon im All, der mit Anti-Tumor-Drogen gefüllt und in solche Arterien injiziert werden kann, die sie direkt zum Tumor leiten. Dadurch kommen zellentötende Medikamente nur im unmittelbaren Bereich der erkrankten Zellen zur Wirkung, wodurch Krebspatienten von den qualvollen Nebeneffekten der Chemotherapie verschont werden könnten. Für die Hämoglobinforschung experimentierten die Astronauten für eine biopharmazeutische Firma mit neuen Methoden der Zellenseparierung, mit denen neue Hämoglobinprodukte hergestellt werden könnten, die bei Bluttransfusionen an die Stelle des menschlichen Blutes treten. Andere Experimente erzeugten hochwertige Proteinkristalle zu einer genaueren Modellierung der Struktur eines bestimmten Typs von Insulin, von dem man sich bessere Insulinbehandlungen für Zuckerkranke zur Bekämpfung ihrer Diabetes erhofft.

Für den in den 70er Jahren zum Politiker aufgestiegenen John Glenn, der 24 Jahre lang im US-Senat, dem Oberhaus des amerikanischen Kongresses, gedient hat, bedeutete der Flug die Rückkehr ins All nach 36 Jahren. Sein pionierhafter und hochriskanter Einsatz mit der Mercury-Kapsel »Friendship 7« als erster Amerikaner im All auf einer Rakete vom Typ Atlas, die beim vorhergegangenen Start noch katastrophal versagt hatte, war damals, 1962, beispielhaft und ein wichtiger Anstoß zu meiner eigenen Zuwendung zur Raumfahrt als Lebensaufgabe gewesen. Mit seinen nunmehr 77 Jahren eröffnete Glenn der medizinischen Weltraumforschung ein bisher noch unerforschtes Gebiet: die Gerontologie, d. h. die Alternsforschung. Da Alterungsprozess und Weltraumflug hinsichtlich ihrer physiologischen Auswirkungen auf den Menschen einige Parallelen haben, etwa Muskel- und Knochenabbau, Gleichgewichtsstörungen und Schlafstörungen, gehen wir derzeit davon aus, dass Experimente im All ein systematisches Modell zu liefern vermögen, mit dessen Hilfe Wissenschaftler den Alterungsprozess studieren können.

Bei dem in der Erdumlaufbahn durchgeführten medizinischen Forschungsprogramm waren Glenn und seine Kollegen selbst die Versuchskaninchen. Es ging dabei in der Hauptsache um die Auswirkungen der Weltraumzustände auf das Schlafverhalten, das Immunsystem, die Herz-Kreislauf-Funktion, die Gleichgewichts- und Bewegungskontrolle und die im All auftretenden Verlustprozesse an Muskeln und Knochen. Insgesamt erbrachten ihre biomedizinischen Untersuchungen Resultate, die für alle Besatzungsmitglieder, einschließlich John Glenn, völlig typisch waren für Astronauten und Kosmonauten bei Kurzzeitmissionen im Weltraum.

An Bord eines Spaceshuttle, wie überhaupt jedes orbitalen Laboratoriums, herrscht gegenüber der Massebeschleunigung, also der Schwere, an der Erdoberfläche von 1 g (= 9,81 m/s^2) eine minimale Restbeschleunigung von einem Zehntausendstel bis einem Millionstel eines »g«, durch so genannte Gezeitenkräfte. Nur im genauen Schwerpunkt einer Raumstation ist die Schwere genau gleich null. Sobald man sich von ihm entfernt, treten aufgrund der mit dem Erdabstand unterschiedlichen orbitalen Geschwindigkeit minimale Beschleunigungen auf, die sich als Gezeitenkräfte äußern. Diese Restschwere bezeichnen wir als Mikrogravitation. Der Schwellenwert der Schwerkraftwahrnehmung liegt beim Menschen, wie auch bei Pflanzen und Tieren, deutlich oberhalb dieses Wertes, und das heißt: Experimente an Bord einer Raumfähre kommen solchen in absoluter Schwerelosigkeit gleich, so lange der Shuttle nicht manövriert. Die Auswirkungen dieser Mikrogravitation auf den Menschen sind neben anderen Stressfaktoren im All die folgenreichsten, vor allem im Hinblick auf sein gesundheitliches Befinden. Am auffälligsten unter ihnen ist das Raumanpassungssyndrom, gemeinhin Weltraumkrankheit genannt. Bei ihr handelt es sich freilich nicht um eine Krankheit, sondern um einen vorübergehenden Umstellungseffekt, mit ähnlichen Symptomen wie entsprechende terrestrische Bewegungskrankheiten (Kinetosen), etwa Autokrankheit oder Seekrankheit: Blässe, erhöhte Körpertemperatur, Schwindelgefühl, Übelkeit, Abgeschlagenheit und manchmal auch kalte Schweißausbrüche und sogar Erbrechen. Statistisch tritt das Raumadaptionssyndrom bei ungefähr 50 Prozent aller Astronauten auf, doch lässt sich nicht voraussagen, bei welchen Personen.

Wesentlich wichtiger für die Erforschung des menschlichen Organismus ist der beim Raumfahrer schon nach kurzer Zeit auftretende Knochenschwund, auf der Erde bei älteren Menschen, vor allem Frauen, als Osteoporose bekannt. Nach Kurzzeitraumflügen lässt er sich nach der Rückkehr zur Erde mühelos wieder ausgleichen, aber ob dies auch bei Langzeitraumaufenthalten gilt, bleibt abzuwarten, bis entsprechende Untersuchungen an Bord der ISS vorliegen; es ist derzeit also in Frage gestellt. Das gilt auch für die notfalls erforderliche Entwicklung von Gegenmaßnahmen. In den menschlichen Knochen finden ständige Aufbau-, Abbau- und Umbauvorgänge von Knochencalcium statt, die in der Erdschwere von Knochenbildungszellen (den Osteoblasten) und knochenabbauenden Zellen (den Osteoklasten) im Gleichgewicht gehalten werden. Die Mikrogravitation begünstigt dagegen die Abbauvorgänge, d.h. den Calciumverlust und damit natürlich die Knochenbrüchigkeit. All dieses findet man auch beim alternden Menschen. Die von der NASA geförderte Osteoporoseforschung sucht intensiv nach einem Molekül, das in Abhängigkeit von der Mikrogravitation des Weltraumumfeldes im Körper gebildet wird und, sofern es vorhanden ist, das Wachstum der Knochenbildungszellen reguliert. Als ein möglicher Kandidat wird derzeit ein bestimmtes Prostaglandin, PGE2, angesehen. Wenn es gefunden wird, können auch Osteoporose-Kranke auf der Erde aufatmen.

Bei den Astronauten von STS-95 wurde vorübergehende Störung des Gleichgewichtssinns festgestellt, ferner geringe Atrophie, d.h. Rückbildung, von Antischwerkraftmuskeln sowie Änderungen des Immunsystems durch Stresseinwirkung. Bei John Glenn zeigten die Messungen keine wesentlichen Abweichungen von den bei anderen Astronauten feststellbaren Auswirkungen. Vier Nächte lang schlief er in einem speziell instrumentierten Schlafanzug; er gab 17 Blutproben, trug einen Tag lang einen winzigen Herzschlagmonitor und schluckte bei Flugbeginn eine Kapsel mit einem winzigen Temperatursensor und Mikroradiosender. Er hatte nach dem Flug bedeutende Gleichgewichtsstörungen, doch verschwanden sie wieder nach der üblichen Umstellungszeit. Sein kardiovaskuläres Verhalten stimmte mit dem der anderen Raumbesatzungen überein, ebenso wie die vorübergehenden Änderungen im Immunsystem, vor allem den weißen Blutkörperchen, und er litt während des Fluges ein wenig unter gestörtem Schlaf.

Die Vergleichsstudien zwischen den Parallelen des Alterungsprozesses und des Raumflugs gehen weiter. Gemeinsam mit dem Nationalen Institut für Alterung, einer Abteilung des National Institute of Health in Maryland, benützen NASA-Forscher derzeit die Ergebnisse der Shuttle-Mission STS-95 zu erdgebundenen

Gleichgewichtsstudien; hervorgehen wird daraus eine umfangreiche Datenbank für Vergleichsanalysen von Gleichgewichtsveränderungen bei Individuen im Verlauf des Alterungsprozesses und den Gleichgewichtsveränderungen beim Raumflug. Andere gerontologische Untersuchungen bei Weltraumflügen sind in Vorbereitung, und es besteht die berechtigte Hoffnung, dass solche Langfriststudien an Bord der internationalen Raumstation zu einem tieferen Verständnis der menschlichen Alterungsprozesse führen und uns dereinst in die Lage versetzen werden, dem Menschen ein gesünderes und längeres Leben ohne die oft qualvollen Beschwerden des alterungsbedingten Zerfalls zu ermöglichen.

73 Raumfahrt und die Rolle des Menschen im All

Montag, 31. Januar 2000

In einer vom deutschen VDI (Verein Deutscher Ingenieure) geförderten Initiative für Studenten und Jungingenieure ist man kürzlich mit der Bitte an mich herangetreten, zum ausgehenden 20. Jahrhundert meine Gedanken zum Stand der Raumfahrt und zur Rolle des Menschen im Weltraum zu äußern.

Wir erleben im Augenblick im Weltraum eine Revolution, insofern als das frühere Konkurrenzdenken als treibender Motor der bemannten Raumfahrt nun durch Kooperationsdenken ersetzt wird. Der Wettlauf zum Mond zwischen Amerika und der Sowjetunion hat in den 60er Jahren zu den sechs Apollo-Mondlandungen geführt. Und auch danach ging es weiter mit dem hauptsächlich politisch motivierten Wettbewerb, der beide Seiten zu Spitzenleistungen getrieben hat: Skylab und die sowjetischen Raumstationen, Spaceshuttle bei uns und Buran bei den Sowjets... Da haben sich beide Raumprogramme immer wieder gegenseitig angeschürt, und man musste sich zunehmend fragen: »Was soll denn werden, wenn der Wettbewerb eines Tages aufhört, schläft dann alles ein?«

Heute, nach dem Kollaps der UdSSR, ist nur noch eine Welt-

macht da. Und wir können feststellen, dass statt Wettbewerbs-
denken die Zusammenarbeit im All einen mindestens so starken
Antriebsmotor bilden kann. Mit der ISS – der International Space
Station – haben wir jetzt eine Art Testobjekt für die Zukunft, an
dem 16 Nationen zusammenarbeiten, vor allem die großen: Amerika , Russland, Japan, Kanada und Europa – vertreten durch ihre
jeweiligen Raumfahrtbehörden, Europa durch die ESA. Und sie demonstrieren, dass man gar nicht miteinander im Wettbewerb liegen
muss, um irgendetwas Gutes voranzutreiben, sondern, dass man
sich durch gemeinsames Vorgehen gegenseitig stützen, das Projekt
längerfristig stabilisieren und seine Risiken – technische, program-
matische, pekuniäre – damit akzeptabler machen kann. Von Amerika aus können wir der russischen Raumfahrt – an deren Beiträgen
uns sehr gelegen ist – finanziell unter die Arme greifen, so lange es
ihr wirtschaftlich nicht so gut geht. Und wir können auch kleineren Ländern, die sich keine bemannte Raumfahrt leisten können,
die Teilnahme an solch einem Projekt ermöglichen. Ein Beispiel ist
Brasilien, das kürzlich Partnerland geworden ist. Die Internationalisierung ist damit eines der neuen vier Beine, auf denen die Raumfahrt stehen wird. Die anderen sind Kommerzialisierung, Edukation, also Bildungswesen, und natürlich die Technik selbst, die die
Raumfahrt ermöglicht.

Der zweite bedeutende Umschwung im All, den wir erleben, ist,
dass Raumfahrt weitaus integrierter als bisher das menschliche Leben, die menschliche Kultur, unsere gesamte Umwelt einbezieht
und beeinflusst. D. h., dass sie nicht nur die bemannte Expedition
zum Mars sein wird – als eine Art Randabenteuer, sondern gleichzeitig auch neue Vorstöße im erdnahen Bereich unternimmt, mit
Orientierung auf den erdgebundenen Menschen und seine Umwelt. Wir haben neulich, am 18. Dezember 1999, bereits einen
neuen Supersatelliten in die Erdumlaufbahn gebracht, genannt
Terra 1 – ein Milliardendollar-Projekt, das den eigentlichen Auftakt
zur »Mission zum Planet Erde« darstellt. Dieses Programm wird
uns in den nächsten Jahrzehnten eine unglaubliche Menge an Da-
tenströmen und Informationen über die Atmosphäre, über die
Ozeane, über die Landmassen weltweit liefern. Über Supercomputer prozessiert, werden sie uns erstmalig ein zusammenhängendes,

langzeitliches Bild über die Dynamik der Erde liefern, also über ihre Veränderungen und Veränderlichkeit – über die *Global Changes*. Raumfahrt ist also nicht nur »weg von der Erde«, hin zum Mars. Raumfahrt ist auch »hin zur Erde«, zu uns und unserer Umwelt... Das beinhaltet aber längerfristig auch die weitere Erforschung des Sonnensystems, weil wir aus ihr ständig Rückkopplung zur Erde mit neuem Wissen, neuer Technik und neuem Bewusstsein beziehen. Zunächst einmal durch robotische Sonden und dann gefolgt vom Menschen.

Natürlich wird es dabei immer wieder Überraschungen geben, Erfolge und Rückschläge. Was die letzteren betrifft, so haben wir uns bei Verlusten in der Raumfahrt aber immer wieder hochgerappelt: angefangen von Apollo 13 und dem Challenger-Unglück bis zum kürzlichen Verlust der beiden Marssonden. So etwas ist aber erfahrungsgemäß immer eine gute Lehre. Wer keine Fehler macht lernt nichts.

Was den Mars betrifft, so sehen wir jetzt zu, dass die nächsten Sonden, die in zwei Jahren starten, zuverlässiger und sicherer werden, auch wenn es mehr kosten sollte. Nach ihnen fliegt dann der Mensch zum Mars, das kann gar nicht ausbleiben.

Das hat sehr praktische Gründe: Erstens suchen wir ja nach Leben. Wenn es auf dem Mars früher Leben gegeben haben sollte und er vielleicht auch heute noch Leben in Form von Mikroorganismen besitzt, dann wäre das enorm wichtig für unsere Selbsterkenntnis auf der Erde, und für unser Bewusstsein sowie unser Wissen, unsere Wissenschaften und unsere weiteren Forschungen. Zweitens liefern Geologie, Geographie, Klimatologie und Umweltzustände des Mars eine Vergleichsbasis für entsprechende Phänomene auf der Erde – durch vergleichende Planetenforschung. Dazu zählen besondere Erscheinungen auf dem Roten Planeten, wie seine gewaltigen Sandstürme, Riesenvulkane und verschwundenen Wassermassen beziehungsweise spezielle Eigenarten der Erde wie die Kontinentalverschiebung und bestimmte Lebensformen.

Warum gibt es solche Unterschiede bei zwei benachbarten Geschwisterwelten, die doch zur gleichen Zeit entstanden sind? Und die dritte Frage beim Mars lautet, ob Menschen dort eines Tages wirklich Fuß fassen und leben können. Rohstoffe hat der Rote Planet, das wissen wir, und es gibt eine Atmosphäre. Die Aussicht, eines Tages eine zweite Erde zum Weiterexistieren und Wachsen zu haben, wird für den Menschen der Zukunft sehr wichtig und befreiend sein. Wir leben hier auf der Erde allen Unbilden des Kosmos wie Asteroiden, Umweltkatastrophen und Seuchen hilflos ausgesetzt. Manches davon kann uns völlig vernichten.

Was die Machbarkeit des bemannten Marsflugs betrifft, so würde ich darauf tippen, dass in 20 Jahren wohl die erste Expedition zum Mars fliegt. Das ist technisch machbar und erfordert finanziell kein Crash-Programm – vor allen wenn visionsstarke Partnernationen eben gemeinsam daran arbeiten. Und das Testobjekt dafür ist die ISS...

Freilich muss man dabei aber nicht nur die technische Machbarkeit hochrechnen, sondern auch berücksichtigen, dass sich der Mensch ändert: Man muss ihn also mit hochrechnen. Wir dürfen nicht von dem 2000er-Menschen ausgehen, der zumeist noch sagt: »Nein – das ist uns ja viel zu teuer.« oder »Das ist für uns ja viel zu gefährlich...« oder »Das versteh' ich nicht. Da kann ich nicht mitmachen.« Man muss bedenken, dass das ja nicht die Leute von heute sind, schon gar nicht die Älteren, und auch keineswegs die Wirtschaftsverhältnisse von heute, von denen wir reden. Es ist ein gravierender Denkfehler, nur die Technik hochzurechnen – und es ist ein sehr oft beobachtbarer Fehler bei zukunftsorientierten Delphi-Studien oder früheren Club-of-Rome-Analysen. Wenn ich die Entwicklung der Technik über die nächsten 20, 30 Jahre einschätze, dann muss ich auch die Wirtschaftsverhältnisse der Länder und die Mentalität der Menschen dieses Zeitraums mit berücksichtigen. Diese ändern sich enorm, wie der Blick in die Vergangenheit zeigt. Vor allem, wenn in der Zwischenzeit eine Raumstation im Weltraum erbaut worden ist. Und genau das ist zugleich einer der Gründe, warum wir sie überhaupt bauen, und zwar um Mensch, Industrie, Wirtschaft, Handel, Bildung und Kultur bewusst zu verändern.

Wir bei der NASA wollen in den kommenden Monaten den Schritt ins neue Millennium am Jahreswechsel 2000/2001 stimmig unternehmen: Indem der Mensch beim Überschreiten dieser Schwelle hinfort ständig im Weltraum ist. Und deswegen halten wir uns an unseren Plan, in diesem Jahr die erste ständige Crew zur Raumstation ISS zu schicken. Danach wird der erdnahe Weltraum niemals wieder ohne menschliche Präsenz sein. In 20 Jahren ist dann eine andere Generation dran: Menschen, für welche die Raumfahrt und die internationale Raumstation Routine bedeuten – alltäglicher Kram.

Sie werden darüber in der Zeitung lesen und es in den TV-News sehen. An Bord der Raumstation werden sich HDTV-Kameras befinden, sodass man im Fernsehen nur einen Kanal einzuschalten braucht, um die Geschehnisse in den ISS-Modulen live beobachten zu können – 24 Stunden rund um die Uhr. Lehrer werden aus der Raumstation Schulklassen auf der Erde Unterricht erteilen, wie es Christa McAuliffe 1986 auf ihrem so tragisch ausgegangenen Challenger-Flug beabsichtigte, Reporter werden aus dem All ihren Zuschauern Lokalberichte liefern. Die ersten Weltraumtouristen werden ein paar Tage Urlaub in der Schwerelosigkeit verbringen. Alles das ist in Vorbereitung. Dadurch werden viele junge Menschen zu einer neuen, positiven Erwartungshaltung kommen, die sie zunehmend unruhig und ungeduldig werden lässt, und sagen: »Wann geht's denn nun endlich weiter?« Und so wird man dann doch in 20 Jahren zum Mars fliegen – da können die alten Pessimisten von heute sagen, was sie wollen.

Ein großer Teil der Öffentlichkeit ist freilich in erster Linie daran interessiert, ob die Weltraumfahrt ihnen konkrete Produkte für den Alltag beschert, und das mit Recht. Schon das Apollo-Programm hat unser tägliches Leben mit einem Schatz an Nutzprodukten und -wissen bereichert. Die NASA veröffentlicht alljährlich eine dicke Broschüre über die Spinoffs, die technischen Produkte für Industrie, Wirtschaft, Baugewerbe und Transportwesen, für Medizin und Gesundheitswesen, Sport und Unterhaltung, Heim und Herd. Es sind bereits an die 60 000 Produkte aus der Raumfahrt aufgelistet.

Besonders wichtig sind natürlich die medizinischen und klinischen Anwendungen. Sie entstanden ursprünglich dadurch, dass die Astronauten im All, etwa auf dem Mond, fernüberwacht werden mussten – mit Sensoren, mit Körpertelemetrie herunter zur Erde. Wir sahen zum Beispiel genau den Herzschlag von Neil

50 So hätte er ausgesehen: Der verloren gegangene Mars-Polarforscher MPL (rechts oben die Sonne). [23, 66, 67]

51 Die Erfolgssonde: Mars Global Surveyor umkreist den Roten Planeten. [23]

52 Verlust durch Rechenfehler: Mars-Klimaforscher MCO. [23, 58, 65]

50

51

52

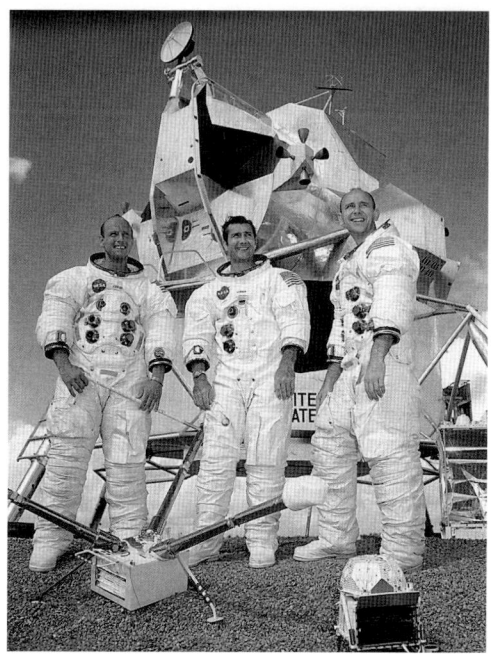

53

54

53 8. 9. 69: Rollout der 110 m hohen Apollo 12/Saturn V. [64]

54 November 1969: Die Crew von Apollo 12. V. l.: Kommandant Charles »Pete« Conrad, Kommando-modul-Pilot Richard Gordon, Mondfähren-Pilot Alan Bean. [64]

55 29. 11. 69: Apollo-12-Kommandant Charles Conrad mit zwei von ihm zurückgebrachten Mond-gesteinsproben. [64]

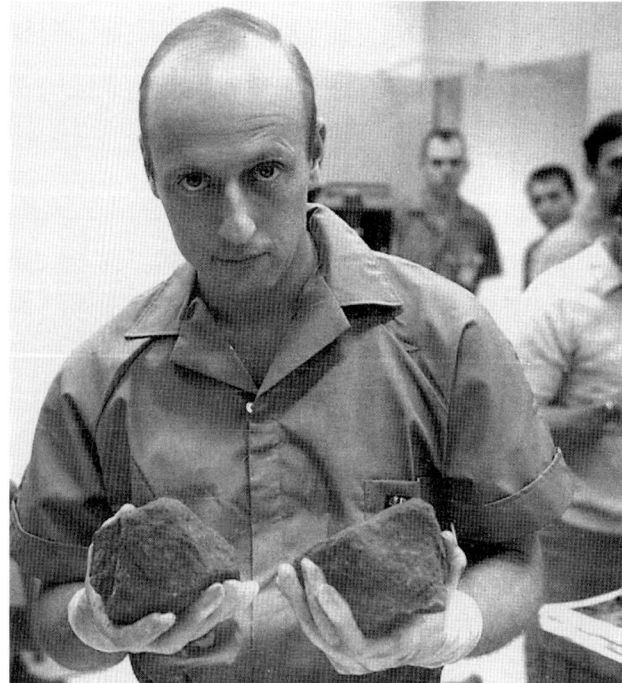

56 Dezember 1954: Oberstleutnant Dr. John P. Stapp – bewußtlos nach einem seiner Bremsversuche auf dem Highspeed-Raketenschlitten in Holl-man AFB. [63]

55

56

57

57 Das ESA-Röntgenobservatorium XMM-Newton. [68]

58 Februar 2000: ESA-Astronaut Gerhard P. J. Thiele »schießt« die Erde vom hinteren Flugdeck der Endeavour während der SRTM-Radarmission STS-99. [75]

58

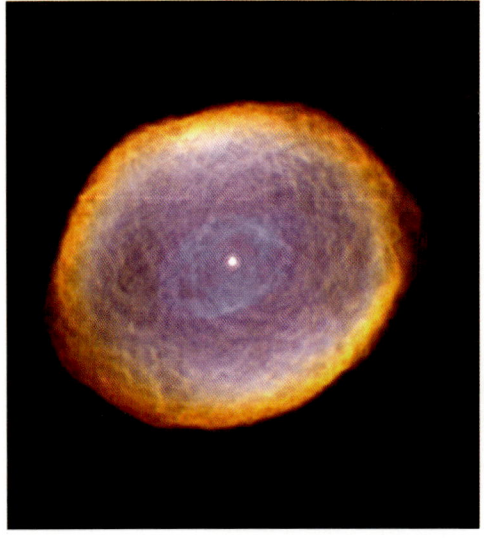

59

59 *Dezember 1999: Reparatur der Kreiselanlage des Hubble-Teleskops durch die STS-103-Astronauten Steven Smith u. John Grunsfeld.* [69]

60 *Hubble-Aufnahme des planetaren »Spirograph«-Nebels IC 418, etwa 2000 Lichtjahre entfernt in Richtung Sternbild Hase (Falschfarbenbild aus mehreren Aufnahmen von Feb./Sept. '99).* [78]

61 *Ein geisterhaftes Geflecht von Schösslingen aus Gas: Zerstörung des dunklen interstellaren Nebels IC 349 (Barnards »Merope-Nebula«) durch Merope, einen der hellsten Sterne in den Plejaden (Hubble-Foto).* [78]

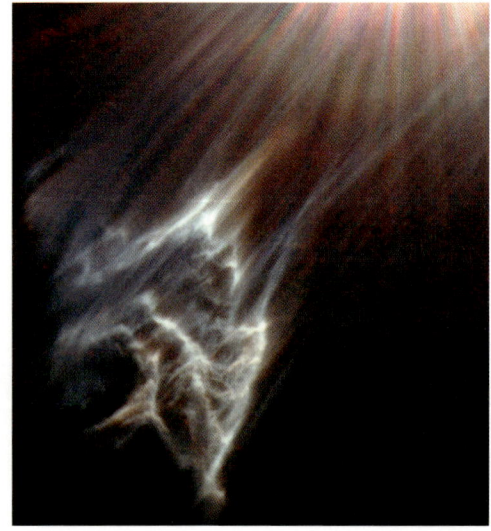

60   61

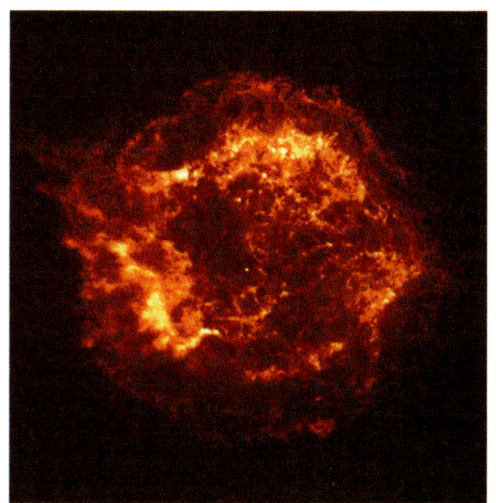

62

63

62 26. 8. 1999: Chandras »First Light«. Sternenexplosion Kassiopeia A. 300 Jahre nach dem Aufflammen
der Supernova im Sternbild Kassiopeia strahlen die zehn Lichtjahre weiten Überreste mit 50 Millionen Grad
in niegesehenem Detail im Röntgenspektrum. [55]

63 NASA-Röntgenobservatorium Chandra. [52, 78]

64 Dezember 1973: Rekordsonde Pioneer 10 am Jupiter, den sie am 3. 12. im Abstand von 131400 km
passierte. [80]

64

65 NASAs Asteroidensonde NEAR (Near-Earth Asteroid Rendezvous). [77]

65

66 Januar/Februar 2000: Blick von der Sonde NEAR auf den aus 29000 km Ferne auf 2025 km Nähe näher rückenden Asteroiden 433 Eros. [77]

66

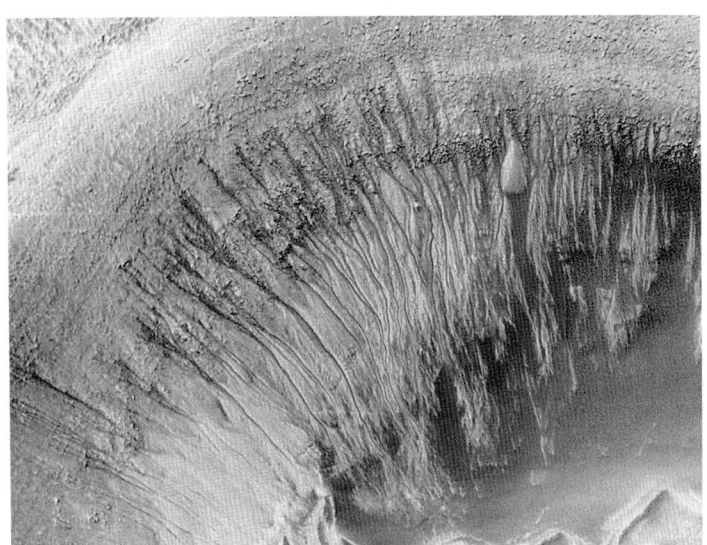

67 Januar/Mai 2000: Wasser auf dem Mars? Rinnsal-Spuren im Mars-Krater Newton (3-Bilder-Mosaik von Mars Global Surveyor MGS). [94, 96]

67

68

*68 NASA-Erdbeobachtungs-
satellit Terra bei der Arbeit.*
[88]

*69 Wie Sciencefiction: Das
neue »Glas«-Cockpit der
Spaceshuttle-Orbiter. Der
Kommandant sitzt links,
der Pilot rechts.* [86]

69

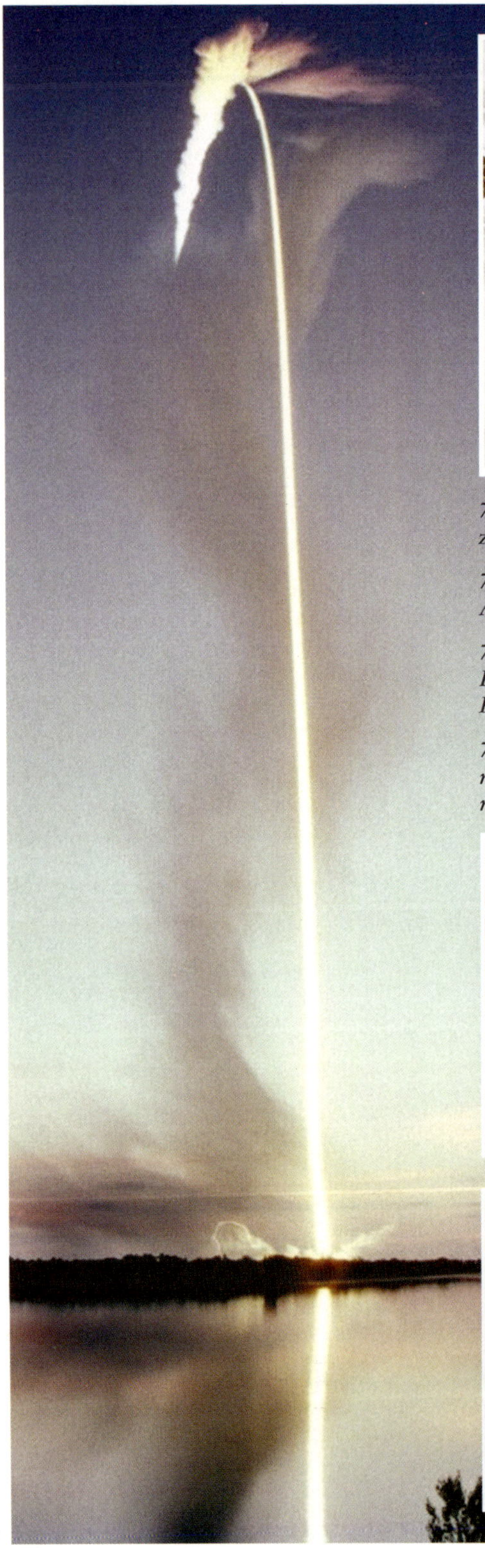

70

71

70   19. 5. 2000: Shuttle STS-101/Atlantis steigt hoch zur ISS-Wartungsmission 2A.2a. [87, 90]

71   Mai 2000: Blick auf die ISS von der STS-101/Atlantis. [87, 90]

72   STS-101-Astronautin Susan Helms bringt das Exercise-Laufband TVIS aus der Atlantis in den Knoten Unity. [87, 90]

73   STS-101-Astronaut Jeff Williams an einem der neu installierten Handgeländer am Kopplungselement Unity. [87, 90]

72

73

Armstrong bei der ersten Mondlandung. Zu nennen sind auch jene Erzeugnisse, die die Raumfahrt hervorgebracht hat durch den Zwang, Massengewichte zu verringern, die Betriebssicherheit zu erhöhen und effizientere Abbildungstechniken und Datenübertragungsmethoden für Planetensonden zu schaffen. Von der klinischen Technologie haben die Krankenhäuser in hohem Maße profitiert – vom Herzschrittmacher bis zu den Intensivpflegestationen, deren »Intensive Care«-Ausrüstung mit ihren Sensoren aus der Telemetrie ausgerüstet sind, bis hin zur heutigen Computertomographie und Kernspintomographie. All das ist von Raumfahrtentwicklungen ausgegangen oder von ihr »angestoßen« und dann auf der Erde »weitererfunden« worden.

Die ganze Computerindustrie, insbesondere die Miniaturisierung der Chips, begann ursprünglich durch die Anforderungen der Raumfahrt. Zum Beispiel hatte der Computer der Apollo-Mondlandefähre nur eine Festspeicherkapazität von 37 Kilobytes (Wortlänge 16 bits) mit unzerstörbar »verdrahteten« Programmen, zwei Kilobytes RAM und 83 Kilohertz Frequenz. Kein Kind würde heute einen solchen PC akzeptieren, aber damit begann die Revolution der Chip-Miniaturisierung.

In den Bereichen Werkstoffkunde und Werkstoffherstellung fanden die Legierungen, die für die Raumfahrt geschaffen worden waren, überall auf der Erde neue Anwendungen. Zum Beispiel entwickelten wir eine Aluminium-Legierung, die für die Raketen brauchbar war und auch wasserstoffdichte Schweißnähte ohne Oxidation zuließ. Hand in Hand damit entstanden neue Schweißverfahren und Verformungstechniken wie Explosivformen. Es gibt unzählige Beispiele dafür, dass industrielle Auftragnehmer der NASA für uns solche Sachen entwickelt und sie dann in ihren eigenen Betrieben auch als Produkte für Erdmärkte weiterverwendet haben, ohne dass sie ein Schildchen »*Made in Space*« daran gehängt hätten. So ist die Welt heute voll von solchen Nutzanwendungen aus der Raumfahrt, und wenn man diese wegdenkt, dann würde viel in unserem Leben zusammenbrechen – natürlich gäbe es auch keine Satelliten. Es ist wie bei der Elektrizität: Wir könnten ohne sie heute kaum mehr existieren.

Wenn man über die Jahrzehnte zurückschaut, haben wir in der

Raumfahrt nach konservativen Erhebungen einen Refinanzie-
rungsfaktor von 7 bis 10 realisiert. Das heißt, jeder darin investierte Dollar hat über die Jahre 7 bis 10 Dollar in die Wirtschaft
zurückgeführt. Nur sind das längerfristige Rendite. Wenn man
schnell etwas zurückhaben möchte, dann geht das bei der Raumfahrt nicht so gut, da erst einmal in neue Infrastruktur für die Industrie investiert werden muss wie etwa in die ISS. Aber wenn ich
das längere Zeit mache und auch nicht davor zurückschrecke zu
klotzen, dann ergeben sich zwei- und mehrstellige Renditen. Wenn
man dagegen nur kleckert – wie Deutschland es über die Jahre
gemacht hat – und dabei auch noch keinen freien Wettbewerb
zulässt, braucht man sich nicht zu wundern, wenn die Wirtschaft
feststellen muss, dass sie von der Raumfahrt »eigentlich nicht viel
gehabt hat«, wie man es in solchen Analysen hierzulande dann immer wieder lesen kann.

Was ich von meinen Studenten hierzu immer wieder gefragt
werde, ist, wo Ingenieure in Deutschland für die Raumfahrt arbeiten können. In Europa gibt es dafür einerseits die Raumfahrtagentur ESA, in der die europäischen Länder vertreten sind, andererseits
die Luft- und Raumfahrtindustrie, die ihren Schwerpunkt aber auf
den Luftfahrtsektor gelegt hat und bei der Raumfahrt nur die unbemannte Variante betreibt.

Das Grundübel in Deutschland ist, dass es hier – im Gegensatz
zu früher – kein nationales bemanntes Raumfahrtprogramm mehr
gibt. Damals hatte Deutschland sogar eigene Shuttleflüge: Die
außerordentlich erfolgreichen D1- und D2-Missionen mit Reinhold Furrer, Ernst Messerschmitt, Ulrich Walter und Hans-Wil-
helm Schlegel flogen mit dem in Europa entwickelten Spacelab (bei
dessen industriell-wirtschaftlicher Vermarktung hat man freilich
versagt). Das waren deutsche, nicht europäische Astronauten. Die
nationale Schiene ist jedoch völlig demontiert worden und damit
sind die Kompetenzen verloren gegangen. Deutschlands Beteiligung an der bemannten Raumfahrt findet derzeit nur über die ESA
statt. Dieser Ausstieg war in meinen Augen ein großer Fehler. Andere europäische Länder, Italien und Frankreich zum Beispiel,
unterhalten sowohl die europäische Mitgliedschaft bei der ESA als
auch eine eigene nationale Raumfahrt. Die Italiener sind darin

besonders stark, und das ist in meinen Augen beachtlich und lobenswert. Italien baut bei Alenia Aerospazia in Turin Bauteile für die Raumstation, darunter auch die Struktur des europäischen Columbus-Moduls (das wurde in Deutschland lange Zeit vertuscht), sowie manche ISS-Beiträge auf nationaler Ebene, sozusagen außen an der ESA vorbei. Deutschland hat so etwas nicht. Das DLR (Deutsches Zentrum für Luft- und Raumfahrt) hat in seinem Eigenhaushalt derzeit nur rund 320 Mio. Mark für die Raumfahrt zur Verfügung. Damit kann man natürlich keine neuen Initiativen starten, sondern allenfalls die Außeninstitute in Betrieb halten. Das einzige Gebiet der Weltraumforschung und -entwicklung, auf dem Deutschland heute noch etwas herzuzeigen hat, ist die technologische Führung beim Synthetic Aperture Radar im X-Band. Um die brachliegenden Kapazitäten nicht völlig zu verlieren, wird das DLR zum nationalen Zentrum für Verkehrs- und Transportforschung werden – also strikt erdgebunden. Ich glaube nicht, dass junge Nachwuchsingenieure sich dafür annähernd so begeistern können wie für Aufgaben in der Raumfahrt. Der absteigende Trend hält also an.

Was Deutschland braucht ist wieder ein nationales Raumfahrtprogramm. Nur durch nationale Raumfahrt kann sich die Kompetenz eines Landes entwickeln, das dann am Gemeinschaftstisch bei der ESA und darüber hinaus bei der Zusammenarbeit mit der NASA und der russischen Raumfahrt ein besserer Partner ist. Ferner fördert eine nationale Raumfahrt die Studenten an den Fachhochschulen, an den Universitäten und das gesamte Bildungswesen. Und sie beteiligt auch den Mittelstand an der Raumfahrt, deren Finanzierung bei der europäischen ESA-Variante derzeit hauptsächlich der Großindustrie zugute kommt.

Die deutsche Forschungspolitik hat hier gravierende Fehler gemacht – auf dem Raumfahrtsektor ebenso wie bei anderen Zukunftstechnologien wie Computer, Internetdiensten, Biotechnologie und Atomtechnik. Statt diese voranzutreiben hat man sterbende Industrien subventioniert, um Arbeitsstellen zu erhalten – und der »Erfolg« ist eine seit Jahren steigende Arbeitslosigkeit. Selbst auf dem Gebiet der Umwelttechniken hat Deutschland seine Führungsstelle aufgegeben, um gar nicht von anderen Zukunftsindustrien, wie Investmentbanking, zu reden. Was die Raumfahrt betrifft, würde ich, wenn ich ein Jugendlicher wäre, nachhaltig fordern und mich dafür stark machen, dass Deutschland wieder eine eigene nationale Raumfahrt betreibt. Das braucht nicht teuer zu sein, wenn auch etwas mehr als der derzeitige Etat von 300 Mio. Aber die nationale Raumfahrt hat einen sehr starken symbolischen Wert – auch dadurch, dass man sich national wieder identifizieren und sein Selbstbewusstsein aufbauen kann. Denn sie setzt Signale, die den Jugendlichen den Mut zu langfristigen Visionen zurückgeben, die ihnen heute abgehen. Alles weitere erwächst dann aus der daraus resultierenden positiveren Zukunftsicht. Ich kann es nur immer wieder sagen: Ein Land ohne Visionen hat eine Jugend ohne Perspektiven, und so ein Land ohne Perspektiven hat bei der Jugend keine Zukunft – und das heißt: keine Zukunft, Punkt.

It's as simple as that.

74 Kalendernotiz

Mittwoch, 2. Februar 2000

Heute ist der 2. 2. 2000. Das ist das erste Mal seit dem 28. 8. 888, dass wir ein Datum mit ausschließlich geraden Zahlen haben! Seit dem letzten Mal mussten 1111 Jahre und 127 Tage vergehen.

75 Spaceshuttle: STS-99 – Radar-Topographie-Mission SRTM

Freitag, 11. Februar 2000

Um 44 Minuten nach Mitternacht startete heute früh eine Spaceshuttle-Mission, die – unter Beteiligung Europas – während nur elf Tagen eine Aufgabe durchführen soll, die eine Armee von Landvermessern auch über die Dauer eines ganzen Menschenlebens nicht fertig bringen könnte: die Herstellung einer weltumspannenden Landkarte der Erde, von rd. 80 Prozent der Erdoberfläche, bewohnt von 95 Prozent der Erdbevölkerung.

Über 1800 Jahre hat es gedauert, bis aus einer Verschmelzung der von Claudius Ptolemäus in seinen Büchern »Almagest« und »Geographia« festgelegten Grundzüge der Astronomie und Geographie eine revolutionäre Kombination erdumkreisender Beobachtungsinstrumente und erdkundlicher Darstellungsmethoden entstanden ist, mit deren Hilfe wir jetzt zum ersten Mal ein detailliertes und kohärentes, d. h. zusammenhängendes Gesamtbild aller Landmassen unserer Welt gewinnen können. Wir verfügen über solche kohärenten Globalkarten für die Planeten Venus und Mars, aber – und das ist an sich merkwürdig genug – noch nicht von der Erde selbst. Von ihr besitzen wir lediglich unzusammenhängende Einzelkarten. Eine zusätzliche Besonderheit dieser geplanten topographischen Superlandkarte ist, dass sie in digitalisierter Form entsteht, in der sie mühelos mit Computern weiterverarbeitet und von zuständigen Behörden zu rechnergestützten Planungen verwendet werden kann.

Die Shuttle-Mission, unsere 97., trägt die Kennung STS-99 und durchgeführt wird sie vom Raumschiff Endeavour mit einer sechsköpfigen Crew, darunter der europäische Missionsspezialist Gerhard Thiele. Die anderen Astronauten sind die beiden Amerikanerinnen Janet Kavandi und Janice Voss, der Japaner Mamoru Mohri, sowie der US-Marineoffizier Dominic Gorie als Pilot und der NASA-Ingenieur und Fluglehrer Kevin Kregel als Kommandant. Der Zielorbit ist 233 km hoch und 57 Grad zum Äquator geneigt. Dadurch kann der Erdboden im gesamten Breitengradbereich zwischen 60 Grad Nord und 58 Grad Süd aufgenommen werden. Gekostet hat die Mission 220 Mio. Dollar, und Deutschland ist daran mit 50 Millionen beteiligt. Der Nutzungswert aber wird in die Milliarden gehen.

Das eigentliche Aufnahmegerät ist ein riesiges Radarinstrument von 14 t Masse, entsprechend etwa 15 Autos der Mittelklasse. Es heißt X-Band Synthetic Aperture Radar, abgekürzt X-SAR, und es ist ein Bestandteil der so genannten Shuttle-Radar-Topographie-

Mission SRTM. Es ist ein aktives Radar, das mit einer Sendeantenne Mikrowellen zum überflogenen Erdboden hinunterstrahlt, ihn sozusagen beleuchtet, und dann mit einer Empfangsantenne die reflektierte Energie in bestimmten Frequenzbereichen aufnimmt, im C-Band von 5,3 cm Wellenlänge und im X-Band von 3,1 cm. Wenn man, wie der Shuttle, statt *einer* Empfangsantenne deren *zwei* hat, die in festem Abstand weit genug auseinander liegen, erhält man das Radarecho logischerweise von zwei um einen geringen Betrag gegeneinander versetzten Örtlichkeiten und kann daraus eine Art Stereobild formen, also eine dreidimensionale Abbildung der Erdoberfläche mit all ihren Höckern, Buckeln, Tälern, Hängen und anderen Unregelmäßigkeiten. Mit dieser Anordnung, die man als Radar-Interferometrie bezeichnet, erzielen wir eine Auflösung von 30 mal 30 Metern horizontal, d.h. in Längen- und Breitengrad, und von etwa 15 Metern vertikal, also in Höhe. Relative Höhenunterschiede sind sogar schon auf sechs Meter genau zu erkennen. Als Produkt erhält man schließlich ein *Digital Elevation Model* (oder DEM), also eine computerisierte Höhendarstellung des Erdbodens zur Weiterverarbeitung für unzählige wissenschaftliche, militärische, kommerzielle und operationelle Anwendungen der Umweltforschung, wie Regenwaldkartierung, Klimaveränderungen, Wassersuche in Trockenzonen, Wald- und Wildpflege, Rohstoff-Bestandsaufnahmen, Nutzlandmanagement, Städteplanung, Mineralsuche, Flugsicherheit und so weiter, um nur einige zu nennen.

Bei der Shuttle-Mission STS-99 befindet sich die Sendeantenne des Radars in der Nutzlastbucht der Endeavour. Zwölf Meter lang und 40 cm breit, ist sie gleichzeitig auch eine so genannte »Linse«, also Empfangsantenne, während die zweite, acht Meter lange Linse am Ende eines Gittermastes sitzt, der im All auf eine Länge von 60 m aus der Nutzlastbucht ausgefahren wird. Seine Konstruktion ist genial: Ins All gelangt er in zusammengefalteter Form in einem kleinen Kanister, nicht viel weiter als ein Meter, aber nach Öffnung des Cargoraums wird er durch ein Schraubengewinde langsam ausgefahren, sodass er schließlich als starres Gestänge aus 86 verstrebten Würfeln in den Raum hinausragt. Seine Entfaltung dauert etwa 17 Minuten, und es ist Gerhard Thieles Aufgabe, als Nutzlastspezialist der so genannten Roten Schicht, diesen Vorgang zu überwachen und danach das Radar zu kalibrieren, d. h. sicherzustellen, dass beide Radarlinsen auch genau auf den gleichen Punkt auf dem Erdboden ausgerichtet sind. Natürlich benötigt das Riesenradar zu seinem Betrieb eine gewaltige Menge Bordenergie – rund 900 Kilowattstunden, das sind etwa so viel wie ein typischer Haushalt in 2–3 Monaten verbraucht.

Auch seine Datenausbeute, die im Verlauf der insgesamt 159 Erdumkreisungen an Bord gespeichert wird, ist unvorstellbar groß: Aufgezeichnet werden die Digitalwerte mit einer Rate von 270 Megabits pro Sekunde, gespeichert auf rund 300 Magnetbändern. Die Datenmenge beläuft sich insgesamt auf 10 Terabytes, und die würden an die 15 000 CDs füllen. Eine tolle neue Leistung der Raumfahrt, und ein erneutes Beispiel dafür, wie die Industrielle Revolution heute nach zwei Jahrhunderten immer mehr vom Informations-Zeitalter verdrängt wird.

76 Internationale Raumstation ISS: Die doppelte Proton-Schlappe

Sonntag, 13. Februar 2000

Gestern bin ich mit meinen NASA-Kollegen aus Moskau zurückgekehrt, wo wir eine Woche lang technische Besprechungen mit der russischen Raumfahrtbehörde RKA (Rosaviakosmos) geführt haben, unserem Partner an der internationalen Raumstation ISS. Hauptthema war natürlich der gegenwärtige Stand der gemeinsamen Entwicklungen und die für die kommenden Monate geplanten weiteren Schritte.

Die anfängliche Baustufe der Raumstation, die bis 2005 auf gewaltige Größe anwachsen wird, befindet sich bekanntlich seit mehr als einem Jahr im All. Bereits Ende 1998 waren die beiden ersten Bauteile von den Astronauten des Shuttlefluges STS-88 zusammenmontiert worden, und zwar der von Russland im NASA-Auftrag gebaute Energieblock Sarja und das von Boeing in den USA hergestellte Verbindungs- oder Knotenelement Unity. Zwischendurch wurde noch eine Versorgungsmission zur ISS durchgeführt, mit dem Shuttle Discovery, STS-96, im Mai/Juni letzten Jahres. Und nun steht in diesem riesigen Zusammensetzspiel als nächstes Bauteil das gänzlich vom russischen Partner stammende Servicemodul Swesda (»Stern«) an. Es sollte schon im November letzten Jahres starten, aber aus mehreren technischen Gründen hat sich der Abflug bis jetzt verzögert. Im Mai 1999 wurde Swesda von der Moskauer Raumfahrtfirma RKK-Energija in fünf Tagen ins ferne Kasachstan transportiert, und dort wird es im Kosmodrom von Baikonur seither für den Start vorbereitet.

Was den für letzten November vorgesehenen Start um mehrere Monate zurückgeworfen hat, war in erster Linie das Versagen zweier russischer Trägerraketen vom Typ Proton, der auch das Servicemodul ins All tragen soll. Die Proton ist an sich ein äußerst zuverlässiges Arbeitspferd, in das wir aufgrund ihrer hervorragenden Leistung in der Vergangenheit großes Vertrauen setzten. Deshalb war es sowohl für die Russen als auch für die NASA eine Überraschung, als am 5. Juli zuerst eine Proton, und dann am 27. Oktober, also nur dreieinhalb Monate später, die zweite Proton durch Versagen der zweiten Stufe verloren ging. Natürlich wurden alle weiteren geplanten Flüge vorläufig eingestellt, bis man die Ursache ermittelt und beseitigt hatte, und davon war auch das Servicemodul Swesda betroffen. Zur gleichen Zeit trat auch beim Spaceshuttle-Programm eine Verzögerung ein, als man rund 120 im langjährigen Betrieb blank gescheuerte Kabelstellen in den vier Orbitermaschinen fand, deren Beseitigung ein zeitraubender Prozess war; aber diese Verzögerung trug nicht selber zur Verspätung von Swesda bei.

Nun, inzwischen fliegt der Shuttle wieder, wie die vor zwei Tagen gestartete SRTM-Mission zeigt, und bei der Proton wurde die Ursache gefunden, nämlich Fabrikationsfehler in einigen Triebwerksätzen für die zweite und dritte Raketenstufe des Trägers, die im Zeitraum von 1992/93 gebaut wurden, als zur Zeit der großen Wende in Russland bei der Herstellerfirma in Woronesch schwer wiegende Mängel in der Qualitätskontrolle auftraten. Im Gehäuse der beim Flug hochgestressten Triebwerk-Turbopumpen waren

Verunreinigungen zurückgeblieben, die bei einigen zu übermäßiger Erhitzung führten, sodass sogar die Stahllegierung des Pumpengehäuses Feuer fing. Die Triebwerke sind mittlerweile geändert und in Bodentests gründlich geprüft worden, sodass ihnen das wertvolle Servicemodul anvertraut werden kann, doch sollen die Motoren vorher auch im Flug geprüft werden, und zwar mit zwei Proton-Starts. Wenn die Konstruktionsänderungen unsere Erwartungen erfüllen, wird Swesda dann auf der dritten Proton ins All fliegen. Als Startzeitraum haben wir nunmehr den 8.–14. Juli festgelegt. Warum ausgerechnet diese Tage als Startfenster? Nun, sie sind im Monat Juli der Zeitraum, in dem das Rendezvousmanöver und das Andocken des Servicemoduls an die bereits vorhandene ISS über den (nur) fünf russischen Bodenstationen im Sonnenlicht abläuft, sodass eine gute Überwachung des Vorgangs mit den Fernsehkameras möglich ist.

Warum ist das Servicemodul so wichtig für uns? Ganz einfach deshalb, weil es die ständige Bewohnbarkeit der Station durch eine Crew ermöglicht, die vorher noch nicht gegeben ist. Swesda enthält alle Wohnanlagen, die die zunächst dreiköpfige Besatzung zum Leben und Arbeiten im All benötigt. Ursprünglich war das Modul, zumindest seine Zellenstruktur, noch von den Sowjets gebaut worden, um als Kernzelle einer Nachfolgestation für Mir zu dienen, also als Mir 2. Dazu kam es dann bekanntlich nicht mehr, doch wurden die Arbeiten daran wieder aufgenommen, als Russland als unser Partner der internationalen ISS-Familie beitrat und dieses Bauteil als wichtigen Beitrag mit einbringen konnte. In seiner hochmodernen Ausrüstung unterscheidet sich das Servicemodul denn auch weitgehend von dem älteren und weitaus weniger leistungsfähigen Mir-Kernelement.

Bevor Swesda im Juli starten kann, müssen wir freilich noch einen neuen Shuttlebesuch der ISS durchführen, der für den 13. April geplant ist. An Bord des Energieblocks Sarja haben nämlich mehrere elektronische Geräte mittlerweile das Ende ihrer von den Herstellern verbürgten Betriebsdauer erreicht und müssen gegen neue ausgetauscht werden. So dient der Shuttleflug STS-101 in erster Linie der Instandsetzung und Versorgung der ISS, damit sie vor dem Eintreffen von Swesda wieder »wie neu« ist.

Wie soll es dann nach dem Andocken des Servicemoduls weitergehen? Zunächst benötigen wir dringend Treibstoffnachschub für Sarja, und den soll am 31. Juli ein unbemannter Progress-Tanker von Baikonur aus bringen. Als nächstes folgt dann am 19. August ein zweiter Versorgungsflug eines Shuttle, dann Ende September eine weitere Shuttle-Mission mit einem Gerüstträgerelement namens Z1 (für Zenit 1), einem kompakten Aggregat von Steuerkreiseln, einem Kommunikationssystem und einem weiteren Andockadapter. Anfang November trifft dann die erste Crew ein, bestehend aus: Bill Shepherd, Jurij Gidsenko und Sergeij Krikaljow, die zur Zeit ihr Intensivtraining im Gagarin-Kosmonautentrainingszentrum in Sternstädtchen, Swesdnij Gorodok, zu 84 Prozent absolviert haben.

Vor Ende dieses Jahres werden darüber hinaus noch zwei weitere Tankermissionen gebraucht, doch wird es für Russland nicht leicht sein, die in diesem Jahr insgesamt benötigten drei Progress-Tanker und das bemannte Sojus-Schiff für die erste Crew zu liefern und dabei gleichzeitig auch ihre alte Raumstation Mir im All in Betrieb zu halten. Wie die Dinge derzeit stehen, hat Mir durch private Finanzierung einen Aufschub erhalten, sowohl im übertragenen als auch im wörtlichen Sinn. Am 3. Februar legte eines der für die ISS umgebauten Progress-Tankerschiffe an ihr an und schob sie ein paar Tage später um rund 40 km höher, sodass sie dadurch eine Lebensverlängerung von rund fünf Monaten erhalten hat. Am 31. März soll nun auch eine neue Crew nachfolgen, auf jeden Fall zweiköpfig, aber, wie man gerüchtweise hört, möglicherweise auch mit drei Kosmonauten, je nachdem ob bis Anfang März zusätzliche Finanzen für den dritten Passagier bereitstehen (man spricht von dem russischen Filmschauspieler Wladimir Steklow, der angeblich in Swesdnij Gorodok trainiert). Wenn diese Crew dann an Bord ist, wird sie je nach Länge ihres Aufenthalts ein weiteres Progress-Versorgungsschiff benötigen, gefolgt von einem dritten, mit dessen Hilfe Mir dann später in diesem Jahr entweder zum kontrollierten Absturz gebracht oder wieder in der Bahnhöhe angehoben wird. Entschieden wird diese Frage allein von den Russen – die NASA hat damit nichts zu tun, obwohl wir zugegebenermaßen sehr besorgt sind, dass sich nicht beide Programme gleichzeitig durchführen lassen, ohne die ISS nicht weiterhin in Mitleidenschaft zu ziehen. So lange die Bordsysteme der mit 14 Jahren sehr alten Station weiterhin mitmachen, wird also hinsichtlich des weiteren Mir-Betriebs allein die finanzielle Lage der russischen Kosmonautik den Ausschlag geben.

77 Asteroidensonde NEAR am Ziel

Montag, 14. Februar 2000

Nach vierjähriger Reise voll unerwarteter Abenteuer ist die NASA-Sonde NEAR heute, ausgerechnet am Valentinstag!, an Eros eingetroffen, dem kleinsten und einem der fernsten je von der Erde aus angeflogenen Himmelsobjekt im Sonnensystem. Der erdnussförmige Asteroid Nr. 433 mit dem Namen des griechischen Gottes der Liebe, war zu dieser Zeit 260 Mio. Kilometer von der Erde entfernt, und die Radiosignale brauchten vierzehneinhalb Minuten, um diese Strecke zu durchmessen. Der im Jahr 1898 entdeckte Eros umkreist die Sonne weit außerhalb der Erdbahn in einem elliptischen Orbit, in dem er sich der Sonne bis auf 169 Mio. Kilometer nähert; sein Aphel, das ist der Fernpunkt, liegt bei 266 Mio. Kilometer. Sein Jahr dauert 643 Erdtage, und er gehört zur Kategorie der so genannten »Amor«-Asteroiden, die sich der Sonne bis auf Durchschnittsabstände von 1,3 Astronomischen Einheiten (AE) nähern, entsprechend 1,3-mal die Entfernung Sonne – Erde. Klassifiziert ist er als ein Typ S, und das heißt, dass er aus eisen- und magnesiumhaltigen Silikaten wie Pyroxen und Olivin besteht.

Solche Asteroiden können Bruchstücke einstmaliger größerer Himmelskörper, ja eines ganzen Planeten sein, und das ist einer der wichtigsten Gründe, warum die Sonde NEAR (abgekürzt für Near Earth Asteroid Rendezvous) ihn näher untersuchen soll. Er typisiert rund 800 uns bekannte Asteroiden, die der Erde bis auf 50 Mio. Kilometer nahe kommen und für alles Leben auf der Erde eine potenzielle Gefahr darstellen, da ihre Orbits mit der Zeit »wandern«, d. h. Veränderungen unterworfen sind, die sie eines Tages die Erdbahn kreuzen lassen können. Damit besteht dann auch die Möglichkeit einer Kollision.

Der neueste dieser Near-Earth Asteroids (NEAs) wurde erst Anfang Februar dieses Jahres entdeckt; er umkreist die Sonne alle elf Jahre und könnte der Erde in 50 Jahren bis auf fünf oder sechs Mio. Kilometer nahe kommen. Wie viele andere bisher unentdeckte NEAs eine Katastrophengefahr darstellen, wissen wir natürlich nicht. Auch wenn NEAR den Eros nicht aus seiner derzeitigen Bahn zu schieben vermag, zeigt die Sondenmission doch, dass so etwas in Zukunft im Notfall mit größeren Geräten nicht ausgeschlossen wäre – fast wie im Kino.

Die 800 kg schwere Tiefraumsonde brauchte zu ihrem Rendezvous mit dem Liebesgott wesentlich mehr Zeit, als ursprünglich vorgesehen. Gestartet im Februar 1996, flog NEAR zunächst an einem anderen Asteroiden namens 253 Mathilde vorbei, wobei die Sonde Aufnahmen machte, und kehrte dann erst einmal zur Erde zurück, die sie sieben Monate später, im Januar 1997, in einem zweistündigen Swingby passierte, um sich von unserem Schwerefeld zusätzliche Geschwindigkeit für den Weiterflug zu Eros zu holen. Das Stelldichein mit ihm war für Januar 1999 geplant, fand jedoch nicht statt, weil das erste von mehreren Steuermanövern fehlschlug und die Chance, den Treffpunkt pünktlich zu erreichen, damit vertan war.

Aber so schnell geben unsere Raumschiffnavigatoren nicht auf, wenn sie ein sonst gut funktionierendes Raumschiff haben. Über eine Distanz von 2,56 AE hinweg, steuerten sie die Sonde zu einem Vorbeiflug an Eros in einem Abstand von 3830 km. Er fand am 23. Dezember 1998 statt, wobei die Bordkamera 1100 Aufnahmen des kraterbedeckten Knollens machte, mit einer Detailschärfe bis zu 500 m. Der Asteroid wurde dabei vermessen, und seine Dimensionen belaufen sich demnach auf 30 km Länge und 14 km Weite. Er dreht sich langsam um sich selbst, wobei jede Umdrehung rund 5 Stunden 16 Minuten dauert. Dann begann die Planung für einen zweiten Versuch eines Stelldicheins, und ein entsprechendes Schubmanöver gelang am 3. Januar 1999.

Und nun ist NEAR heute am Ziel eingetroffen, um den Himmelskörper mit sechs Instrumenten gründlich zu erforschen. Dabei vollbrachten die 260 Mio. Kilometer entfernten kosmischen Steuerleute eine weitere unerhörte Erstleistung: Nur noch 327 km von Eros entfernt, schubste sich das Raumschiff um 16:33 Uhr MEZ mit einem behutsamen Schubmanöver seiner kleinen Hydrazin-Düsen von 57 Sekunden Dauer in einen Orbit um den Asteroiden, den kleinsten Himmelskörper, den ein von Menschen gebautes Raumfahrzeug je umkreist hat. Die Annäherungsgeschwindigkeit von 69 km/h, relativ zu Eros, wurde durch das Manöver um 10 m/s auf 29 km/h, also auf Fahrradtempo verringert. Für die schwache Schwerkraftanziehung des kleinen Weltenkörpers, die nur ein Tausendstel derjenigen der Erde beträgt und von einem Menschen spielend mit einem Sprung überwunden werden könnte, genügte dies, um die Sonde in einen nur 330 km hohen Orbit zu ziehen. Eine knappe Stunde später sandte sie ein Bild zurück, das uns den Erfolg des Stelldicheins zeigte. Auffallend sind die Krater auf der Oberfläche, die von gewaltigen Einschlägen in der Vergangenheit zeugen, ihre unterschiedlichen Farbschattierungen, die auf vielfältiges Mineralvorkommen hinweisen, sowie die deutlich sichtbaren haushohen Felsblöcke, von denen einige trotz der geringen Schwerkraft offenbar auf die Kratersohle heruntergerollt sind.

In den kommenden Wochen und Monaten wird sich NEAR langsam immer näher an den mysteriösen Felsbrocken heranschieben und dabei seine Zusammensetzung, Masse, Gestalt, Schwerkraft und magnetischen Charakteristiken erforschen. Neben seinem Magnetometer trägt das Raumfahrzeug einen Laser-Entfernungsmesser, eine Kamera für sichtbares und infrarotes Licht, Spektrometer zur Messung der Ausstrahlungen von Eros in drei verschiedenen Frequenzen und ein Radio-Ortungssystem zur Ermittlung der Schwankungen des Schwerefeldes vermittels ihrer Einwirkungen auf die Umlaufbahn der Sonde.

Als nächstes steht für NEAR am 29. Februar ein Orbitkorrekturmanöver bevor, gefolgt von einem weiteren Schubmanöver am 10. März, mit dem sich das Gerät dem Eros auf 200 km nähern wird. Zwei Wochen später, um den 1. April, schiebt es sich gar bis auf 100 km an ihn heran und danach auf 50 km. Wenn dann Anfang 2001 die Primärmission beendet ist, besteht sogar die

Möglichkeit einer weiteren Annäherung, bei der sich die Maschine zunächst 500 m über dem Boden des Asteroiden in der Schwebe hält und dann vielleicht auch auf ihm landet und versuchshalber auch wieder startet. Treibstoffe hat das Raumschiff mehr als genug an Bord.

78 Neues vom Kosmos: Hubble und Chandra entdecken das All

**Donnerstag,
17. Februar
2000**

Zu den kosmischen Rätseln, die die Forscher seit Jahren bewegen und die Weltraumforschung im kommenden 21. Jahrhundert mitbestimmen werden, gehört das Alter unseres Universums. Bisherige Berechnungen ergaben immer um die 15 Milliarden Jahre. Doch letztes Jahr zeigten Beobachtungen des Hubble-Teleskops von pulsierenden Riesensternen, den so genannten Cepheid-Variablen, in der Galaxie NGC-4258 ein jüngeres Alter, von nur 12 Milliarden Jahren. Bei Cepheid-Variablen besteht zwischen der Pulsierungsrate und ihrer für uns sichtbaren Helligkeit ein enger Zusammenhang, der uns bekannt ist; daher kann man aus der Beobachtung ihrer Periodizität und Helligkeit ihren Abstand von der Erde ableiten, und deshalb werden sie gerne als kosmische Entfernungs-Meßstäbe benützt.

Die nun gefundenen Werte stimmen nicht mit anderen Entfernungsmessungen überein, bei denen Mikrowellenstrahlungen aus der Nähe eines übermassiven Schwarzen Lochs im Zentrum dieser Galaxie, das sind so genannte Maser, zur Distanzbestimmung verwendet wurden. Die neuen Messungen ergeben einen wesentlich kürzeren Abstand, und da sich das Universum ständig ausdehnt, müsste das bedeuten, dass es sich schneller ausdehnt als angenommen und daher jüngeren Alters ist. Das ist wie bei einer auf 60 Watt Helligkeit geschätzten Glühbirne, die sich nun als eine 50-Watt-Birne herausstellt, d. h. näher am Beobachter ist.

Und weiter: Neugeborene Sterne im All zu beobachten ist

äußerst schwierig, da sie bei der Geburt stets von dichten Staubwolken eingehüllt sind. Und wenn es sich um einen großen Stern
handelt, sagen wir von der zehnfachen Masse unserer Sonne, dann
ist seine Beobachtung nahezu unmöglich. Massive Sterne entwickeln sich nämlich so schnell, dass sie bereits Teenager, und keine Babys mehr sind, wenn sich die Staubwolken endlich verzogen
haben. Zwanzig Prozent ihrer Lebenszeit ist dann bereits verstrichen. Dem Hubble-Teleskop gelang es letztes Jahr jedoch, mehrere neugeborene Sterne im Ultraviolett abzubilden, die in einer
unserer Nachbar-Milchstraßen, der Großen Magellanischen Wolke, zur Welt gekommen sind, 170 000 Lichtjahre entfernt. Einer
von ihnen hat einen auffallenden schmetterlingsförmigen Staub-
nebel um sich herum geschaffen, der den Forschern neue Rätsel
aufgibt. Entsprechend seiner Gestalt, die weniger als zwei Lichtjahre umfasst, wird er Papillon-Nebel genannt.

Auch das zweite große NASA-Teleskop im All, das Röntgenobservatorium Chandra, hat seit seinem Start letztes Jahr eine Fülle
neuer Entdeckungen geliefert. Da sind zum Beispiel die Energie-
leitungen zwischen einem mächtigen rotierenden und dabei zu-
sammenstürzenden Stern und den ihn umgebenden leuchtenden
Gasmengen, die man sich nie richtig erklären konnte. Zusammen
bilden sie den berühmten Krebs-Nebel, das meiststudierte Objekt
am Himmel, eine Supernova, deren Explosion im Jahr 1054 in
chinesischen Überlieferungen festgehalten worden ist. Der »Crab«,
wie der Nebel M1 auf Englisch heißt, liegt im Sternbild Stier, und
seine Supernova trägt die Variablen-Bezeichnung CM Tauri. Als
Astronomen in China sie 1054 mit dem bloßen Auge sahen, war
sie viermal heller als die Venus. Ihre Überreste, den Krebs-Nebel,
entdeckte John Bevis 1731. Seit Jahrzehnten weiß man, dass in seinem Inneren ein pulsierender Neutronenstern sitzt, der seine Energie 100 000-mal schneller in den ihn umgebenden Nebel hinaus-
jagt, als unsere Sonne ihre Energie abgibt. Aber wie das geschieht
wusste man nicht – bis Chandra jetzt einen feinen heißen Ring von
Ionen und Gas um den pulsierenden Stern entdeckte, der Röntgenlicht ausstrahlt, genau dort, wo die Ausbrüche des Pulsars, wie
man annahm, die Überreste der tausend Jahre alten Sternen-Explo-
sion mit Energie beschießt.

79 Die größten Ingenieurleistungen des 20. Jahrhunderts

**Mittwoch,
23. Februar
2000**

Vor einhundert Jahren bestand das menschliche Leben in der Hauptsache aus einem fortwährenden Kampf gegen Krankheiten, Schmutz, lebensgefährdende Arbeitsbedingungen, Entwaldung und gewaltige kulturelle Gegensätze, die ohne die heutigen Nachrichtentechniken unüberbrückbar erschienen. Heute, am Ende des 20. Jahrhunderts, ist die Welt ein gesünderer, sicherer und produktiverer Ort geworden, in erster Linie dank revolutionärer Ingenieurleistungen.

Anläßlich der derzeitigen »Nationalen Ingenieur-Woche«, die in den USA alljährlich um George Washingtons Geburtstag zur Ehrung des Ingenieurberufs abgehalten wird, verkündete die NAE (National Academy of Engineering), die US-Nationalakademie für Ingenieurwesen, gestern die führenden 20 Ingenieurleistungen des im Dezember dieses Jahres zu Ende gehenden Jahrhunderts. Vorgestellt wurden sie uns im Washingtoner Presseklub, und zwar von niemand anderem als Neil Armstrong, NASA-Astronaut, erster Mensch auf dem Mond und selber ein »Hemdsärmel-Ingenieur«, wie er sagte.

Über zwei Dutzend professionelle technische US-Organisationen hatten dazu der NAE die nach ihrer Sicht besten Welt-Spitzenleistungen eingereicht, und aus den 109 Vorschlägen traf dann ein Sonderausschuss aus führenden Ingenieuren wie Daniel Goldin, Norman Augustin, John Gibbons, Guyford Stever und Neil Armstrong die endgültige Auswahl und Rangordnung. Dabei galt für sie als ausschlaggebendes Auswahlkriterium, in welchem Maß die zur Wahl stehenden Ingenieurleistungen in den letzten hundert Jahren menschliches Leben zum Guten verbessert und zur Erhöhung unserer Lebensqualität beigetragen haben, zum Wohl von Otto und Emma Normalverbraucher also. Mich freut es natürlich besonders, dass die bemannte Raumfahrt zu den ausgewählten Spitzenleistungen zählt.

Neil Armstrong betonte in seiner Rede, dass es sich bei jedem der ausgewählten Ingenieur-Breakthroughs um eine Errungenschaft handelt, deren Verschwinden unser Leben einschneidend verändern und wesentlich unwirtlicher und unfreundlicher machen würde. Das vergangene Jahrhundert war gezeichnet durch die Schrecken unzähliger Kriege, aber es war auch das erste Jahrhundert, in dem unser Leben in vorher praktisch unvorstellbarer Weise durch die Technik berührt worden ist. Vor allem haben die Leistungen von Ingenieuren eine Welt geschaffen, in der Ungerechtigkeit, ja Unmenschlichkeit nicht länger im Verborgenen bleibt.

Was steht in dieser Liste der 20 größten Ingenieurleistungen an erster Stelle? Die Wahl war einstimmig: Elektrifizierung, die Errichtung eines gigantischen und komplexen Energieträgernetzes im 20. Jahrhundert, das den elektrischen Strom überall im entwickelten Teil unserer Welt verteilt und fast jedes Tun, Treiben und Wirken der modernen Gesellschaft mit Licht, Wärme und Kraft versorgt. Man denke allein an seine Bedeutung im Alltagsleben jedes Menschen: Beleuchtung, Heizung und Klimaregelung, Kühlung, Computer, Transportwesen, Kommunikation, medizinische Techniken, Nahrungsproduktion – die Liste ist endlos. Schlüsselerfindungen, die das ermöglicht haben, sind der turbinengetriebene Generator, die Erfindung des Wechselstroms, Methoden der Energiegewinnung aus vielerlei Rohstoffen, von der Kohle über Sonnenlicht bis zum Atom, und die Konstruktion und Optimierung massiver Stromübertragungssysteme.

Auf dem zweiten Platz der Hitliste steht das Automobil. Vor hundert Jahren, um 1900, legte der Durchschnittsmensch im Verlauf seines ganzen Lebens eine Strecke von weniger als 2000 Kilometern zurück, größtenteils zu Fuß, und gewöhnlich innerhalb der engen Grenzen seines Dorfes oder Wohnorts. Heute fährt der erwachsene Durchschnittsbürger in den USA jedes Jahr an die 16 000 Kilometer in einem Automobil, und davon gibt es auf der ganzen Welt eine halbe Milliarde. Das Wachstum der Autoindustrie von ein paar tausend Ford-T-Kutschen, den »Tin Lizzies«, bis zu den modernen, aerodynamisch optimierten und vielzwecktauglichen Fahrzeugen von heute stellt eine Chronik allerhöchster Ingenieurleistung dar, von Erfindungen in Werkstoffen und Antrieben bis zu innovativen Techniken in Design und Massenproduktion, die im

Verlauf des Jahrhunderts hinzukamen: der elektrische Anlasser, das Synchrongetriebe, Wagenheizung und -klimaanlage, Scheibenwischer, Austauschteile, unabhängige Radaufhängung, Lenkhilfe und natürlich weltweit berühmte Modelldesigns, die Inbegriffe von Schick, Stil und Luxus wurden. Die Erfindung des Autos selbst stammt ja schon aus dem vorigen Jahrhundert, aber wie einige andere große Erfindungen auch, sind seine eigentlichen Auswirkungen auf die Gesellschaft erst in diesem Jahrhundert fühlbar geworden.

Wenn das Auto an zweiter Stelle steht, kann das Flugzeug nicht fern sein – und es folgt in der Tat gleich an dritter Stelle. Der Trip von Europa nach Amerika dauerte um 1900 mit dem Dampfer noch sieben bis zehn Tage; ein Überschallflugzeug schafft das seit Mitte der 70er Jahre in vier Stunden. Der Flugverkehr hat unsere Welt revolutioniert, und die gewaltigen Ingenieurentwicklungen, die dahinter stehen, erzählen eine der dramatischsten Erfolgsstorys des 20. Jahrhunderts. Getrieben zunächst von Kolbenmotoren wie die Flugmaschine der Gebrüder Wright von 1903, machte das Flugzeug mit der Einführung der Gasturbine 1939 einen jähen Sprung nach vorne ins Jet-Zeitalter, und 1957 überholte der Flieger in den USA die Eisenbahn als beliebtestes Reisemittel. Wir alle wissen, wie sehr der Luftverkehr die heutige Welt für jeden von uns zugänglich gemacht und geöffnet hat.

Welche große Ingenieurleistung schaffte Platz vier? Auch das liegt nahe: Die Wasserversorgung und -verteilung. Zu Beginn des 20. Jahrhunderts waren wasserverbreitete Krankheiten wie Typhus, Cholera, Dysenterie und Diarrhöe die großen Geißeln der Menschheit. Dank wirksamer Wassermanagementtechniken und Aufbereitungsmethoden wie Chlorifizierung, chemische Koagulation, Sedimentierung, Filterung, Kohlenstoffadsorption, mikroorganische Techniken und andere, sind solche Seuchen und Krankheiten im 20. Jahrhundert erfolgreich bekämpft und bis 1940 in den entwickelten Ländern buchstäblich eliminiert worden. Dadurch wuchs unsere Lebenserwartung, sank die Kindersterblichkeit, schoss die landwirtschaftliche Produktion in die Höhe und verbesserte sich die Lebensqualität überall in der Welt.

Fünftens: die Elektronik. Angefangen von der Vakuumröhre

über den Transistor bis zum heutigen Mikroprozessor, sind elektronische Vorrichtungen im Verlauf des 20. Jahrhunderts ständig kleiner, leistungsfähiger, wirksamer und wirtschaftlicher geworden, wobei sie zur Technologiebasis für zahllose Innovationen und Produkte wurden. Die Vakuumröhre ermöglichte die frühen Radios, Fernseher und Computer. Anfang der 50er Jahre faszinierte der Transistor die Welt, und das Transistorradio wurde das am schnellsten verkäufliche Einzelhandelsprodukt aller Zeiten. Um 1955 wog ein Hochgeschwindigkeitscomputer an die drei Tonnen, verbrauchte 50 Kilowatt Energie und kostete 200 000 Dollar. Aber er schaffte 50 Multiplikationen in der Sekunde, was Menschen oder Addiermaschinen nicht fertig brachten. 1977 wog ein Taschenrechner weniger als ein Pfund, verbrauchte weniger als ein halbes Watt, rechnete mit 250 Multiplikationen in der Sekunde und kostete 300 Dollar. Und heute gibt es handflächengroße Taschencomputer für 250 Dollar, PDAs (Personal Digital Assistants), die sich drahtlos in große Rechner einschalten können, Daten übermitteln und tausende von Adressen, Termine, Memos, Listen und E-Mails speichern. Der Schlüssel zu dieser atemraubenden Revolution ist der integrierte Schaltkreis, das Herz aller modernen elektronischen Systeme, die in der zweiten Hälfte des 20. Jahrhunderts die Welt zu überschwemmen begonnen haben.

Auf welchen Platz setzten Neil Armstrong und seine Ingenieurkoryphäen die bemannte Raumfahrt? Auf Platz zwölf, aber vor ihr kommen noch Radio und Fernsehen an sechster Stelle, weil sie nach Marconis Vorführung der drahtlosen Telegraphie im Jahr 1901 die menschliche Gesellschaft weltweit im Sturm genommen haben. Dank Erfindungen wie die Diode, Vakuumröhre, Antennen, Abstimmkreise, Regelwiderstände, Mikrophone, Oszillatoren und Lautsprecher hatte schon vor 65 Jahren fast jeder amerikanische Haushalt ein Radio; in Deutschland spielte der Volksempfänger bekanntlich eine kritische Rolle. Und in den Vierzigern erschien erstmalig das Fernsehen auf dem Markt. Beide bewirkten einschneidende gesellschaftliche Veränderungen in der Welt.

Auf dem siebten Platz steht die Mechanisierung der Landwirtschaft. Wenn zu Beginn dieses Jahrhunderts in den USA noch vier Bauern nötig waren, um zehn Menschen zu versorgen, ernährt heute dank der Technik ein einzelner US-Farmer 97 Amerikaner und 32 Menschen in anderen Ländern. Vor 100 Jahren brauchte ein großes Team von Bauern und Hilfskräften noch viele Wochen zum Anpflanzen und Einbringen einer Ernte; heute kann das gesamte Getreide im mittleren Westen der USA in nur zehn Tagen gesät und in 20 Tagen geerntet werden.

Auf dem nächsten Platz folgt der Computer, der heute wohl mehr als jede andere Kraft in der Geschichte der Neuzeit die Menschheit einer globalen Gemeinschaft näher bringt. Dann natürlich das Telefon, an neunter Stelle, das sich heute mehr und mehr vernetzt mit modernster Kabeltechnik, Computer, Satelliten, elektronischen Techniken, Glasfaseroptik usw. An zehnter Stelle kommen Klimaregelung und Kühltechnik, die den Ferntransport und die Lagerung frischer Nahrungsstoffe ermöglicht haben, aber auch neue Sauberkeitsnormen für Chirurgie, Mikrochipherstellung und viele neue Forschungsgebiete. Dann folgt die Straßenbautechnik und das erdumspannende Netzwerk von Verkehrsstraßen, Autobahnen, Highways und Superhighways.

Und damit kommen wir zur Raumfahrt, die Platz zwölf der technischen Spitzenleistungen des ausgehenden 20. Jahrhunderts einnimmt, gefolgt von Internet, Abbildungstechnik, Haushaltsgerätschaften, Gesundheitstechnik, Petroleum- und Petrochemie-Technologien, Laser und Glasfaseroptik, Atomtechnik und Hochleistungswerkstoff-Technik auf Platz zwanzig.

Die Raumfahrt begann etwa in der Hälfte des vergangenen Jahrhunderts – mit dem Start des sowjetischen Sputnik 1 im Jahr 1957. Manche Leute sehen auch schon den ersten erfolgreichen Start einer V2, der frühen Vorläuferin heutiger Weltraumraketen, am 3. Oktober 1942 als Beginn des Raumfahrtzeitalters. Aber wenn es auch eine Weiterentwicklung der V2 war, die den ersten Sputnik startete, so war das Besondere an seinem Erscheinen zweierlei: Erstens war er natürlich der erste künstliche Satellit der Erde, und zweitens entzündete er damit einen beispiellosen Wettlauf unter den Großmächten, der in den USA die gewaltigste Anstrengung von Ingenieurteams in der amerikanischen Geschichte auslöste.

Das sich daraus entwickelnde Raumfahrtprogramm hatte enorme Auswirkungen auf Menschen in allen Teilen der Welt. Zunächst erweckte es durch das epische Apollo-Mondlandeprogramm, dessen erste Landung, Apollo 11, sich letztes Jahr zum 30. Mal jährte, für viele von uns den alten Pioniergeist wieder zum Leben, der früher den Menschen zur Erforschung jedes Winkels seiner Erde getrieben hat. Damit wurde ein neuer langfristiger Kurs gesetzt für zukünftige Entdeckungsreisen in die Tiefen des Weltraums, von denen Menschen seit Urzeiten träumen, und auf diesem Weg entsteht heute mit der internationalen Raumstation eine ständige Bleibe für uns im All und die Absprungbasis für die darauf folgenden Expeditionen zum Mars.

Die zweite Bedeutung der Raumfahrt ist die durch sie bewirkte globale Erweiterung unserer Wissensbasis. In ihrem Bemühen, den Raumflug konkrete Wirklichkeit werden zu lassen, haben Ingenieure bei ihrer Tätigkeit im Raumfahrtprogramm die unglaubliche Menge von 60 000 Produkten mit direkter Nutzung für die breite Öffentlichkeit entwickelt. Wir sind heute abhängig geworden von Satelliten für Video-, Sprach- und Datenübertragung, Verteidigung, Vertragsüberwachung und Friedenserhaltung, für Gesundheitsfürsorge und Bildungsprogramme, Wetterprognose, Umweltbeobachtung und Navigation. Seit 1963 der erste geostationäre Satellit ins All gelangte, sind bis Ende 1999, also im Verlauf von 36 Jahren, ungefähr 580 Nachrichtensatelliten allein in diese Umlaufbahn gestartet; 25 bis 30 neue kommen jährlich hinzu – um gar nicht von den Nutzsatelliten in niedrigeren Umlaufbahnen zu sprechen. Die bemannte Raumfahrt hat neue Anforderungen an die technische Leistungsfähigkeit von Raumfahrzeugen, Computern und physiologischen Überwachungstechniken gestellt, und damit die entsprechende Entwicklung von Spezialwerkstoffen, hochleistungsfähigen, kompakten Rechnern und fortgeschrittenen medizinischen Sensoren und anderen klinischen Technologien mit sich gebracht und vorangetrieben.

Wir haben erst damit begonnen, unsere neuen Raumfahrttechnologien zu entwickeln und zur Reife zu bringen: den Spaceshuttle, die internationale Raumstation ISS und die in den Tiefen des Alls operierenden ferngesteuerten und robotischen Sonden, unsere verlängerten Sinnesorgane zur Erforschung unserer Nachbarplaneten, sind alle Teil dieses voranstrebenden Lernprozesses. Das kommende

Jahrhundert wird uns mit Sicherheit unzählige neue Errungen-schaften, Entwicklungen und Entdeckungen bescheren, die unsere Bewusstseinsperspektiven erweitern und unser Leben verbessern werden. Doch schon der Blick zurück auf das ausgehende Jahrhun-dert hat gezeigt, wie absurd und haltlos die auch heute noch vieler-orts anzutreffende quasi-hysterische Technikfeindlichkeit wirklich ist. *Think about it*, wie man hier sagt.

80 Pioneer 10 – Sonde der Rekorde

Donnerstag, 2. März 2000

Heute sind 28 Jahre vergangen seit dem Start der Raumsonde Pioneer 10 und dem Beginn einer beispiellosen Weltraumexpedi-tion, in deren Verlauf sich ein von Menschenhand geschaffenes Objekt weiter von der Erde entfernt hat, als jemals zuvor oder seit-her. Das kleine, nur 260 kg schwere Gerät hat als erstes Raumfahr-zeug irdischer Herkunft einen äußeren Planeten erreicht und elf Jahre später das Sonnensystem verlassen, mit Kurs auf das Sternbild des Stiers. Auch heute noch erreichen uns seine Signale – aus einer Entfernung von fast elf Milliarden Kilometer.

Gebaut von der Firma TRW im kalifornischen Redondo Beach in den 60er Jahren, war das Raumfahrzeug am 2. März 1972 von Cape Canaveral auf einer Atlas-Centaur auf seine Reise zu den Sternen gegangen. Ursprünglich lediglich zur Erforschung des Ju-piters bestimmt, sah seine Konstruktion nur eine Betriebsdauer von 21 Monaten vor. Über die Gefahren auf seinem langen Weg hatte die NASA damals kaum Kenntnisse. Man wusste wenig über den Asteroidengürtel, der mit Gesteins- und Eistrümmermassen zwi-schen den Bahnen von Mars und Jupiter um die Sonne strömt, und noch weniger über die gewaltigen Strahlungsfelder des Jupiters, die man allerdings für stark genug hielt, das Gedächtnis in den Halb-leiterchips des Bordcomputers zu zerstören, Glas zu schwärzen und Schutzlacke anzufressen.

Die Sonde löste in der Folge bei ihren Erbauern wiederholt Jubelstürme aus: Pioneer 10 durchmaß die dichtesten Zonen des Asteroidengürtels, 400 Mio. und 480 Mio. Kilometer von der Sonne entfernt, und überstand die Siebenmonatspassage unbeschädigt, obwohl ein dafür bestimmtes Instrument zahlreiche Durchschläge von Staubteilchen verzeichnete. Pioneer erreichte den Jupiter nach 21 Monaten, am 3. Dezember 1973, raste im Abstand von 131 400 km an seinem Ziel vorbei und sandte die ersten Bilder seiner bunt gestreiften Oberfläche zur Erde. Die Strahlungsgürtel erwiesen sich in der Tat als von gewaltiger Stärke, fügten der kleinen Sonde jedoch nur geringe Schäden zu. Der Weg stand offen für eine Fortsetzung des Forschungsprogramms, und die Gelder wurden bewilligt.

Pioneer 10 wurde die Sonde der Rekorde, und Wissenschaftler haben seinen Forschungszug euphorisch in eine Klasse mit der Entdeckung Amerikas, der ersten Weltumseglung und der Apollo-Mondlandung eingestuft. Letztes Jahr, am 18. November 1999, hat die US-Postbehörde die kleine Sonde auf einer Briefmarke verewigt. Sie war das erste irdische Raumfahrzeug, das über die Marsbahn hinaus vorstieß, das erste, das den Asteroidengürtel durchbrach, und das erste am Jupiter. Schon beim Start von der Erde mit fast 52 000 km/h das schnellste je von Menschen hergestellte Objekt, wurde es durch Jupiters gewaltiges Schwerefeld umgelenkt und auf die wahnwitzige Geschwindigkeit von 130 000 km/h katapultiert (das sind 36 km in der Sekunde!). Elf Jahre nach der Jupiterpassage, am 13. Juni 1983, überquerte das Gerät mit fast 50 000 km/h die Bahn des Neptuns, viereinhalb Milliarden Kilometer von der Sonne entfernt, und verließ damit das Sonnensystem, da sich Pluto, der äußerste der bekannten Planeten, aufgrund seiner starken Bahnelliptizität bis dieses Jahr innerhalb der Neptunbahn befindet.

Pioneer 10 trägt elf Forschungsinstrumente, von denen heute noch acht gut funktionieren. Seinen Betriebstrom liefern vier Nuklear-Aggregate, so genannte thermoelektrische Radionuklidgeneratoren (RTGs) vom Typ SNAP-10, die die Wärme von Plutonium-238 in Elektrizität umwandeln. Ihre Leistung sinkt exponenziell mit zunehmendem Alter, entsprechend der Halbwertszeit des radioaktiven Zerfalls von 92 Jahren. Da gerade erst etwas über 27 Jahre vergangen sind, wird noch ausreichend Wärme produziert, doch hat die thermoelektrische Konvertierung in Elektrizität an Leistungsfähigkeit verloren, sodass der Radiosender wahrscheinlich nicht mehr viel länger betrieben werden kann.

Zu den wissenschaftlichen Primärleistungen der Rekordsonde gehören die erste durchgehende Vermessung der sich bis weit über die äußersten Planeten hinaus erstreckenden Sonnenatmosphäre, der so genannten Heliosphäre, über einen Bereich von 800 Mio. bis 8 Milliarden Kilometer; die Entdeckung, dass der Asteroidengürtel für irdische Raummissionen nur geringe Gefahr darstellt, das erste Modell von Jupiters riesiger pulsierender Magnetosphäre und seiner gewaltigen Strahlungsgürtel, die Entdeckung der Eigenschaften seines Magnetfeldes und seines elektrisch leitenden Inneren sowie die Tatsache, dass Jupiter ein flüssiger Planet mit nur kleinem, wahrscheinlich sogar gänzlich fehlendem Festkern ist.

Pioneer 10 verdanken wir die ersten Nahaufnahmen des Riesenplaneten mit seinen grellbunten Gürteln, Zonenbändern und dem Großen Roten Fleck, die Entdeckung von Helium in seiner Atmosphäre und die Feststellung, dass er dreimal mehr Wärme ausstrahlt, als er von der Sonne empfängt, sowie auf Tag- und Nachtseite gleiche Temperaturen hat. Die Sonde lieferte die ersten genauen Massen- und Dichtewerte der planetengroßen Jupitermonde – Schlüssel zur Entstehungsgeschichte des Planeten. Sie verfolgte und verzeichnete den Verlauf des Sonnenwindes durch Jupiters Magnetschweif bis auf 25 AE hinaus, das heißt 25-mal die Entfernung Erde – Sonne, und sie erbrachte den Nachweis, dass der so genannte Gegenschein, ein der Sonne gegenüberliegender Lichtschimmer am Firmament, und das in der Ekliptikebene beiderseits der Sonne sichtbare Zodiakallicht nicht mit der Erde in Zusammenhang stehen, sondern durch interplanetare Staubteilchen verursacht werden und mit dem Quadrat des Sonnenabstands an Helligkeit verlieren. Beide Phänomene, über die schon die alten Ägypter gerätselt haben, existieren nicht außerhalb des Asteroidengürtels.

In seiner Erdferne von rund elf Milliarden Kilometer durchfliegt Pioneer 10 heute mit 45 000 km/h den Grenzbereich zwischen den fernsten Ausläufern der noch immer messbaren Heliosphäre und dem freien Milchstraßen-Raum, sich geradlinig weiter von uns entfernend. Seine Funksignale mit wissenschaftlichen Messdaten, die das Deep Space Network der NASA noch immer auffängt, benötigen für die gewaltige Distanz zur Erde zehn Stunden zehn Minuten und erleiden auf dieser Strecke natürlich erheblichen Signalschwund. Beim Eintreffen auf unseren drei fußballfeldgroßen Empfangsantennen haben die mit acht Watt ausgestrahlten Botschaften ihre Energie bis auf vier Trilliardstel Watt eingebüßt. Um damit ein Christbaumkerzchen von acht Watt eine Sekunde lang aufleuchten zu lassen, müsste sie rund 60 Billionen Jahre lang gesammelt werden.

Auch nach Verstummen seines Radios in ein paar Jahren wird das Gerät in kommenden Äonen weiter auf seiner Bahn um den Mittelpunkt der Milchstraße durch die Unendlichkeit reisen, auch dann noch, wenn seine Erbauer und die Erde selbst längst verschwunden sind. In fünf Milliarden Jahren wird sich unsere Sonne zu einem Roten Riesen aufblähen, größer als die Umlaufbahn der Erde, und diese verschlingen. Aber Pioneer 10 wird dann noch immer dort draußen im interstellaren Raum seine Bahn ziehen. Dabei wird er anderen Himmelskörpern nahe kommen, allein zehn bekannten Fixsternen in den nächsten 850 000 Jahren, etwa dem roten Zwergstern Proxima Centauri in 26 118 Jahren und dem weißen Riesen Altair in 227 068 Jahren. Seine Flugrichtung zielt auf den 68 Lichtjahre entfernten roten Riesenstern Aldebaran, das Auge des Sternbilds Stier.

Und ein irdischer Sendbote ist die kleine Sonde aus den Anfangsjahren der Raumfahrt in der Tat. Auf ihrer Reise zu den Sternen trägt sie an Bord eine Grußbotschaft ihrer Erbauer. Eingeritzt auf einer goldplattierten Aluminiumtafel von 15 cm mal 23 cm zeigt sie ein unbekleidetes Mann/Frau-Paar mit grüßend erhobenem Arm, dazu als Größenmaß ein Wasserstoffmolekül und einen Aufriss der Sonde selbst, sowie zur Bestimmung ihres Herkunftsorts Darstellungen von 14 Pulsaren und unseres Sonnensystems mit ihrer anfänglichen Flugbahn.

Wie groß ist die Wahrscheinlichkeit, dass eine andere Zivilisation im Universum die Tafel findet? Verschwindend klein, vermuten wir, vielleicht eine in einer Jahrmillion. Will man sich ein Bild von den Chancen für den Empfang der Botschaft durch eine andere Rasse machen, so entspricht Pioneer 10 metaphorisch einer Flaschenpost, die wir einst in den kosmischen Ozean geworfen haben.

Small chance – aber vielleicht findet sie doch jemand?

81 Internationale Raumstation ISS: Wie stopft man ein Leck?

Montag, 6. März 2000

Wenn das Thema internationale Raumstation zur Diskussion steht, werde ich oft gefragt, wie man denn das eigentlich macht, wenn man im All ein Leck flicken muss.

Die einzelnen Module einer Raumstation sind ja Druckbehälter, ähnlich der Rumpfkonstruktion eines modernen Verkehrsflugzeugs, und ihre Wände bewahren den Innendruck gegenüber einer Außenwelt ohne Druck, d. h. dem Weltraumvakuum. Wenn eine Station viele Jahre lang im Betrieb ist, kann es natürlich vorkommen, dass aus irgendeinem Grund – sei es eine Kollision mit einem Gegenstand an Bord oder einem Flugkörper von außen, einem Stück Weltraummüll oder gar einem Mikrometeorit – ein Loch entsteht, aus dem die Innenluft ausströmt. Beim Entwurf und Bau der ISS ist zwar alles Menschenmögliche getan worden, um die Wahrscheinlichkeit für so ein Vorkommnis minimal zu halten, aber es wäre leichtsinnig und dumm, so etwas völlig auszuschließen.

Wie wird die Besatzung der ISS auf so etwas vorbereitet sein? Zunächst einmal sind ja alle Einzelelemente der Station durch luftdichte Klappen verschließbar. Wie bei einem Unterseeboot lautet bei einem plötzlich entstehenden Leck also das erste Gebot: »Raus aus dem Modul und Schotten dicht!« Dann kann man in größerer Ruhe daran gehen, das Leck ausfindig zu machen und zu flicken. Aber wie lässt sich das im All machen?

Am Marshall-Raumflugzentrum der NASA haben Ingenieure

eine Art Flick-Vorrichtung entwickelt, ein »Patch Kit«, mit dem sich Löcher in den Wänden der Druckmodule reparieren lassen. Sie heißt kurz »KERMIt«, und das steht für »Kit for External Repair of Module Impacts«, also »Garnitur zur externen Reparatur von Moduleinschlägen«. »Extern« deshalb, weil uns die Erfahrung gelehrt hat, dass sich ein Leck von außen eher finden lässt als von innen, wo es hinter Wandverkleidungen, Instrumentenschränken, an Lukendichtungen und anderen schwer zugänglichen Stellen auftreten kann. Gelernt haben wir das vor allem bei der russischen Station Mir, wo das Labormodul Spektr im Juni 1997 durch die Kollision mit dem unbemannten Progress-Frachter M-34 leckgeschlagen wurde. Den Besatzungsmitgliedern knackte es in den Ohren, als die Luft auszuströmen begann – daran erkannten sie übrigens als Erstes, dass ein Leck entstanden war –, doch hatten sie genügend Zeit, das betroffene Modul durch Schließen der inneren Lukenklappe vom Rest der Station zu isolieren. Später drangen Kosmonauten in Raumanzügen in das Spektr-Modul ein, um Stromverkabelungen umzuleiten, aber das Leck selber war nicht auffindbar und ist bis heute nicht repariert worden. Es ist deshalb besser, wenn man von vornherein darauf vorbereitet ist, solche Penetrationen von außen zu flicken.

Wenn man dafür eine Technik entwickelt, ist natürlich die Frage, mit welcher Größe man bei einem Leck rechnen muss, von kritischer Bedeutung. KERMIt ist dafür ausgelegt, Löcher von weniger als zehn Millimeter bis zu zehn Zentimeter Durchmesser abzudichten, einschließlich einer damit zusammenhängenden Rissbildung in der Aluminiumwand des Moduls von bis zu 20 cm Länge. Bei größeren Rissen ist mit einem weiteren Aufreißen des Druckbehälters zu rechnen, und dann dreht sich das Problem nicht mehr darum, ein Leck zu flicken, sondern ein Ersatzmodul in Betracht zu ziehen.

Das Reparaturkit aus Huntsville sieht zwei verschiedene Typen von Flicken vor: einen für glatte, blanke Oberflächen und den anderen für Außenwände mit Vorsprüngen, also herausragende Teile oder Zellenelemente an der Schadensstelle. Beide können bei allen Stationselementen eingesetzt werden, ganz gleich, welcher der internationalen Partner es geliefert hat.

Die Flicken sind Scheiben aus einem glasklaren Kunststoff namens Lexan, und befestigt werden sie über dem Leck mit einem Ankerbolzen, den der im All schwebende Astronaut zuerst durch das Loch in der Hülle schiebt, wo er sich hinter der Wand festklemmt, das heißt verankert. Die Dichtscheibe wird dann mit einer Flügelmutter angezogen, wobei sie einen Schaumring an ihrem Umfang gegen die Wandfläche presst. Drei vorstehende Bolzen halten sie dabei auf etwas Abstand von der Wand, sodass ein Hohlraum entsteht, in den dann mit einer Handspritze ein spezieller Klebe- und Dichtstoff eingepumpt wird. Durch das klare Lexan lässt sich der Vorgang dabei visuell überwachen. Über den Flicken kommt dann noch eine Wärmeschutzdecke. Der Flickstoff benötigt zwei bis sieben Tage zum Trocknen; dann ist er fest und dicht, und das Modul kann wieder druckbelüftet werden. Die Reparatur sollte sechs Monate lang halten. Typischerweise würde man für so eine Prozedur zwei Raumausflüge benötigen: den ersten zur Säuberung und Vorbereitung der Schadensstelle und den zweiten zur eigentlichen Reparatur. Rapider Druckverlust und Feuer sind die beiden gefürchtesten Notsituationen an Bord. Die der Crew bei einem Leck noch verbleibende Zeit hängt von der Leckgröße und dem Kabinen-Anfangsdruck ab. Beim jetzigen ISS-Volumen und 10 mm Hg je Minute Druckabfall verbleiben der Crew im Normalfall 3–4 Minuten bis zur Erreichung des gerade noch zulässigen »Überlebensdrucks« (der freilich durch sofortige Sauerstoffanreicherung noch gesenkt würde). In dieser Zeit können dafür ausgebildete Astronauten Rettungsschritte einleiten, unterstützt von entsprechend programmierter Automatik.

KERMIt ist bereits in der Schwerelosigkeit getestet worden, und zwar bei Parabelflügen an Bord des berühmten NASA-Flugzeugs »Vomit Comet« sowie unter Wasser im Neutralauftriebstank in Houston. Die Entwicklungsingenieure sind jetzt daran interessiert, das Patch Kit auch in der Nutzlastbucht eines Shuttle im Orbit auszuprobieren. Es ist nur eines einer derzeit in Entwicklung befindlichen ganzen Familie von Systemen zur Reparatur aller möglichen Problemfälle an der ISS, einschließlich struktureller Schäden, sowie zur erneuten Sicherheitszertifizierung der reparierten Infrastruktur für den bemannten Betrieb.

82 30. Jubiläum von Apollo 13

Heute jährt sich zum 30. Mal die Mission von Apollo 13. Sie war damals, im April 1970, eine ausgewachsene Beinahekatastrophe, bei der sich uns dreieinhalb Tage lang die Haare sträubten – bevor sie dann doch ein gutes Ende nahm. Ein Zeitungsbericht nannte sie die dramatischste Rettung in der Geschichte irdischer Forschungsreisen. Der drohende Tod hoffnungslos im All gestrandeter Astronauten vor dem Auge und Ohr der ganzen Welt, bis dahin nur eine Horrorvision in Sciencefiction, drohte nun Wirklichkeit zu werden. Die nervenaufreibende Spannung, die Ängste, die wir in jenen albtraumhaften Stunden durchmachten – heute lassen sie sich kaum beschreiben, geschweige denn nachempfinden. Am spannendsten war die Entstehung des völlig improvisierten Flugplans, mit dem das havarierte Raumschiff heimgebracht wurde. Das war damals ein echter Thriller, der das Zeug zum Bestseller hatte, und es ist mir unbegreiflich, dass es Jahrzehnte dauern musste, bis jemand daraus ein packendes Leinwanddrama gemacht hat, das 1995 überall auf der Welt zum Kassenschlager Nr. 1 wurde.

Schon vor der eigentlichen Explosion im Raumschiff Odyssey hatten wir beim Start Schwierigkeiten gehabt. Die Crew musste in den letzten zwei Tagen noch einen neuen Kommandomodulpiloten einarbeiten, Jack Swigert, da der eigentliche Pilot, Tom Mattingly, mit Röteln in Kontakt kam, gegen die er nicht geimpft war.

Der Start erfolgte am Samstag, dem 11. April 1970, um 14:13 Uhr. Beim Aufstieg fiel in der zweiten Trägerstufe das mittlere Triebwerk aus – 132 Sekunden zu früh. Aber dank Wernher von Brauns so genanntem Bündelungsprinzip bei den Raketenmotoren war der erreichte Parkorbit in Ordnung. Auch das Einschussmanöver zweieinhalb Stunden später kam plangemäß und setzte Apollo 13 auf eine präzise Bahn zum Mond, auf den Weg zur dritten Mondlandung. Die Astronauten James Lovell, Fred Haise und Jack Swigert übertrugen Fernsehprogramme, und es fand auch ein Bahnmanöver statt, um die Landefähre Aquarius an die richtige Stelle für den Landeanflug beim richtigen Sonnenstand zu bringen.

Das Unglück geschah am dritten Tag – am Montag, dem 13. April, nachts um 22:10 Uhr. Apollo 13 war 328 000 km entfernt, als im Versorgungsteil ein Flüssigsauerstofftank explodierte, weil sich zwei defekte Thermostatschalter nicht geöffnet hatten. In wenigen Minuten verlor das Raumschiff seinen elektrischen Strom und die Wassererzeugung. Über drei kosmische Tagereisen von der Erde entfernt, gab's in der Kommandokapsel nur noch für eine Viertelstunde Strom und damit standen die Bordsysteme vor dem Kollaps, als die Crew erstaunlich kühl und ruhig Meldung machte. Jack Swigerts Durchsage »Heh, wir haben hier ein Problem!« ist klassisch geworden. Und Fred Haise meldete knochentrocken: »Und in Verbindung mit dem Alarmsignal gab's hier einen ziemlich lauten Knall.«

Es bestand für die Männer nur noch eine einzige Hoffnung: nämlich die angekoppelte Mondfähre Aquarius. Sie war in allen lebenswichtigen Systemen von der Odyssey unabhängig und konnte deshalb als Rettungsboot benutzt werden. Es war unser Glück im Unglück, dass die Explosion nicht erst auf dem Rückweg vom Mond stattfand, also bei fehlender Landefähre, dann wäre alles aus gewesen. Andererseits war Aquarius nur für zwei Mann ausgelegt und verfügte gerade über genügend Sauerstoff, Wasser und Batteriestrom für den Mondausflug, d.h. für knapp 50 Stunden. Diese Vorräte mussten nun so weit gestreckt werden, dass sie die drei Männer fast 90 Stunden lang am Leben erhielten.

Eine Rückkehr zur Erde war nur möglich, wenn Apollo 13 zuerst um den Mond herumflog. Das große Haupttriebwerk war aber nicht mehr verwendbar, und deshalb mussten wir uns für alle noch erforderlichen Schubmanöver mit dem weniger als halb so starken Landetriebwerk von Aquarius behelfen, das überdies nicht schwenkbar war.

Die Rückkehr dauerte dreieinhalb Tage und die Bedingungen an Bord wurden von Stunde zu Stunde qualvoller. Das Drama spitzte sich zu. Die Welt, die das alles mit ansah, hatte so etwas noch nie erlebt. Millionen Menschen folgten den Entwicklungen im Radio, im Fernsehen, auf öffentlichen Plätzen, in Privatheimen, Schulen, Büros und Fabrikhallen, wo die Arbeit zum Stillstand kam. In München wurde in der Frauenkirche eine Astronautenmesse gelesen. Zahlreiche Nationen boten ihre Hilfe an. Präsident Nixon telefonierte mit den Ehefrauen Marylin Lovell und der hochschwangeren Mary Haise in Houston sowie mit den Eltern des Junggesellen Jack Swigert in Denver.

Am Mittwoch früh gab's eine neue lebensbedrohende Komplikation an Bord: der Kohlendioxidgehalt war so stark angestiegen, dass die Crew einer langsamen tödlichen Vergiftung entgegenging. In der Odyssey gab es zwar ausreichend Luftfilterpatronen mit Lithiumhydroxid (LiOH), doch passten die nicht in Aquarius. In Houston improvisierten zwei NASA-Leute hastig einen behelfsmäßigen Adapter, und mit den zudiktierten Anweisungen bastelten Jack und Jim dann aus vorhandenen Gegenständen, Plastikbeuteln und Klebeband in aller Eile ein merkwürdiges Ding zusammen, mit dem die Luftfilterkanister der Odyssey an die Saugschläuche von Aquarius angeschlossen werden konnten. Eine Stunde später war der CO_2-Pegel okay.

Die Kälte wurde immer schlimmer, und am Donnerstagabend kauerte Fred Haise mit einer Blasenentzündung, von Fieber geschüttelt, in der verdunkelten Odyssey, zwischen den Zähnen die Taschenlampe geklemmt, um die endlose Durchsage neuer Checklisten mitzuschreiben.

Am nächsten Morgen erfolgte eine letzte Kurskorrektur, um die Bahn exakt in die Mitte des engen »Wiedereintrittskorridors« zu schieben. Ein Zuviel oder Zuwenig an atmosphärischem Eintrittswinkel hätte den Tod der Crew bedeutet: Entweder wäre die Kapsel von der Lufthülle abgeflutscht und ins All hinausgeschnellt, oder bei einem zu steilen Eintritt verbrannt.

Die ganze Welt sah im Fernsehen zu, wie Apollo 13 im mittleren Pazifik an den Fallschirmen herunterkam, nicht weit vom wartenden Flugzeugträger *Iwo Jima*. Diese etwa sechs Meilen entfernte Landung war die damals präziseste in der Geschichte der bemannten Raumfahrt. Es war 13:08 Uhr – knapp sechs Tage nach dem Start, und 45 Minuten später betraten die Astronauten den roten Teppich auf dem Deck der *Iwo Jima*. Das erlösende Gefühl, das uns damals erfüllte, lässt sich heute nicht mehr beschreiben.

Im Rückblick mag Apollo 13 zwar als Fehlschlag gelten, doch wurde die Mission zu einem definierenden Markstein des unvergesslichen Pionierjahrzehnts von Apollo, der uns und der Welt damals demonstrierte, was man mit entschlossener Teamarbeit wirklich zuwege bringen konnte. Die Mission wirkte irgendwie erneuernd und beflügelnd, nicht zuletzt auch wegen der überaus positiven Reaktion der breiten Öffentlichkeit, die unser Programm allen pessimistischen Unkenrufe zum Trotz weiterhin unterstützte. Ein Aufgeben gab es auch für das amerikanische Volk nicht – das erfuhren wir damals durch Apollo 13 (und später noch deutlicher durch das Challenger-Unglück).

Apollo 13 stärkte auch unser Selbstvertrauen in unsere weiteren Bemühungen. Nach 22 erfolgreichen bemannten Missionen hatte natürlich zunehmend die Vision einer fatalen Astronauten-Strandung im Weltraum im Hintergrund unserer Gedanken gelauert, und die Ungewissheit, wie wir ihr begegnen würden. Die Erfahrung mit Apollo 13 hat dieses Gespenst gebannt.

83 Internationale Raumstation ISS: Rollout von Columbus

**Samstag,
15. April 2000**

Gestern gab es in Italien eine kleine Feier von ganz besonderer Bedeutung für die europäische Raumfahrt. In Turin wurde nämlich die fertige Zelle des Columbus-Moduls für die internationale Raumstation ISS von ihrer Herstellerfirma Alenia Spazio an die europäische Raumfahrtbehörde ESA überstellt. Der zweite Anlass für die unter Anwesenheit des ESA-Generaldirektors Antonio Rodotà und des Präsidenten der italienischen Raumfahrtagentur ASI, Sergio De Julio, abgehaltene Zeremonie war die formelle Aushändigung einer Bordanlage für die Umweltkontrolle und Lebenserhaltung namens ECLSS (Environmental Control and Life Support Subsystem) von der ESA an die italienische Raumfahrtagentur.

Das Columbus-Modul ist Europas hauptsächlicher Beitrag zur ISS, die wir derzeit in der Erdumlaufbahn montieren, ein wissenschaftliches Forschungslaboratorium, das nach gegenwärtiger Planung gegen Ende 2004 an Bord eines Spaceshuttle gestartet werden soll. Freilich gehören Europa gerade mal 51 Prozent von Columbus; rund 49 Prozent des Moduls, also fast die Hälfte, gehen nach dem vereinbarten Nutzungs-Verteilerschlüssel an die anderen Partner, vor allem die USA. Und so kommt es, dass Deutschlands Nutzanteil an der gesamten ISS nur etwas über zwei Prozent beträgt – ein tragisches Defizit der deutschen Politik der letzten Jahre mit bitteren Konsequenzen für die längerfristige Zukunft, d. h.: für die heutige Jugend.

Astronauten aus Europa und anderen Partnerländern werden Columbus zu Forschungsuntersuchungen benutzen, in Disziplinen wie Werkstoffwissenschaften, Medizin, Biologie und Technologieexperimenten, von denen man sich wesentliche Nutzen für kommerzielle Prozesse oder im Alltagsleben des Menschen auf der Erde verspricht.

Das Umweltkontroll- und Lebenserhaltungssystem ECLSS sorgt im Inneren der Weltraumlaboratorien für angenehme Arbeitsbedingungen, mit einem System von Ventilatoren, Wärmetauschern, Sensoren und motorisierten und pneumatischen Ventilen, die alle von der zentralen Bordcomputeranlage aus betrieben und überwacht werden. Insbesondere kontrolliert das ECLSS die Temperatur, Feuchtigkeit und Umwälzung der Atemluft, reguliert ihren atmosphärischen Druck, meldet den Ausbruch von Feuer und überwacht die Verschmutzung der Bordumwelt.

Den eigentlichen Anstoß zur Teilnahme Europas an der ISS gab das ESA-Council-Treffen der Forschungsminister der Mitgliedsländer im November 1995. Vor diesem Meeting stand Europas Beteiligung am Raumstationsprojekt ernstlich in Frage, aufgrund der Höhe der für das Programm veranschlagten Kosten. Mitte 1994 hatte die ESA deshalb eine vollständige Umkonstruktion des Moduls vorgenommen, um durch eine radikale Kostensenkung das Projekt zu retten und wiederzubeleben. Das Columbus-Modul wurde auf rund die Hälfte verkleinert, sodass es nur noch zehn Experimentschränken, oder Racks, Platz bietet. Dadurch entspricht es in der Länge ungefähr dem von Italien entwickelten ISS-Zubringermodul MPLM (Multi-Purpose Logistics Module), sodass es in dessen Produktionsprozess hergestellt werden konnte, wodurch sich Ersparnisse in Konstruktions- und Betriebskosten ergaben.

In der zweiten Hälfte des Jahres 1994 und in 1995 traf die ESA mit den raumfahrt-engagierten Italienern ein Kooperationsabkommen, über die Herstellung von Modul-Druckzellen allgemein und speziell zwei besondere Aufgaben. In diesem Übereinkommen verpflichtete sich die ESA zum Entwurf und zur Abnahmeprüfung einer Umweltkontroll- und Lebenserhaltungsanlage, die sowohl für das italienische MPLM als auch das europäische Columbus-Modul verwendet werden konnte, und nach seiner Fertigstellung drei Flugausrüstungen davon an die ASI zu liefern, nebst Ersatzteilen und Bodenüberwachungsgeräte für das MPLM. Die gleiche Ausrüstung würde dann von der ESA auch für Columbus benützt werden.

Die Italiener, die das Versorgungsmodul MPLM bereits für die NASA entwickelten, sollten dafür ihrerseits eine auf diesem beruhende Strukturzelle für das Columbus-Modul an die ESA liefern, zusammen mit den Qualifikationsunterlagen des MPLM, wodurch sich ein separates Testmodell für Columbus erübrigte. Für die europäischen Steuerzahler ergab sich daraus eine Einsparung von rund 70 Mio. Euros. Mit den weiteren Kostensenkungen durch die Schrumpfung des Columbus-Moduls halbierte die ESA die ursprünglich angesetzten Gesamtentwicklungskosten für Europas ISS-Beteiligung auf ungefähr 700 Mio. Euros. Auf dieser Basis erklärten sich die Forschungsminister im November 1995 in Toulouse nunmehr bereit, Europas ISS-Programm zu bewilligen. Insgesamt schätzt die ESA Europas Ausgaben für die ISS-Nutzung für den Zeitraum von 2000 bis 2012 auf 2–3 Milliarden Euros, die Rate für Rate genehmigt werden müssen.

Alenia Spazio, die dynamische Turiner Herstellerfirma des MPLM, entwickelte auch die Modulzelle für Columbus und integrierte im Auftrag der ASI das ECLSS-Lebenserhaltungssystem in das Vielzweck-Nachschubmodul. Die eigentliche Herstellung und Endüberprüfung der ECLSS-Anlage oblag der Firma DASA-Dornier in Friedrichshafen im Auftrag der ESA. Die Durchführung unterstand der gemeinschaftlichen Kontrolle von ESA und ASI.

Von ihrem wiederverwendbaren Versorgungselement produzierten die Italiener insgesamt drei Exemplare, die – voll gefüllt mit Nachschubgütern – jeweils von einem Spaceshuttle zur ISS getragen und dann zur Erde zurückgebracht werden sollen. Sie haben inzwischen wohlklingende Namen erhalten: Leonardo, Raffaello und Donatello, echte Italiener also. Zusätzlich übernahm die Firma Alenia Spazio die Entwicklung zweier großer Multikopplungsadapter für die ISS, so genannte »Knoten«, wie der sich bereits im Weltraum befindende amerikanische Knoten-1, Unity. Bezahlt von der ESA und gemanagt von der ASI, gehen die beiden Module ebenfalls an die NASA, die dafür in einem Gegenrechnungsverfahren das Columbus-Modul per Spaceshuttle ins All bringen wird.

Alenia Spazio ist außerdem die Herstellerfirma für den Druckzellenteil des nicht wiederverwendbaren Automated Transfer Vehicle (ATV), das gegen Ende des nächsten Jahrzehnts von einer Ariane 5 gestartet werden soll, um Nutzlasten, Treibstoff, Frischnahrung und anderen Nachschub zur ISS zu bringen und mit so genannten Reboost-Manövern die Anhebung ihres Orbits durchzuführen.

Die endgültige ECLSS-Ausrüstung und die Columbus-Primärzelle sind vor wenigen Wochen fertig gestellt worden. Der größte Teil des ECLSS befindet sich bereits im Kennedy Space Center der NASA, um mit Leonardo, dem ersten MPLM, nach gegenwärtiger Planung im Februar 2001 ins All zu starten, doch können in Turin noch tonnenschwere Teile des ECLSS und Zellenausrüstung bei Alenia Spazio besichtigt werden, zusammen mit anderen Elementen, die die ASI und die Raumfahrtfirma zur ISS beitragen werden.

84 Zehn Jahre Hubble-Teleskop: Eine Bilanz

Montag,
24. April 2000

Der heutige Tag ist für uns ein denkwürdiges Datum, und nicht deshalb, weil wir den geplanten Shuttle-Flug STS-101 zur internationalen Raumstation ISS verschieben mussten, sondern weil genau zehn Jahre früher, am 24. April 1990, das Weltraumteleskop Hubble an Bord der Raumfähre Discovery ins All gestartet und am nächsten Tag in seinem Orbit ausgesetzt wurde, in dem es seither die Erde umkreist. Seit Beginn seiner Tätigkeit oberhalb der störenden Lufthülle hat sich das Aussehen des Universums für uns ständig verändert, und schon längst erscheint uns der Kosmos nicht mehr so, wie vor dem Hubble-Teleskop.

Seitdem die Schöpfung den Menschen erstmalig befähigte, sich auf die Hinterbeine aufzurichten, um über hohes Savannengras nach Feinden, Nahrung oder Geschlechtspartnern auszuspähen, streben wir unablässig nach größerer Reichweite unserer Sinne. Dank der Raumfahrt erstreckt sich unser Einzugsbereich neuen Wissens heute Trillionen von Kilometern in die Ferne und Jahrmilliarden zurück in die Vergangenheit. Das mächtigste vom Menschen dafür entwickelte Sinnesorgan umkreist alle 96 Minuten in 600 km Höhe die Erde: das Weltraumobservatorium Hubble.

Seit seiner Inbetriebnahme vor zehn Jahren belegt das auf der Welt einmalige Instrument die Rechtmäßigkeit des ihm damals verliehenen Prädikats einer »kosmischen Entdeckungsmaschine«. Kein anderes Teleskop hat unser Bild des Universums in derart kurzer Zeit revolutioniert, seit Galilei 1609 sein gerade mal 30fach vergrößerndes Teleskop in den Himmel richtete. Nicht nur hat Hubble eine reiche Ernte an Forschungsdaten über das Universum geliefert, sondern auch immer wieder den normalen Bürger mit seinen atemberaubenden Bildern, mit der Schönheit der Schöpfung beeindruckt. Tausende von Schlagzeilen haben bis heute das große Interesse der Öffentlichkeit an dieser Wundermaschine bekundet.

In seinem ersten Jahrzehnt hat das Instrument 13 670 Objekte am Himmel erforscht; dabei machte es 271 000 einzelne Beobachtungen und übertrug 3,5 Terabytes an Daten zur Erde, das sind dreieinhalb Millionen Millionen (3,5-mal 10^{12}) Bytes, ein Archiv von unermesslichem Wert für zukünftige Generationen von Astronomen. Vor allem die Schnelligkeit, die rasche Aufeinanderfolge seiner kosmischen Entdeckungen setzte die Observatorien in Erstaunen. Seine Schnellfeuer-Funde sind in mehr als 10 000 Forschungsberichten veröffentlicht worden, über ein Viertel davon von europäischen Wissenschaftlern, die zu 15 Prozent an der Beobachtungszeit des Hubble beteiligt sind.

Kaum ein Monat vergeht ohne neue Erfolgsmeldung aus dem Space Telescope Science Institute (STScI) in Baltimore im Bundesstaat Maryland. Dank seiner von keinem anderen Instrument erreichten Sehweite über rund 15 Milliarden Lichtjahre hat das Hubble tausende bislang unentdeckter Galaxien und damit gänzlich neue »Wegstationen« der Entwicklungsgeschichte des Alls sichtbar gemacht. Gezeigt hat es uns bisher den tiefsten Blick ins Universum im sichtbaren Licht, die unmittelbare Umgebung supermassiver galaktischer Schwarzer Löcher, die majestätische Geburt von Sternen in gewaltigen Gaswolken, sowie Planetensysteme in der Entstehung um andere Sonnen. Es hat gezeigt, dass das Universum die meisten seiner Sterne schon vor sehr langer Zeit geschaffen hat, als es nur ein Zehntel so alt war wie heute, und dass weitaus die Mehrzahl aller Sterne nur ein Fünftel der Masse unserer eigenen Sonne haben. Ohne Hubble gäbe es heute noch keine Beweise dafür, dass die strahlend-hellen aktiven Kerne von Galaxien tatsächlich Quasare sind, also sternähnliche Objekte mit galaxiengleicher Energieausschüttung, und dass ihre Wirtsgalaxien in stark unterschiedlicher Vielfalt auftreten, darunter auch solche, die miteinander kollidieren. Wir wüssten auch nicht, dass massive Schwarze Löcher überall im Universum eher die Regel statt die Ausnahme sind und im Zentrum der meisten, wenn nicht gar aller Milchstraßen sitzen.

Das Hubble hat auch entdeckt, dass die Gashüllen um sterbende Sterne unerwartet komplex strukturiert sind, dass die in der Frühzeit des Alls von Sternen erzeugten Elemente ihrer zunehmenden Schwere nach auch in größter Ferne erkannt werden können und damit nicht nur die Entstehung des Universums, sondern auch die Wahrscheinlichkeit von Planeten und Leben im Kosmos zeigen, für die sie ja Vorbedingung sind. Wir sehen aus den Zentren mancher Staubscheiben um junge Sterne gewaltige Fontänen von Lichtjahren Länge ins All schießen und wissen nun, dass die Entdeckung von Staubscheiben im Orion-Nebel als Hinweis dafür gelten kann, dass die Bildung von Planeten in der Milchstraße ein alltägliches Ereignis ist. Zu den berühmt gewordenen Hubble-Funden gehört die detaillierte Beobachtung einer nur alle Jahrtausende vorkommenden Kollision eines Planeten mit einem Kometen, nämlich Jupiter mit Fragmenten des großen Kometen Shoemaker-Levy 9. Dank dem Hubble konnte die erste Oberflächenkarte des fernen Planeten Pluto angefertigt werden, konnten wir die sensationelle Entdeckung machen, dass die Jupitermonde Europa und Ganymed Sauerstoffatmosphären besitzen. Hubble dient daneben auch als interplanetärer »Wettersatellit«, der die turbulenten Atmosphären der größeren Planeten unseres Sonnensystems beobachten kann, z.B. Sandstürme und andere tägliche Veränderungen auf dem Mars, dem Ziel robotischer Forschungssonden und einstmals bemannter Expeditionen.

Benannt nach dem amerikanischen Astronomen Edwin P. Hubble, der in den zwanziger Jahren als Erster die Bewegungen ferner Galaxien als Expansion des Universums nach einem Urknall interpretierte, lieferte das Raumteleskop in seinem ersten Jahrzehnt ständig neue Daten, die die Ausdehnungstheorie bestätigen und untermauern. Die 1,5-Milliarden-Dollar-Maschine aus Glas und Metall hat die Ausmaße eines Eisenbahntankwagens: 13 m lang, 4,27 m weit und mit rund zwölf Tonnen so massig wie zehn Pkws. Flügeln gleich spreizen sich seitlich zwei von der ESA entwickelte, fast zwölf Meter lange Sonnenenergiepaddel, besetzt mit 48 000 Photovoltaik-Siliziumzellen von Telefunken. In der Bildebene sitzt ein modernstes Hochleistungsinstrumentarium, das bei den bisher stattgefundenen drei Shuttle-Besuchen auf den letzten Stand gebracht wurde.

Nach seinem Aussetzen im All am 25. April 1990 musste die NASA feststellen, dass ein Schleiffehler bei der Herstellung seines 240 cm weiten und über 800 kg schweren Hauptspiegels eine präzise Fokussierung des Teleskops verhinderte. Die so genannte Kugelabweichung, sphärische Aberration, betrug nur ein Fünfzigstel der Stärke eines Menschenhaares, aber für die Welt der Wellenlängen des Lichts, zumal des Ultravioletten, in dem das Teleskop seine Stärke hat, war das viel. Der Fehler war zehnmal größer als die zulässige Toleranz. Trotzdem konnte das Observatorium zahlreiche wesentliche Entdeckungen machen, bis die NASA im Dezember 1993 so weit war, mit einer hochdramatischen elftägigen Shuttle-

Mission (STS-61), der insgesamt 692 Mio. Dollar teuren »Mutter aller Reparaturmissionen« (wie sie der zuständige NASA-Chef nannte), eine optische Korrektur vorzunehmen, mit einer Linsenvorrichtung namens COSTAR. Das Hubble bekam also sozusagen eine Brille, und augenblicklich rückte der Kosmos für uns in scharfen Fokus. Es folgte eine Flut von spektakulären Aufnahmen und Entdeckungen, die unsere Vorstellungen über das Universum umwarfen.

Ein zweiter Wartungs- und Versorgungsbesuch folgte im Februar 1997 durch die Raumfähre Discovery, eine äußerst diffizile zehntägige Mission, bei der zahlreiche Bordsysteme Hubbles auf den allerneuesten Stand gebracht wurden. Der dritte Besuch fand letzten Dezember (1999) statt, als erster Teil einer Doppelmission, dessen Aufgabe zunächst hauptsächlich der Einbau neuer Kreisel und anderer Steuerelemente war, die für den Präzisionseinsatz des Teleskops dringend erforderlich geworden waren. Mitte nächsten Jahres soll dann eine weitere Modernisierung des Observatoriums in einem vierten Shuttle-Besuch stattfinden. Es ist geplant, das Hubble bis 2010, also noch ein weiteres Jahrzehnt, in Betrieb zu halten. Dann soll es durch die nächste Generation ersetzt werden, das Next Generation Space Telescope NGST mit einem wesentlich größeren Spiegel, das derzeit bereits in Planung ist.

85 Neues vom Kosmos: Die Anfänge des Universums

Mittwoch, 26. April 2000

Wie die NASA heute auf einer Pressekonferenz hier in Washington verkündete, liegen jetzt die ersten detaillierten Aufzeichnungen der frühesten Anfänge unseres Universums vor, aus einer Zeit von vor nahezu 15 Milliarden Jahren, lange bevor sich Sterne oder Milchstraßen zu bilden begannen.

Die Aufnahmen im Strahlungsbereich der Millimeterwellen sind erst mit ultraempfindlichen Instrumenten allerneuester Hochtechnologie möglich geworden. Sie werfen unser traditionelles kosmologisches Bild des Universums so ziemlich über den Haufen: Es ist demnach nicht gekrümmt und zum einstigen Kollaps, dem Big Crunch, bestimmt, sondern verläuft flach und hat kein Ende.

Die allgemein akzeptierte Theorie vom Urknall besagt, dass unser Universum vor rund 15 Milliarden Jahren in einer unvorstellbaren Explosion entstand, gefolgt von einer bis heute andauernden Ausdehnung, für die die Hubble-Konstante ein Maß ist. Ursprünglich dachte man sich diese Ausdehnung als gleichmäßig, stetig und mit homogen verteilter Materie, doch stimmte das mit zahlreichen Beobachtungen nicht überein, und man ging deshalb zur so genannten »inflationären« Kosmologie über. Danach bestand das Universum unmittelbar nach dem Big Bang, einen winzigen Bruchteil einer Sekunde danach (10^{-35} sec) aus Quantenteilchen von unvorstellbar hohen Energien, beziehungsweise Temperaturen. Diese Materie im Urzustand, auf ein winziges Anfangsvolumen komprimiert, expandierte schlagartig und erfuhr dadurch eine plötzliche Abkühlung. Sie wandelte sich dabei in ein heißes Gas um, ähnlich wie wenn sich unterkühltes Wasser beim Gefrieren jäh ausdehnt. Nach einer kurzen Zeit extrem schneller Aufblähung (oder Inflation) verlangsamte sich die Ausdehnungsgeschwindigkeit, aber dann geschah etwas Seltsames. Wie uns das Hubble-Teleskop in jüngster Vergangenheit zu unserer Überraschung gezeigt hat, beschleunigt sich die Ausdehnung heute wieder, und es gilt derzeit als ein großes Rätsel, an welchem Punkt die Umkehr erfolgte und warum.

Die inflationäre Kosmologie, bei der auf den Urknall eine explosive Ausdehnung folgt, setzt freilich ein geometrisch flaches, ständig wachsendes euklidisches Universum voraus, dessen Expansion sich immerwährend verlangsamt, ohne dass es jedoch jemals stehen bleibt. Die Menge an Materie in solch einem Universum muss etwa hundertmal größer sein als wir aus allem uns sichtbaren leuchtenden Material in allen Sternen sämtlicher Galaxien errechnen können, und etwa zehnmal mehr als die Menge an »gewöhnlicher« Materie aus Protonen, Neutronen und Elektronen, die zwar größtenteils unsichtbar ist, jedoch als vorhanden gilt. Ein großer Teil der Masse des Universums müsste daher aus »Dunkelmaterie«

bestehen, deren Natur bis vor einigen Tagen nur spekulativ war. Doch jetzt fand man sie – mit dem Hubble-Teleskop: Es sind die nahezu unsichtbaren Wolken aus Wasserstoff zwischen den Himmelskörpern.

Im Verlauf der vergangenen 15 Milliarden Jahre hat sich die Temperatur der beim Urknall entstandenen Strahlung natürlich abgekühlt. Als das Universum gerade mal 300 000 Jahre alt war, wurde es transparent für Licht, d. h. der es bis dahin füllende glühend heiße chaotische Nebel aus zusammenhanglosen Teilchen und Strahlungen klärte sich auf und kühlte sich bei der Expansion weiter ab. Bei einer Temperatur von rund der Hälfte unserer Sonne an ihrer Oberfläche verbanden sich die Teilchen zu Atomen und machten dadurch Platz für die ungehinderte Passage von gebündelter Strahlungsenergie, von Licht also, Photonen genannt: Der Kosmos wurde durchsichtig.

Bei der weiteren Ausdehnung und im Verlauf ihrer 15 Milliarden Jahre langen Reisen schwächten sich die Photonen mehr und mehr ab, wurden langsamer und streckten sich zu Mikrowellen. Sie sind es, die wir heute die kosmische Hintergrundstrahlung CMB nennen, für Cosmic Microwave Background, und ihre Temperatur liegt gerade mal knapp 3 Grad über dem absoluten Nullpunkt, genauer: bei 2,73 Kelvin.

Die NASA hatte bereits 1992 mit einem Satellit namens COBE (Cosmic Background Explorer) diese Hintergrundstrahlung aus der Erdumlaufbahn vermessen und dabei entdeckt, dass die CMB-Photonen nicht alle und überall die gleiche Temperatur von 2,73 K haben, sondern winzige Variationen aufweisen, kleine Kräuselwellen also.

Mit neuen Instrumenten, vierzigmal empfindlicher als die COBE-Experimente, hat nun ein neues Forscherteam mit einem Projekt namens Boomerang präzise Aufnahmen dieser Kräusel in der Hintergrundstrahlung gemacht. Boomerang ist ein Kürzel für »Balloon Observations of Millimeter Extragalactic Radiation and Geomagnetics«. Für dieses Projekt starteten die Forscher im Dezember 1998 in McMurdo Station in Antarktika einen gewaltigen Helium-Ballon von einer Million Kubikmeter Inhalt, der ein komplexes Instrumentarium von 16 auf 0,3 Grad Kelvin tiefgekühlten bolometrischen Detektoren trug, also Wärmemesser, mit denen er fast elf Tage lang in einer Höhe von 38 km, oberhalb 99 Prozent der Atmosphäre, über eine Distanz von 8000 km das Weltall sondierte.

Damit gelang der Nachweis der winzigen Kräuselwellen von typischerweise nur einem Zehntausendstel eines Grades in der Mikrowellenstrahlung, also sozusagen die vom Urknall und wenigen Sekunden danach noch übrig gebliebenen Schallwellen. Sie belegen mit sehr hoher Zuverlässigkeit die Theorie der kosmologischen Inflation und geben zu erkennen, dass das Universum eben nicht gekrümmt ist, weder im positiven Sinn wie eine Kugel, noch negativ wie eine so genannte Sattelfläche, sondern flach. Während bei einem gekrümmten Universum zwei die Erde parallel verlassende Lichtstrahlen konvergieren oder divergieren, je nach Krümmungssinn, bleiben die beiden Geraden bei einem flachen Universum für immer parallel. Und das bedeutet, dass es für das Universum kein Ende geben wird und für seine Geometrie, wenn sie wirklich euklidisch, d. h. flach ist, auch ganz normale Oberstufengeometrie angewendet werden kann.

Damit entsteht eine ganze Kettenreaktion von erforderlich werdenden Revisionen unserer althergebrachten Kosmologie. Die Konsequenzen sind nicht auszudenken.

86 Spaceshuttle: Ein modernisiertes Cockpit

Donnerstag, 18. Mai 2000

Wenn morgen der Shuttle Atlantis zum nächsten Versorgungs- und Wartungsflug zur internationalen Raumstation ISS aufbricht, werden Kommandant James Halsell und Pilot Scott Horowitz im neuen Glas-Cockpit sitzen, das eine der wichtigsten Neuausrüstungen der Raumfähre seit dem ersten Start vor 19 Jahren darstellt. Der in den vergangenen Monaten erfolgte Umbau der Raumschiff-Pilotenkanzel kostet für die Shuttleflotte insgesamt über 200 Mio.

Dollar und gehört zu einem von der NASA vorangetriebenen Shuttle-Upgrading, einem Modernisierungsprogramm, mit dem die vier Raumschiffe im Verlauf der kommenden Jahre rundum aufgebessert und damit sicherer und leistungsfähiger gemacht werden sollen. Raumflug ist riskant, er wird es immer sein, aber wir arbeiten auch ständig daran, das Risiko so weit einzuschränken, wie es durch neueste Technik menschenmöglich ist.

Bei dem so genannten Glas-Cockpit handelt es sich in erster Linie um modernste elektronische Monitore und Datendisplay-Techniken unter weitgehendem Verzicht auf konventionelle Instrumente, um der Shuttle-Besatzung ein umfassenderes Bild der jeweiligen Situation zu geben. Wichtig ist das vor allem im Fall eines Flugabbruchs, wenn die Zurschaustellung zusätzlicher eindeutiger Flugdaten den Unterschied zwischen Leben oder Tod einer Raumfahrer-Crew bedeuten kann. Im Auftrag der NASA ist deshalb von Honeywell Space Systems in Phoenix, Arizona, ein multifunktionales elektronisches Displaysystem, kurz MEDS, entwickelt worden, das der mit der Shuttle-Modernisierung betraute Hauptauftragnehmer Boeing zunächst in die Atlantis eingebaut hat.

Das MEDS umfasst insgesamt elf neue Bildschirme im Cockpit. Die vordere Instrumententafel bietet dem Kommandanten und Piloten neun multifunktionelle voll farbige und großflächige Flachplattendisplays, die mit Flüssigkristalltechnik von hoher Auflösung und Abbildungsschärfe arbeiten, so genannte LCD-Schirme. Sie treten an die Stelle von drei Kathodenstrahl-Bildschirmen, CRTs genannt, und 32 konventionellen Messinstrumenten und elektromechanischen Anzeigevorrichtungen. Zwei weitere LCD-Plattenschirme befinden sich im hinteren Cockpit, einer an der Seitenwand, der andere bei den zur Nutzlastbucht hinausgehenden Lukenfenstern. Das Shuttle-Cockpit erhält damit ein supermodernes Aussehen, das an Sciencefiction-Raumschiffe erinnert.

Im Gegensatz zu den bisher verbreiteten, jetzt aber veralteten CRTs von vor 25 Jahren zeigen die neuen MEDS-Tafeln die Information vielfarbig in sowohl zwei- als auch dreidimensionalen Formaten. Zu den abgebildeten Grafiken gehören ein neuer Raumlage-Richtungsindikator, ein Horizontalsituationsindikator, Angaben der Luftgeschwindigkeit und Mach-Zahl, Anzeigen der

Vertikalgeschwindigkeit und der Stellungen der verschiedenen aerodynamischen Steuerflächen, Zustandsangaben für Manöver-triebwerke, Orbiterhydraulik und die Shuttle-Haupttriebwerke und vieles andere mehr.

Die neuen Digitaldisplays des Glas-Cockpits gibt es freilich schon seit einiger Zeit, und zwar im neuen Verkehrsflugzeug Boeing 777, doch müssen sie beim Shuttle ganz anderen An-sprüchen genügen. Im Gegensatz zur 777 durchfliegt ein Shuttle in nur acht Minuten einen Geschwindigkeitsbereich von Null bis 27 000 Stundenkilometer, hat Flugabbruchalternativen mit Kur-venflug von bis zu siebenfacher Schallgeschwindigkeit und fliegt eine Rückkehrbahn vom atmosphärischen Hyperschall-Eintritt mit 25facher Schallgeschwindigkeit über eine 6500 km lange Gleit-strecke bis zur antriebslosen Deadstick-Landung wie ein Segelflug-zeug. All das erfordert hochspezialisierte grafische Flugbahn- und Digitaldaten-Displays für den Piloten, die sich grundsätzlich von denen eines Flugzeugs unterscheiden. Hinzu kam das Erfordernis, die komplexe neue Abbildungselektronik besonders gegen Welt-raumstrahlung abzuschirmen – zu »härten«, wie wir sagen. Nicht-abgeschirmte Digitalelektronik ist besonders anfällig auf Protonen aus der kosmischen Strahlung.

Die neuen MEDS-Displays beinhalten einen wesentlich erhöh-ten Grad von Abbildungsredundanz, d.h. doppelte und dreifache Sicherheit, da jeder einzelne der Flachscheibenschirme alle erfor-derlichen Fluginformationen wiedergeben kann. Insgesamt sind sie außerdem um 34 kg leichter und verbrauchen 90 Watt weniger Energie als die bisherigen Systeme. Gesteuert werden sie von vier speziellen Computern mit eigens dafür entwickelter Software, so-wie vier Analog-zu-Digital-Konvertern, über die sie mit den fünf Kontrollcomputern der Raumfähre verbunden sind.

Neben der Atlantis werden auch die übrigen Orbiter, Columbia, Discovery und Endeavour, in den nächsten zwei Jahren mit dem neuen Glas-Cockpit ausgerüstet. Auch drei der vier Gulfstream-Trainingsflugzeuge, mit denen die Astronauten Shuttlelandungen üben, haben inzwischen MEDS-Displays erhalten, die realistische Trainingsflüge ermöglichen.

Weitere Umbauten und Verbesserungen der vier Raumfähren

werden in den nächsten Jahren hinzukommen. Wie unsere Shuttle-Manager meinen, sind die Raumschiffe dank der bereits seit 1992 in kleineren Schritten erfolgten Verbesserungen schon jetzt um etwa 82 Prozent sicherer geworden, als sie es zu Beginn des Up-grading-Programms vor acht Jahren waren, und dazu gehören auch Pannen wie die kürzlich erforderlich gewordene Austauschaktion von hunderten von abgenützten Kabelverbindungen an Bord. Sie sorgen für größere Sichtbarkeit und Wachsamkeit im Shuttle-Pro-gramm, und damit für stärkeres Bewusstsein um die erhöhte Sicherheit für die Besatzungen. Wir glauben, dass die Raumfähren für die zunehmend anspruchsvolleren Einsätze in Verbindung mit der internationalen Raumstation im bevorstehenden 21. Jahrhundert wohlgerüstet sein werden.

87 Internationale Raumstation ISS: Wartungsmission 2A.2a

Freitag, 19. Mai 2000

Heute früh um 6:11 Uhr Floridazeit ist der neueste Shuttleflug zur internationalen Raumstation ISS gestartet, der zweite Besuch einer Crew dort mit einem wichtigen Versorgungs- und Wartungsauf-trag, der für den weiteren Betrieb der Anlage und die nachfolgen-den Montageflüge von kritischer Bedeutung ist. Ihm soll später im Sommer ein zweiter Shuttleflug folgen, ebenfalls mit Ausrüstungen für den bemannten Zustand.

Ursprünglich war für den gegenwärtigen Zeitraum nur ein solcher Zubringereinsatz vorgesehen, genannt 2A.2, doch sind in-zwischen durch Verspätungen in der Montagesequenz, vor allem wegen des Servicemoduls Swesda, so viele neue Aufgaben hinzu-gekommen, dass wir daraus zwei Missionen machen mussten, STS-101 diese Woche (2A.2a) und STS-106 (2A.2b) dann später im Jahr.

Die mit einer siebenköpfigen Crew fliegende Atlantis soll bei der ISS in erster Linie die Betriebsbereitschaft des Energieblocks

Sarja bis mindestens Dezember dieses Jahres verlängern. Das ehemals unter der Bezeichnung FGB laufende und in Russland gebaute Stationselement, das die Kontrollfunktionen der ISS versieht und mit seinen Sonnenzellen und Speicherbatterien auch für die Bordenergie zuständig ist, befindet sich nun schon seit rund 16 Monaten im All und bedarf dringend einiger Überholungsarbeiten. Die Crew ist speziell für die erforderlichen Reparaturen und Wartungen ausgebildet worden, und die Atlantis bringt alle Ersatzteile und Werkzeuge zur Arbeitsstelle, die für die Runderneuerung gebraucht werden. Kommandant und Pilot der Mission sind die Shuttle-Veteranen James Halsell und Scott Horowitz, und zum Team der Missionsspezialisten Susan Helms, James Voss, Mary Ellen Weber und Jeff Williams gehört auch der russische Kosmonaut Jurij Usatschow. James Voss, Jurij Usatschow und Susan Helms sind vor allem deshalb an Bord, weil sie als zweite Dauercrew der Raumstation in 2001 vorgesehen sind und sich besonders gut mit den Bordsystemen von Sarja auskennen.

An Bord der ISS ist es insbesondere die Energieanlage, die einiger Überholung bedarf. Da die ISS rund die Hälfte ihres Betriebs im Erdschatten verbringt, benötigt sie Bordbatterien, in denen der von den Solarzellen im Sonnenschein der Taghälfte jeder Erdumkreisung erzeugte Strom gespeichert wird, damit die Bordstromversorgung aufrechterhalten werden kann. Der Energieblock Sarja enthält deshalb sechs Nickel-Cadmium-Batterien oder Akkus, wie sie auch in der russischen Raumstation Mir verwendet werden. Zwei von ihnen sind inzwischen ausgefallen, sodass die ISS auf die übrigen vier angewiesen ist, und von ihnen zeigen mindestens zwei, wahrscheinlich aber auch alle vier, inzwischen Alterungserscheinungen, wie sie bei solchen Batterien nach monatelangem Betrieb normal sind. Sie sollen deshalb gegen neue Akkus ausgetauscht werden, zunächst vier bei dieser Wartungsmission, und später auch die übrigen beiden. Ebenfalls erneuert werden die zu den Batterien gehörenden Elektronikteile, die ihren Lade- und Entladevorgang steuern.

Andere Wartungs- und Reparaturarbeiten an Bord betreffen einen Wärmetauscher, diverse Feuerlöscher, mehrere Rauchwarnsensoren und Verkabelungen. Auch an der Außenseite der Station sind einige Dinge zu tun, sodass zwei der Astronauten in Raumanzügen ins All aussteigen werden. Insbesondere müssen sie eine für den Transfer von Stationselementen vorgesehene Krananlage befestigen, die von der letzten Crew nur ungenügend in ihrer Außenbordvorrichtung montiert worden ist und nun lose herumpendelt. Dadurch besteht die Gefahr, dass sie sich bei Manövern losreißt oder empfindlichere Teile an der Stationswand beschädigen könnte. Ein zweiter, von Russland gelieferter Kran namens Strela (Pfeil), den die Atlantis mitführt, muss ausgeladen und außen an der ISS für den späteren Einsatz festgezurrt werden. Andere Aufgaben der Außenbordtätigkeit betreffen den Austausch eines Antennenblocks am Knotenelement Unity für den Radioverkehr mit dem Boden. Er trägt eine Omni- und eine S-Bandantenne, die beide den Dienst eingestellt haben und gegen ein neues System ausgetauscht werden sollen.

Die Mission ist für eine Dauer von zehn Tagen geplant, kann jedoch bei Bedarf um bis zu drei Tage verlängert werden. Je nach Starttag findet das eigentliche Rendezvous mit der ISS am dritten oder vierten Flugtag statt. Dabei fängt die Astronautin Mary Weber die Station mit dem ferngesteuerten Manipulatorarm des Shuttle ein und setzt sie mit dem Knoten voraus auf die Luftschleuse in der Nutzlastbucht auf. Die Atlantis verfügt noch über eine zweite Luftschleuse, durch die James Voss und Jeff Williams dann am nächsten Tag in ihren Raumanzügen ins All aussteigen, um die nötigen Außenbordarbeiten zu verrichten. Am darauf folgenden Tag werden dann die Zugangsluken zur ISS geöffnet, und die Crew betritt sie erstmals, d. h. vielmehr, sie schwebt zuerst in Unity und dann in Sarja ein. Die folgenden Tagen vergehen mit dem Umladen der mitgebrachten Ausrüstungen, Ersatzteilen und Vorräten für die ständige Besatzung, deren Eintreffen für Anfang November dieses Jahres geplant ist, wenn die Station nach dem Start des Servicemoduls Swesda in Kasachstan im Juli ihre eigentlichen Wohneinrichtungen erhalten hat.

Die nötigen Reparaturen an Bord beschäftigen die Atlantis-Crew bis zum neunten oder zehnten Flugtag. Dann kehren sie in die Atlantis zurück, verschließen die Luken und legen von der Raumstation ab. Es folgt der übliche Flyaround, die Umfliegung im Schneckentempo, um die ISS von außen zu inspizieren und zu fotografieren; dann kommt das sich über mehrere Stunden erstreckende Verstauen aller losen Gerätschaften und Gebrauchsgüter. Wenn alles untergebracht und gesichert ist, kann das Bremsmanöver und die Rückkehr zur Erde erfolgen, mit abschließender Landung am Kennedy Space Center in Florida.

88 Satellit Terra – Beobachtung der Erde

Donnerstag, 25. Mai 2000

Wenn man wirklich erkennen und verstehen möchte, wie die Erde und ihre Klimata funktionieren, muss man den Planeten verlassen. Das ist die Überlegung hinter dem Erdbeobachtungssatellit Terra, den sich die NASA und ihre internationalen Partner insgesamt 1,3 Milliarden Dollar haben kosten lassen. Ich habe ihn bereits im Januar erwähnt.

Nach seinem Bilderbuchstart in eine 700 km hohe Erdumlaufbahn im vergangenen Dezember (18. 12. 99) hat dieser erste große Satellit des NASA-Programms EOS (Earth Observing System) seinen orbitalen Checkout erfolgreich hinter sich gebracht und seinen Betrieb aufgenommen. Das über fünf Tonnen schwere Gerät öffnet damit ein aufregendes neues Fenster zur Erde, durch das es Informationen über den täglichen Gesundheitszustand unseres Planeten aufnimmt und an uns heruntermeldet. Die ersten Aufzeichnungen seiner fünf Bordinstrumente sind inzwischen empfangen und ausgewertet worden. Es sind atemberaubende grafische Darstellungen des nordamerikanischen Kontinents in vielen verschiedenen Schichten, ferner globale Oberflächentemperaturen und Zonen mit Frühlingsergrünung. Andere Bilder zeigen den indischen Subkontinent in Bezug auf Bevölkerungskonzentration, Luftverschmutzung und Vegetationsvorkommen sowie die Konzentrationen von Kohlenmonoxid in der unteren Atmosphäre.

Terra ist der erste Satellit, der jeden Tag – und dazu noch weltweit – beobachtet, wie sich Erdatmosphäre, Landmassen, Ozeane, Sonneneinstrahlung und Lebensprozesse gegenseitig beeinflussen. Dadurch können wir ein umfassendes Bild der Erde als Ganzheitssystem gewinnen, mit dem sich über längere Dauer ein neues, besseres Verständnis der irdischen Klimaveränderungen und ihrer Auswirkungen ergibt. Terra misst und dokumentiert die Lebenszeichen der Erde, viele von ihnen zum ersten Mal, und gerade so, wie ein Arzt unsere Lebenszeichen aufnimmt, um unseren Gesundheitszustand festzustellen, so lassen sich aus den Terra-Daten eine Reihe wichtiger Aspekte der Gesundheit der Erde diagnostizieren. Damit läutet das Projekt Terra eine neue Ära ein.

Die USA starteten ihren ersten Erdbeobachtungssatelliten vor 40 Jahren, und ihm folgten zahllose andere Satelliten, die den Erdboden auf der Suche nach vielen unterschiedlichen Antworten abgetastet und beobachtet haben, von der Forschung über Pflanzengattungs-Vielfalt, über die Verstädterung bis zu Schwankungen des Meeresspiegels. Aber keiner von ihnen war speziell dafür entwickelt worden, die schwierigen und extrem komplexen Fragen im Zusammenhang mit globaler Erwärmung und Klimaforschung aufzuhellen.

Zum Beispiel: Wie viel Sonnenenergie wird von den verschiedenen Bestandteilen der Oberfläche absorbiert, umgewandelt und reflektiert, wie viel von der Atmosphäre in unterschiedlichen Höhen, von unterschiedlichen Wolkenlagen und wie viel von allen möglichen Arten luftgetragener natürlicher und künstlicher Schwebstoffe?

Was geschieht denn eigentlich mit den sechs bis sieben Milliarden Tonnen Kohlenstoff, die die Menschheit jedes Jahr in Form von Kohlendioxid (CO_2) aus der Verbrennung fossiler Brennstoffe in die Atmosphäre ausschüttet? Wie verändert sich die Vegetation infolge menschlicher Tätigkeit oder mit wechselnder Wolkenbedeckung? Und wie verändern luftgetragene Schwefel-Aerosole, glitzernde Nebenprodukte der fossilen Brennstoff-Verbrennung, die Menge des die Atmosphäre passierenden Sonnenlichts? Die Antworten auf diese und viele andere Fragen werden dringend benötigt, damit die gegenwärtig recht unsicheren und ungenauen Computerprogramme zur Modellierung heutiger und zukünftiger

Klima- und Erwärmungstrends verbessert werden können. Das Terra-Team schätzt, dass die ersten Systemmodelle der Erde unter voller Nutzung der Terra-Daten bis 2005 erstellt werden können.

Der fast sieben Meter lange, mit Sensoren bestückte Satellit wird eine auf 1 Billion Bytes je Woche geschätzte Datenmenge aufnehmen und zunächst an rund 1000 beteiligte Wissenschaftler in aller Welt verteilen, später per Internet an jeden, der sie haben möchte, einschließlich Schüler und Studenten. Die ersten wesentlichen Forschungsresultate erwartet die NASA im Verlauf eines Jahres. Bereits jetzt sind Terra-Aufnahmen im Internet zu sehen, auf der Webseite des Goddard Space Flight Centers der NASA (GSFC), unter Stichwort »Terra«.

Auf längere Sicht wird Terra nicht allein bleiben. In Vorbereitung sind über zwei Dutzend andere Satelliten in NASAs Erdbeobachtungsprogramm EOS. Das nächste Gerät folgt bereits noch in diesem Jahr, ein Schwestersatellit zu Terra, der wie er die Erde jeden Tag 16-mal umrundet, jedoch mit einem anderen Flugplan. Terra ist ein »Vormittagssatellit«, der den Erdäquator täglich um etwa 10:30 Uhr Ortszeit überquert, bevor die Sonneneinstrahlung über den zu erforschenden Tropenzonen der Erde von Wolkenlagen herabgesetzt wird. Das Schwestergerät wird ein »Nachmittagssatellit« sein.

Zu Terras Beobachtungsausrüstung gehört ein japanisches Instrument, das extrem hochaufgelöste Messungen von Boden-, Vegetations- und Wolkencharakteristiken vornimmt, bis auf die Hälfte eines Fußballplatzes hinunter. Aus Kanada stammt ein Gerät, das erstmalig die Vermessung der Konzentrationen von Kohlenmonoxid und des Treibhausgases Methan (CH_4) in der unteren Atmosphäre aus dem All gestattet. Die USA lieferten drei Instrumente; eines von ihnen beobachtet die gesamte Erdkugel täglich in 36 Wellenlängen, das zweite misst die Menge der von der oberen Wolkendecke in den Weltraum reflektierten Licht- und Wärmestrahlung, und das dritte nimmt den selben Ort auf dem Erdboden gleichzeitig mit neun Kameras in unterschiedlichen Richtungen und vier verschiedenen Wellenlängen auf.

Terra ist ein erster, aber gewichtiger Schritt in eine Zukunft, in der wir unsere Umwelt und ihre Wechselwirkungen im Zusammenspiel mit dem Mensch und seiner Tätigkeit vollständig, als Gesamtheitssystem, verstehen, schützen, erhalten und pflegen können.

89 Aufgaben der bemannten Raumfahrt

**Samstag,
27. Mai 2000**

Als ein NASA-Manager, der für die gegenwärtig stattfindende Entwicklung der internationalen Raumstation ISS mitverantwortlich ist, werde ich oft gefragt, ob ich die damit verbundene Industrialisierung des Weltraums als das wichtigste Projekt für die menschliche Zukunft ansehe.

Meine Antwort darauf lautet: Nicht das wichtigste, aber eines der wichtigsten Projekte. Denn die Raumfahrt steht auf vier Säulen, und das sind *(1)* Entwicklung der sie ermöglichenden Technologien, *(2)* Weiterführung der Bildung, *(3)* Kommerzialisierung, und *(4)* Internationalisierung, beziehungsweise Globalisierung des Weltraums. Erst wenn man allen vier Säulen gleiches Gewicht gibt, wird sich die Raumfahrt zur wichtigsten Aufgabe der Menschheit entwickelt haben, wobei es – wohlgemerkt – nicht die Technik ist, welche die Raumfahrt vorantreibt, sondern der dem Menschen immanente Wunsch, sich selbst neue Möglichkeiten zu erschließen. Dadurch eröffnen sich auch neue Perspektiven für die Zukunft. Ein Land ohne Visionen hat eine Jugend ohne Perspektiven. Und was kann es Furchtbareres geben als das? Denn mit einer Jugend ohne Perspektiven hat ein Land auch keine Zukunft. Auf der anderen Seite: Was kann es für die Jugend an Visionen Besseres geben als die Raumfahrt, die ja an sich schon ein Faszinosum ist und die Jugend stark anzieht, das Beste in ihr herausholt und eine starke Motivation für ihre Ausbildung darstellt?

Das Gegenargument lautet dann oft, unsere Schritte im All seien zu gefährlich, zu gewagt oder auch viel zu teuer. Solche Vorwürfe sind mir zu pauschal und zu unreflektiert. Sie müssen relativiert werden; oft sind sie unüberlegt, dumm oder einfach nur leere Sprechblasen. Denn wenn man sich die Probleme auf der Erde und ihre Lösungsansätze einmal genauer ansieht, kann man feststellen, dass ein großer Teil der Lösungen ja aus der Weltraumtechnik kommt.

Raumfahrttechnologie hat auf der Erde viel bewirkt, von weltweiten Nachrichtenverbindungen über den Umweltschutz bis zu Kernspintomographie, biomedizinischer Telemetrie und neuen Werkstoffen und Herstellungsprozessen. Eine Vielzahl von Techniken, die heute gang und gäbe sind, wurden durch die Raumfahrt ausgelöst und auf der Erde gewissermaßen »weitererfunden«, ohne dass ein Etikett mit *Made in Space* daran klebt. Sie konnten aber nur im Raum entwickelt werden, weil auf der Erde die Voraussetzungen, zum Beispiel die Schwerelosigkeit, fehlten, oder oft auch der Ansporn, der Reiz, die Herausforderung an den Ingenieur. Hinzu kommt, dass vieles an unserer Umwelt, Veränderungen des Klimas etwa, nur vom All aus erkennbar ist, ebenso wie der Blick in die Vergangenheit des Universums, den gegenwärtig das Hubble-Teleskop ermöglicht.

Im Grund sehe ich die Aufgaben der bemannten Raumfahrt in der Erforschung des Weltraums, seiner Himmelskörper, Energiefelder und Daseinsformen, in der Erkundung und Erschließung neuer Siedlungsmöglichkeiten für die Menschheit, und in der Suche nach außerirdischem Leben, nach intelligenten Lebensformen und Kommunikation mit ihnen, wenn wir sie finden.

Neulich wurde ich auch gefragt, ob sich Weltraumforscher eigentlich von anderen Menschen unterscheiden. Nun, ich glaube, dass es da schon einen Unterschied gibt. Einer, der sich mit dem beschäftigt, was mit dem All zusammenhängt, kann sich psychisch, geistig anders entwickeln als einer, der mit seinem Horizont der Erde verhaftet bleibt. Einem Forscher in der internationalen Raumstation ISS zum Beispiel stellen sich irdische Probleme sicherlich ganz anders dar als einem Politiker im Parlament. Zahlreiche »geflogene« Astronauten und Kosmonauten bezeugen diese Auswirkung der neuen Perspektiven im All. Die Horizonterweiterung bewirkt immer auch eine Bewusstseinserweiterung, die ihrerseits Hoffnungsträger für die Zukunft ist, da es dank ihr möglich sein wird, dass wir auf der Erde nicht immer wieder dieselben Fehler neu begehen.

Es ist also offenbar in vielen von uns, die in der Raumfahrt arbeiten oder sie unterstützen, ein Drang, die Erde verlassen zu wollen. Woher stammt der wohl? Ich denke, dass dies ganz tief im Menschen verwurzelt ist und dass es sich im Grund um den Wunsch handelt, unseren Lebensraum zu erweitern, Neugier zu befriedigen und die Angst vor dem Unbekannten zu verlieren, so wie ein Säugling einfach loskrabbelt und auf Entdeckungsreise geht, sobald er es tun kann. Der Mensch fühlt instinktiv, in einer Art Urwissen, dass er zur Erweiterung seines Bewusstseins auch seinen physischen, realen Horizont vergrößern muss. Reisen bildet, heißt es. Durch das »Fahren« findet der Mensch Er-fahrung. Und hinter diesem Drang nach außen steht der Drang nach Wissen und letztlich nach Weisheit. Jeder Schritt nach außen ist immer auch ein Schritt nach innen.

90 Internationale Raumstation ISS: STS-101 von ISS zurück!

Dienstag, 30. Mai 2000

Jetzt ist der Spaceshuttle Atlantis von seiner außerordentlich erfolgreichen zehntägigen Mission zur internationalen Raumstation ISS und einer über 10 Mio. Kilometer langen Reise zurückgekehrt. Die Landung erfolgte gestern, am amerikanischen Memorial Day, etwas über zwei Stunden nach Mitternacht – die 14. Nachtlandung in insgesamt 98 Shuttle-Missionen. Die für den planmäßigen Fortgang des kosmischen Montageprojekts kritisch wichtige Mission war ein toller Erfolg, über den wir derzeit alle sehr glücklich sind; denn in einer um 45 km höher geschobenen Umlaufbahn von 376 km Höhe haben wir nun eine völlig runderneuerte Raumstation, ausgestattet mit Gerätschaften und Vorräten für die Ankunft der ersten Langzeitbesatzung später in diesem Jahr.

Gestartet war die Atlantis zur Mission STS-101 am 19. Mai um

6:11 Uhr morgens Floridazeit. Zwei Tage später legte der Orbiter unter Führung seines Kommandanten James Halsell und des Piloten Scott Horowitz an der Raumstation an, indem er mit der Luftschleuse in der Nutzlastbucht an eine der sechs Luken des Knotenmoduls Unity ankoppelte. Aber mit dem Betreten der seit Juni 1999 unbemannt um die Erde kreisenden ISS musste die Crew noch warten, denn zunächst stand ein Weltraumausflug auf dem dicht gedrängten Programm. In seinem Verlauf verrichteten die beiden Astronauten Jeff Williams und James Voss am 21. Mai sechs Stunden 44 Minuten lang in der Nutzlastbucht und an verschiedenen Außenpositionen der Raumstation eine Reihe von wichtigen Reparatur- und Montagearbeiten. James Voss wurde dabei vom ferngesteuerten Manipulatorarm des Shuttle, gesteuert von der Astronautin Mary Ellen Weber, an die verschiedenen Werkstationen herangefahren, während Williams frei im All schwebte, nur durch eine Sicherheitsleine mit der ISS verbunden. Gemeinsam befestigten sie eine amerikanische Krananlage, die sich in ihrer Halterung gelockert hatte, montierten und installierten den großen russischen Cargokran Strela, der in Einzelteilen vom Shuttle mitgebracht worden war, und wechselten ein zum Kommunikationssystem der ISS gehörendes Antennenaggregat auf der Backbordseite des Knotenelements aus. Zum Abschluss befestigte James Voss acht neue Handgeländer an der Knoten-Außenwand, die späteren Außenbordarbeitern die Fortbewegung erleichtern sollen.

Am nächsten Tag, dem 22. Mai, öffnete die Crew dann abends gegen halb neun die Luken zur ISS und wechselte zur Station über, zuerst von der Orbiter-Luftschleuse in das Adapterstück PMA-2, dann in das US-Knotenmodul Unity, danach in das Adapterelement PMA-1 und schließlich in das in Russland entwickelte Energiemodul Sarja, insgesamt durch sechs Luken. An Bord fanden die Astronauten keinerlei Überraschungen vor. Die Luft war frisch und sauber, wenn zunächst auch etwas warm, nämlich 30 °C, die sich jedoch bald schon auf angenehme 21 °C abkühlten. Auch die Akustik an Bord war längst nicht so laut und störend, wie vor dem Flug von den Medien kolportiert wurde. Die von der vorhergegangenen Shuttle-Mission STS-96 eingebaute Schalldämmung hat sich bestens bewährt, und noch besser wurde die Lage, nachdem die Crew kurz vor Ende ihres Bordaufenthalts in Unity einen Ventilator mit CO_2-Filter gegen ein neues Aggregat austauschte.

Insgesamt verbrachten die sieben Astronauten drei Tage acht Stunden und eine Minute in der Station, die sie in diesem Zeitraum völlig überholten und für die kommenden Missionen vorbereiteten. Besonders wichtig waren die Erneuerungen von Bordsystemen, die inzwischen das Ende ihrer Betriebszeit erreicht hatten. Wie bereits von mir notiert, mussten von den sechs großen Nickel-Cadmium-Batterien, die jeweils auf der Sonnenseite des Orbits die Energie aus den Solarzellen speichern, damit die Station auch auf der folgenden Nachtseite über Strom verfügt, vier gegen neue ausgetauscht werden, zusammen mit ihrem elektronischen Zubehör, das ihre Lade- und Entladezyklen steuert. Die massigen Akkus aus- und einzubauen war eine schwierige Arbeit, für die der Kosmonaut Jurij Usatschow und die Astronautin Susan Helms rund anderthalb Stunden je Batterie benötigten. Sie waren aber ausgezeichnet trainiert, und ihre Vertrautheit mit den Bordsystemen erklärt sich vor allem daraus, dass die beiden zusammen mit James Voss nächstes Jahr als zweite Langzeitbesatzung an Bord der ISS leben und arbeiten werden.

Die Crew wechselte zehn Rauchdetektoren der Feuerwarnanlage in Sarja aus, installierte vier neue Kühlventilatoren und einen Datenspeicher für das Telemetriesystem, um Messwerte außerhalb des Sichtbereichs der russischen Bodenstationen festhalten und später dann übermitteln zu können und erweiterte die Kommandofunktion des Sarja-Computers durch Einbau neuer Kabel, die es nun ermöglichen, auch über das amerikanische TDRS-Satellitensystem mit ihm in Verbindung zu treten, wenn Russlands Bodenstationen außer Kontakt sind.

An Frachtgut brachte die Atlantis über anderthalb Tonnen mit, die in mühsamer Arbeit von den Astronauten in die ISS überführt und nach einem sorgfältig vorbereiteten Lageplan verstaut wurden. Da die Atlantis außerdem nicht länger benötigte Güter von rund einer halben Tonne Masse mit zur Erde zurückbrachte, hatte die Station am Schluss eine Tonne mehr Masse, als vor dem Shuttle-Besuch. An Bord blieben vier große 50-Liter-Behälter mit Wasser, ein Standfahrrad, anderes Turngerät, Pakete mit Kleidung, Werkzeugen, Büchern, Notizblöcken und Dosenöffnern, Abfallbeutel, und vieles andere mehr – was man so zum monatelangen gemütlichen Leben an Bord einer Raumstation in der Schwerelosigkeit eben braucht.

Besonders wichtig war auch der so genannte Reboost, die Anhebung der Höhe des Orbits über der Erde. Sie erfolgte in drei getrennten Manövern, bei denen Halsell und Horowitz die kleinen Raumlagekontrolldüsen des Shuttle in zahlreichen kurzen Schubimpulsen einsetzten. Beim ersten Manöver, am 23. Mai, feuerten sie 27-mal innerhalb 58 Minuten und schafften 16 km. Beim zweiten Mal, am 24., kamen nochmals 16 km hinzu, ebenfalls mit 27 Impulsen in 58 Minuten, und das dritte Manöver einen Tag später, 26 Schübe in 54 Minuten, brachte den Höhengewinn auf insgesamt etwa 46 km. Die ISS befindet sich jetzt in einer Umlaufbahn von 381 km mal 368 km Höhe. Zieht man davon den unvermeidbaren Höhenverlust ab, den die ISS in den kommenden Wochen durch Luftreibung erleiden wird, so wird sie sich in optimaler Höhe für das Rendezvous mit dem Servicemodul Swesda befinden, wenn dieses dritte große Bauteil im kommenden Juli in Kasachstan gestartet wird. Es bringt die eigentlichen Wohneinrichtungen, mit denen die Raumstation bezugsfähig gemacht wird für die Anfang November eintreffende erste Dauerbesatzung Bill Shepherd, Jurij Gidsenko und Sergeij Krikaljow.

91 Europa im All: 25 Jahre ESA

**Mittwoch,
31. Mai 2000**

Heute kann die europäische Raumfahrt ein schönes Jubiläum feiern, denn es war 1975, also vor 25 Jahren, dass elf europäische Länder an diesem Tag zusammenkamen, um ihre Raumfahrtbemühungen im Rahmen einer internationalen Organisation namens European Space Agency, kurz ESA, zusammenzulegen und dadurch, wie man hoffte, effektiver und kostensparender zu fokussieren.

Die Idee dazu war freilich nicht neu und der Prozess alles andere als leicht. Schon in den frühen 60er Jahren hatten sich sechs Länder – Belgien, Frankreich, Deutschland, Italien, Holland und England – zur gemeinsamen Entwicklung einer Trägerrakete zusammengetan, und ihre Organisation hieß European Launcher Development Organization oder ELDO. Kurze Zeit später, 1962, riefen die gleichen Länder plus Dänemark, Spanien, Schweden und die Schweiz eine zweite Behörde ins Leben, um gemeinsame Forschungssatellitenprogramme zu unternehmen und zu koordinieren. Sie erhielt den Namen European Space Research Organization oder ESRO. Zehn Jahre später beschloss man, die beiden Gruppen zu einer einzigen Organisation zusammenzufassen, und im Juli 1973 legte eine Ministerialkonferenz in Brüssel die Grundprinzipien dafür fest. Zwei Jahre später trat auch Irland bei, und am 30. Oktober 1980 ratifizierten die zehn Gründungsländer mit ihren Unterschriften das Bestehen der ESA.

Heute hat die ESA 15 Mitgliedsnationen und kann mit berechtigtem Stolz auf eine Reihe stattlicher Errungenschaften und Erfolge im vergangenen Vierteljahrhundert ihrer Existenz zurückschauen. ESA-Programme haben wesentlich beigetragen zum heutigen fortgeschrittenen Stand der Umweltforschung, der Astronomie und Kosmologie, der globalen Kommunikation und der bemannten Raumfahrt. Aber eine noch wichtigere Errungenschaft der ESA ist die von ihr realisierte internationale Kooperation, die Zusammenarbeit von 15 europäischen Ländern bereits zu einer Zeit, als eine wirtschaftliche Zusammenarbeit im Rahmen der EU noch in der Ferne lag, aber auch die erfolgreiche Beteiligung an nicht europäischen Raumfahrtprogrammen zur Erreichung eines gemeinsamen Ziels. Was die internationale Raumstation ISS bereits heute demonstriert, gilt noch viel mehr für den einstigen bemannten Flug zum Mars: Nicht einer einzelnen Nation wird dieser Schritt noch möglich sein, wie Apollo, sondern nur eine Gemeinschaft von Nationen, rund um die Erde, werden ihn schaffen.

Zu ESAs Umweltprogrammen aus dem All gehören die Meteosat-Wettersatelliten, von denen der erste 1977 ins All flog, und die sich in Vorbereitung befindenden Meteosat Second Generation (oder MSG) Satelliten, ferner die erfolgreichen Radarsatelliten

ERS-1 und ERS-2 von 1991 und 1995 zur Erdbeobachtung, auf die der fortgeschrittene Envisat folgen wird, und nationale Programme wie das französische SPOT-System. Auf dem Telekommunikationsgebiet startete der erste europäische Nachrichtensatellit, OTS, bereits 1978, der Wegbereiter für die heute von Eutelsat und Inmarsat betriebenen Nachrichtensatelliten und zahlreiche andere weltweit. Auf dem sich mit großem Tempo entwickelnden globalen Multimedia-Markt hofft sich Europa mit dem neuen Skyplex-Prozessor, der bereits zweimal im Weltraum getestet worden ist, eine führende Rolle zu erkämpfen. Die wissenschaftliche Forschung der ESA konnte so schöne Erfolge wie die Kometensonde Giotto, die Sonnensonde Ulysses und das Röntgenteleskop XMM verzeichnen.

Die ESA ist von Anfang an davon ausgegangen, dass der Aufbau eines ehrgeizigen Weltraumprogramms Hand in Hand gehen muss mit der Entwicklung eines eigenen, unabhängigen Zugangs zum All, also von Transportgeräten. Schon im Juli 1973 begann man daher mit dem Ariane-Programm, nachdem die Bemühungen der ELDO, gemeinsam eine Trägerrakete zu entwickeln, wegen Koordinierungsschwächen kläglich gescheitert waren. Es entstand eine Familie von ESA-Raketen unter der Bezeichnung Ariane, von denen die erste, Ariane 1, am 24. Dezember 1979 flog. Heute vollständig kommerziell betrieben, ist der Träger zur Ariane 4 gediehen, die inzwischen an die 130-mal geflogen und circa 170 Satelliten ins All getragen hat. Um den steigenden Anforderungen der Raumfahrtindustrien zu genügen, ist mittlerweile auch ein Schwerträger entwickelt worden, die Ariane 5, die dank ihrer wesentlich höheren Nutzlastkapazität die spezifischen Kosten der kommerziellen Raumfahrt für den Nutzer erheblich senken kann. Ihr erster Probeflug von Kourou in Französisch-Guayana, endete am 4. Juni 1996 wegen eines Software-Fehlers zwar in einer Katastrophe, doch die folgenden Qualifikationsflüge in 1997 und 1998 waren von Erfolg gekrönt, und damit ist Ariane 5 jetzt voll im Betrieb.

Was die bemannte Raumfahrt betrifft, für die Europa heute rund 15–16 Prozent seines Weltraumhaushalts aufbringt, so kann die ESA auf eine Reihe stattlicher Leistungen zurückschauen. Von 1983 bis 1998 haben sich sechs verschiedene ESA-Astronauten an insgesamt zehn amerikanischen Shuttle-Flügen beteiligt (ein Deutscher mit zwei Flügen, einmal ein Holländer, dreimal ein Schweizer, zweimal ein Franzose, und je einmal ein Italiener und ein Spanier), ferner zwei Europäer, beides Deutsche, an Flügen zur russischen Mir. Die ESA entwickelte auch das für die Forschung in der Mikrogravitation ausgelegte Raumlaboratorium Spacelab, das bis zu seiner Still-Legung insgesamt 25-mal im Nutzlastraum des Spaceshuttle geflogen ist, erstmalig im November 1983.

Heute besteht die bemannte Raumfahrt bei der ESA im Wesentlichen aus der Partnerschaft-Beteiligung an der internationalen Raumstation ISS. Hierbei zeichnet Europa verantwortlich für das Laboratoriumsmodul Columbus, das 2004 mit dem Shuttle zur ISS gebracht wird, und für die unbemannte, nicht wiederverwendbare Zubringerfähre Automated Transfer Vehicle (ATV). Nächste Woche wird die ESA in Berlin mit der französischen Raumfahrtträgerfirma Arianespace einen Vertrag unterzeichnen über die Entwicklung und den kommerziellen Betrieb von neun Exemplaren des ATV, das, gestartet von einer Ariane 5, ab 2004 erstmals zum Einsatz kommen soll und dann in Abständen von rund 15 Monaten die ISS mit Treibstoffen, Verbrauchsgütern, aber auch Höhenanhebungs- und Müllentsorgungsdiensten versorgen soll.

92 NASA wird multimedial!

Freitag, 2. Juni 2000

Heute gab es bei uns ein ziemlich bedeutungsvolles Ereignis, das garantiert die Welt, wie wir sie kennen, verändern wird, eine weitere kleine Stufe zu den Sternen: Die NASA hat erstmalig einen weitreichenden Vertrag mit einer supermodernen Multimedia-Firma abgeschlossen, die allerbesten Zugang zum Internet, zu den neuesten Multimedia-Techniken, zu Hollywoodagenturen und Computerfirmen bietet. Ohne dass es den amerikanischen Steuerzahler etwas kostet, wird sie unsere gesamten umfangreichen Archive von Filmen, Fotos, Videos, historischen Konstruktionsplänen, Memoranden, Historikas usw. hochqualitativ digitalisieren und der ganzen Welt kostenlos im Internet zugänglich machen.

Besondere Zugangsprogramme werden für die Jugend und für Schulen usw. eingerichtet. Außerdem wird durch die Partnerschaft die neueste Fernsehtechnik HDTV (High-Definition TV) in unseren Spaceshuttles und in der internationalen Raumstation ISS installiert und künftig ständig Live-Übertragungen von Bord ins Fernsehen, ins Internet und auch in Filmproduktionen in Hollywood geleitet werden. Eine HDTV-Kamera wird bereits an der Außenwand des Servicemoduls Swesda installiert sein, wenn es im Juli in Baikonur startet.

Die Firma Dreamtime Holdings Inc. ist ein Zusammenschluss von jungen Silicon-Valley-Unternehmern, finanziert mit Venture-Kapital, mit gewaltiger Energie, Vision und Risikobereitschaft – das Beste vom Besten. Den Aufwand lässt sich das Unternehmen mehr als 100 Mio. Dollar kosten, aber der NASA, bzw. den Steuerzahlern kostet es nichts. Einer der Förderer, der heute auch bei der Eröffnungsfeier sprach, ist James Cameron, der Regisseur von »Titanic« und selber ein Mars-Freak wie ich, der an mehreren Filmproduktionen zur Mars-Besiedlung arbeitet, darunter ein IMAX-Film in 3D.

Die Partnerschaft der NASA mit Dreamtime eröffnet ein neues Zeitalter der Raumfahrt-Information, in dem die Abenteuerwelt der Raumfahrt Millionen von Menschen rund um die Erde durch die neuen Technologien der digitalen Revolution zugänglich gemacht wird. Mit dem großzügig ausgelegten Unternehmen plant die NASA ein Internet-Portal, eine interaktive virtuelle Raumfahrt-Erlebniswelt und die Freistellung eines gewaltigen Schatzes an digitalen Bildern und Filmen. Erstmalig werden damit auch öffentliche Live-Übertragungen von Bord der internationalen Raumstation und Spaceshuttle-Missionen mit Hochdefinitions-Fernsehen möglich werden, ferner eine leicht zugängliche, für die Internet-Suche geeignete digitale Datenbank von NASAs gesamten Bildarchiven – das Beste, was es auf diesem populären Gebiet gibt. Die neue Multimedia-Homepage öffnet mit einem Mausklick das Portal zu tausenden von Bildern, Tonaufzeichnungen, Dokumenten, Blaupausen und Konstruktionsplänen in den derzeit weitgehend unbenützen, bzw. unterbenützten Archiven der Raumfahrt. In klimatisierten Spezialgewölben der NASA liegen über 40000 Stunden Video, zehn Mio. Fotos und 3000 km Filmmaterial aus 80 Jahren der Aeronautik und Astronautik, ein Schatz von unvorstellbarem Wert für die Menschheit. Dieser unvergleichliche Bestand wird vollständig in Digitalformat übertragen und katalogisiert werden und dann Millionen Menschen zugänglich sein über das Internet, aber auch drahtlos und über interaktives Fernsehen. Auf den kleinen Bildschirmen handgehaltener Computer werden Shuttlestarts aufleuchten und Schüler werden sich in fesselnde interaktive Raumfahrtprogramme im Fernsehen und Internet einschalten und daran beteiligen können. Die Erforschung und Besiedlung des Weltraums wird dadurch jedem Menschen nahe gebracht werden.

Die zunächst auf sieben Jahre angesetzte Partnerschaft mit Dreamtime ermöglicht es der Raumfahrtbehörde außerdem, mit modernster Hochdefinitions-Television unsere Ingenieure und Wissenschaftler auf dem Boden bei Shuttleflügen und wissenschaftlichen Forschungsbetrieb auf der Raumstation ISS an jedes gewünschte Detail heranbringen zu können, wie es bisher nie möglich gewesen ist. Minutiöse technische Inspektionen an Bord und auch außen an der Station können vom Boden aus mit einer Genauigkeit durchgeführt werden, die eine zeitraubende Erklärung durch die Crew oder Ausstiege von Astronauten im Raumanzug ins Freie unnötig machen können. Davon versprechen wir uns größere Sicherheit für die Menschen an Bord und bessere Forschung für die Wissenschaft.

Erste Aufgabe der Partnerschaft ist die Schaffung des Dreamtime-Portals im Internet, www.dreamtime.com, unter Verwendung neuester interaktiver Technologie innerhalb der nächsten sechs Monate. Es ermöglicht einen vollständigeren und intensiven Zugang zu allen digitalisierbaren Wissensdaten über Weltraum und Raumfahrt durch die Verbindung von Video, Audio, Fotografien, hochaufgelösten Abbildungen, historischen Dokumenten und 3D-Ansichten von Raumfahrzeugen wie der Mars Sojourner und das Hubble-Teleskop. Zur nutzerfreundlichen Einrichtung des Portals gehören auch raumfahrtbezogene Anschlagbretter (Bulletinboards),

Unterrichtsprogramme, Spiele, Chat-Räume und e-Karten. Eine erste umfassende Galerie an Foto- und Videomaterial soll in 18 Monaten zur Verfügung stehen.

Es braucht nicht viel Visionskraft, um schon jetzt sagen zu können, dass die NASA durch diese Zuhilfenahme der kommerziellen Informationstechnologien und ihrer Multimedia-Revolution eine der bedeutendsten soziokulturellen Neuerungen der kommenden Jahre und Jahrzehnte anstößt, von der niemand auf der Erde ausgeschlossen zu sein braucht – man denke nur an die Jugend rund um die Welt! Und der Hauptfokus dabei, das wurde heute auch vor der Presse deutlich gemacht, ist der Mars – da erklingt von nun an ein ständiger Trommelwirbel.

Das wird eine ganz große Sache, ein Kulturschock in die richtige Richtung.

93 Ende für Compton

**Montag,
5. Juni 2000**

Gestern früh kam für das berühmte Gammastrahlen-Observatorium Compton nach neun äußerst erfolgreichen Betriebsjahren das sehr sorgfältig vorbereitete Ende. Es war das erste Mal, dass die NASA einen ihrer Satelliten mit Absicht zum Absturz in die Erdatmosphäre gebracht hat, denn die Rückkehr der Raumstation Skylab war 1979 größtenteils unkontrolliert geschehen, und dieses Risiko wollte man nicht noch einmal eingehen.

Compton war am 5. April 1991 vom Spaceshuttle Atlantis ins All getragen worden, um das Universum mit Gammastrahlen zu erforschen, einem hochenergetischen Frequenzbereich des elektromagnetischen Spektrums. Im optischen Bereich sind sie unsichtbar, können aber Lichtjahre an Distanzen durchmessen, ohne wesentliche Änderungen zu erleiden. Im Weltraum bedeutet Distanz gleich Zeit, d. h. von je weiter her ein Informationsträger kommt, desto weiter in der Vergangenheit liegt die Quelle der Information, die er trägt. Und als solche Marathon-Botengänger sind die Gammastrahlen ideal.

Die Informationen, die sie uns bringen, stammen von Ereignissen unmittelbar nach der Geburt des Universums. Entstanden sind sie in den gewaltigsten, energiereichsten kosmischen Phänomenen die wir kennen – Schwarze Löcher, Quasare, Pulsare und Supernovae –, doch gelangen sie nur selten durch die Erdatmosphäre auf den Boden herunter. Das Gammastrahlen-Teleskop Compton war deshalb als Erdsatellit konstruiert, der von außerhalb unserer Lufthülle ungehinderte Sicht im Gammastrahlenbereich hatte, als eines von NASAs so genannten Großen Observatorien. Die anderen sind das Hubble-Teleskop, das Röntgenstrahl-Observatorium Chandra und in kommenden Jahren auch das Infrarotteleskop SIRTF.

Das Compton hat der Astronomie in seiner neunjährigen Tätigkeit eine lange Reihe spektakulärer Entdeckungen und Erfolge beschert. 1997 zeichnete es einen Gammaburst auf, d. h. einen Gammastrahlenstoß, der zwölf Milliarden Jahre alt war. Es wird vermutet, dass er von einem mysteriösen Energieblitz zu Beginn unserer Zeit stammt, der eine Sekunde lang heller brannte als alle Sterne des Universums zusammengenommen. Letztes Jahr wurde ein noch größerer Energieblitz aufgezeichnet, und als 1996 vier solche Blitze registriert worden waren, sagte einer der staunenden Astronomen: »Unsere Vorstellungskraft ist der Aufgabe, diese seltsamen und exotischen Vorgänge zu erklären, eigentlich nicht mehr gewachsen.«

Der 17 t schwere Satellit, seinerzeit die schwerste bis dato von einem Shuttle in die Umlaufbahn gebrachte Forschungsplattform, war für eine Betriebsdauer von drei, allerhöchstens fünf Jahren im Orbit ausgelegt. Aber er erwies sich als so robust und zuverlässig, dass seine durch Luftreibung herabsinkende Umlaufbahn zweimal hochgeboostet wurde, 1993 und 1997, um sein Leben zu verlängern. So wurden aus den ursprünglichen drei bis fünf Jahren neun Jahre.

Doch letztes Jahr begann einer von Comptons drei Steuerkreiseln nachzulassen. Vermutlich durch Versagen eines Kugellagers blieb im Dezember ein Motor in dem Gerät stehen, und die sich rasch drehende Kreiselanlage fiel aus. Das Observatorium brauchte die drei Gyroskope zur Steuerung seiner Raumlage und Richtgeschwindigkeit. Zwar hätten die nunmehr verbliebenen zwei Kreisel auch noch für einen etwas begrenzteren Forschungsbetrieb ausgereicht, aber auch sie waren schon neun Jahre lang gelaufen, und der Ausfall eines weiteren hätte katastrophale Folgen haben können. Der Satellit wäre nicht mehr kontrollierbar gewesen, weder bei seinem weiteren Verweilen im Orbit noch bei seinem einstigen Rücksturz zur Erde. Ein solches Risiko ist für die NASA nach dem Erlebnis mit Skylab vor 21 Jahren nicht akzeptabel, auch wenn der Risikofaktor, dass ein Mensch getötet wird, in diesem Fall nur eins zu vier Millionen war.

Das kontrollierte Wiedereintrittsprogramm bestand aus insgesamt vier Zündungen von Comptons Steuerdüsen von zusammen einer Stunde und 40 Minuten Dauer. Es begann am 30. Mai mit einem 23 Minuten langen Schubmanöver, um das Perigäum, den Tiefpunkt des Orbits, von 510 km auf 364 km zu senken. Manöver Nr. 2 am nachfolgenden Tag dauerte 26 Minuten und brachte das Perigäum auf 250 km. Das dritte Schubmanöver, am gestrigen Sonntag, von 21,5 Minuten Dauer verringerte den Tiefpunkt dann auf 150 km, und zwei Stunden später erfolgte die letzte, 30 Minuten lange Abbremsung, über tausende von Kilometer hinweg, als ob man einen 17-Tonnen-Schwerlaster auf einer Bergstraße abbremst. Der Satellit trat um 8:10 Uhr MESZ über dem Pazifischen Ozean in die Atmosphäre ein und brach in dem kritischen Höhenbereich zwischen 84 und 70 km auseinander. Viele Stücke verglühten harmlos, und ein Beobachtungsflugzeug der U.S. Air Force vom Typ RC-135 »Cobra Ball« fotografierte sie mit Infrarotsensoren. Mindestens fünf bis sechs Tonnen Material werden jedoch relativ intakt im Zielgebiet ins Wasser gestürzt sein, etwa 3860 km südöstlich von Hawaii. Insgesamt hatte Compton die Erde in seinen neun Jahren 51 658-mal umkreist.

Weitere Forschungssatelliten für den Gammastrahlenbereich plant die NASA für die Zukunft; der nächste startet bereits im Juli oder August dieses Jahres (Hete-2). Aus Europa kommt nächstes Jahr ESAs International Gamma-Ray Astrophysics Laboratory (Integral) und 2005 bringt die NASA das große Gamma-Ray Large Area Telescope (Glast) ins All.

74

74   10. 7. 2000: Proton-Rollout in Baikonur, mit Ser-
vicemodul Swesda in der Nutzlastverschalung. [98]

75   12. 7. 2000: Glückliche Gesichter auf der VIP-
Tribüne nach dem Swesda-Start. Mit Hut: NASA-
Administrator Dan Goldin, links neben ihm: *RKA-*
Direktor Jurij Koptjew, weiter links *NASA-Chef für*
bemannte Raumfahrt Joe Rothenberg und (mit
Mütze) *Präsident der japanischen Raumfahrtagentur*
NASDA Tomifumi Godai; ganz links: *der Verf.*   [98]

76   25. 7. 2000: Servicemodul Swesda (links) hat an
der ISS angedockt. Mitte: FGB Sarja; rechts:
Kopplungsadapter Unity.   [98]

77   12. 7. 2000: Servicemodul Swesda startet auf
Proton.   [98]

75

76

77

78

79

78 24. 7. 50: Der erste Start eines Missile von Cape Canaveral - die V2/Bumper-Rakete. [99]

79 6. 12. 57: Der Startversuch des ersten US-Satelliten vom Cape scheitert nach 2 Sekunden durch Triebwerkausfall u.Explosion der Vanguard-Rakete. Den Erfolg brachte eine Redstone mit Explorer 1 am 31. 1. 58. [99, Vorw.]

80 20. 2. 62: Auf einer Atlas-Rakete donnert John Glenn in »Friendship 7« als erster Amerikaner vom Cape in die Erdumlaufbahn. [99, 13, 10]

81 15. 7. 75: Auf einer Saturn IB starten Tom Stafford, Vance Brand u. Donald Slayton zum Rendezvous mit Alexej Leonow und Walerij Kubasow (US/UdSSR-Gemeinschaftsmission ASTP). [99, 97]

82 16. 7. 69: Apollo 11 startet auf Saturn V vom Cape zur ersten Mondlandung. [99, 47]

80

81

82

83   11. 4. 61: Spaceshuttle Columbia in der Nacht vor dem ersten von vier Testflügen. Crew von STS-1: John Young u. Robert Crippen.   [99, 108]

84   29. 10. 98: Medien-Auflauf am Cape, beim Start von STS-95 mit John Glenn.   [99, 10, 13]

85   8. 9. 2000: Atlantis startet zum 99. Shuttle-Einsatz (STS-106), als ISS-Mission 2A.2b.[103, 105, 106]

83

84

85

86

87

86   8. 9. 2000: STS-106/Atlantis
donnert durch Mach-1 in den
Überschall, und in den dabei
entstehenden Stoßwellen konden-
siert Luftfeuchtigkeit.
[103, 105, 106]

87   Im Gulfstream-Jet »NASA-1«:
Der Verf. auf dem Rückflug von
einem Shuttle-Start in Florida
nach Washington (2000).   [99]

88   16. 9. 2000: Die Crew von
STS-106/2A.2b. Uhrzeigersinn
v. u.: T. Wilcutt, J. Malentschenko,
D. Burbank, R. Mastracchio,
B. Morukow, E. Lu, S. Altman.
[103, 105, 106]

88

89

89   17. 9. 2000: Atlantis hat
abgelegt und führt eine letzte
Photographier-Umfliegung der
ISS durch. [103, 105, 106]

90

91

90   Oktober 2000: Astronaut
William McArthur beim EVA-Aus-
flug am Roboterarm der STS-92/
Discovery (ISS-Mission 3A).
[109]

91   Oktober 2000: Blick in den
derzeit mit Cargo von STS-92/3A
gefüllten Energieblock FGB/Sarja.
Am fernen Ende: Astronaut
Lopez-Alegria. [109]

92   24. 10. 2000: Blick von der
ablegenden STS-92/Discovery auf
die ISS, mit dem neuen »Zenit-1«-
Trägerblock (Z-1) und seiner
Ku-Band-Antenne. [109]

92

93 Die erste ISS-Besatzung bei der Blumenniederle-
gung vor der Basiliuskathedrale auf Moskaus Rotem
Platz (v. l.: Sergeij Krikaljow, William Shepherd, Jurij
Gidsenko). [113, 114]

94 31. 10. 2000: Sojus startet im Nebel von Rampe 1
zur ISS-Mission 2R, an Bord die erste Raumstationsbesatzung. [113, 114]

95 Expedition 1: Die erste Crew der ISS (v. l.:
Flugingenieur Sergeij Krikaljow, ISS-Kommandant
William Shepherd, Sojus-Kommandant Jurij
Gidsenko). [113, 114]

93

94

95

96 2. 11. 2000: Nur noch wenige Minuten verbleiben bis zum Andocken von Sojus TM-31 (2R) am Servicemodul Swesda (oben rechts auf der Tafel im ZUP). [114]

97 31. 10. 2000: Umtrunk im »geheimen« Unterstand nach dem erfolgreichen Sojus-2R-Start (links im Bild Saljut-Kosmonaut Jurij Glaskow, rechter Vordergrund: Mir-Kommandant Wasilij Ziblijew). [113]

96

97

98

98 2. 11. 2000: Pressekonferenz nach erfolgtem Andocken: am Mikrophon (u. TV-Bild darüber) Jurij P. Semjonow von RKK-Energija, im Vordergrund Walerij Alawerdow, stellv. Direktor von RKA/ Rosaviakosmos. [114]

99 November 2000: Schwerelosigkeit und Fröhlichkeit an Bord (v. l.: J. Gidsenko, W. Shepherd, S. Krikaljow). [114]

99

100

100 *Sonnenaufgang – für die ISS, nach ihrer Fertigstellung 2006, und...* [115]

101 *...auf dem Mars, dem Fernziel unserer Bemühungen.* [115]

101

94 Der Weg zum Mars: Neuer Wind und neue Pläne

Donnerstag, 15. Juni 2000

Nach dem Verlust der beiden Marssonden Klimaorbiter und Polar Lander letztes Jahr, haben wir die Marsexploration nicht etwa eingestellt (wie in der deutschen Presse wieder einmal fälschlich berichtet wurde), aber unsere Marsstrategie von Grund auf kritisch revidiert und überdacht. Man hat sich zwar dafür entschieden, die für nächstes Jahr vorgesehene Landungsmission zurückzustellen, wird jedoch die ebenfalls vorbereitete Orbiter-Mission zum Mars beibehalten. Sie wird demnach nächstes Jahr wie geplant zum Roten Planeten aufbrechen.

Die nächste Startmöglichkeit ist 2003, denn Flüge zum Mars erfolgen wegen der Relativstellung von Erde und Mars am energiesparendsten jeweils alle 26 Monate, eine so genannte synodische Periode. Für sie untersucht die NASA derzeit zwei mögliche Missionen, und zwar eine Landemission, die nach dem Vorbild des Pathfinder-Landers von 1997 luftgefüllte Prallsäcke zur Landung verwendet, und zum anderen einen Orbiter, der nach Möglichkeit auf dem für 2001 vorgesehenen Mars-Orbiter basieren würde. Nächsten Monat, im Juli, soll dann entschieden werden, welcher der beiden Missionen 2003 der Vorzug gegeben werden soll.

Den Lander würde das Jet Propulsion Laboratory (JPL) der NASA bauen, den Orbiter die Firma Lockheed Martin Astronautics. Möglich wäre es freilich auch, dass man keine der beiden Missionen wählt, sondern das Jahr überspringt und bis zur nächsten Startgelegenheit 2005 wartet.

Wären die beiden Sonden letztes Jahr nicht verloren gegangen, so würden wir zur Zeit bereits an einer Marsproben-Rückhol-Mission für 2003 arbeiten, bei der ein großer Lander ein Roverfahrzeug zur Probeneinbringung und eine Aufstiegsstufe getragen hätte. Letztere hätte die Bodenproben in eine Umlaufbahn getragen, aus der sie dann später von einem zweiten Raumfahrzeug abgeholt und zur Erde zurückgebracht worden wären. Dieses Projekt ist nicht gestrichen, sondern nur um ein paar Jahre zurückgestellt worden. Statt seiner kommt eine der beiden weniger anspruchsvollen Missionen zum Einsatz. Beide können sie von Delta-2-Raketen gestartet werden, während für die Probenrückhol-Mission eine Ariane 5 im Gespräch ist, mit der sich Frankreich beteiligen könnte.

Der 2003 startende Lander verwendet eine Transferstufe, Aeroschutzhülle und Luftkissenanlage, ähnlich wie der Pathfinder 1997, sowie eine auf das Gerät zugeschnittene wissenschaftliche Nutzlast. Wie bei Pathfinder gehört zum Lander auch ein Roverfahrzeug, das jedoch viel größer und leistungsfähiger sein wird. Im Gegensatz zum Pathfinder trägt die Landestufe selbst jedoch keine Betriebssysteme oder Forschungsinstrumente, sondern hat lediglich die Aufgabe, das Fahrzeug auf der Marsoberfläche abzusetzen. Durch dieses Arrangement gewinnen wir größere Mobilität auf dem Mars und mehr Wissenschaftsausbeute. Bei der populären Pathfinder-Mission war die geringe Ausbeute ein Manko. Der Rover wird umfassender instrumentiert sein, eine größere Distanz zurücklegen können und längere Betriebsdauer haben.

Die Radioverbindung zur Erde würde sowohl direkt über zwei redundante, d. h. ersatzweise einsetzbare X-Band-Anlagen mit einer 30-cm-Schüsselantenne erfolgen, oder über einen UHF-Kanal via Relaissatellit in der Marsumlaufbahn.

Der Rover schafft täglich bis zu 100 m Wegstrecke und könnte im Verlauf seiner wenigstens 30 Tage währenden Mission eine Distanz von vielleicht einem Kilometer zurücklegen. Sein Entwurf basiert auf dem ursprünglich für 2001 vorgesehenen Rover »Athena«. Das geschätzte Startgewicht des Landers liegt bei 890 kg, einschließlich 130 kg für den voll instrumentierten Rover.

Die als Alternative zur Wahl stehende Orbiter-Mission wöge dagegen rund eine Tonne. Ihre Primäraufgabe wäre die weitere Erforschung der Atmosphäre und der Anzeichen früherer oder heutiger Wasservorkommen auf dem Mars. Dazu würde die Sonde unter anderem mit einer Hochleistungskamera ausgerüstet sein, die noch eine Klasse besser ist als die des gegenwärtig im Marsorbit tätigen Global Surveyor.

Bevor man sich für die eine oder andere der beiden Mars-Missionen entscheidet, werden am JPL und bei Lockheed Martin die Risiken, Kosten und Zeitplan-Beschränkungen für beide sorgfältig untersucht – und dabei hat man ohne Zweifel aus den Fehlern der früheren Missionen gelernt. Ihre Kosten werden nicht sehr unterschiedlich sein: etwa 220 Mio. Dollar für den Orbiter und 260 Mio. für den Lander und Rover, einschließlich Entwicklung und Wissenschaftsausrüstung; hinzu kommen noch die Startkosten. Alles in allem: Die globale Erforschung des Roten Planeten geht unter Hochdruck, aber mit Bedacht, weiter.

95 Astrobiologie: Es geht ums nackte Leben

Mittwoch, 5. Juli 2000

Einer der neuesten und interessantesten Forschungsbereiche bei der NASA ist die Astrobiologie, das Studium der Entstehung, Verbreitung und zukünftigen Entwicklung des Lebens im Universum. Wie hat das Leben begonnen? Gibt es andere Planeten wie die Erde? Und was ist die Zukunft des irdischen Lebens, wenn es über seine Heimatwelt hinaus ins All vorstößt? Diese Fragen sind schon uralt, aber heute ist es uns dank Fortschritte in den Biowissenschaften und in der Raumfahrt und ihren Technologien zum ersten Mal möglich geworden, sie zu beantworten.

Astrobiologie ist eine Synthese verschiedener Disziplinen, von Astronomie über Zoologie, Ökologie, Molekularbiologie und Geologie bis zur allermodernsten Genomik. Sie stützt sich auf eine Reihe neuester Werkzeuge und Einrichtungen, von der internationalen Raumstation ISS über das auf das Hubble-Teleskop folgende Raumteleskop der nächsten Generation und das Erdbeobachtungs-Satellitensystem EOS bis zu neuen robotischen Missionen zu Mars und Jupiters Mond Europa. Die Zentrale für Astrobiologie liegt in Kalifornien, im NASA-Forschungsinstitut Ames bei San Francisco.

Um Antworten auf die drei grundlegenden Fragenkomplexe nach Ursprung und Entwicklung des Lebens zu finden, seinem Vorkommen im Kosmos und seiner Zukunft auf und außerhalb der Erde, müssen wir zunächst untersuchen, wie das Leben auf der

Erde überhaupt entstanden ist. Woher stammen seine Bausteine, von der Erde selbst oder aus dem Weltall? Bei welchen Umweltzuständen und unter welchen Kräften sind sie zu lebensfähigen Formen zusammengetreten?

Wir müssen ferner die allgemeinen physikalischen und chemischen Prinzipien ermitteln, nach denen Systeme entstanden sind, die es vermochten, Moleküle für Energie und Wachstum, also Katalysatoren, zu erzeugen, Nachkommen zu schaffen, beziehungsweise sich zu reproduzieren, und sich den Umständen entsprechend zu ändern, d. h. zu evolvieren. Sind irdische Biochemie und Molekularbiologie, basierend auf Kohlenstoff und Wasser, die einzigen Mechanismen, die Leben aufbauen und unterhalten können oder gibt es noch andere? Hier sucht man mit Laboratoriumsexperimenten und Computermodellierungen nach Antworten.

Das Leben ist ein dynamischer Prozess ständigen Wandels von Energie und Zusammensetzungen, der auf allen Ebenen der Akkretion, des Zusammentretens abläuft, vom Molekülbereich bis zu großen ökologischen Wechselwirkungen. Untersuchen müssen wir die Frage, wie sich das Leben auf den Ebenen der Moleküle, Organismen und Ökosysteme entwickelt und unterhält. Was die letzteren betrifft, so wissen wir heute, dass Veränderungen von Ökosystemen die irdische Umwelt umwandeln und umgekehrt, so wie das Leben selbst unter dem Druck ständiger Umweltveränderungen evolviert. Diese Koevolution der terrestrischen Biosphäre mit der Erde selbst ist deshalb einer der Hauptschwerpunkte der astrobiologischen Forschung.

Wir können daraus ableiten, welche Grenzen dem Leben in Umwelten gesetzt sind, die auf anderen Planeten herrschen. Was macht einen Planeten überhaupt bewohnbar, und wie häufig sind solche Welten im Universum? Mit fortgeschrittenen Modellen der Planetenbildung und Klimaentstehung sowie neuen Beobachtungsmöglichkeiten aus dem Weltraum, außerhalb der störenden Atmosphäre, arbeitet sich die Astrobiologie in den kommenden Jahren und Jahrzehnten näher und näher an die Antworten auf diese Fragen heran.

Hat man andere Planeten außerhalb des Sonnensystems entdeckt, woran lässt sich dann erkennen, ob sie Leben tragen? Um Information, die über sehr große Entfernung zu uns gelangt, überhaupt verstehen zu können, müssen wir einen Katalog der möglichen Signaturen des Lebens erarbeiten.

Die Suche nach extraterrestrischem Leben ist bereits im Gang. Vorerst konzentriert sie sich auf Mars und dann auf den Jupitermond Europa. Weitere Sonden werden nächstes Jahr und in den darauf folgenden synodischen Perioden zum Roten Planeten hinausgehen, und neue Flugexperimente werden entwickelt, um auf Europa einen Katalog der vorkommenden organischen Verbindungen und biogenen Elementen aufzustellen.

Zur Astrobiologie gehört auch die Frage, wie sich terrestrisches Leben auf die Zustände des Weltraums einstellt oder auf anderen Planeten verhält. Alles Leben, das wir kennen, ist in einem Schwerefeld von 1g entstanden, im Schutz der Erdatmosphäre und des Erdmagnetfeldes. Was passiert, wenn solches Leben ins All hinausgeht oder sich auf Mond und Mars niederlässt, wo die Umgebungszustände drastisch anders sind als auf der Erde? Können Organismen und Ökosysteme dort adaptieren, überleben und über zahlreiche Generationen weiterwachsen? Antworten auf diese Untersuchungen werden zeigen, ob das Leben ausschließlich ein planetares Phänomen ist oder ob es die Bahn seiner weiteren Evolution auch über seinen Ursprungsort hinaus auszudehnen vermag.

Astrobiologie, wie sie die NASA in Angriff genommen hat, hat eine ganz große und aufregende Zukunft, wahrscheinlich aufregender als alles, was wir uns heute vorstellen können. Denn durch diesen Forschungsschwerpunkt ist uns hier und heute die Möglichkeit gegeben, einem besseren Verständnis des eigentlichen Wesens des Lebens und seiner Rolle im Universum näher zu kommen.

Unser Glaube an die Existenz extraterrestrischen Lebens ist keineswegs eine Entwicklung unserer modernen, wissenschaftlichen Zeit. Schon im 4. Jhdt. v. Chr. schrieb der epikureische Philosoph Metrodoros: *»Die Erde als die einzige bevölkerte Welt im unendlichen All anzusehen, ist ebenso absurd wie die Behauptung, auf einem ganzen, mit Hirse gesäten Feld würde nur ein einziges Korn wachsen.«* Doch vorerst bleibt die Astrobiologie eine Wissenschaft, die »erst noch zeigen muss, dass ihr Wissensgegenstand überhaupt existiert«, wie es der Paläontologe George Gaylord Simpson ausgedrückt hat.

96 Der Weg zum Mars: Wasser in Hülle und Fülle?

**Donnerstag,
6. Juli 2000**

Seit die NASA in den vergangenen Jahren die Erforschung unseres Nachbarplaneten Mars intensiviert hat, konnte und kann es nicht ausbleiben, dass immer neue Entdeckungen gemacht werden, die unser Wissen über ihn erweitern und das öffentliche Interesse an ihm steigern. Im vergangenen Juni sind nun unsere kollektiven Annahmen über das Vorkommen von Wasser auf dem Roten Planeten innerhalb von weniger als einer Woche gründlich umgekrempelt worden.

Zuerst verkündete die NASA neulich, am 22. Juni, auf einer Pressekonferenz in unserem Hauptquartier in Washington die sensationelle Entdeckung, dass es in der Marskruste, dicht unter der Oberfläche, tatsächlich flüssiges Wasser gibt, Aquifere – und zwar vielleicht sogar in diesem Augenblick. Einen Tag später folgte die Nachricht, eine Analyse eines Meteoriten vom Mars beweise einwandfrei, dass Mars einst Ozeane mit salzhaltigem Wasser wie die der Erde gehabt hat. Und kurze Zeit später verlautbarte eine Pressemitteilung der Amerikanischen Geophysikalischen Union (AGU), dass aufgrund einer weiteren Untersuchung eines Meteoriten vom Mars die dort vorkommende Menge an Wasser wahrscheinlich zwei bis dreimal größer ist, als bisher angenommen. Für diejenigen, die den Mars als erforderliches Langzeitziel menschlicher Ausdehnung im All, als Besiedlungsimperativ gesehen haben, sind das in der Tat sensationelle Entdeckungen, die man einst vielleicht als wichtigster Durchbruch in der jahrhundertlangen Erforschung des Mars ansehen wird.

Das Bild, das man sich traditionell vom Mars gemacht hat, ist das einer kalten, desolaten Welt, deren Geologie und Geographie zwar deutliche Spuren ehemaliger Wasservorkommen zeigen, die heute jedoch als knochentrocken gilt, da ihre Oberfläche zu kalt und ihre Atmosphäre zu dünn sind, um Wasser im flüssigen Zustand existieren zu lassen.

Unbeantwortet war dabei allerdings die Frage geblieben, wohin denn diese gewaltigen Wassermengen verschwunden sind, die vor

Milliarden von Jahren offensichtlich ganze Flußtäler und Schluchten in den Boden gefräst haben.

Doch nun kommen die Enthüllungen hochauflösender Fotos der NASA-Sonde Mars Global Surveyor (MGS), die den Planeten seit September 1997 umkreist. Sie zeigen in bestimmten Kraterwänden einwandfrei tiefe Kanäle und Rinnsale, die ganz frisch entstanden sein müssen. Selbst hinuntergeschwemmte Steine und Geröllmassen sind auf den Kraterböden deutlich auszumachen. Nur starke Gießbäche von Wasser oder Schlamm können diese etwa mannstiefen Rinnsale geformt haben, da die dünne, kalte Atmosphäre das flüssige Wasser sehr schnell zum Gefrieren und Verdampfen, d. h. zum Sublimieren, bringen würde. Um solche Spuren zu hinterlassen, müssen die Gießbäche während ihres kurzzeitigen Bestehens jeweils an die 2000–3000 m^3 Wasser getragen haben – und das lässt darauf schließen, dass unter der Marsoberfläche gewaltige Mengen des wichtigen Lebenselements liegen müssen, in einer geschätzten Tiefe von 100–400 m. Jeder Ausbruch bringt genügend Wasser, um 100 Durchschnittshaushalte einen Monat lang zu versorgen oder sieben große Schwimmbecken zu füllen. Was die kurzzeitigen Ausbrüche verursacht, ist noch unklar; man glaubt nicht, dass es vulkanische Erhitzung ist.

Die entdeckten frischen Wasserläufe treten nicht häufig auf. Von den 60 000 Fotos, die die Sonde bisher zur Erde gesendet hat, sind es vorerst nur etwa 200 Bilder, auf denen die Rinnsale bisher gefunden worden sind. Sie treten in Gruppierungen an ganz bestimmten Stellen auf, vorwiegend an Steilhängen auf der Südhalbkugel, zumeist in Krater- oder Talwände eingefräst, mit einer zusammengestürzten oberen Austrittsregion, dem so genannten »Alkoven«, und am unteren Ende einer deltaförmigen Mündungszone mit angeschwemmtem Geröll, einer »Schürze«. Es gibt sie im *Gorgonum Chaos*, im *Vallis Nirgal* und im *Dao Vallis* und zumindest einer der Wasserläufe ähnelt auffällig dem Mississippi-Delta in den USA. Dass sie ganz frisch entstanden sind, schließt man daraus, dass es auf ihnen weder Einschlagkrater noch Sanddünen oder andere winderzeugte Verwitterungserscheinungen gibt. Eines der Rinnsale durchschneidet sogar eine Sanddüne.

Merkwürdig ist auch, dass die Rinnsale in besonders kalten

Zonen des Mars auftreten, zwischen 30 und 70 Grad Breite, und gewöhnlich an Böschungen, die am Tag nur wenig Sonnenlicht erhalten. Das legt den Gedanken nahe, dass es gerade das an solchen Stellen besonders schnelle Gefrieren von austretendem Flüssigwasser ist, das die Entstehung der Sturzbäche fördert. Es könnten sich nämlich am oberen »Alkoven«-Teil Eisdämme bilden, hinter denen sich das aus dem Boden sickernde Wasser zunächst aufstaut, bis sein Druck stark genug ist, um durchzubrechen und den Hang hinunterzustürzen, unter Mitnahme von Steine und Geröll. Dabei würde es aber bald langsamer werden, gefrieren und dann rasch zu Gas sublimieren, während das angeschwemmte Geröll deltaförmig liegen bleibt.

Einen Tag nach den Wasserfunden auf dem Mars folgte die Enthüllung eines Forscherteams der Universität von Arizona und des Los Alamos National Laboratory (LANL), dass die urzeitlichen Meere des Mars Salzwasser wie die der Erde enthalten haben müssen. Entdeckt wurde es durch Analyse eines 1,2 Milliarden Jahre alten Meteoriten vom Mars namens Nakhla, der wasserlösliche Ionen von Salzen enthielt, wie sie in irdischem Meerwasser vorkommen. Für die komparative Planetologie, die vergleichende Planetenforschung, ist das ein ungemein wichtiger Fund.

Und wiederum kurze Zeit später kam als dritte Sensation die Entdeckung der amerikanischen Forscherin Dr. Laurie Leshin von der Universität von Arizona, dass Mars wahrscheinlich doppelt bis dreimal so viel Wasser hat, als bisher angenommen. Wie sie in den Geophysical Research Letters der AGU (Ausgabe vom 15. Juli) berichtet, zieht sie diesen Schluss aus der Menge des in der Marsatmosphäre und in einem Marsmeteoriten enthaltenen Deuteriums, oder Schwerwasserstoffs, einem Wasserstoffisotop. Deuterium verbindet sich mit Sauerstoff zu schwerem Wasser, bei dem es die Stelle der Wasserstoffatome einnimmt. Nach unseren Messungen enthält der Wasserdampf in der Marsatmosphäre ein Deuterium-zu-Wasserstoff-Verhältnis, das fünfmal größer ist als auf der Erde. Erklärt wurde das aus der in der geringeren Marsschwere beschleunigten Flucht des leichteren Wasserstoffs. Wenn man davon ausgeht, Mars und Erde hätten in Urzeiten, also vor Jahrmilliarden, das gleiche Verhältnis von Deuterium zum Wasserstoff gehabt, dann ergibt sich daraus, dass der Rote Planet seit damals an die 90 Prozent des Wassers in seiner Atmosphäre und Kruste verloren haben muss. Doch nun fand die Forscherin in dem zwölf Gramm schweren Marsmeteoriten QUE94201 den Beweis, dass das nicht stimmt: Das Verhältnis von Deuterium zu Wasserstoff auf dem Mars war ursprünglich doppelt so hoch als auf der Erde. Mars hat deshalb weitaus weniger Wasser verloren und muss demnach über zwei- bis dreimal mehr Wasser verfügen als bisher angenommen. Da Kometen ein ähnliches hohes Wasserstoffisotopen-Verhältnis haben, könnte dies außerdem ein Hinweis auf die Frage sein, wo das Wasser einst hergekommen ist: nämlich durch das sich über Äonen erstreckende Bombardement von eishaltigen Kometen in der Urzeit des Mars.

In der Marsforschung stellen diese Entdeckungen im buchstäblichsten Sinn eine Wasserscheide dar, eine Revolution, die das Vorkommen von H_2O auf dem Roten Planeten in unserer Gegenwart wahrscheinlicher macht. Der Mars Global Surveyor wird seine Suche fortsetzen, und nächstes Jahr startet die NASA eine weitere Forschungssonde, die die neu entdeckten Rinnsale mit Infrarotfotografie auf die dort vorkommenden Mineralien und Salze untersuchen soll.

Je mehr sich der Nachweis von Wasser auf dem Mars in den kommenden Jahren festigt, desto größer wird das Interesse an ihm und desto näher rückt die Entsendung der ersten bemannten Expedition zum Roten Planeten.

97 25. Jubiläum von Apollo-Sojus-Testprojekt

Dienstag, 11. Juli 2000

Derzeit sitze ich wieder einmal in Moskau im »Renaissance«, dem früheren »Penta«-Hotel, und die russische Raumfahrtbehörde RKA benützt diese Gelegenheit der Anwesenheit des NASA-Teams zur Feier eines besonderen Jubiläums: des 25. Jahrestages des ersten

Handschlags zwischen Amerikanern und Sowjets im All, der auf nächsten Montag fällt. Am 17. Juli 1975, noch halbwegs im Kalten Krieg, klinkten damals ein Apollo-Raumschiff und eine sowjetische Sojus-Kapsel im Weltraum aneinander an, um 19:17 Uhr GMT in 225 km Höhe über der Stadt Metz. Vorausgegangen waren viele Jahre schwierigster Zusammenarbeit amerikanischer und sowjetischer Ingenieure und Manager.

Bei der NASA hatte man eine Zusammenarbeit mit der Sowjetunion im Weltraum schon seit Jahren als wesentliche Voraussetzung für die längerwährende Zukunft der Raumfahrt angesehen. Auch in der UdSSR gab es seit dem Internationalen Geophysikalischen Jahr 1957/58 mit den Starts von Sputnik I im Osten (4.10.1957) und Explorer I im Westen (31.1.1958) entsprechende Ansätze. Der 22. Kongress der KPdSU im Oktober 1961 hatte die Sowjetregierung beauftragt, auf den Gebieten Handel, Kultur, Wissenschaft und Technologie mit anderen Nationen enger zusammenzuarbeiten. Eingedenk der angespannten politischen Situation damals (man denke nur an die hochbrisante Kuba-Missile-Krise von 1962!) mag es dennoch überraschen, dass der erste Anstoß zu einer Raumfahrt-Kooperation tatsächlich von Nikita Chruschtschow ausging. In seinem Glückwunschtelegramm an Präsident John F. Kennedy nach John Glenns erfolgreichem Drei-Orbit-Flug am 20. Februar 1962 hatte er vorgeschlagen: »Wenn unsere Länder ihre wissenschaftlichen, technischen und materiellen Leistungen zur Meisterung des Universums zusammenlegten, wäre das dem wissenschaftlichen Fortschritt sehr zuträglich und würde von allen Völkern freudig begrüßt werden, die die wissenschaftlichen Errungenschaften zum Nutzen des Menschen, nicht für ›Kalte-Krieg‹-Zwecke und den Rüstungswettlauf, verwendet sehen wollen.«

John Kennedy und seine Berater taten Chruschtschows Ouvertüre nicht als Propagandatrick ab, sondern nahmen sie ernst, das gereicht ihnen zur Ehre: Kennedy bezeichnete sie in seiner Pressekonferenz am 21. Februar als »äußerst ermutigend« und »von Vorteil für den wissenschaftlichen Fortschritt«. Nach Einschaltung der NASA sandte das Weiße Haus am 7. März 1962 ein Antwortschreiben mit Kennedys Vorschlägen: gemeinsame Errichtung eines Welt-Wettersatellitensystems, gegenseitige Hilfeleistung bei der

Bahnverfolgung von Raumfahrzeugen, Vermessung des Erdmagnetfeldes im All, Austausch raummedizinischer Ergebnisse sowie
Überdenkung zukünftiger gemeinsamer bemannter und automa-
tisierter Raumflüge. Chruschtschows Zusage kam bereits zwei Wochen später, am 20. März, und damit konnten die Verhandlungs-
partner ans Werk gehen. Nach mehreren Meetings in New York,
Genf und Rom erfolgte die Unterzeichnung des »bilateralen Welt-
raumabkommen« vom 8. Juni 1962.

Obwohl sich das Agreement auf Wettersatelliten, Datenaus-
tausch und Kommunikationsexperimente mit dem amerikanischen
Echo-II-Satellit beschränkte, wurde es in den USA vielerorts als
logischer Schritt zu gemeinsamen bemannten Raumflügen angesehen.

Zur allgemeinen Überraschung, nicht zuletzt der NASA, schlug
Kennedy am 20. September 1963 in der UNO-Vollversammlung
gar eine gemeinsame Mondexpedition vor. Doch Amerikas Sturm-
lauf zum Mond hatte bereits begonnen, und der Wettkampf der
beiden Supermächte im All war nicht mehr zu stoppen. Chruschtschow hatte freilich von der sowjetischen Führung verlangt, den
Mond »nicht für die Amerikaner aufzugeben«, aber es half nichts:
Apollo 11 gewann das Rennen, und kurze Zeit später beendete Ge-
neralsekretär Leonid Breschnew das sowjetische Mondprogramm,
dessen Superrakete N1 bei vier Testflügen viermal versagt hatte.

Nach der ersten Mondlandung im Juli 1969 nahm die NASA
den Faden wieder auf und initiierte neue Kooperationsgespräche
mit der Sowjetischen Akademie der Wissenschaften. Als Haupt-
begründung einer gemeinsamen Andockmission im All diente die
mögliche Rettung havarierter Raumfahrer, wie es der 1970 an-
gelaufene Hollywoodfilm *Marooned* drastisch gezeigt hatte. Ursprünglich war die sowjetische Raumstation Saljut im Gespräch
(die freilich in ihren ersten beiden Versionen militärisch war), doch
dann wählte die UdSSR das Raumfahrzeug Sojus zum Andocken
an eine amerikanische Apollo-Kapsel. Präsident Richard Nixon
und Premierminister Alexej Kosygin ratifizierten das Übereinkommen am 24. Mai 1972 anlässlich Nixons Moskau-Besuch.

Die Vorbereitungsarbeiten des »Apollo/Sojus-Testprojekts«
(ASTP) dauerten drei Jahre. Neben der eigentlichen Flugplanung,

erschwert durch beiderseitige Sprachschwierigkeiten, hatte man vor allem damit zu tun, dass die beiden Raumfahrzeuge nicht ohne zum Teil erhebliche Umänderungen aneinander anklinken konnten, da ihre Entwicklungen eigene Wege genommen hatten. Als Bordatmosphäre benutzten die Sowjets ein erdähnliches Gemisch aus 80 Prozent Stickstoff und 20 Prozent Sauerstoff von einer Atmosphäre Druck, entsprechend Meereshöhe, während wir für Apollo reinen Sauerstoff von einem Drittel Atmosphäre gewählt hatten, entsprechend einer Berghöhe von 8400 m. Das erforderte eine Luftschleuse. Auch die Koppelmechanismen beider Raumschiffe waren miteinander nicht vereinbar, ähnlich einem nicht in eine europäische Steckdose passenden Stecker eines US-Rasierapparats.

So wurde Sojus auf ein von dem sowjetischen Staatskonzern Chrunitschew, der NASA und der US-Firma Rockwell gemeinsam entwickeltes »androgynes« Koppelsystem umgerüstet, während Rockwell für die Apollo-Kapsel ein fast 50 Mio. Dollar teures Luftschleusen/Adapterstück von drei Meter Länge und 1,42 m Innenweite baute, das nach dem Prinzip des elektrischen Zwischensteckers mit dem einen Ende am sowjetischen, mit dem anderen am amerikanischen Mechanismus einklinken konnte. Vor der Ankoppelung musste zunächst der Luftdruck der Sojus-Kapsel auf zwei Drittel Atmosphäre gesenkt und der von Apollo entsprechend erhöht werden, damit der Mannschaftswechsel zwischen den beiden Kabinen ohne zeitraubende Dekompressionspausen erfolgen konnte, die anderenfalls zur Vermeidung der Taucherkrankheit Dysbarismus unerlässlich gewesen wären.

Zuerst startete die sowjetische Crew Alexej A. Leonow und Walerij N. Kubasow von Baikonur in Zentralasien, am 15. Juli 1975 um 12:20 GMT. Siebeneinhalb Stunden nach ihrem Start, als das Raumschiff Sojus-19 das Kennedy-Raumzentrum in Florida überflog, erging dort das Startkommando an die acht Triebwerke einer Saturn-IB-Trägerrakete (AS-210). Sie trug die drei Astronauten Thomas P. Stafford, Vance D. Brand und Donald K. Slayton ins All – übrigens der 32. und letzte Flug einer Trägerrakete der v. Braunschen Saturn-Familie. »Mij nakoditsja na orbite!«, meldete Brand erfreut (Wir sind im Orbit eingetroffen!).

Mit einer komplizierten, zweitägigen Serie von Korrektur-
manövern näherte sich das Apollo-Raumschiff der passiv verhar-
renden Sojus, bis endlich am 17. Juli die Ankoppelung erfolgte
(16:10 GMT) und die Besatzungen sich eine Stunde später im
Durchgang zwischen den Raumschiffen begrüßten, live auf den
Fernsehschirmen der Welt: »Alexej, unsere Zuschauer sind hier.
Komm bitte her!«, so Stafford mit unüberhörbarem Oklahoma-
Akzent, und einem »Hello, Tom!« von Leonow, als er den Lukendeckel aus dem Weg räumte. Wie Alexej uns jetzt erzählte, hatte er
aus Jux ein paar Wodka-Aufkleber mitgebracht und sie auf die russischen Speisetuben geklebt, bevor er sie deutlich sichtbar neben
der Durchgangsluke deponierte. Als Stafford durch die Luke kam,
deuteten Alexej und Walerij auf den »Wodka«, und Toms sofortige
Reaktion, in gebrochenem Russisch, war: »Ladno, dawai!« (O.K.,
let's go!). Doch kaum einer von uns glaubt bis zum heutigen Tag,
dass in den Tuben wirklich nur Borschtsch war.

Die insgesamt zwei Tage dauernde ASTP-Mission war in erster
Linie ein politischer Stunt der damaligen »Détente«, der Entspan-
nungspolitik zwischen den USA unter Präsident Ford und einer
Sowjetunion, die am Vorabend der KSZE-Konferenz von Helsinki
Kooperationsbereitschaft demonstrieren wollte. Die NASA sah
ASTP freilich als längst überfälligen ersten Schritt zu künftigen,
wegen ihrer Größe und Kosten die Zusammenarbeit mehrerer
Nationen erfordernden Weltraumunternehmen. Freilich trog der
Schein: Unter Präsident Jimmy Carters Menschenrechtemphase
verhärteten sich ab 1976 die Fronten erneut, und es blieb bei die-
sem einzigen »Handschlag im All«. Beide Länder gingen auch im
Weltraum wieder getrennte Wege.

Es mussten 20 Jahre vergehen, bis es die beiden Großmächte
von neuem versuchten, diesmal mit Erfolg und mit Küsschen, Brot
und Salz. Denn so begrüßte die Kosmonautin Elena Kondakowa
(Ehefrau von Kosmonaut Walerij Rjumin, heute ISS-Direktor bei
RKK-Energija) den NASA-Mediziner Dr. Norman Thagard beim
historischen ersten Mir-Besuch eines US-Astronauten am 16. März
1995, dem Auftakt des gemeinsamen Unternehmens ISS, der Entwicklung der multinationalen Raumstation als wichtigste Vorbedingung eines späteren Menschenflugs zum Mars.

98 Internationale Raumstation ISS: Beim Swesda-Start in Kasachstan

**Samstag,
15. Juli 2000**

Gestern Abend bin ich aus Kasachstan zurückgekehrt, wo vor drei Tagen, am 12. Juli, der Start des derzeit mit Abstand wichtigsten Bauteils der internationalen Raumstation ISS erfolgte – des Servicemoduls Swesda (Stern), der erste rein-russische Beitrag zum Gemeinschaftsprojekt. Damit beginnt eine bedeutsame neue Phase in der Entwicklung des größten Bauwerks im All, denn Swesda macht aus der bisherigen Orbitalplattform eine richtige Raumstation, in der Menschen ständig leben und arbeiten können.

Meinem Flug am 11. Juli von Moskau nach Kasachstan gingen noch eine Reihe technischer Besprechungen in der russischen Metropole voraus, die sich vor allem um die verwendete Großträgerrakete Proton-K drehten. Zwei dieser Geräte aus dem Hause Chrunitschew versagten letztes Jahr kurz nach dem Start, und so war die Frage zu klären, ob die von den russischen Ingenieuren zur Vermeidung eines erneuten Verlusts vorgenommenen Änderungen unser Vertrauen in dieses altbewährte »Arbeitspferd«, das immerhin über 270-mal geflogen ist, wiederherstellen würden. Sie taten es, und damit war der Weg frei zum Start.

Die NASA-Delegation flog in einer Sondermaschine der russischen Raumfahrtbehörde RKA in der Nacht zum 12. Juli vom Moskauer VIP-Flugplatz Wnukowo Richtung Südosten nach Kasachstan in Zentralasien. Der Flug dauerte drei Stunden 40 Minuten, und er ging über das Uralgebirge, das als Grenze zwischen Europa und Asien gilt, zum Aralsee. Nicht weit von ihm entfernt liegen nordöstlich die ehemals sowjetischen Großstartanlagen von Baikonur, mitten in der kasachischen Wüste Kisil-Kum, der Hungersteppe, wo sich Stechfliegen, Skorpione und Kamele Gute Nacht sagen (siehe Vorwort).

Baikonur ist das weltberühmte Kosmodrom, von wo aus am 4. Oktober 1957 mit Sputnik 1 der erste künstliche Erdsatellit und am 12. April 1961 mit Jurij Gagarin der erste Mensch ins All gestartet waren. Der eigentliche Name des Kosmodroms in seiner Blütezeit unter den Sowjets war Tjuratam mit dem Nebenort Sarja (dem späteren Leninsk), aber da der Westen im Kalten Krieg nicht wissen durfte, wo genau die Abschussrampen für die interkontinentalen Atombombenträger lagen – damit sie nicht selber zum Ziel amerikanischer ICBMs wurden –, gaben ihm die Sowjets den Decknamen eines Ortes, der 350 km entfernt lag: Baikonur. Seit 1985 trägt das Kosmodrom auf Betreiben seiner Einwohner offiziell diesen Namen.

Die Bauarbeiten am Startkomplex begannen 1955, da Sergeij Koroljow, der führende Raketenpapst der UdSSR, für seine Interkontinentalraketen und dann auch für die über mehreren Zwischenstufen von der deutschen V2 abgeleitete Weltraumrakete R-7, genannt Semjorka (»gute alte Sieben«), ein Startgebiet brauchte, bei dem die aufsteigenden, anfänglich radiogesteuerten Trägergeräte mehrere tausend Kilometer menschenleeres Land unter sich hatten. Unter höllischen Bedingungen stampften 15 000 Arbeiter und Militäringenieure in knapp einem Jahr die erste gewaltige Startrampe für die R-7 aus dem Boden, zu der in den folgenden Jahren dutzende weitere solcher gigantischer Anlagen kamen – für Raketen wie Sojus, Zenit und Proton. Sie wurden alle dutzende von Kilometern weit auseinander gelegt, um ihre Überlebenschancen bei einem Atombombenangriff zu erhöhen, und deshalb überspannt Baikonur, das seit dem Zusammenbruch der Sowjetunion nur noch eine Pacht-Exklave Russlands im selbstständigen Kasachstan ist, ein ungeheuer großes Gebiet, mit dessen Ausmaßen Cape Canaveral keinen Vergleich aushält.

Wir landeten kurz vor sechs Uhr früh auf dem Militärflughafen Krainij, als gerade die Sonne wie ein glühender Tropfen Stahlschmelze im Osten am Horizont erschien und ihn in leuchtende Farben tauchte. Was sich da auftat war ein tolles Bild: Wie eine ungeheure Domkuppel wölbt sich der Himmel hellblau und völlig wolkenlos über der öden, gottverlassenen Ebene der Hungersteppe, die von Horizont zu Horizont so flach wie ein Brett ist und auf ihrem betongrauen Sandboden zu dieser Jahreszeit nur eine dürftige Vegetation aus niederen Ginsterbüschen und vereinzelten tamariskenartigen Bäumen trägt. Es kam mir vor wie eine Landung auf einem anderen Planeten.

Mit einem Bus ging es auf unbeschreiblich holprigen und

Schlagloch-übersäten Straßen 80 km weit zu den Protonstartplät-
zen. Immer wieder kamen wir an träge wiederkäuenden Kamelen
auf der Steppe vorbei, manche mit Jungen. Vorher gab es noch ein
Frühstück mit großem kaltem Buffet im Hotel Baikonur, und dann
folgten Besichtigungstouren, zum Beispiel zu den von außen ver-
rottet erscheinenden, innen aber sauberen und hochmodernen
Werkhallen von Energija, wo das Servicemodul Swesda monatelang
fertig gestellt und durchgeprüft worden war, ferner zu den Proton-
Montagehallen von Chrunitschew, der Anlagen für die Sojus-
Raketen und dann vor allem zu der Startrampe Gagarins von 1961,
von wo aus noch heute Sojus-Raketen in den Himmel donnern.
Der rund 50 m hohe und 40 m mal 40 m im Geviert messende
Betontisch über der riesigen Abgasgrube hat bereits an die 150
Starts erlebt und überlebt. Der erste von insgesamt fünf Deutschen,
die von hier aus ins All flogen, war 1978 der DDR-Fliegerkosmo-
naut Sigmund Jähn aus Morgenröthe-Rautenkranz gewesen.

Nur knapp 20 Minuten vor dem Start erreichten wir dann endlich erschöpft und durchgeschüttelt, wenn auch hellwach, das
Blockhaus und die Zuschauertribüne, von wo aus es nur noch fünf
Kilometer bis zu der Proton mit dem Servicemodul waren, die wie
eine schneeweiße Kerze auf ihrer Startrampe stand, voll betankt
und startbereit. Der genaue Startzeitpunkt hing natürlich von der
derzeitigen Position der ISS im All ab, mit der das rund 200 Mio.
Dollar teure Swesda-Modul mehrere Tage später zum Andocken
zusammentreffen musste.

Der Moment kam um 10:53 Uhr Ortszeit (6:53 Uhr in
Deutschland), und jeder der beim Start Anwesenden war sich völlig darüber im Klaren, wie ungeheuer wichtig sein Gelingen sein
würde. Auf dem Spiel stand nicht nur die achtjährige Arbeit vieler
tausend Menschen, sondern der Fortbestand der russischen Raumfahrt und die weitere Durchführung unserer Raumstationspläne,
die einst im Menschenflug zum Mars gipfeln sollen. Ein Verlust
hätte auch bei der amerikanischen Raumfahrt auf zehn Jahre hinaus schwere Auswirkungen gezeigt. Deshalb schlug uns das Herz bis
zum Hals, als die sechs Triebwerke der ersten Proton-Stufe zündeten und die schlanke Rakete Sekunden später mit gleißendem
Flammenstrahl in die Höhe stieg. Die zweite Stufe hat vier Trieb-

werke, die dritte eines, und alle arbeiten mit Unsymmetrischem Dimethyl-Hydrazin (UDMH) als Brennstoff und Stickstofftetroxid als Oxidator. Knapp und angespannt kam es aus den Lautsprechern auf Russisch: Erste Stufe ausgebrannt und abgetrennt, zweite Stufe ausgebrannt und abgetrennt, dritte Stufe ausgebrannt und abgetrennt! Da brachen wir auf der Tribüne und die Zuschauer im Vorfeld in tosenden Jubel aus. Es waren 40 Grad im Schatten, aber das hinderte niemanden daran, vor Freude wieder und wieder in die Luft zu springen und sich gegenseitig zu umarmen. Es war einfach cool.

Alles war völlig fehlerfrei abgelaufen, und das Servicemodul umkreiste nun die Erde, entfaltete seine Sonnenzellenflügel, aktivierte die komplexe Bordcomputeranlage und begann mit dem Checkout aller anderen Systeme. Damit waren die Tore aufgestoßen zu einer langen Kette weiterer Bauetappen, die im Herbst dieses Jahres mit dem An-Bord-Gehen der ersten ständigen Crew einen neuen Höhepunkt erreichen wird, und in derem Verlauf hunderte von Tonnen weiterer Elemente angeliefert werden.

99 Weltraumbahnhof Kennedy wird fünfzig!

**Montag,
24. Juli 2000**

Heute sind es genau fünfzig Jahre seit dem Start der ersten Rakete von Cape Canaveral, dem heutigen Weltraumbahnhof der NASA.

Jeder kennt es, das Kennedy Space Center (KSC), wo Amerikas Apollo-Astronauten auf Saturn-V-Raketen zu ihren neun Mondflügen aufbrachen, wo Anfang der 80er Jahre die wiederverwendbaren Spaceshuttles ins All zu fliegen begannen, und wo heute die Bauteile der neuen Raumstation ISS auf ihren Transport zur himmlischen Baustelle in der Erdumlaufbahn warten. Aber nur wenige wissen, dass es lange vor ihnen, noch vor den ersten Satellitenstarts und dem ersten Orbitalflug durch John Glenn, eine V2 des Teams

von Wernher von Braun war, die als erste Rakete von Cape Canaveral in den Himmel aufstieg und eine atemberaubende Entwicklung des noch unentwickelten Marschlands an der Ostküste von
Florida eröffnete. Sie startete am 24. Juli 1950 und machte den Anfang einer nicht mehr abreißenden Reihe von Weltraumstarts, die
sich im mittlerweile vergangenen halben Jahrhundert allein vom
Cape auf insgesamt 3245 belaufen.

Jene erste Rakete trug den Namen »Bumper-8«, und es war eine der 1945 von den Alliierten beschlagnahmten deutschen V2-
Raketen aus Peenemünde, auf die die Ingenieure des JPL des Cali-
fornia Institute of Technology (CalTech) und der US Army, zu der
damals Wernher von Braun und sein Team gehörten, ein wesentlich kleineres und simpleres Raketengeschoss namens WAC-Corporal als Oberstufe gesetzt hatten.

Die V2, die programm-intern bekanntlich A-4 (»Aggregat 4«)
hieß, war für ihre Zeit von gewaltiger Größe. Mit einer Höhe von
14 m, einer Weite von 1,65 m und einer Startmasse von fast 13 t
konnte sie eine Nutzlast von einer Tonne über eine Strecke zwischen 240 und 370 km tragen. Bei Kriegseinsatz bestand die Nutzlast natürlich aus einem Sprengkopf, aber ihre Treffgenauigkeit war
nicht sehr hoch – von den gegen Belgien gestarteten V2s fielen 65
Prozent in einen Umkreis von zehn Kilometer vom Zielpunkt, der
Stadtmitte von Antwerpen. Aber wenn sie traf, richtete sie furchtbare Verheerungen an. Erstmals gestartet am 3. Oktober 1942, kam
sie bis Kriegsende rund 3200-mal zum Einsatz. Ungefähr 5000
Menschen fielen ihr zum Opfer – hauptsächlich Zivilisten: Män-
ner, Frauen und Kinder, eine schändliche, beschämende Vermächt-
nislast. Die Großserienfertigung der Rakete befand sich im Harz, in
Mittelwerk bei Nordhausen; sie unterstand nicht Wernher von
Braun und seinem Chef General Dornberger, sondern der SS. Dort
lag auch das Konzentrationslager Dora, und bei der Herstellung der
V2 und anderer Waffen und Flugzeugmotoren unter fürchterlichen
Bedingungen starben schätzungsweise 18 000 der dort inhaftierten
Zwangsarbeiter.

Nach dem Krieg brachten die Amerikaner die rund 120 Köpfe
zählende Peenemünder Gruppe nebst einer größeren Menge erbeu-
teter V2s nach El Paso in Texas und dem benachbarten White

Sands Proving Ground in New Mexico. Von dort wurden insgesamt 73 der Raketen durch ein Team aus Peenemündern, Ingenieuren der General Electric Corp. und Soldaten des Ersten Fernlenkwaffen-Bataillions der Army gestartet. Währenddessen entwickelte eine Gruppe unter dem ungarisch-amerikanischen Aerodynamiker Theodore von Karman am kalifornischen JPL eine Reihe zunehmend leistungsfähiger Feststoffraketen, darunter eine ungesteuerte Vorstufe der geplanten Artillerierakete Corporal. Das Modell war vier Meter lang, wog 300 kg beim Start und trug den Namen WAC Corporal, wahrscheinlich eine Abkürzung von »Without Attitude Control« (ohne Lagensteuerung), obwohl manche sie auf die Initialien des »Women's Army Corps«, des Heeresteils für Frauen, zurückführten.

Die erste WAC startete in White Sands im Oktober 1945, aus einem 30 m hohen Startturm; sie erreichte eine Höhe von 67 km. Ein Jahr später, im Juni 1946, begann die Von-Braun-Gruppe mit amerikanischen Ingenieuren eine Untersuchung, wie sich die WAC Corporal mit der V2 zu einer Weltraumrakete zusammensetzen ließ, bei der die WAC als Nutzlast der V2 als deren Oberstufe diente. So entstand die zweistufige Rakete namens Bumper, von der die Army acht Geräte in Auftrag gab. Sechs davon wurden noch in White Sands getestet, für die beiden letzten benötigte man mehr offenen Schießraum, der in New Mexico nicht zur Verfügung stand. Es musste ein neues Startgelände gesucht werden, und man fand es in Cape Canaveral in Florida. Nach dem Start, der zur Ausnutzung der Erdumdrehung vorzugsweise immer ostwärts gerichtet ist, fielen die ausgebrannten Raketenstufen dort in den Atlantik und gefährdeten niemanden.

So kam es zum ersten Start von der Cape Canaveral Air Force Station (CCAFS) am 24. Juli 1950, morgens um 9:28 Uhr, vom heutigen Startkomplex 3, und zwar war es die Rakete Bumper 8, weil Bumper 7 fünf Tage früher wegen eines Ventilfehlers nicht starten konnte. Die V2 flog erfolgreich, aber bei ihrer Zweitstufe WAC versagte nach der Abtrennung die Zündung. Bumper 7 folgte am 29. Juli und flog fehlerfrei. Die WAC erreichte neunfache Schallgeschwindigkeit, was für die damalige Zeit auch für Aerodynamiker schier unfasslich war, und eine Distanz von 240 km.

Damit endete das Bumper-Programm, aber es war der Auftakt zu der an Sensationen reichen fünfzigjährigen Entwicklungsgeschichte des Weltraumhafens Cape Canaveral. Vom Startkomplex 3 flogen später die militärischen Raketenflugkörper Lark und Bomarc. Und 1953 kehrten die deutschen Ingenieure unter Wernher von Braun, die 1950 von Texas nach Huntsville in Alabama umgezogen waren, zum Cape zurück und starteten die aus der V2 hervorgegangene Mittelstreckenrakete Redstone. Aus einer Kombination der Redstone mit oberen Stufen vom Jet Propulsion Laboratory entstand dann die Juno 1, die am 31. Januar 1958 Amerikas ersten Satelliten, Explorer 1, von Cape Canaveral aus ins All brachte, keine vier Monate nach dem welterschütternden Start von Sputnik 1. Im gleichen Jahr noch rief der amerikanische Kongress die zivile Raumfahrtbehörde NASA ins Leben. Das gesamte Redstone-Team ging darin auf und entwickelte in der Folge die Großträgerraketen der Saturn-Familie, die vom KSC aus starteten, damals unter der Direktion des Peenemünders Kurt Debus. Ihre mächtigste Vertreterin, die Saturn V, ließ unseren alten Traum des Menschenflugs zum Mond Wirklichkeit werden. Als Wernher von Braun damals in Peenemünde von diesem Traum gesprochen hatte, war er prompt von der Gestapo verhaftet worden.

Fünfzig Jahre Cape Canaveral – ein schönes, stolzes Jubiläum von weltweiter Bedeutung!

100 Internationale Raumstation ISS: SM »Swesda« – der Wendepunkt

Mittwoch, 26. Juli 2000

Der erfolgreiche Start des russischen Servicemoduls Swesda am 12. Juli, nach anderthalbjähriger Verspätung, bedeutete einen Wendepunkt für die internationale Raumstation ISS und die bemannte Raumfahrt überhaupt. Mit ihm unternehmen wir den lang erwarteten ersten Schritt zum permanenten Aufenthalt von Menschen im All auf dem Weg zu neuen Entdeckungen. Das erste internationale Team der Raumfahrer, die ständig an Bord leben und arbeiten werden, soll im Herbst dieses Jahres von Baikonur aus in einem Sojus-Raumschiff starten.

Mit dem Andocken des Servicemoduls wird die ISS zum dritthellsten Objekt am Nachthimmel, nach Mond und Venus. Der von Menschenhand geschaffene Stern wird Millionen auf der Erde inspirieren, als ständiges Anschauungsbeispiel dafür, was Menschen in friedlicher weltweiter Zusammenarbeit zu leisten vermögen, wenn es um wissenschaftliche Aufgaben und die Verbesserung des Lebens der Menschheit geht. Der Start bahnt den Weg zu einer raschen Folge weiterer Montagemissionen, allein vier noch vor Ende dieses Jahres, die mit dem Start des amerikanischen Labormoduls Destiny Anfang 2001 einen neuen Höhepunkt erreichen. Die ersten Experimentenschränke treffen dann im Februar 2001 ein, und damit beginnt, in etwas mehr als einem halben Jahr von jetzt, die Arbeit der Raumstation als voll betriebsfähiges Forschungslaboratorium.

Swesda, auf Deutsch »Stern«, ist der erste ausschließlich russische Beitrag des transnationalen Partnerschaftsprojekts ISS, und seine Bedeutung liegt darin, dass er die ständige Bewohnbarkeit der Weltraumanlage ermöglicht und sie zu einer echten Raumstation macht. Die durch das Modul gegebene Lebensumwelt ist vorerst auf drei Personen beschränkt; der spätere Ausbau erweitert die Belegschaft bei Montageende auf sechs, und dann nach Inbetriebnahme eines neu entwickelten Crew-Rettungsschiffes auf sieben Menschen.

Das mächtige und komplexe Servicemodul, dessen Zelle bereits 1985 gebaut und von den Sowjets als Nachfolger der erfolgreichen Raumstation Mir vorgesehen war, ist umfassenden Veränderungen unterzogen worden, die es zum funktionellen Eckpfeiler für den russischen Teil der ISS machen. Das 20 t schwere Element ist sehr groß, 13 m lang und 30 m weit über den Spann seiner Solarflügel; es enthält drei hermetische Druckräume: eine kleine kugelförmige Schleusenkammer am Vorderende (*perechodnij otsek*, Durchgangskammer), daran anschließend der lange zylindrische Hauptwerkraum (*rabotschij otsek*, Arbeitskammer) mit zwei Weiten (2,9 m und 4,1 m), gefolgt von einer kleinen zylindrischen Schleusenkammer (*promeschutotschnaja kamera*) am hinteren Ende zum Progress- und Sojus-Anlegedock, die von einem zum Vakuum offenen Hohlraum (*agregatnij otsek*, Geräteteil) mit externen Anlagen wie Tanks, zwei Haupttriebwerke (ODU, Typ S5.79) und Radioantennen umschlossen wird.

Swesda verfügt über vier Kopplungsstutzen: den bereits erwähnten am Heck für das vollautomatische Andocken unbemannter Progress- und bemannter Sojus-Schiffe und des von Europa zu entwickelnden automatischen Transfergeräts ATV, ferner drei an der vorderen Schleusenkammer: davon einer vorwärtsblickend als Verbindung zum Kontrollmodul Sarja, ein zweiter nach oben (Zenit), der dritte nach unten (Nadir), beide zur Befestigung späterer russischer Bausteine, eine Wissenschaftsplattform und seitlich ferner ein universelles Andockmodul. Von dieser Kammer aus kann sich die Crew auch in russischen Orlan-M-Raumanzügen ins Freie ausschleusen.

Das Servicemodul enthält Crewquartiere für die erste Besatzung, das zum ständigen Aufenthalt erforderliche Lebenserhaltungssystem (ECLSS), Toilette nebst hygienischen Anlagen, Kombüse mit Kühl- und Gefrierschrank sowie einen Tisch für die Mahlzeiten, Bordstromanlagen, Datenverarbeitung, Flugsteuerorgane und Antriebssysteme. Den Ausblick ins All ermöglichen zwölf Fensterluken, darunter drei von 22 cm Durchmesser in der vorderen Schleusenkammer, eine 40 cm große Sichtluke im Hauptraum und je ein Fenster in den Crewkojen. Zur Exercise-Ausrüstung an Bord gehören unter anderem ein von der NASA geliefertes Laufband und ein Standfahrrad. Das Abfall- und Kondenswasser wird zusammen mit dem Urin recycelt, nicht zum Trinken, aber zur elektrolytischen Gewinnung von Sauerstoff. Das Modul bietet ferner Kommunikationsverbindungen für Daten, Sprache und Fernsehen mit den Flugkontrollzentren in Moskau und Houston. Gesteuert und kontrolliert wird es von einer von der ESA und der europäischen Firma Astrium gelieferten zentralen Computeranlage, dem Daten-Management System DMS-R.

Beim Rendezvous und Andocken an die 22,7 m lange Sarja/Unity-Kombination heute früh (00:45 Uhr GMT) war das Servicemodul der passive, Sarja der aktive Partner. Der diffizile orbitale

Bugsier- und Koppelprozess geschah zunächst durch Fernkontrolle von der Kontrollzentrale Koroljow bei Moskau aus, dann durch das vollautomatische Sarja-Rendezvousradar-System KURS. Nach erfolgter Kopplung und sorgfältiger Überprüfung ist die nunmehr 37 m lange erste Baustufe der ISS bereit für die erste dreiköpfige Stationscrew. Sie kommt Anfang November dieses Jahres per Sojus-Transporter, ein US-Astronaut und zwei russische Kosmonauten: Expeditionskommandant Bill Shepherd, Sojus-Kommandant Jurij Gidsenko und Flugingenieur Sergeij Krikaljow. Wichtige Vorarbeiten zu dieser Zusammenarbeit leistete bereits die Phase 1 des ISS-Programms mit insgesamt neun Andockmissionen des US-Shuttle an der Raumstation Mir und dem Langzeit-Bordaufenthalt von acht Astronauten.

101 Außerirdische Welten mit Götternamen

Sonntag, 30. Juli 2000

Derzeit auf Sommerurlaub – wie immer bei den Richard-Wagner-Festspielen in Bayreuth. Heute ist der zweite »Ruhetag«, morgen folgt *Götterdämmerung*, dann *Meistersinger* und schließlich *Lohengrin*. Bei so viel Mythologie, wie sie Wagner so genial für seine Werke gewählt hat, finde ich es passend, sich über die außerirdische Götter- und Heldenwelt ein paar Gedanken zu machen.

Wir wissen in unserem Sonnensystem derzeit von insgesamt neun Planeten, also acht neben der Erde. Abgesehen von dieser tragen sie alle die Namen griechischer und römischer Götter, und ihre Monde die von Heldengestalten aus der griechisch-römischen Mythologie. Die Mythologie hat mir schon immer viel bedeutet, und so freut es mich besonders, wenn auch die moderne Raumfahrt immer wieder darauf Bezug nimmt.

Die Griechen waren die ersten, die den geheimnisvollen, manchmal rückwärts laufenden Wandelsternen (oder »planetes«) am Firmament Namen gaben, aber neben der Erde und ihrem

Mond kannten sie nur fünf davon: Merkur, Venus, Mars, Jupiter und Saturn. Das Faszinosum der Mythologie haben aber auch andere Menschen empfunden, zum Beispiel die Internationale Astronomische Union IAU, das zur Namengebung himmlischer Objekte zuständige Gremium, das die Verwendung mythologischer Begriffe auch für diejenigen Körper des Sonnensystems zur Konvention gemacht hat, die den alten Griechen und Römern noch nicht bekannt waren.

Merkur ist unserem Zentralstern, der Sonne Sol (oder Hel), am nächsten und bewegt sich daher, »heliozentrisch«, nach dem Gesetz der Himmelsmechanik auch am schnellsten. Seine Schnelligkeit gemahnte die Griechen an den Götterboten Hermes, den mit den geflügelten Schuhen, der bei den Römern Mercurius hieß – und so erhielt der kleine heiße Planet seinen Namen. In der englischen Bezeichnung des Elements Quecksilber, »Mercury«, spiegelt sich seine quicklebendige Flinkheit.

In etwas größerem Abstand folgt dann die Venus, und sie trägt den Namen der römischen Göttin der Liebe, die die Griechen als Aphrodite kannten. Aufgrund seiner ständigen Wolkendecke strahlt der Planet in bläulich-weißer Helligkeit und erschien den Alten als strahlendstes und schönstes Objekt am Morgen- oder Abendhimmel – so richtig ein Ausdruck von Licht und Liebe; sein astronomisches Symbol ist ja auch ein Spiegel, wie ihn eine Frau wie Aphrodite sicher oft benützen würde.

Bei manchen Völkern wurde der helle Planet freilich auch dem Kriegsgott zugeordnet, doch bei den Griechen und Römern galt diese Ehre dem vierten Planeten von der Sonne, gleich neben der Erde (deren Mond übrigens mit der Bezeichnung Luna oder Selene ebenfalls zu Ehren einer Göttin genannt war). Mars, nach dem römischen Kriegsgott, hat aufgrund der ihn bedeckenden Ebenen von Eisenoxid, also Rost, eine auffallend rötliche Färbung, und das erschien den Urvölkern am ehesten als ein Ausdruck von Feuer, Krieg und Not. Auch der griechische Name des Kriegsgotts, Ares, ist noch heute in der Marsforschung aktuell, in Adjektiven wie »areozentrisch«, Forschungsdisziplinen wie Areographie und Namen von areologischen Formationen wie das *Ares Vallis*. Auch andere alte Zivilisationen ordneten ihn seiner roten Farbe wegen dem Kriegsgeschehen zu. Die frühesten uns bekannten Aufzeichnungen des Planeten Mars finden sich in assyrischen Keilschrifttexten auf Tontafelscherben aus der Zeit des Großkönigs Assurbanipals (669–633 v. Chr.). Nach ihnen wurde der rote Wandelstern schon vor mindestens 3500 Jahren, wahrscheinlich noch früher, mit einem Kriegsgott namens Nergal in Verbindung gebracht, einem gewaltigen Wesen mit Menschenkopf, Adlerflügeln und Löwenleib. Bei den Sumerern hieß Mars zu Beginn des dritten Jahrtausends vor der christlichen Zeitrechnung Simbutu, der »Tiefrote«. Seine symbolische Bedeutung für Krieg und Gewalt, aber auch für das männliche Prinzip, hat sich bis auf den heutigen Tag erhalten, so wie die Venus für das weibliche Element steht.

Seine beiden Monde wurden erst in der Neuzeit entdeckt, von dem amerikanischen Astronom Asaph Hall im Jahr 1877. Er nannte sie nach den beiden Pferden, die den Kriegswagen des Mars ziehen, in Homers »Ilias« aber auch als seine Söhne bezeichnet werden: Phobos und Deimos, auf Deutsch Furcht und Schrecken.

Der nächste Planet ist Jupiter, die größte und massivste aller Welten des Sonnensystems, und deshalb erhielt sie den Namen des Göttervaters, der über die Himmel herrschte: Zeus bei den Griechen und Jupiter bei den Römern. Seine zahlreichen Monde wurden erst viel später entdeckt, die vier größten von Galilei 1610. Sie alle erhielten die Namen berühmter Figuren aus der griechisch-römischen Mythologie.

Nach Jupiter kommt Saturn, der Vater des Jupiter bei den Römern; bei den Griechen hat er unter dem Namen Kronos den Zeus gezeugt. Kronos/Saturn hatte der Sage nach gewaltige Brüder und Schwestern, die göttergleichen Titanen, und nach ihnen sind auch die meisten der zahlreichen Satelliten des Ringplaneten Saturn benannt.

Saturn ist der am weitesten von der Erde entfernte Planet, den Menschen auf der Erde noch mit dem bloßen Auge sehen können, und deshalb hörte mit ihm das Wissen der Alten über unser Sonnensystem auf. Die anderen äußeren Wandelsterne kamen später hinzu: Uranus, entdeckt 1781 von Sir William Herschel und von Johann Bode benannt nach dem alten Himmelsgott, der als Vater des Saturn und Großvater des Jupiter galt. Seine Satelliten tragen vorwiegend Namen von Personen aus den Werken von William Shakespeare. Dann Neptun, den Johann Galle unter Verwendung früherer Voraussagen anderer Astronomen 1846 auffand, mit dem Namen des römischen Gottes der Meere, den die Griechen Poseidon nannten.

Und schließlich Pluto, der äußerste der uns bekannten Planeten. Erst 1930 von dem amerikanischen Astronom Clyde Tombaugh entdeckt, ebenfalls wegen früherer Prognosen aufgrund von Störungsrechnungen, erhielt er den Namen des römischen Gottes der Unterwelt, Hades bei den Griechen, der über das Totenreich regierte und sich unsichtbar machen konnte – so wie es der Planet Pluto bis in die Neuzeit war. Er hat einen einzigen Satelliten, der fast so groß ist, wie er selbst, und entdeckt wurde dieser erst 1978 von den US-Astronomen James Christy und Robert Harrington. Sein Name ist Charon, und das finde ich sehr trefflich, denn Charon war bekanntlich der Fährmann, der die Seelen der Verstorbenen über den Fluss Styx in die Unterwelt ruderte.

Wer mit dem Menschheitsschatz der Mythologie näher bekannt werden möchte, dem empfehle ich immer die Internetadresse The Encyclopedia Mythica, bei www.pantheon.org/mythica.

102 Der Weg zum Mars: Neue Sondenmissionen in Vorbereitung

Donnerstag, 10. August 2000

Auf dem Gebiet der Marserforschung hat es in den letzten Tagen sehr gute Nachrichten gegeben. Nach den umfassenden Untersuchungen und daran anschließenden radikalen Änderungen in NASAs Marsprogramm, die auf den Verlust zweier Marssonden letztes Jahr gefolgt waren, kam nun die heute auf einer Pressekonferenz verkündete Entscheidung, dass wir 2003 nicht einen, sondern gleich zwei Landeroboter zum Roten Planeten schicken werden. Sie folgen damit eine synodische Periode nach dem neuen Mars-Orbiter, dessen Start für nächstes Jahr, 2001, vorbereitet wird.

Der Entschluss der Marsforscher zieht maximalen Nutzen aus der Tatsache, dass die Planeten Erde und Mars in ihren Umlaufbahnen um die Sonne in drei Jahren ungewöhnlich günstig zueinander stehen werden, was kürzere Reisezeiten und weniger Treibstoffbedarf für unterwegs bedeutet. Hinzu kommt, dass bei der gewählten Projektdurchführung die zu erwartende doppelte Menge an Forschungssubstanz zu erheblich weniger als den doppelten Kosten gewonnen werden kann. Freilich wird es nicht leicht sein, die nötigen Geräte in weniger als drei Jahren zu bauen und gründlich zu testen.

NASA hat auf dem Mars bisher nur drei Roboterlandungen erfolgreich durchgeführt: 1975 die beiden Viking-Missionen und 1997 den experimentellen Pathfinder-Lander mit seinem Roverfahrzeug Sojourner. Den Russen ist noch keine einzige Mars-Mission gelungen, weder Lander noch Orbiter.

Bei den beiden neuen Bodengeräten handelt es sich ausschließlich um Roverfahrzeuge, ohne stationäre Landestationen mit Kamera und Instrumenten wie der Pathfinder. Sie sind intelligentere und größere Weiterentwicklungen des Sojourner, beide etwa 1,20 m hoch und rund 135 kg schwer auf der Erde (etwa 36 kg im Mars-Schwerefeld). Es sind echte rollende Laboratorien, jedes bestückt mit zehn Kameras, einem Greifarm von der Größe eines Menschenarms, und einer Vielzahl von Forschungsinstrumenten wie etwa »Rat«, das Rock Abrasion Tool, einem Steinzerkleinerungswerkzeug, das Felsbrocken zu ihrer detaillierten Untersuchung aufschlagen kann. Zum Instrumentarium gehören auch zwei deutsche Experimente. Die zur Erde übermittelten Bilder beschränken den menschlichen Betrachter diesmal nicht auf die stationäre Zuschauerrolle, sondern setzen ihn in den »Fahrersitz« der rollenden Labors selbst. Ihr Design basiert auf einem Prototyp-Entwurf namens FIDO (Field Integrated Design and Operations rover), der von NASAs JPL bereits drei Jahre lang auf simuliertem Marsboden und in abgelegenen irdischen Wüstenregionen erschöpfend erprobt worden ist.

Ihre Hauptaufgabe wird nicht die Suche nach Biota, also Lebensspuren, sein, sondern das Aufspüren von Wasser, einer wichtigen Voraussetzung für Leben, sowie anderer Hinweise auf die

Entstehungsgeschichte des Planeten. Zum ersten Mal können wir dank der beiden Rover einen fremden Planeten so erforschen, wie es bisher nur in Sciencefiction möglich war: mit zwei Robotern, die zur gleichen Zeit durch gänzlich unterschiedliche Gebiete rollen, umherspähen und dann einfach mal »hinüberfahren«, um zu sehen, was sich hinter dem nächsten Hügel befindet – eine wirklich coole Vorstellung!

Die Roboter werden im Abstand von etwa 18 Tagen an unterschiedlichen Landestellen niedergehen und jeder mindestens 90 Tage lang in Betrieb sein. Pro Tag können sie eine Strecke von rund 100 m zurücklegen, etwa so viel wie der kleine Sojourner im Verlauf seiner gesamten Lebenszeit gerollt ist, und dabei steuern sie selbstständig, ohne menschliches Eingreifen, um größere Felsbrocken herum und erklimmen steilere Hügelböschungen. Ihre Ausflüge werden wir fortwährend »live« im Internet für die ganze Welt zeigen.

Die Marssonden sollen im Frühjahr 2003 auf separaten Delta-2-Raketen gestartet werden, für einen Gesamtpreis von etwa 600 Mio. Dollar. Eine einzelne Rover-Mission hätte 300 bis 400 Millionen gekostet, einschließlich Startkosten, und die Finanzierung eines zweiten Rovers beläuft sich auf nur 200 Millionen zusätzlich, also die halben Kosten. Die Reise der beiden Sonden zum Roten Planeten dauert siebeneinhalb Monate; dann schießen sie mit 22 400 km/h in die Marsatmosphäre ein und gehen an zwei weit auseinander liegenden Landestellen nieder. Unter den zur Wahl stehenden Landeverfahren haben wir uns, um ganz sicher zu gehen, für die mit großem Erfolg beim Pathfinder bewährte Prallkissen-Methode entschieden. Allseitig umgeben von aufgeblasenen Luftballons werden die Lander zunächst von einem Fallschirm abgebremst und dann federnd aufschlagen, um rund ein Dutzend Mal über den Marsboden zu hüpfen und dabei mehrere hundert Meter zurückzulegen.

Wo genau die Landestellen liegen werden, ist noch nicht entschieden; damit wartet man bis zum letzten Moment, um weitere Funde des Mars Global Surveyor auszuwerten, der derzeit den Mars umkreist und ihn mit hochauflösenden Fotos erforscht. Von ihm stammen die jüngsten aufsehenerregenden Entdeckungen von frischen Wasserspuren auf unserer Nachbarwelt.

Von der wissenschaftlichen Aufgabenstellung her sollen die beiden Landeroboter den Forschern neue und feinere Maßstäbe, und damit frische Perspektiven der Entwicklungsgeschichte des Roten Planeten eröffnen. Die Untersuchung des Marsgesteins auf der Ebene der einzelnen Körner, aus denen es sich zusammensetzt, bildet an sich selbst eine wesentliche Entdeckung, ganz gleich was dabei gefunden wird. Gegenüber dem großräumigen Bild des Mars, dem die bisherigen Forschungsprogramme hauptsächlich galten, ist uns auf der Ebene der Bausteine des Planeten kaum etwas bekannt.

103 Internationale Raumstation ISS: Neues auf der All-Baustelle

Donnerstag, 17. August 2000

Die Bauarbeiten an der internationalen Raumstation ISS haben in den letzten Tagen gewaltigen Schwung bekommen. Mit dem erfolgreichen Start und Koppelmanöver von zwei kritisch benötigten Raumfahrzeugen aus Russland, zuerst des Wohnmoduls Swesda, dann des Tankerschiffs Progress 251, beschleunigt sich die Montage vor allem für die NASA, in deren Ecke sich der Ball nun befindet. In den bevorstehenden Wochen und Monate werden auf den Abschussrampen von Cape Canaveral, aber auch vom Kosmodrom in Baikonur hektische Betriebsamkeit herrschen. Zwischen jetzt und Juni 2001 sollen 16 Montage- und Versorgungsflüge durchgeführt werden, davon acht auf amerikanischer und die anderen acht auf russischer Seite.

Man kann schon sagen, dass ein unüberhörbares Aufatmen durch unsere Reihen ging, als das unbemannte Tankerschiff Progress M1-3 letzte Woche, am 8. August, in 360 km Höhe mit der ISS zusammentraf und in einem perfekten Manöver an ihr anlegte, alles vollautomatisch gesteuert von seinem Bordradar, dem aus der Ukraine stammenden System KURS. Es war der 251. Flug des Typs Progress, der nicht nur ein unübertroffen wirtschaftliches Nachschubgerät für eine Raumstation ist, sondern im nun beginnenden und sich über die nächsten Jahre weiterentwickelnden Routinebetrieb der ISS auch eine überragende Schlüsselrolle spielen wird. Zurückgehend auf die Entwicklung der ursprünglichen Progress-Serie vor 20 Jahren – Progress-1 flog am 20. Januar 1978 zur damaligen sowjetischen Raumstation Saljut 6 – hat das Gerät mehrere Verbesserungsstufen durchgemacht, davon erst in jüngster Vergangenheit die zu einer eigentlichen Tankerversion zur Versorgung der ISS. Die Nutzlast des aus drei Modulen zusammengesetzten Schiffs umfasst heute zwei Tonnen Treibstoffe plus rund 600 kg festes Cargo.

Nach seinem Andocken am hinteren Ende des Servicemoduls Swesda (am 8. August um 22:13 Uhr MEZ) mussten die Ingenieure in Moskau und Houston zunächst den sicheren Sitz der Koppelklammern und -riegel überprüfen, die für eine starre Verbindung der beiden Raumfahrzeuge sorgten. Mit komprimiertem Stickstoffgas wurden danach die Anschlüsse der Treibstoffleitungen von Progress an denen von Swesda auf Dichtigkeit überprüft. Dann begann das Umtanken in die leeren Treibstofftanks des Servicemoduls, die beim Start in Baikonur aus Gewichtsgründen (beschränkt durch die Tragfähigkeit der Proton-Rakete) nur halb voll gewesen waren und sich bei den nachfolgenden Manövern der Swesda-Triebwerke weiter geleert hatten. Zwar lagert noch eine weitere halbe Tonne Treibstoffe im Energieblock Sarja, doch benötigt die ISS in den kommenden Wochen und Monaten zur Anhebung ihrer Flughöhe mengenweise Sprit. Ein weiterer Progress-Tankerflug ist deshalb für den November noch vor dem Eintreffen der ersten ständigen Besatzung geplant.

Die regelmäßigen Progress-Besuche haben jedoch nicht nur die Betankung und Nachschubversorgung der ISS zur Aufgabe, sondern einen mindestens ebenso wichtigen Zweck: die Anhebung ihrer Bahnhöhe. Wie schon bei den letzten Saljut-Stationen und der derzeit noch fliegenden Mir, wird das im Maschinenteil des Progress-Schiffs sitzende Haupttriebwerk auch zum Reboost der ISS benützt, wobei es mit seiner Schubkraft von 400 kg die Station anhebt, wenn sie durch Luftreibung über längere Zeit einen bestimmten Betrag an Höhe verloren hat. Progress 251 führte dieses Manöver heute durch und schob die fast 60 t Masse der ISS um

30 km auf 370 km Bahnhöhe hinauf. Pro Jahr benötigt die Raumstation wenigstens vier Besuche solcher Progress-Tankerflüge, zumindest bis Juni 2004. Denn dann wird ein neues Antriebsmodul einsatzbereit sein, das wir gegenwärtig in den USA entwickeln, um die Treibstoffversorgung und Höhenanhebung der ISS nötigenfalls übernehmen zu können.

Mit seiner Gesamtlänge von etwas über sieben Meter hat das Progress-Gerät die Länge der ISS nun auf 43 m erhöht, denn sie besteht derzeit aus einer linearen Aneinanderreihung von vier verschiedenen Raumfahrzeugen: dem amerikanischen Knotenelement Unity am einen Ende, wo der Shuttle immer anlegt, dann dem für die USA in Russland gebauten Energieblock FGB/Sarja, gefolgt vom rein-russischen Wohnmodul Swesda und dazu jetzt noch Progress 251, am anderen Ende. Alle Elemente außer Unity tragen eigene Sonnenzellenflügel, die allein beim Servicemodul eine Gesamtspannweite von 30 m haben und eine Energie von 4,4 Kilowatt erzeugen. Swesda benötigt das meiste davon, denn es enthält im Wesentlichen alles, was eine ständige Bewohnung der Raumstation möglich macht, von einer in Deutschland und Frankreich entwickelten Bordcomputeranlage über acht verschiedene Radiosysteme, den Anlagen für Wärmeregelung, Frischluftkontrolle und Lebenserhaltung bis hin zu den Schlafkojen und der Toilettenanlage der Crew.

Was kommt nun als Nächstes, und wie geht es weiter? Für nächsten Monat, am 8. September, bereiten wir derzeit einen neuen Shuttleflug zur ISS vor, STS-106, der in der ISS-Sequenz die Bezeichnung 2A.2b trägt; praktisch bildet er den zweiten Teil der im vergangenen Mai mit 2A.2a begonnenen Doppelmission 2A.2. Der Shuttle Atlantis wird dabei für elf Tage an der ISS anlegen. Zu den Aufgaben seiner siebenköpfigen Crew gehört zunächst die Ausladung von rund 600 kg Cargo aus dem Progress-Frachter, dann die Transferierung des vom Shuttle mitgebrachten Frachtguts in die ISS, die Installierung von Ausrüstungen an Bord des Wohnmoduls und ein Ausstieg in den Weltraum zur Herstellung externer elektrischer Verbindungen.

Am 8. Oktober folgt wiederum eine Shuttle-Montagecrew mit Mission 3A. Sie bringt den ersten Teil des späteren großen Gerüstträgers zusammen mit einem Kreiselaggregat aus vier Gyroskopen zur Steuerung der Station sowie einen konischen Andockadapter namens PMA-3 und weitere Radiosysteme. Mit mehreren Raumausstiegen wird die Besatzung von STS-92 alle noch verbliebenen Vorbereitungen für die ständige Bewohnbarkeit der ISS treffen. Die erste Crew der internationalen Raumstation – Bill Shepherd, Jurij Gidsenko und Sergeij Krikaljow – gehen Anfang November an Bord einer somit bestens vorbereiteten Bleibe im All und danach trifft ein weiteres Progress-Tankerschiff ein.

104 Intelligente Roboter im All?

**Freitag,
1. September
2000**

Heute schreibe ich in Dresden, wo ich zu einem Kurzbesuch weile, um einen Vortrag über unsere neuesten Raumfahrtpläne zu halten. In ihm werde ich u.a. besonders auf die Unterschiede, aber auch Entsprechungen und Ergänzungen der bemannten und robotischen Raumfahrt eingehen, über die bei der breiten Öffentlichkeit noch viel Missverständnis und Unkenntnis herrscht.

Nach den Plänen der NASA spielen in der Weltraumfahrt Roboter in Zukunft eine wachsende Rolle. Wenn der Mensch in den kommenden Jahrzehnten im Weltall heimisch wird, werden ihm intelligente Maschinen vorausgegangen sein. Von der dazu nötigen Technik sind wir heute noch weit entfernt, doch sind auf diesem Gebiet schon Ansätze und Bestrebungen im Gang, die solche Entwicklungen deutlich erkennen lassen.

Den Anfang, und zwar schon bald, machen erdumkreisende Sensorplattformen, die automatisch die Umwelt aus dem All beobachten. Für irdische Nutzer, die in natürlicher Sprache mit ihnen kommunizieren werden, sammeln sie vielfältige Ökodaten über Länder, Meere, Luftraum, Verschmutzung, Rohstoffe, Landnutzung und anderes, gestützt auf eigene Kenntnisse aus einer detaillierten Weltmodell-Datenbank.

Auf dem Planeten Mars, 350 Mio. Kilometer entfernt, rollt derweil ein robotischer Forschungsrover in pflichtbewusster Emsigkeit über rostrot bestaubte und kraterübersäte Geröllhalden und sucht nach Wasserstellen und Lebensformen. Fernsehkameras zeigen ihm ein stereoskopisches Bild seiner Umgebung, und er erkennt Felsbrocken und Kraterlöcher auf seinem Weg, denen er auszuweichen vermag, alles ohne Navigationshilfe von der fernen Erde.

Wiederum ein paar Jahrzehnte später trifft ein automatisches Raumschiff mit nuklear-elektrischem Antrieb zur Demonstration einer geplanten interstellaren Forschungsmission am Ringplanet Saturn ein und beginnt mit der intensiven fünfjährigen Untersuchung der geheimnisvollen Welt dieses Planetensystems. Selbsttätig kontrolliert und steuert das Mutterschiff vom Orbit aus den Forschungsbetrieb seiner zahlreichen halbautonomen Landerover, im Netzverbund geschalteten Bodenstationen, Tochtersatelliten, atmosphärischen Sonden, motorisierten Drohnen und anderen Untersystemen.

Und in noch fernerer Zukunft landet ein unbemanntes Raumschiff von der Erde auf einem Mond eines der äußeren Planeten, der zu feindlich für Menschen ist, jedoch reich an wertvollen Materialien für die rohstoffhungrige Erde. Heraus rollen hochspezialisierte Roboter: Planierer, Konstrukteure, Werkzeugmacher, Monteure, Reparateure, Schürfer und Materialverarbeiter. Das ist die Zukunft im All: Wo es dem Menschen verschlossen bleibt, ersetzt ihn die Maschine; wo immer der Mensch jedoch Zugang hat, sind robotische Orbiter und Lander seine Vorhut.

Das wirft natürlich immer gleich die Frage auf: Wann ist eine Maschine intelligent? Die Frage hat bereits 1936 den Engländer Alan Turing beschäftigt. Bei dem nach ihm benannten Test, der nicht Intelligenz an sich erklärt, findet zwischen einem Menschen und einer Maschine, die sich in getrennten Räumen befinden, ein Gespräch statt. Lässt sich aus den Antworten der Maschine für einen Beobachter nicht erkennen, dass sie nicht von einem Menschen stammen, dann ist sie nach Turings Definition intelligent. So sah man es vor einem halben Jahrhundert. Raffiniert geschriebene Computerprogramme, die durch vieldeutige, orakelhafte Antworten Intelligenz vortäuschen und damit ahnungslose Tester hinters

Licht führen, haben aber den Turing-Test als Kriterium für die Intelligenz einer Maschine mittlerweile so gut wie entwertet.

Die Idee, dass ein Computer durch ein genügend raffiniertes Programm zum Denken gebracht werden kann, wird von vielen Wissenschaftlern als absurd abgelehnt. Wie der amerikanische Philosophieprofessor John Searle illustrativ argumentiert hat, kann ein Computer zwar durch Kombinieren chinesischer Schriftsymbole aufgrund vorgegebener Wenn/Dann-Regeln sinnvoll auf Fragen antworten, versteht deswegen aber noch längst nicht Chinesisch, denn Computerprogramme verfügen nicht wie Menschen über mentale Bedeutungsbezüge, d. h. semantisches Verständnis, sondern beherrschen lediglich formale Regeln, also Syntax. Deshalb könnten Computer nach Searle auch nicht im menschlichen Sinn denken. Er glaubt auch nicht, dass die neuen Parallel-Technologien, etwa Neuralnetzwerke, einen Ausweg bilden, doch die Möglichkeit, dass eines Tages eine Maschine gänzlich anderer Bauart, vielleicht auf der Basis genetischer Algorithmen oder Quantencomputer, wirklich zum Denken befähigt sein könnte, weist er nicht völlig von der Hand. Er und seine Schule betrachten den Geistesverstand als ein zutiefst biologisches Phänomen, wie die Verdauung. Danach kann die moderne »künstliche Intelligenz« (kurz KI) den Denkvorgang allenfalls simulieren, nicht jedoch duplizieren.

Eine gegensätzliche Schule, etwa vertreten durch die US-Philosophieprofessoren Paul und Patricia Churchland, sieht unser Gehirn lediglich als eine Art Computer mit freilich größtenteils noch unerforschten Eigenschaften und Fähigkeiten. Für sie ist das Gehirn nicht aus dem Bemühen entstanden, innere Ideen mit hohen Strukturen der äußeren Schöpfung in Übereinstimmung zu bringen, sondern einfach aus der Aufgabe, eigene Erfahrungsinhalte fortlaufend nutzbringend zu ordnen. Lebewesen auf anderen Planeten könnten demnach eine gänzlich andere Physik und Mathematik entwickeln als wir. Die Churchland-Schule hält es für grundsätzlich möglich, dass sich unsere Kenntnisse über das Nervensystem nach und nach zu einer künstlichen Intelligenz aufbauen lassen. Sie stimmt jedoch mit der Gegenschule von John Searle darin überein, dass konventionelle Digitalcomputer, auch bei Verwendung symbolischer Programme der klassischen KI-Forschung, etwa Expertensysteme, für die Nachbildung höherintelligenter Funktionen nicht mehr ausreichen. Dass eine nichtbiologische massiv-parallelgeschaltete Maschine mit hochgradiger Intelligenz in fernerer Zukunft möglich ist, wird aber für durchaus plausibel gehalten, wobei allerdings nicht bestritten wird, dass menschliche Intelligenz Aspekte enthält, die mathematisch nicht greifbar sind.

Menschen alter Schule, für die – wie schon bei Plato – »hinter« unseren empirischen Erfahrungen eine unsichtbare transzendente, numinose Welt von Formen und Ideen ewiger Wahrheit steht, lehnen diese Ansicht vehement ab. Ihrer Meinung nach wird es noch Jahrhunderte dauern, bis die Wissenschaftler auch nur die geistigen Prozesse einer schlichten Maus begreifen. Wie ist es dann möglich, so fragen sie, dass ein verschwindend minimaler Teil des Universums, eine winzig kleine Anordnung von Molekülen, die Existenz des Universums hinterfragen und die Änderung seiner eigenen Zukunft vorausplanen kann?

Selbstgewahrsamkeit und freier Wille gehören untrennbar zusammen. Eine Maschine ist dazu nicht in der Lage, doch vielleicht nur deshalb, weil sie, wenn sie diesen Schritt schafft, keine Maschine mehr ist, sondern ein aus der engen Partnerschaft von Mensch und Maschine entstandenes kybernetisches Wesen. Bei KI-Forschern hört man sehr oft den Ausspruch: »Ein Jahr Beschäftigung mit KI genügt, um anzufangen, an Gott zu glauben.«

Wird man diesen Aphorismus eines Tages aus dem Mund eines Roboters vernehmen?

105 Spaceshuttle: Wartungsmission 2A.2b

Freitag, 8. September 2000

Ein weiterer wichtiger Schritt in der Errichtung der ISS: Gerade eben, um 7:46 Uhr ostamerikanischer Sommerzeit (EDT), startet der Shuttle Atlantis unter dem üblichen ohrenbetäubenden Donnergetöse, an Bord eine siebenköpfige Crew und über drei Tonnen Frachtgut für die mittlerweile auf eine Länge von 44 m und 67 t Masse angewachsene Station, die sich zur Startzeit gerade hoch über Ungarn, südwestlich von Budapest, befindet. Die Besatzung ist Kommandant Terrence Wilcutt, Pilot Scott Altman und fünf Missionsspezialisten: die Amerikaner Edward Lu, Richard Mastracchio und Dan Burbank sowie die beiden Kosmonauten der russischen Raumfahrtbehörde Rosaviakosmos (RKA) Jurij Malentschenko und Boris Morukow.

Es wird der zweite Besuch der Atlantis bei der ISS innerhalb von vier Monaten sein, und der dritte Shuttleflug dieses Jahres zur neuen Heimstatt im All, um sie für die erste Stammbesatzung, die dort vier Monate zubringen wird, zu versorgen, auszurüsten und »wohnlich« zu machen. Offiziell läuft die Mission unter der Bezeichnung ISS-2A.2b (ISS-2A.2a war ihr bekanntlich im Mai vorausgegangen). Außerdem ist es die 22. Mission dieses Orbiters (einer von vier) und der 99. Shuttleflug seit Beginn der Raumtransporterflüge.

106 Internationale Raumstation ISS: Letzte Schritte zur Bewohnung

Mittwoch,
20. September
2000

Heute – ich halte mich gerade in Düsseldorf zu einem Vortragstermin auf – kehrte in aller Frühe die Atlantis von der ISS zurück und landete schwungvoll und elegant um 3:56 Uhr EDT am Kennedy Space Center. In Düsseldorf zeigt die Uhr 9:56, doch habe ich, wie immer wenn ich unterwegs bin, meine Laptop-Verbindung zur NASA hergestellt und bleibe dadurch mit den aktuellen Geschehnissen in direktem »Echtzeit«-Kontakt.

Nach dem Start am 8. September bestand das Rendezvous der Atlantis mit der Raumstation aus der üblichen Aufholjagd im All, dem »Phasing«, über eine Strecke von mehr als 10 000 km, gesteuert mit einer Folge sorgfältig berechneter Schubimpulse der

Manövertriebwerke, doch größtenteils bewerkstelligt durch die natürlichen Gesetze der Orbitalmechanik. Damit das Zusammentreffen des »Jägers«, d. h. des Shuttle, mit der ISS als Ziel innerhalb des zulässigen Treibstoffverbrauchs möglich ist, muss bei den ISS-Zubringerflügen freilich stets ein sehr knappes »Startfenster« von fünf Minuten eingehalten werden. Deshalb müssen die Startvorbereitungen genau nach Plan und glatt verlaufen, wobei freilich letztminütlich auftretende Tücken der Technik, die bei derart komplexen Systemen und Vorgängen niemals völlig ausgeschlossen werden können, sowie das Wetter auch den fehlerfreiesten Countdown zunichte machen können. Wenn wir den Liftoff in dieser Spanne nicht schaffen, verschiebt sich das Ganze zunächst um knapp 24 Stunden, danach um 48 Stunden und mehr, da der Shuttle zuerst wieder »prozessiert« werden muss.

Am Abend des 9. September war das Raumschiff der Station nur noch rund 370 km auf den Fersen, mit einer Aufholrate von 295 km bei jeder 90-minütigen Erdumkreisung, das erwähnte »Phasing«. Als sich der Abstand auf 13 km verringert hatte, begann die Endphase des Rendezvous, und bei 800 m übernahm Terry Wilcutt die Handsteuerung der Atlantis. Dazu saß er nicht in seinem linken Kommandositz, sondern stand im hinteren Teil des Flugdecks an der zweiten Steuerstation, von wo aus er die langsam näher rückende ISS und vor allem das Zielkreuz ihrer Andockvorrichtung durch die Fensterluke im Orbiterdach mit dem Auge anpeilen konnte. Freilich verließ er sich nicht auf seine Entfernungsschätzungen, sondern benützte ein Bordradar, einen Sternsucher in der Cargobucht und Lasermessungen durch andere Besatzungsmitglieder. Um 1:51 Uhr am Sonntagmorgen, 10. September, legte Wilcutt die über 100 t schwere Atlantis sachte am Adapterstutzen des Knotenelements Unity an. Die ISS befand sich zu dieser Zeit gerade über Kasachstan und das war kein Zufall: Da die Raumlagesteuerung der Station dem Servicemodul Swesda untersteht, mussten ihre russischen Flugkontrolleure in Moskau während des kritischen Anlegemanövers Radiozugriff zu ihr haben, und deshalb hatten wir das Rendezvous so berechnet, dass es über den fünf noch existierenden russischen Bodenstationen stattfand.

Gleich bei der Annäherung zeigten die Atlantis-Fernsehkameras, dass sich der steuerbordseitige Sonnenzellenflügel von Swesda nicht vollständig entfaltet hatte. Da der »Bug« der ISS, also »vorne«, dem »Heck« von Swesda entspricht, gilt die Bezeichnungskonvention, dass Steuerbord des russischen Segments dem Backbord (»Port« auf Englisch) der ISS entspricht. Eine kleine Tafel des Paneels war der Entfaltung seiner anderen Teile nicht vollständig gefolgt und ragte nun schräg aus dem flachen Paneel hervor. Der Fehler soll von einem zukünftigen Raumaussteiger korrigiert werden.

Den Sonntag verbrachte die Crew mit den Vorbereitungen für den geplanten Raumausstieg, und dazu gehört eine Verringerung des Luftdrucks in der Shuttlekabine, um den Körper der Aussteiger auf den geringeren Druck der Raumanzug-Atmosphäre umzustellen. Man gewinnt so erheblich an Zeit, da die Astronauten dadurch weniger lange vor dem Aussteigen in ihren Raumanzügen mit reinem Sauerstoff beatmet werden müssen. Letzteres ist eine Vorsichtsmaßnahme gegen ein mögliches Auftreten der so genannten Caissonkrankheit, der »Bends«, bei der in den Körperflüssigkeiten gelöster Stickstoff bei einem plötzlichen Druckabfall, etwa durch ein Leck, austritt und durch Gasblasenbildung Gelenkschmerzen und -lähmungen erzeugen kann. Noch stärkere Druckstürze können sogar Aeroembolien im Gehirn verursachen.

Dann, am Montag früh um 00:47 Uhr, stiegen Ed Lu und Jurij Malentschenko aus der Atlantis-Luftschleuse in den Weltraum aus, um die vorgesehenen Verrichtungen an den Außenwänden der ISS vorzunehmen: Installation von Leitungen für Stromzufuhr, TV/Kommandoverbindungen und Telemetrie zwischen Swesda und dem Energieblock Sarja, Montage eines Magnetometers an einem langen Ausleger an Swesda, Entfaltung eines nach der Detonation seiner Sprengpatrone nur einen Zentimeter weit ausgefahrenen Andockziels am Heck des SM, sowie eine Serie von Fotografien des Stationsäußeren, einschließlich des SM-Sonnenflügels, für die spätere Auswertung auf dem Boden. Um zu den verschiedenen Arbeitsbereichen der Station zu gelangen, ließen sich die Montagearbeiter am Ende des mehrfach artikulierten kanadischen Shuttle-Telemanipulatorarms RMS (Remote Manipulator System) »herumfahren«, ferngesteuert von Rick Mastracchio. Insgesamt dauerte das EVA (Raumausflug, »Extravehicular Activity«) sechs Stunden 14 Minuten, weniger als die eingeplanten $6^1/2$ Stunden. Er war ein Triumph für ein EVA durch zwei Angehörige unterschiedlicher Raumfahrt-»Welten«: USA und Russland, beide ausgezeichnet ausgebildet und durch ihre heimatlichen Bodenteams vorbildlich unterstützt.

Am fünften Tag öffnete die Crew die ISS-Luken und schwebte um 22:40 Uhr ins Innere der Station ein, die derzeit noch einer langen Tunnelröhre gleicht. Von der Shuttle-Luftschleuse geht es zunächst in den Andockadapter PMA-2 (Pressurized Mating Adapter Nr. 2), dann in den Knoten Unity, weiter durch PMA-1 in das Energiemodul Sarja und schließlich von dort in das Servicemodul Swesda. Als Kommandant Wilcutt gegen 2:25 Uhr morgens das andere Ende von Swesda erreichte, wo seit 8. August das automatische Progress-Tankerschiff M1-3 angedockt saß, hatte er insgesamt 12 Luken geöffnet und 44 m Distanz traversiert. Die Schutzbrillen und Atemmasken, die sie beim »Ingress« (Eintritt) sicherheitshalber angelegt hatten, benötigten sie nicht: Die Atmosphäre war überall in der Röhre sauber gefiltert und angenehm klimatisiert, 29 °C und 74 Prozent Feuchtigkeit. Vor ihrem Kommen hatte man vor allem den Knoten mit Heizkörpern in den Wänden auf eine Temperatur über dem Taupunkt erwärmt, um Kondensation der Luftfeuchtigkeit an Wänden und Instrumenten zu verhindern.

Die Wartungs- und Versorgungsarbeiten an Bord dauerten insgesamt vier Tage. In Sarja tauschten Burbank und Morukow zwei der sechs großen Nickel-Cadmium-Batterien Typ 800A gegen neue Akkus aus, mitsamt ihrem elektronischen Lade- und Überwachungszubehör, wobei sie einer Reihe von Nieten auf dem Boden mit Hammer und Meißel zu Leibe rücken mussten, um an ein Objekt zu gelangen. Das Servicemodul Swesda verfügt seinerseits eigentlich über acht dieser altbewährten russischen 800-Watt-Raumstationsbatterien, war aber aus Gewichtsgründen mit nur fünf gestartet worden. Die drei restlichen hatte die Atlantis mitgebracht, und Lu und Malentschenko bauten sie an den dafür vorgesehenen Stellen ein. Die Wasservorräte in der ISS wurden um acht weitere kollabierbare Behälter erweitert, gefüllt mit Trinkwasser aus den Brennstoffzellen der Atlantis, die es als Nebenprodukt der Stromerzeugung aus den kryogenischen (kälteverflüssigten) Gasen Sauerstoff und Wasserstoff erzeugen.

Die Entladung des Progress-Versorgungsschiffs M1-3, das neben seiner Tankfüllung von zwei Tonnen Treibstoffen auch über 500 kg Trockengut geladen hatte, bildete die wohl wichtigste Aufgabe der Crew. Ohne die von ihm mitgebrachten Vorräte könnte die im November eintreffende Stammbesatzung nicht an Bord leben, und bevor ihr Sojus-Transporter andocken kann, musste M1-3 die Luke freigeben, wie bei einem besetzten Airport-Flugsteig, an dem ein anderes Flugzeug anlegen will (spätere Ausbauphasen der ISS werden zusätzliche Andockmöglichkeiten schaffen). Nicht mehr gebrauchtes Verpackungsmaterial und andere Abfälle wurden danach im Versorgungsschiff verstaut, da Progress nach seiner Abtrennung zum Absturz in die Erdatmosphäre gebracht werden soll. Dass das Gerät nicht sofort abgeworfen wird, hat seinen Grund: Swesdas hintere Andockluke ist temperaturkritisch, wie alle russischen Luken, und muss möglichst lange vor direkter Sonneneinstrahlung geschützt werden.

Die Installierung wichtiger Bordsysteme beanspruchte einen großen Teil des Missionsauftrags von 2A.2b. Eingebaut wurde ein russisches Gerät namens »Elektron« zur elektrolytischen Gewinnung von Sauerstoff aus Wasser mittels Elektrizität, ein russischer Medikamentenschrank sowie das amerikanische Exercise-Laufband (die »Tretmühle« TVIS) mit seinem gefederten Isolierungssystem, das die Übertragung der Exercise-Erschütterungen auf Boden und Wände der Raumstation und damit die Störung der für die Forscher wichtigen Schwerelosigkeit ausschließt.

Am Abend des 16. September führte die Atlantis das letzte von vier so genannten Reboosts durch. Diese Manöver schieben den Gesamtkomplex mit sanften Impulsen der Shuttle-Steuerdüsen auf größere Orbithöhe, um die Höhenverluste aufgrund der zwar geringen, doch auf längere Dauer fühlbaren Luftreibung wettzumachen. Wie die anderen drei Manöver dauerte das vierte eine Stunde und bestand aus 36 Einzelimpulsen, durch die der ISS-Shuttle-Komplex um 5,6 km an Höhe gewann. Insgesamt brachten die vier Reboosts einen Höhenzuwachs von 22,5 km. Ganz schöne Einsparung bordseitiger Treibstoffe!

Einen Tag später, am 17. September, verließ die Besatzung am Abend die ISS und schloss dabei die 12 Lukenklappen eine nach der anderen. Das Abkoppeln kam um 23:44 Uhr, und dann waren ISS und Atlantis wieder zwei getrennte Raumfahrzeuge in zunehmend unterschiedlichen Umlaufbahnen. Die Andockdauer der Mission 2A.2b betrug insgesamt sieben Tage 21 Stunden 54 Minuten.

Ich habe schon frühzeitig im Raumfahrtprogramm gelernt, mich über das Gelingen eines Unternehmens erst nach seinem vollständigen Abschluss zu freuen. Auch wenn der Wiedereintritt und die Landung von STS-106 die 99. des Shuttleprogramms waren, kann in unserem Metier doch immer etwas Unerwartetes dazwischenkommen. Und so juble ich erst jetzt, am Vormittag des 20. September in Düsseldorf am Rhein, als die Atlantis nach ihrer 12-tägigen abenteuerlichen Raumreise am Kennedy-Center landet, die 23. aufeinander folgende Landung dort und das 30. Mal, dass ein Shuttle in den letzten 31 Flügen dort aufgesetzt hat.

Der Weg ist frei für die nächste Montagemission zur ISS, die bereits in zwei Wochen stattfinden soll!

107 Helden der Raumfahrt: German Titow †

**Montag,
25. September
2000**

Ein weiterer trauriger Verlust eines »Monuments« der Raumfahrtgeschichte: German Titow, der zweite Raumflieger der Welt. Heute (ich bin gerade in Berlin, um im Vorort Marzahn einen Raumfahrt-Umzug namens »United Space Parade« zu eröffnen) wurde er auf dem Moskauer Prominentenfriedhof Nowodewitschi unter großer öffentlicher Anteilnahme feierlich beigesetzt. Die russische Polizei hatte ihn am 20. September tot in seiner Sauna aufgefunden (offizielle Ursache: »Herzversagen«), und wir sind alle bestürzt und betroffen, denn wir alle kannten und schätzten German Stepanowitsch als einen netten, klugen und immer freundlichen Menschen.

Der bei seinem Tod 65-Jährige (wir hatten im Sommer in Moskau noch seinen Geburtstag vor-gefeiert), geboren 11. September 1935 als Sohn eines Lehrerehepaars in dem Dorf Werchneje Schilino im Altai-Gebiet, gehörte ab Februar 1960 zur ersten Kosmonauten-Ausbildungsgruppe, aus der er im Januar 1961 mit Gagarin, Nikolajew und Popowitsch nach bestandenem Kosmonauten-Examen in die engere Wahl für Sergeij Koroljows *Wostok* (Osten)-Programm kam. Jurij Gagarin und German Titow wurden als Erste auserkoren, und Titow trainierte als Ersatzmann für Gagarin.

Gagarins Flug am 12. April 1961 war eine erste Erprobung der neuen Weltraumsysteme; Titows Flug am 6. und 7. August 1961 mit Wostok 2 diente dann der Erprobung der Tauglichkeit des Menschen für den Raumflug (»große Weltraum-Probe«). Im Gegensatz zu Gagarins einmaliger, freilich nicht vollständig »geschlossener« Erdumkreisung, umrundete der mit 25 Jahren jüngste Raumfahrer Titow den Globus 17-mal, in 25 Stunden 18 Minuten, d. h. länger als ein Tag. Chruschtschow beförderte den zeitweise »raumkranken« Kosmonaut während der Mission zum Major der Luftwaffe, und es mussten sieben Monate vergehen, bis John Glenn als erster US-Amerikaner in einem amerikanischen Raumschiff die Erde umrundete, allerdings nur viermal.

In den letzten Jahren saß General Titow, Doktor der Militärwissenschaften, als Abgeordneter der kommunistischen Sjuganow-Partei in der Duma, dem Unterhaus des russischen Parlaments, wo er sich für das Raumstation-Mir-Programm einsetzte. Die Wahl am 15. Mai 1995 hatte er vor zehn anderen Kandidaten mit 8,5 Prozent der Wählerstimmen gewonnen. 1996 übernahm er die Leitung der zur Erhaltung eines der rund zehn sowjetischen Spaceshuttles »Buran« neu gegründeten Aktienfirma »Weltraum-Erde«. Das »Produkt 011« wurde von der Herstellerfirma Molnija in Tuschino per Spezialtraktor »Uragan« und Flussbarke »Buranowos« mit großen Mühen nach Moskau geschafft (um unter der 20 cm zu niedrigen Borodinskij-Brücke durchzukommen, musste zum Beispiel der Wasserspiegel der Moskwa durch Öffnung von Schleusentoren gesenkt werden) und steht heute im Vergnügungszentrum Gorki-Park am Puschkinskaja-Kai. Mit German Titow hat die Raumfahrt eine historisch wichtige, menschlich markante Figur verloren.

108 Spaceshuttle: Der 100. Shuttleflug

**Mittwoch,
11. Oktober
2000**

Na endlich! Soeben, um 19:17 Uhr Floridazeit (EDT), ist der Shuttle Discovery zu seinem 28. Einsatz gestartet, STS-92, nachdem der ursprünglich für den 5. Oktober angesetzte Liftoff viermal verschoben werden musste. »Endlich!« Denn in der vergangenen Woche haben wir ganz schön geflucht, angesichts der uns durch die ISS-Montage aufgezwungenen knappen Zeiträume für Shuttlestarts am Cape. Dazu kam die Ironie des Schicksals: Ausgerechnet dem 100. Flug des Spaceshuttle musste das passieren, nachdem der letzten Monat stattgefundene Flug der Atlantis so unproblematisch und pünktlich erfolgt war!

Zuerst zeigte eine letztminütliche Auswertung eines beim September-Start der Atlantis mit einer automatischen Bordkamera aufgenommenen Films nach Abwurf des Außentanks einen großen Bolzen am Tank, der sich nicht wie erwartet in sein Gehäuse zurückbewegt hatte. Wenn das auch bei der Discovery auftrat, konnte er möglicherweise eine Wiederberührung mit dem Orbiter und dadurch eine Katastrophe verursachen. Dann musste ein Ventil in der Triebwerkanlage des Orbiters, das bei einem Test zu langsam reagiert hatte, ausgetauscht werden, und danach kamen zwei weitere Verschiebungen aufgrund zu hoher Querwinde auf der dem Startplatz benachbarten Landepiste, die eine Notlandung auf ihr gefährdet hätten.

STS-92 ist die fünfte Shuttle-Mission im Programmrahmen der internationalen Raumstation ISS und der zweite Flug eines Shuttle zur ISS mit einem schweren Bauelement der langsam wachsenden Station. Seine Bezeichnung in der ISS-Montagesequenz lautet 3A (wobei das »A« für »American« steht; »R« bezeichnet russische Starts, wie etwa 1R für das Servicemodul Swesda). Was mich bei diesem Flug in erster Linie beeindruckt ist der Gedanke, dass die endgültige Bewährung des Shuttle-Konzepts kaum jemals zuvor derart schlagkräftig demonstriert worden ist, wie jetzt für die Errichtung der ISS in der Erdumlaufbahn. Wenn das Gerät seit seiner Betriebsaufnahme vor fast 20 Jahren im Transport von Menschen und Material ins All und zurück schon echte Weltklassedienste geleistet hat, so hat seine einzigartige Leistungsfähigkeit in diesen Tagen den Gipfel erklommen. Der Zusammenbau der Raumstation wäre schlechterdings nicht möglich ohne den Spaceshuttle mit seiner Befähigung, große, schwere Nutzlasten zu transportieren, komplexe Montagearbeiten mit seinem Robotarm zu bewerkstelligen, ausgedehnte Raumausflüge durch EVA-»Montagearbeiter« zu stützen und die Station auf Zubringerflügen mit Crews, Ausrüstungen, Ersatzteilen und Proviant zu versorgen.

Nach ewig langer Wartezeit, ein halbes Leben lang, zahlt es sich in diesen Tagen in ganzer Tragweite aus, dass wir das Shuttle-Konzept Ende der 60er/Anfang der 70er Jahre entsprechend Wernher von Brauns langfristiger strategischer Post-Apollo-Vision, des so genannten »Integrierten Plans«, als Vorbedingung und Element der Weltraumstation aufgefasst und ausgelegt haben. Der Plan sah die Entwicklung einer großen Raumstation, einer billigen Pendelfähre und eines Raumschleppers (Space Tug) vor, der im Weltraum verbleiben sollte – alles Systeme, die in von Brauns Vision der Infrastruktur für die Expansion des Menschen im All dienen und den Weg zur Mondbasis und zur Marsexpedition bahnen sollten.

Begonnen hatte die Entwicklung des Shuttle am 5. Januar 1972 mit der Genehmigung durch den damaligen US-Präsidenten Richard Nixon. Das genehmigte Konzept war zwar nicht völlig wiederverwendbar, wie wir es ursprünglich ausgelegt hatten, das ließ sich aus finanzpolitischen Gründen nicht verwirklichen, aber durch die Rückführung und Wiederverwendung des eigentlichen Orbiter-Raumschiffs und der ausgebrannten Boosterhülsen brauchten die wirklich kostspieligen Elemente des Geräts, die Triebwerke und die Bordelektronik, nicht mehr nach jedem Flug weggeworfen zu werden, wie bei den vorhergegangenen konventionellen Raketen. Vom Spaceshuttle versprachen wir uns damals das, was die Eisenbahn für die Besiedlung des nordamerikanischen Kontinents und die DC-3 für die Erschließung des Luftraums getan hatten.

Bei Programmbeginn wussten wir, dass die existierenden Raketentriebwerke den Anforderungen des Shuttle nicht gewachsen waren. Jedes der drei Triebwerke musste um die 227 t Schub haben und konnte innerhalb der vorgegebenen Rahmenwerte für Größe und Gewicht nicht gebaut werden, wie's damals schien. Der Shuttle benötigte turbinengetriebene Treibstoffpumpen, die in der Sekunde fast 4000 l fördern mussten, genug um jede Sekunde bei 50 Durchschnittsautos die Benzintanks zu füllen. Zehn Jahre später wurde der Shuttle von den benötigten Triebwerken und Pumpen ins All gepowert.

Das Digital-Nachrichtensystem des Shuttle sendet im Verlauf einer typischen siebentägigen Mission eine Datenmenge zur Erde, die einen 640 km hohen Stapel Bücher füllen könnte. Beim Aufstieg zum Orbit ist der Shuttle eine regelrechte Rakete. In der Umlaufbahn wird aus dem Raumschiff vorübergehend eine Raumplattform und Station. Sie umkreist die Erde mit 27 800 km/h und hat dabei die Energie von 15 000 Lokomotiven. Diese Energie muss bei der Rückkehr mit größter Feinfühligkeit kontrolliert werden, um eine Punktlandung auf einer fünf Kilometer langen Landepiste zu ermöglichen. Beim Wiedereintritt durchfliegt der Shuttle alle aerodynamischen Geschwindigkeitsbereiche: vom Hyperschall über den Überschall zum Unterschall, denen früher jeweils speziell dafür optimierte Fluggeräte zugeordnet worden waren. Da der Shuttle bei der Rückkehr antriebslos ist, praktisch ein 100 t schweres Segelflugzeug ohne Durchstartmöglichkeit, ist der Spielraum für Navigations- oder Energiemanagementfehler minimal.

Nach zehnjähriger Entwicklung, einschließlich fünf Landetestflüge vom Rücken eines Boeing 747-Trägerflugzeugs, war es am 12. April 1981 endlich soweit (zufällig genau 20 Jahre nach Jurij Gagarins Weltraumflug als erster Mensch) für STS-1, den Jungfernflug des Shuttle Columbia. Die Crew bestand nur aus zwei Testpiloten – John Young und Robert Crippen. Sie hatten es schon zwei Tage zuvor, am 10. April, versucht, aber im letzten Moment musste der Countdown abgebrochen werden. Der Fehler lag bei der Bordcomputeranlage: Die vier gemeinschaftlich arbeitenden Primärcomputer hatten bei T-18 Minuten den fünften, als Reserve dienenden Computer »aufgeweckt« und zum Datenvergleich hinzugeschaltet. Durch einen Programmierfehler gelang es ihnen jedoch nicht, sich mit dem Reservecomputer zu synchronisieren. Die Zeitversetzung zwischen ihnen betrug nur 40 Millisekunden, aber das war eine Abnormalität, die prompt den Countdown zum Stillstand brachte. Der Start wurde auf zwei Tage später verschoben, ein harter, enttäuschender Schlag für uns, der sich aber in pure Freude und Wohlgefallen auflöste, als die STS-1-Mission dann unter Getöse startete, 37-mal die Erde umrundete und zwei Tage später nach erfolgreichem Testflug auf dem trockenen Bett des Rogers-See beim kalifornischen Luftwaffenstützpunkt Edwards landete.

Inzwischen haben wir 100 Starts und Landungen hinter uns und können Bilanz ziehen. Mit Ausnahme von STS-51L, der 25. Shuttle-Mission am 28. Januar 1986, bei der wir das Raumschiff Challenger mit seiner siebenköpfigen Crew Francis Scobee, Michael Smith, Ellison Onizuka, Judith Resnick, Ronald McNair, Gregory Jarvis und Christa McAuliffe verloren, haben alle Shuttles ihre primären Flugaufträge mit Erfolg erfüllt. Die Nutzungen, die das wiederverwendbare Gerät für Industrie, medizinische Forschung und unser tägliches Leben eingeflogen hat, belaufen sich auf mindestens ebenso viele wie die Anzahl der Flüge. Zahlreiche vom Shuttle stammende NASA-Technologien sind in unsere Maschinen und Werkzeuge, unsere Nahrung und die von uns zur Verbesserung unserer Gesundheit verwendeten Biotechnik und Medizin eingeflossen.

Beispiele sind etwa das lebensrettende Licht: Eine speziell für Pflanzenwachstumsexperimente an Bord des Shuttle entwickelte Beleuchtungstechnik wird heute bei der Behandlung von Gehirntumoren bei Kindern eingesetzt. Zur Abtötung von Krebstumoren verwenden Ärzte im Medical College von Wisconsin in Milwaukee mit Erfolg lichtemittierende Dioden in einer Behandlungsmethode, genannt »photodynamische Therapie«, einer Form von Chemotherapie.

Spezielle Bildverarbeitungstechniken, die zur Analyse von Spaceshuttle-Startvideos und zum Studium meteorologischer Aufnahmen entwickelt wurden und Bildzittern, Bildrotation und Zoom in Videosequenzen eliminieren können, werden jetzt auch von der Polizei zwecks Verbrechensaufklärung zur Bearbeitung von Videos eingesetzt. Die neue Technologie kann auch für medizinische Bildtechnik, wissenschaftliche Anwendungen und Heimvideos von Nutzen sein.

Rettungstrupps verfügen dank des Shuttle über ein neues

Schneideinstrument zur Befreiung eingeschlossener Unfallsopfer aus Autotrümmern. Das handgehaltene Schneidegerät verwendet eine Miniaturversion der Sprengladungen, die beim Shuttle zum Absprengen von Flugsystemen dienen. Es benötigt keine zusätzliche Energiequelle oder umständliche Schläuche und ist dabei 70 Prozent billiger als das frühere Rettungsgerät.

Der Spaceshuttle hat vormals unbekannte Entdeckungen über uns selbst, unseren Planeten und unser Universum ermöglicht. Shuttles haben alle drei der »Großen Observatorien« der NASA gestartet, das Hubble-Raumteleskop (1990), das Compton-Gammastrahlen-Observatorium (1991) und das Röntgenstrahlen-Teleskop Chandra (1999). Aufgrund dutzender von ihnen gemachten Entdeckungen ist unser Bild des Universums radikal und fundamental geändert worden. Mit dem Shuttle wurden große interplanetare Forschungssonden gestartet: Magellan zur Venus (1989), Galileo zum Jupiter (1989) und Ulysses zur Sonne (1990).

Beobachtungen der Erde vom Shuttle haben die Erdoberfläche mit größerer Präzision kartiert, als jemals zuvor. STS-99, die Radar-Topographie-Mission, hat über 123 Mio. Quadratkilometer der Erde in einer einzigen Mission aufgezeichnet und dabei genug Daten gewonnen, um mehr als 20 000 CD-ROMs zu füllen. Diese Information findet für eine Vielzahl von Nutzungen Verwendung, einschließlich verbesserter Systeme zur Verhinderung von Flugzeugkollisionen, für Städteplanung, Überflutungsmodellierungen und zur Ermittlung der besten Platzierungsstellen für Nachrichtenübertragungstürme. Zum ersten Mal verfügen die Wissenschaftler damit über ein präzises Modell der Erde. Beobachtungen durch Astronauten an Bord von Shuttles haben urzeitliche Einschlagkrater auf der Erde entdeckt und bestätigt, Korallenriffe ausgemacht, Luft- und Wasserverschmutzung studiert und die Auswirkungen von Dürrezeiten, Überflutungen, Vulkanausbrüchen und Wirbelstürmen dokumentiert. Auf Bildern von Shuttle-Radarmissionen sind sogar eine vorzeitliche »verlorene« Stadt namens Ubar in Oman entdeckt, die Verläufe des Nilbettes durch die Jahrtausende ausgemacht und Flussbetten unter den Sandschichten der Sahara gefunden worden. Durch Atmosphärenstudien von Bord des Shuttle konnten die Instrumente von Satelliten fein kalibriert werden, die

die Ozonschicht der Erde vermessen und die Zerstörung des Ozons und die Chemie in der Hochatmosphäre erforschen.

In hunderten von Shuttle-Bordexperimenten sind die Auswirkungen der Schwerelosigkeit, bzw. Mikrogravitation auf Pflanzen, Tiere und Materialien studiert und unser Verständnis ihrer grundlegenden Problematik und Natur verbessert worden. Ein Beispiel ist der so genannte Bioreaktor, ein Gewebewachstums-Gerät, das in einer Reihe von Shuttle-Experimenten perfektioniert worden ist und heute in Forschungslaboratorien rund um die Erde Verwendung bei der Suche nach Bekämpfungsmittel gegen Aids, Hepatitis C, Lyme-Erkrankung und anderen Krankheiten findet.

Die vom Shuttle im Verlauf seines 20-jährigen Betriebs erbrachten Leistungen sind erstaunlich und unübertroffen. Auf ihren 100 Flügen haben die Geräte nahezu 1400 t an Cargo und 596 Menschen ins All getragen. Zählt man ihre Missionszeiten zusammen, so haben sie nahezu vier Jahre fliegend verbracht (genau: drei Jahre 259 Tage 36 Std. 30 Min. 59 Sek.) und dabei über 15 Mannjahre im All ermöglicht. Die Zahl der von ihnen geflogenen Nutzlasten übersteigt 850, eingeschlossen hunderter individueller Experimente, also durchschnittlich 8,5 Nutzlasten pro Flug. Mehr als 60 Nutzlasten wurden vom Shuttle im Weltraum ausgesetzt und über zwei Dutzend daraus geborgen und zurückgebracht. Dabei haben die Raumschiffe zusammen eine Strecke von über 560 Mio. Kilometer zurückgelegt und 13 775-mal die Erde umrundet.

Was ihr »Alter« und zukünftige Verwendbarkeit betrifft, so hat die Shuttleflotte noch mehr als drei Viertel ihrer Design-Lebenszeit vor sich und wird mindestens noch ein weiteres Jahrzehnt fliegen, wahrscheinlich jedoch wesentlich länger. Jede Orbiter-Zelle ist für 100 Einsätze ausgelegt, und von den vier Maschinen ist die Discovery bisher mit 28 Einsätzen das meistgeflogene Raumschiff. Dank des von der NASA seit Beginn des Shuttleprogramms durchgeführten und heute mit verstärktem Nachdruck verfolgten Modernisierungsprogramms ist der heutige Shuttle wesentlich sicherer, leistungsfähiger und zuverlässiger als im Neuzustand. Seine drei Haupttriebwerke werden nicht nur regelmäßig ausgewechselt, sondern sie haben seit ihrem ersten Flug drei grundlegende Umkonstruktionen durchgemacht, die ihre geschätzte Sicherheit verdreifachen. In den vergangenen 20 Jahren ist die Zuverlässigkeit und Sicherheit von jedem Hauptelement des Shuttle wesentlich erhöht worden. Die Wahrscheinlichkeit für den Totalverlust eines Geräts wird derzeit auf 1:248 geschätzt, d. h. auf 248 Starts könnte danach statistisch ein schweres Unglück kommen. Das liegt natürlich noch weit unterhalb der Sicherheit, die ein Passagier in einem Verkehrsflugzeug genießt, und deshalb eignen sich die Shuttles auch schwerlich für zukünftige Einsätze im Rahmen einer kommerziell betriebenen »Weltraumtouristik«.

Auch die Tragfähigkeit des Raumtransporters hat zugenommen. Aufgrund von Gewichtsreduktionen beim Außentank, aber auch durch Leistungssteigerung bei den Triebwerken und Gewichtsabspeckung an anderen Stellen kann der Shuttle heute fast zwölf Tonnen mehr Masse ins All tragen, als bei seinem ersten Flug. Die bisher schwerste Nutzlast von insgesamt 22,8 t schleppte die Columbia bei Mission STS-93 – das Röntgenstrahlen-Observatorium Chandra und seine massive Einschuss-Stufe IUS. Allein in den letzten acht Jahren, seit 1992, ist die Frachtkapazität des Shuttle um acht Tonnen gestiegen; dabei konnten die jährlichen Betriebskosten um 40 Prozent gesenkt und, durch Triebwerkverbesserungen und anderen »Upgrades«, das geschätzte Risiko beim Start um 80 Prozent reduziert werden.

Weitere Shuttle-Upgrades stehen gegenwärtig für einige der mit dem höchsten Risiko behafteten Shuttlesysteme in Entwicklung: sicherere elektrische APU-Hilfsstromaggregate, bessere Cockpitinstrumente, um die Piloten-Belastung in kritischen Flugphasen zu verringern, und sicherere Schwenkhydrauliken für die Düsen der Feststoff-Boosterraketen.

Das weltweite Interesse am Shuttleprogramm war im Verlauf der vergangenen 20 Jahre je nach seinen Erfolgen und Rückschlägen natürlich immer wieder erheblichen Schwankungen ausgesetzt gewesen. Dabei gab es manche Kritik hinsichtlich unserer ursprünglichen Entwurfsabsichten und Langfristpläne und der sich dagegen im Betrieb abzeichnenden technischen und wirtschaftlichen Realitäten eines solchen frühen, unausgereiften Pendelverkehrs ins All.

Warum hat es 20 Jahre gedauert, bis der Shuttle, der ursprünglich Dutzende von Male im Jahr fliegen sollte, 100 Missionen erreichte? Das lag weniger an der technischen Machbarkeit, als eher an Politik und Ökonomie: Die von diesen beiden gezogenen engen Grenzen führten zu höheren Flugkosten und längeren »Turnaround«-Zeiten zwischen den Einsätzen. Der NASA-Etat erhielt 1971 nur noch halb so viele Gelder für bemannte Projekte als 1966. In den 70er Jahren schätzten wir die Kosten eines Shuttlefluges auf umgerechnet 60 Mio. Dollar (1990-Wert), wogegen sie in Wirklichkeit heute eher bei 440 Mio. liegen. Die zur Bestimmung der Wirtschaftlichkeit des Shuttle zu berücksichtigenden Faktoren umfassen die Entwicklungskosten, die Betriebskosten je Flug, die Anzahl der jährlichen Flüge und die Auswirkungen des Geräts auf die Herstellungs- und Einsatzkosten der Nutzlasten. Leistung und Wirtschaftlichkeit voll wiederverwendbarer Systeme reagieren extrem empfindlich auf geringfügige Änderungen in Systementwurf und Betriebsgrößen wie Strukturfaktor (Güte der Zellenkonstruktion), geforderte Idealgeschwindigkeit, spezifischer Impuls des Antriebs und aerodynamischer Widerstand. Schon 1967 war deshalb ein nur teilweise wiederverwendbares Konzept bei der NASA für die zunächst zu erwartende niedrigere Einsatzhäufigkeit als günstiger angesehen worden.

Der Zuwachs an Kosten und Rückgang in der Flugfrequenz hatte mehrere Gründe: Verzicht auf bordseitigen Checkout (im Gegensatz zur bodenseitigen Bereitschaftsüberprüfung) aus Kostengründen, Verzicht auf rückführbare wiederverwendbare Erststufe (Kosten- und technische Gründe), Reduktion der Flotte auf vier statt auf sieben Orbiter, wie ursprünglich geplant (Kosten), zwei Startrampen statt ursprünglich geplante drei (das Verteidigungsministerium hatte seine Nutzlasten auf eigene Wegwerfraketen verlegt), eine Orbiter-Flugvorbereitungsanlage statt zwei, und optimistische Vorhersagen für eine Flughäufigkeit, die sich weder technisch realisieren ließ, noch mit der tatsächlichen Nachfrage in Einklang stand. Auch die durch das Challenger-Unglück hervorgehobenen zusätzlichen Sicherheitsforderungen haben natürlich zur Verteuerung des Shuttle-Konzepts beigetragen.

Die tatsächliche Realisierung unseres ursprünglichen Traums von der Entwicklung der neuen Grenze im All und ihrer Infrastruktur für Mond und Mars hat einen gänzlich anderen und wesentlich längeren Weg genommen, als wir es vor 40 Jahren sahen. Aber die Hauptschwerpunkte des Plans sind nach wie vor unverändert – nur eben sequenziell, einer nach dem anderen entwickelt, statt parallel zueinander entstehend. Wernher von Brauns Vision, dessen »was danach kommt«, wird Wirklichkeit werden, und zwar durch den Spaceshuttle und die durch ihn ermöglichte Raumstation.

109 Internationale Raumstation ISS: Transport 3A bringt Zenit-1

**Dienstag,
24. Oktober
2000**

Zwei Tage später als geplant landete heute um 13:59 Uhr Westküstenzeit (16:59 Uhr hier in Washington) die »Discovery« nach ihrer von großem Erfolg gekrönten Mission STS-92 zur Raumstation ISS. »Westküste« deshalb, weil die am Cape Canaveral herrschenden Wetterbedingungen ihre Rückkehr nach Florida verhindert hatten, sodass diesmal nur der alternative Landplatz der Edwards Air Force Base (EAFB) in Kalifornien übrig blieb. Es war die 100. Landung des Shuttleprogramms und die 46. auf dem Luftwaffenstützpunkt, doch liegt der letzte Touchdown dort bereits vier Jahre zurück. In der Raumfahrtplanung mögen wir diese Kalifornien-Landungen nicht besonders und versuchen sie zu vermeiden, weil sie jedes Mal den Rücktransport der Raumfähre auf dem Rücken eines Boeing 747-Trägerflugzeugs nach Florida erfordern, und das kostet Zeit und Geld und ist mit einem zusätzlichen Risiko verbunden.

Die Bezeichnung »Raumfähre« für das wiederverwendbare Raumschiff erscheint mir diesmal ganz besonders angebracht, denn der Flugauftrag der Discovery lautete auf Zulieferung zweier wichtiger neuer Bausteine für die wachsende Raumstation, und seine geglückte Durchführung bringt ihre Montage einen wesentlichen Schritt vorwärts. Die von Boeing gebauten Elemente waren die neun Tonnen schwere Trägerstruktur Zenit-1 (Z-1) und ein weiterer Andockstutzen, PMA-3 (»Pressurized Mating Adapter Nr. 3«), der wie seine beiden Vorgänger an das Knotenmodul »Unity« angebracht werden musste, nur diesmal an einer seitlichen (Radial-) Luke, nicht wie die anderen am Vorder- und Hinterende. Das Z-1-Aggregat enthält vier Regelmomentenkreisel, die später anstelle der Steuerdüsen für die Lagestabilisierung der Station verwendet werden, ein im Ku-Frequenzband arbeitendes Kommunikationssystem und elektrische Anlagen für das beim nächsten Shuttleflug STS-97 im Dezember eintreffende Sonnenzellenmodul P6, das vorübergehend auf dem Z-1 montiert werden und die ISS mit Energie versorgen wird. Um die P6-Montage überhaupt zu ermöglichen, dockt der Shuttle »unter« dem Knotenelement an, und dazu muss zuerst der neue Andockadapter PMA-3 an der dafür vorgesehenen Luke angebracht werden. So fügt sich eines zum anderen, in einer minutiös vorgeplanten Ablauffolge.

Die Crew von STS-92 (ISS-Kennung 3A) bestand aus dem Kommandanten Brian Duffy, der Pilotin Pamela Melroy und den Missionsspezialisten Leroy Chiao, Bill McArthur, Mike Lopez-Alegria, Jeff Wisoff sowie dem Japaner Koichi Wakata, der sich auf die Bedienung des kanadischen Robotarms der Discovery spezialisiert hatte (und darin dann auch eine außerordentliche Meisterschaft demonstrierte). Nach seinem Start am 11. Oktober traf das Raumschiff plangemäß am 13. an der ISS ein, und Melroy führte ein problemloses Bilderbuch-Docking an Unity aus, obwohl bei der Discovery kurz zuvor die Ku-Band-Antenne ausgefallen war. Dadurch musste die Pilotin zwar auf das Rendezvousradar verzichten, doch wurde ihr Annäherungs- und Anlegemanöver durch einen Sternentracker und handgehaltene Laserinstrumente gestützt. Durch den Ausfall war freilich die Bandweite der Shuttle-Kommunikationsverbindung zur Erde soweit geschrumpft, dass wir bei dieser Mission leider auf die laufende Fernsehübertragung von der ISS verzichten mussten.

Am 14. Oktober hob Wakata mit dem Manipulatorarm das 273-Mio.-Dollar teure Z-1-Trägerelement, halb so groß wie ein Güterzugwagen, aus der Shuttle-Nutzlastbucht und setzte es behutsam auf die obere Anlegeluke des Knotenmoduls auf. Ferngesteuert von Pam Melroy über ihren Laptop-Computer, schraubten sich 16 große motorisierte Schraubbolzen in ihre Gewinde und verbanden das Z-1 sicher mit dem Kopplungsring. Der spätere Checkout vom Inneren des Knotens aus verlief problemlos.

Am nächsten Tag stiegen Chiao und McArthur zum ersten von vier geplanten EVAs in den Weltraum aus, um an den Außenwänden der Station Strom- und Datenkabel, zwei Nachrichtenantennen und einen Werkzeugkasten für Außenbordarbeiten zu installieren. Es war wichtig, vor allem die Regelmomentenkreisel im Z-1 möglichst bald an das Energiesystem der ISS anzuschließen, da sie die Weltraumkälte nicht gut vertragen und von ihren Heizelementen warm gehalten werden müssen. Der zweite Raumausstieg, diesmal durch Wisoff und Lopez-Alegria, folgte am 16. Oktober und diente in erster Linie der Montage des 20-Mio.-Dollar teuren PMA-Verbindungsstutzens, der von Koichi Wakata in behutsamer Millimeterarbeit mit dem Robotarm aus der Nutzlastbucht gehoben und auf die untere Kopplungsluke des Unity-Knotens aufgesetzt wurde. Wieder ist Pams laptopgesteuerte Fernbedienung der elektrisch getriebenen Schraubbolzen erfolgreich.

Das dritte EVA, am 17., führten wiederum Chiao und McArthur durch, und diesmal konzentrierten sie ihre angestrengten Bemühungen darauf, zwei Gleichstromtransformatoren zu installieren und die beiden neu installierten Bauelemente mit den anderen Stationselementen für Strom- und Datenübertragung zu verkabeln. Am Abend steuerte Brian Duffy vom Shuttle-Cockpit ein »Reboost«-Manöver, bei dem die Bahnhöhe der ISS mit 18 Schubimpulsen der Steuerdüsen um zwei Kilometer angehoben wurde.

Beim vierten und letzten Raumausflug, am 18. Oktober, führten Jeff Wisoff und Mike »LA« (Lopez-Alegria) alle noch verbleibenden Aufgaben im Freien durch, die die Station für das Kommen der ersten Stammbesatzung im November vorbereiten. Dazu gehörte auch eine Flugdemonstration eines handgehaltenen Rettungsgeräts namens SAFER (»Simplified aid for EVA rescue«), mit dem sich ein bei gerissener Verbindungsleine im All gestrandeter Astronaut selbst zum Shuttle oder zur ISS zurückmanövrieren kann. Abends erfolgte ein zweites Reboost-Manöver, das die ISS/Shuttle-Kombination diesmal um fast vier Kilometer höher schob, gefolgt von einem dritten am folgenden Tag, das den Gesamthöhengewinn der ISS auf acht Kilometer vergrößerte. Die mit 396 km mal 374 km leicht elliptische Umlaufbahn ist unter Berücksichtigung des unvermeidlichen Höhenverlusts durch die zwar äußerst minutiöse, doch über längere Dauer »fühlbare« Luftreibung gerade so bemessen, dass der geplante Start der ersten Stammbesatzung 2R im Raumschiff Sojus TM-31 in Baikonur Ende Oktober energiemäßig optimal durchgeführt werden kann.

Insgesamt belaufen sich die vier EVAs auf 27 Stunden 19 Minuten. Sie erhöhen die Zahl der im Rahmen des ISS-Programms durchgeführten Raumausflüge auf zehn (zusammen 69 Std. 34 Min.) und die des Spaceshuttle-Programms (100 Missionen seit 1981) auf 54. Für die gesamte US-Raumfahrt können wir damit seit 1961 insgesamt 93 EVAs verbuchen.

Plangemäß verschlossen die Astronauten am 20. Oktober die Luken von Knoten und Shuttle-Luftschleuse (weiter als bis Unity waren sie diesmal nicht in die ISS vorgedrungen), doch wurde aus der für zwei Tage später geplanten Landung am Kennedy-Raumflugzentrums nichts, wie anfangs erwähnt. Hauptsache aber ist, dass wir die Crew und ihr Raumschiff heute sicher und wohlbehalten wieder auf der Erde haben – und dazu noch mit vollem Missionserfolg in der Tasche. Wieder ist eine weitere Hürde genommen, eine weitere Stufe erklommen.

110 Internationale Raumstation ISS: Wieder in Moskau

Samstag, 28. Oktober 2000

Es ist ein Gefühl wie beim Einbiegen in die Zielgerade nach langem Wettkampf: Wir sind so weit, die erste ständige Stammbesatzung zur internationalen Raumstation ISS starten zu können!

Nach ruhigem Nachtflug von acht Stunden 21 Minuten Dauer trifft die Boeing 767, Flug Delta 31, von New York kommend, um 11:41 Uhr Ortszeit im regnerischen und kühlen Moskau ein. Der vorausgegangene Flug von Washington hat 40 Minuten lang nicht im John F. Kennedy Airport landen können – die übliche Luftverstopfung –, doch blieb genügend Spielraum, um den Anschluss zu schaffen.

Am Flughafen Scheremetjewo holt mich der NASA-Fahrer ab – dem Gewühl der »Taxi-Mafia«, einer Horde zumeist grobschlächtiger Männer in schwarzen Lederjacken, die einem mit großer Aufdringlichkeit ihre Taxidienste »anbieten«, wollte ich mich nicht aussetzen. Pass- und Zollformalitäten verlaufen diesmal überraschend schnell und mühelos; damit habe ich früher schon Stunden zugebracht.

Um 14 Uhr sind wir am Hotel, dem »Renaissance«, am Olimpijskij Prospekt, den riesigen, für die Olympischen Sommerspiele 1980 errichteten Sportanlagen. Ursprünglich 1991 als Lufthansa-Hotel mit dem Namen Penta gebaut, wurde es 1996 völlig renoviert und gehört heute zur Marriott/Renaissance-Kette. Doch wir von der NASA, die dort bei solchen »Invasionen« stets den mit speziellen Computeranschlüssen und Konferenzräumen ausgerüsteten 6. Stock okkupieren, sprechen von ihm immer noch nur als »das Penta«.

Am Nachmittag schalte ich mich mit meinem getreuen Laptop – wir sind mittlerweile unzertrennlich geworden – in mein Office in Washington ein, wo die Uhren auf acht Stunden früher stehen. Alle Nachrichten über die Vorbereitungen im Kosmodrom von Baikonur sind gut.

111 Internationale Raumstation ISS: Wosskressenje an der Moskwa

**Sonntag,
29. Oktober
2000**

Wosskressenje: Ruhetag.

Langer Spaziergang zum russischen Armeemuseum, das noch in den Tagen der Roten Armee errichtet worden ist – Stalinbarock mit patriotischem Wandmosaik, doch in seinen hochinteressanten Exponaten up to date bis heute. Die dem Zweiten Weltkrieg gewidmeten Hallen sind besonders faszinierend. Von der Raumfahrt werden nur die das Militär betreffenden Aspekte gezeigt, doch da Baikonur, das früher streng geheime Tjuratam, von den Militärischen Raketenkräften verwaltet wird und die sowjetische Raumfahrt früher fast ausschließlich militärisch motiviert war, gibt's davon recht viel.

Sonderplätze sind den Kreml-Urkunden der militärischen »Helden der Sowjetunion« eingeräumt, darunter auch der deutsche Meisterspion Dr. Richard Sorge. Eine besonders stolze Armee-Trophäe in einer abgezäunten Ecke sieht auf den ersten Blick wie ein Trümmerhaufen geborstenen Metalls aus: die Überreste des am 1. Mai 1960 mit einer Fliegerabwehrrakete SAM-2 abgeschossenen Spionageflugzeugs Lockheed U-2 von Francis Gary Powers. Ich fotografiere das Exponat und errege damit die Aufmerksamkeit einer der zahlreichen älteren Damen, die lesend oder häkelnd auf Stühlchen sitzend je einen der Säle bewachen. Armschwenkend rennt sie hinter mir her und ruft »tschek« oder so ähnlich. Ich weiß, was sie will: fotografieren kostet extra. So zahle ich reumütig die fälligen 15 Rubel (rd. 1,20 DM).

112 Internationale Raumstation ISS: Russische Impressionen

**Montag,
30. Oktober
2000**

Die Spannung steigt – es sind nur noch 24 Stunden. Früh am Morgen die ersten Telefonate mit unseren Kontakten im fernen Baikonur. Dazu treffen per E-Mail Bilder von den Startvorbereitungen ein. Bill Ingalls, unser Spitzenfotograf vom NASA-Hauptquartier, hat sie mit seiner ausgezeichneten Sony-Digitalkamera geschossen: die Sojus-Rakete aufrecht in dichtem Morgennebel. Mir schwant nichts Gutes, denn ich fliege ja morgen mit der VIP-Delegation der NASA in diese Suppe.

Am Nachmittag mit Metro und auf Schusters Rappen zum Gorki-Park im Südwesten der Riesenstadt Moskau, auf der anderen Seite der Moskwa. Die Metro ist die beste und luxuriöseste Untergrundbahn der Welt. Täglich befördert sie sieben Millionen Menschen, und ihren Beginn nahm sie mit 11,2 km Länge und 13 Stationen im Mai 1935. Die Stationen erregten Staunen: palastartige Bahnhöfe mit riesigen Sälen und Hallen voller Kronleuchter, mosaikgeschmückten Wänden, marmorverkleideten Pfeilern und Rundbögen, Statuen, fluoreszierenden Kuppelmosaiken, Vergoldungen und verschnörkeltem Stuck, Edelmetallen, Buntglasscheiben und Rosetten-, Blumen- und Tiermotiven. Und auch schon mal Fresken mit Hammer und Sichel. Am schönsten ist die 1952 fertig gestellte Metrostation Komsomolskaja am gleichnamigen Platz, an dem drei ebenfalls prunkvolle Zugbahnhöfe liegen.

Diese Museen zu betrachten ist nahezu kostenlos, denn eine Fahrt beliebiger Länge kostet nur fünf Rubel (40 Pfennig). Will man irgendwohin und dann wieder zurück, löst man für 10 Rubel eine Magnetstreifenkarte mit einer »2« darauf und geht damit durch die automatischen Absperrungen. Die Rolltreppen gehören zu den längsten der Welt – manche führen 75 m in die Tiefe hinab, und alle werden sie von resoluten älteren Damen in Glashäuschen am Fuß der Treppen bewacht. Sie sind ausgerüstet mit lautstarken Mikrophonen, und wenn man sich auf der Rolltreppe etwas zu Schulden kommen lässt, etwa törichterweise gegen die Regel »Rechts stehen, links gehen« verstößt oder gar lümmelhaft schubst (wie es mir bei deutschen U-Bahnen oft begegnet), kommt man nicht ohne lautstarke Schelte an ihnen vorbei.

Sehenswert sind auch die Fahrgäste im Inneren der stabilen, zweckmäßigen Wagen – mindestens so bunt schillernd interessant wie das New Yorker Publikum. Jetzt im Herbst und Winter, das fällt dem Amerikaner auf, ist jedermann dunkel, ja gar schwarz gekleidet. Standardbekleidung ist die gefütterte schwarze Lederjacke. Das habe ich mir gleich zu Eigen gemacht.

Gorki-Park ist ein Vergnügungspark gigantischen Ausmaßes. Er ist schon recht alt – entstanden 1938. Zwischen Parkbäumen, Grünflächen, Blumenanlagen und Teichen mit Bootsverleih – jetzt natürlich alles sehr herbstlich – gibt es unzählige Attraktionen, von der Schießbude mit höchst populären Kalaschnikows bis zu Karussellen, Schiffschaukeln und Achterbahnen. Selbst zwei Riesenräder gibt's, groß wie das im Wiener Prater. Ich bin aber wegen des russischen Spaceshuttle Buran (Schneesturm) gekommen, der am Rand des Parks an der Krim-Kaje, direkt am Fluß Moskwa steht. Es ist das Strukturtestmodell des wiederverwendbaren Raumschiffs, das in seiner Form unserem NASA-Shuttle nachempfunden ist. Das tatsächlich am 15. November 1988 mit der zweiten Energija-Großrakete zum Einsatz gekommene Gerät steht noch in Baikonur und verstaubt im »Gebäude 254«, einer Fabrikhalle der Firma RKK-Energija.

Am Abend ein Briefing für die Teilnehmer der Baikonur-Expedition. Dann, um 22:30 Uhr, fährt der Bus vom Penta ab, über die Luschnikowskij-Brücke Richtung Südwesten, entlang der Ausfallstraße Wernadskogo Prospekt zum Flughafen Wnukowo-1, der für Flüge zu Zielen am Schwarzen und Kaspischen Meer benützt wird. Zunächst geht es durch schier endlose Stadtviertel, mit viel Neongeflimmer auf den nassen Straßen; dann zur Rechten das gewaltige Lenin-Stadion des für die Olympischen Sommerspiele 1980 gebauten Luschniki-Sportkomplexes. Moskau ist riesengroß und wächst immer weiter. Die Autobahn ist stellenweise noch im Bau; sie wird verdoppelt. Dann lassen die Häuser nach, das Stadtviertel löst sich auf und vorbei gleiten nun Felder und immer wieder dichte Birkenwälder. Ich habe noch nirgendwo anders so viele Birken und Erlen gesehen wie im Weichbild von Moskau, das ja auch auf dem Breitengrad von Kopenhagen liegt.

113 Internationale Raumstation ISS: Abenteuer Baikonur

Dienstag, 31. Oktober 2000

Als Mitternacht vergeht, denke ich daran, dass gestern wahrscheinlich der letzte Tag war, an dem keine Menschen im All weilten. Ab heute beginnt eine neue Zeit.

Der Baikonur-Kosmodrom liegt in der semi-Dürrezone der zentralasiatischen Hungersteppe, in der ödesten, gottverlassensten Ge-

gend des Westens der Republik Kasachstan. Er befindet sich rund 2100 km südöstlich von Moskau, nicht weit vom Ostufer des Aralsees. Die Jahresdurchschnittstemperatur wird mit 13 °C angegeben, bewegt sich aber zwischen –40 °C im Winter und 45 °C im Sommer.

Um 1 Uhr nachts soll der Flug nach Asien losgehen, aber Stunden später sitzen wir immer noch im recht großzügig gestalteten Wartesaal von Wnukowo. Dichter Nebel in Baikonur würde unsere Landung dort zu riskant machen (Ha! Siehe weiter unten ...). Also will man warten, bis die Sonne in Kasachstan aufgegangen ist und den Nebel weggebrannt oder ein möglicherweise aufkommender Wind ihn weggeblasen hat. Der Flug dauert drei Stunden, und die Ortszeit in Baikonur ist zwei Stunden weiter: Zentralasien liegt weit genug östlich, um den Sonnenaufgang zwei Stunden früher zu erleben als Moskau. Muntere Gespräche füllen die Zeit; zum Glück gibt's eine gut bestückte Bar. Bier aus Belgien: Stella Artois. Und einer hat Pokerkarten in der Tasche.

Es ist kurz vor sechs Uhr früh, als die Tupolew 154 endlich anrollt und dann abhebt, nach mühseliger umständlicher Passkontrolle. Offenbar wird sich der Nebel bei unserer Ankunft gelicht haben ...? An Bord servieren mehrere ältere Damen ein reichhaltiges Frühstück, das mir freilich zu schwer und zu fett ist; aber immer wieder rollen sie ihre Wägelchen an uns vorbei, mit immer neuen Speisen. Eine von ihnen bietet mir sogleich Wodka an, noch vor dem Kaffee, und als ich höflich ablehne und sage »slischkom rano« (»zu früh«), nickt sie verständnisvoll und sagt nur lächelnd: »Aber später, ja?« Mir ist sofort klar, dass sie dabei nicht an die frühe Morgenstunde denkt, sondern daran, dass man den Wodka besser erst nach dem gelungenen Start trinkt, nicht davor – denn das könnte Pech bedeuten.

Als die Maschine freilich auf dem kleinen Militärflughafen Krainij bei Baikonur zur Landung ansetzt, wünsche ich, ich hätte ihn getrunken. Denn was wir nun erleben sträubt selbst (oder vor allem) den alterfahrenen Testpiloten und Astronauten in unserer Gruppe die Haare – und dazu gehört General Joe Engle, der einst NASAs Raketenflugzeug X-15 40-mal geflogen und dann 1960/61 den Spaceshuttle in Testflügen erprobt hatte. Oder General Tom

Stafford, der mit Apollo 10 am Mond war und 1975 zur Mannschaft des amerikanisch-sowjetischen Gemeinschaftsfluges ASTP gehörte. Oder Shuttle-Kommandanten und -Piloten wie Bob Cabana, Ken Reightler, Bill Readdy und Brewster Shaw; oder Sergeij Schajewitsch, »Sarja«-Chefkonstrukteur von Chrunitschew. Neben ihnen hat die Tu-154 praktisch den größten Teil der derzeitigen Führungsspitze der NASA an Bord, vom NASA-Administrator Daniel Goldin bis zu den Chefmanagern des Raumstationsprogramms. Dazu zwei amerikanische Botschafter – den für Russland, der normalerweise im Moskau im Spaso-Haus residiert, und den Neuen für Kasachstan, der seinen Dienst im fernen Almaty, dem früheren Alma Ata, antreten will.

Die Sicht beim Landeanflug ist praktisch Zero-zero – man sieht buchstäblich nichts; der dichte Morgennebel verhüllt Himmel und Erde, Horizont und Flugfeld. Eine Landepiste ist natürlich in der milchigen Suppe, die bis auf den Boden herunterreicht, nicht zu erkennen (wie wir später schlotternd sehen). Und wir wissen, dass Krainij, wenn's hochkommt, das allerprimitivste ILS (Instrumenten-Landesystem) hat – ein horizontales und ein vertikales Radar. Dazu kommt garantiert noch eine Ungenauigkeit des Anzeigeinstruments in der Tu-154, die der äußeren Form nach einer Boeing 727 gleichkommt.

Den ersten Landeversuch unternimmt der Pilot kurz vor elf Uhr früh, weniger als zwei Stunden vor dem Start der Sojus. Nichts zu sehen … aber selten so gebangt. An Bord herrscht Grabesstille. Engle sitzt zwei Reihen vor mir, und der Bursche scheint tatsächlich zu schlafen (Oder tut er nur so? Wäre diesen Macho-Typen durchaus zuzutrauen …). Beim zweiten Versuch, zehn Minuten später, lässt der Pilot erneut das Fahrgestell ausfahren und tastet sich noch tiefer hinab. Tatsächlich erscheint der Boden beim Blick aus meinem Fenster, aber alles was ich sehe sind nur Sandsteppe und Grasbüschel. Das muss der Pilot im gleichen Augenblick auch gesehen haben, denn er startet zum zweiten Mal mit aufheulenden Triebwerken durch, wobei er die Maschine aber flach hält und nur sachte hochzieht, um nicht mit dem Schwanz den Boden zu berühren. Das Fahrgestell ächzt wieder herein. Jetzt fliegen wir wieder nach Moskau zurück, denke ich naiv.

Weit gefehlt: die Chartergesellschaft Karat hat einen Vertrag mit der russischen Raumfahrtbehörde und würde das ganze schöne Geld verlieren, wenn sie den Flugauftrag nicht vertragsgetreu ausführen würde. Auch hat die Tupolew garantiert nicht genügend Sprit in den Tanks, um die ganze Strecke zurückzufliegen, und außerdem scheint der Pilot solche Landungen nicht zum ersten Mal geflogen zu haben; denn er bleibt ganz cool und fliegt einen weiten Bogen, um zum dritten Versuch anzusetzen.

Jetzt wird es unruhig im Flugzeug. Bob Cabana, der Kommandant von STS-88, der im Dezember 1998 das ISS-Knotenelement Unity mit dem Shuttle Endeavour ins All gebracht hatte, ist weiß wie ein Tuch. Einer der Flieger sagte trocken: »Don't worry. It's just a split second of agony and then it's all over.« Das ist tröstlich. Ich ziehe schnell meine Jacke an (mein Pass ist in der Tasche, und ich will, wenn »all was over«, wenigstens identifiziert werden können) und präge mir die Notausgänge ein.

Nun, beim dritten Mal klappt's glücklich. Plötzlich ist da die holperige Betonpiste, wir setzen auf, und die VIPs klatschen erleichtert; unser Beifall gilt zweifellos dem Himmel, nicht dem Piloten.

Draußen im dichten Nebel steht der Bus, und ohne weitere Zeit zu verlieren klettern wir hinein. Die Kasachen verzichten entgegenkommend auf Passformalitäten. Die schlimmsten Schlaglöcher, die mir seit dem Sommer noch unvergesslich sind, sind inzwischen repariert worden. Wir fahren so schnell wie noch nie durch die absolut brettebene Steppe. Bob Cabana und Bill Readdy, genannt Reads, sind immer noch käseweiß, und ich halte geflissentlich Ausschau nach Kamelen. Ich werde auch bald belohnt: ein paar stehen rechtsab, kauen wieder und schauen hochnäsig von uns weg.

Das Gelände des Kosmodroms im heute eigenständigen Kasachstan hat riesige Ausmaße: 125 km von West nach Ost und 85 km von Nord nach Süd. Seine offizielle Bezeichnung des russischen Verteidigungsministeriums lautet 5. Staatliches Testgelände (GIK-5), aber die Welt kennt es als Kosmodrom von Baikonur. Der letztere Name war ursprünglich eine Tarnbezeichnung für die 1955 durch geheimen Staatserlass gegründete Anlage NIIP-5 (für 5. Wissenschaftliches und Forschungs-Testgelände) bei der Stadt Tjuratam; die wirkliche Stadt Baikonur liegt 350 km weiter entfernt und sollte somit im Fall eines Angriffs die amerikanischen ICBM-Inter-kontinentalraketen auf sich ziehen. Natürlich entdeckten westliche Spionagesatelliten das Geheimnis sehr bald, aber der Name Bai-konur blieb unverändert und ist heute »offiziell«.

Die gewaltigen Distanzen zwischen den Startrampen beruhen auf der damaligen Überlegung, dass bei der Zerstörung eines Rake-tenkomplexes durch ein amerikanisches Atom-ICBM die nächste Rampe unbeschädigt bleiben sollte. Der erste Startkomplex von NIIP-5 war die 1957 unter Generalleutnant Alexeij Nesterenko fertig gestellte Rampe für die aus der V2 hervorgegangenen R-7 (Semjorka), auf der Jurij Gagarin startete – und jetzt die ISS-Mission 2R.

Knapp eine Viertelstunde vor dem Start treffen wir an der Zu-schauertribüne ein, wo es schon von Menschen wimmelt. Im Som-mer war die Busfahrt wesentlich länger gewesen, denn damals star-tete eine Proton, deren Startrampen noch viel weiter weg liegen. Diesmal ist es eine Sojus-U, und sie steht auf derselben »Rampe 1«, von der einst Jurij Gagarin am 12. April 1961 in seiner Wostok-1 mit einem herzhaften »*po-jechali*!« (Auf geht's!) als erster Mensch in den Weltraum donnerte.

Wir hören die Durchsagen über die Lautsprecher, die den Be-reitschaftszustand der Rakete und ihrer Crew verkünden. Zwei Stunden zuvor waren Jurij Pawlowitsch Gidsenko, Sergeij Kon-stantinowitsch Krikaljow und William Shepherd an Bord ihrer en-gen Sojus-Kapsel geklettert, nach einem Ritual, dessen Ablauf auf Gagarin zurückgeht und mit abergläubischer Pedanterie bis heute eingehalten wird: Weihwasser-Weihe durch einen Geistlichen (der freilich die drei Kosmonauten in ihren Sokol-Raumanzügen derart beschüttet, dass ihnen, unter allgemeiner Heiterkeit, das Wasser nur so herunterläuft), Verabschiedung durch Topmanager und den Kommandanten von Baikonur, die Busfahrt zur Startrampe hinaus, mit dem obligaten Anhalten 400 m davor, damit die drei nachei-nander an ein Hinterrad des Busses urinieren können, wie es einst Gagarin notgedrungen »vorgemacht« hat, und dann das Besteigen der steilen Treppe zum Aufzug und Einstieg, mit Abschiedswinken und einem munteren »Pa-jechali!« von »Shep«, wie Bill Shepherd von uns genannt wird.

Um 12:53 Uhr Ortszeit (8:53 MEZ) ist es soweit: *»Pust!«* – Start! Die Rakete ist im Nebel so gut wie nicht zu sehen (es sei denn, man ist einer der Fotografen, die bis auf 300 m herangelassen worden sind), aber der gleißende Schein ihrer fünf Triebwerke mit ihren insgesamt 20 Düsenglocken strahlt hell durch die Suppe, als sie in die gewaltige Flammengrube schlagen. Dann klappen die Haltearme automatisch mit ihren Gegengewichten zurück, und die Sojus steigt tosend in die Höhe, im Nebel nur erahnbar. Erst in größerer Höhe tritt sie aus dem milchigen Schleier, und wir sehen ihr Heck mit den 20 Flammendüsen.

Applaus klingt auf, die Begeisterung schwappt über wie ein Glas Wodka und kennt keine Grenzen. Der Mensch ist auf dem Weg, sein ständiges Domizil im Weltall anzutreten. Wir haben uns selbst auf eine Evolutionsschiene gesetzt, die uns, fast zwangsläufig, in eine unerhörte Zukunft führen wird.

Ich blicke dem verschwindenden Träger unserer Hoffnungen nach. Der Schritt, der hier getan wird, ist nicht nur historisch, sondern ist auch einer, auf den Menschen wie Wernher von Braun und ich und andere ein Leben lang gewartet haben. Drei Menschen eng eingepfercht in einer runden Kapsel, einer Chrysalis, die nach neun Minuten Flug in der Umlaufbahn sind, ein von Umfang und Mächtigkeit her recht kleines Unternehmen. Aber welch gewaltige Entwicklung wird in den kommenden Jahren und Jahrzehnten von dieser minimalen Keimzelle ausgehen, mit der sich der Mensch selber in den Kosmos gebärt. Ich sehe sie in diesem Moment, im Nebel in Kasachstan, ganz klar. Aber nicht zum ersten Mal, und ich wollte, Wernher von Braun könnte diesen Moment auch erleben.

Gerade hat der Ansager das gelungene Erreichen der Umlaufbahn gemeldet, von der aus sich die Mission 2R in insgesamt 34 Erdumkreisungen bis zur ISS hocharbeiten wird, da schleppt Jurij Glaskow ein paar von uns unter eifrigem Armgewedle in den »geheimen« Unterstand unter der VIP-Tribüne. In diesem sagenumwobenen engen Raum, den nur wenige kennen, gibt es eine regelrechte Bar, ein paar Tische und Sitze, und drei beleibte, strahlende, proper aussehende Frauen, die uns Wodka kredenzen.

Außer mir sind Joe Rothenberg, Bill Readdy, Kathy Nado u.a.

von der Partie, als General Glaskow – klein, untersetzt, stiernackig und bullig – einen ausgedehnten Toast auf die Bedeutung der Mission und die Zukunft ausbringt. Glaskow, einst ein vielfach als Held der Sowjetunion ausgezeichneter Sojus-24-Kosmonaut, der im Februar 1977 18 Tage an Bord der frühen Raumstation Saljut 5 zubrachte und bis vor kurzem technischer Direktor des Gagarin-Kosmonauten-Trainingszentrums (GCTC) war, ist jetzt ins Privatleben zurückgekehrt, denkt aber nicht im Geringsten ans Aufhören. Wir trinken mit ihm auf das Gelingen der Mission, die ja noch das Andocken in zwei Tagen vor sich hat. Mit uns bechert eine Gruppe von Offizieren in schneidigen blauen Uniformen, darunter Wassilij Ziblijew, Jurijs Nachfolger im GCTC. Wir sind gut befreundet; er spricht etwas Deutsch. Er war Kommandant von Mir, als die Raumstation im Februar 1997 ein Bordfeuer überstand (mit Reinhold Ewald an Bord) und später, im Juni, mit dem unbemannten Progress-Zubringerschiff M-34 kollidierte und das Modul Spektr leckschlug. Jetzt untersteht Wassilij die Kosmonauten-Ausbildung für die ISS, aber auch die der amerikanischen und anderen Astronauten, die an russischen ISS-Elementen trainieren müssen, um sich an Bord der entstehenden Station auszukennen.

Das Hochgefühl des gelungenen Starts hält noch lange an. Um 13:40 Uhr fahren wir zum berühmten Gebäude 254, wo ein großes Bankett vorbereitet ist, eigentlich ein gewaltiges Büfett, an dem sich alles drängt, was in der russischen Raumfahrt Rang und Namen hat. Toasts werden ausgebracht. Jurij Semjonow, der Chef von RKK-Energija, der das Erbe des großen Sergeij Koroljow, des »russischen Wernher von Braun«, fortzuführen bemüht ist, spricht, dann Dan Goldin von der NASA, hernach Akademiker Walerij Alawerdow, Nummer zwei der russischen Raumfahrtbehörde Rosaviakosmos (RKA). Die Nummer eins, Jurij Koptjew, weilt gerade mit Präsident Wladimir Putin in Paris. Ihre Stimmen kommen über Lautsprecher, unterbrochen von unserer unermüdlichen und unentwegt charmanten NASA-Dolmetscherin Elena Maroko, aber kaum jemand hört nach den ersten zehn Minuten noch hin. Das ist bei langen Toasts eben so.

Am Abend fliegen wir nach Moskau zurück: Abflug von Krainij 18 Uhr, Ankunft im völlig nebelfreien Lichtermeer Moskau, wo die Uhren wieder zwei Stunden zurückgestellt werden, um 19:30 Uhr.

Es war ein tolles Abenteuer.

114 Internationale Raumstation ISS: Menschen nun ständig im All!

Donnerstag, 2. November 2000

Der große Tag ist da – die historische Wasserscheide, wo an die Stelle revolutionärer Schritte der Raumfahrt nun die echte Evolution des Menschen ins All tritt: die ständige Bewohnung des erdnahen Raums. Revolutionen wie das Apollo-Programm geschehen oft überraschend, über Nacht und quasi-sensationell. Sie können mit einem Schlag viel erreichen, aber wenn ihr Ergebnis, ihr Outcome, nicht von der Allgemeinheit aufgenommen wird, führen sie danach zumeist nicht weiter. Oft entstehen daraus jähe Abkühlung, Ernüchterung und manchmal auch Gegenrevolution. Natürlich gibt es Ausnahmen, wie etwa der kopernikanische Durchbruch.

Einer lebensfähigen Evolution unterstehen die dynamischen Kräfte des menschlichen Wachstumsbestrebens direkt. Sie braucht anfangs tatkräftige und bewusste Unterstützung, nimmt dann jedoch eine eigene Dynamik an und ist danach kaum noch aufzuhalten.

Der historische Moment kam heute, um 1:23 Uhr mittags *vremja moskowskoje* (Moskau-Zeit), beziehungsweise 11:23 Uhr MEZ. Ich war am frühen Vormitttag mit anderen NASA-Managern vom Penta zur Flugkontrollzentrale »ZUP« hinausgebracht worden, dem *Tsentr Uprawlenija Poljetami* (Missionskontrollzentrum), im Moskauer Vorort Koroljow, dem früheren Kaliningrad, von dem aus seit Jurij Gagarins Flug sämtliche bemannte Missionen der sowjetischen, bzw. heute russischen Raumfahrt gesteuert worden sind. Zuständig für die ISS sind die ZUP-Direktoren Wladimir Solowjow (selber ein gefeierter Kosmonauten-Held mit zwei Raumstationsmissionen in 1984 und 1986) und Wiktor Blagow.

Von der Besucherempore aus haben wir freien Blick auf die Flugleitkonsolen mit ihren vielfarbig leuchtenden Computerbildschirmen und die großen Projektionswände, auf denen die gegenwärtigen Flugzustände und gelegentlichen TV-Übertragungen ablaufen.

Gestern hat Shepherds Frau Beth per Radio zu ihrem »Shepster« gesprochen und Präsident Wladimir Putin kabelte der Crew aus Paris: »Es ist an Ihnen gelegen, der ersten ständigen Besatzung der internationalen Raumstation, ein neues Kapitel in der Geschichte internationaler Weltraumexploration zu eröffnen: das orbitale »Haus« bewohnbar zu machen, das durch die Arbeit von Spezialisten verschiedenster Länder erschaffen worden ist«, und die ISS sei ein »klares und überzeugendes Beispiel für gegenseitig nutzbringende Zusammenarbeit, die Menschen unterschiedlicher Nationalitäten zu vereinen vermag, um Schlüsselaufgaben des wissenschaftlichen Fortschritts zu lösen.«

Um 8:24 Uhr MEZ war die Sojus TM-31 mit Gidsenko, Krikaljow und Shepherd in die Endzone des Rendezvous mit der MKS (*Meschdunarodnaja Kosmitscheskaja Stanzia*, die russische Bezeichnung für International Space Station ISS) eingetreten. Die Steuerung untersteht nun dem vollautomatischen Radarsystem KURS, dessen aktiver (sendender) Teil in Sojus und dessen passiver (transponierender) Teil im Servicemodul Swesda sitzen. Die ukrainische Elektronik hat uns bei früheren Tests und einzelnen Progress- und Sojusflügen manchmal Kopfschmerzen bereitet, doch diesmal funktioniert sie einwandfrei.

Um 10:11 Uhr MEZ beginnt die TM-31 den 34. Orbit, und die Crew macht Meldung: Alles in Ordnung. In den folgenden Minuten erscheint in Schwarz-Weiß zuerst das Sojus-Raumschiff, von einer Außenkamera am Sarjamodul aus gesehen, dann das Heckteil des ISS-Servicemoduls mit der Andockluke und dem Zielkreuz, von Sojus aus gesehen. Am Vortag hatte das seit 9. August daran angedockte unbemannte Nachschubschiff Progress M1-3 die Luke freigegeben, um wenige Stunden später in die Atmosphäre zurückzustürzen.

Die letzten Sekunden verticken, und der Atem stockt mir: Die Annäherungsgeschwindigkeit ist rasanter, als ich es bei einem

Shuttle-Docking gewöhnt bin. Das Sojus-Schiff rammt seine Kopplungssonde förmlich in den Fangkegel, und das TV-Bild wackelt. Aber das hat schon seine Ordnung.

10:21 Uhr: »*Kasanije!*« Berührung! Die ISS befindet sich in diesem Moment in ihrem 11 162. Umlauf seit dem ersten Start, dem des Energieblocks Sarja im November 1998. Der Andockvorgang dauert mehrere Minuten und verläuft problemlos.

Jubel bricht aus im Kontrollsaal und auf der Empore. Wir klatschen begeistert und gratulieren uns gegenseitig. Unsere russischen Kollegen sind stolz auf ihren Erfolg und die fehlerfreien Leistungen, die die Sojus-U-Rakete vorgestern und heute das Raumschiff Sojus TM-31, aber auch seine Besatzung geliefert haben. Journalisten stürzen sich auf uns. Jeder will ein Interview. Berühmte Kosmonauten stehen im Licht der Fernsehkameras und zucken die Achseln – »War doch selbstverständlich!«. Selbst der größte noch lebende (und überraschend gut erhaltene) Held von ihnen, Alexeij Leonow, der im März 1965 mit »Woschod 2« als ester Mensch in den Raum ausstieg, philosophiert mit Nachdruck über die Zukunft. Fernsehkcamerateams drängen sich um die besten Einstellungen. Drüben an der Wand steht Thomas Reiter, einstmals Mir-Kosmonaut und erster deutscher Außenbordausssteiger. Jetzt kommentiert er im TV für die ESA. Deutschland selbst ist nicht vertreten.

Ich sitze noch eine Weile auf der ZUP-Empore und betrachte mir das Geschehen auf dem Riesenbildschirm. Bald soll dort die erste TV-Übertragung aus der ISS erscheinen.

Die Herstellung der starren Verbindung zwischen den beiden Raumfahrzeugen dauert etwa 20 Minuten. Da noch keine TV-Verbindung zum Boden besteht, hält die Crew den historischen Eintritt in die ISS mit einem Video-Camcorder fest. Zunächst muss Krikaljow die Dichtung und den Transfertunnel zum Swesda-Wohnmodul überprüfen, ehe er den Druckausgleich zwischen Sojus und der Station herstellt und – um 11:16 Uhr – den Lukendeckel zur Swesda-Durchgangsschleuse öffnet, danach die nächste Klappe zum eigentlichen Innenraum des Moduls. Damit beginnt um genau 1:23 Uhr Moskauzeit (11:23 Uhr MEZ) die ständige menschliche Bewohnung der ISS. Die Luke zum »Vestibül« des

Energieblocks FGB/Sarja wird um 11:58 Uhr aufgemacht, gefolgt von der vorläufig letzten Lukenklappe zum Hauptraum des FGB. Das daran angedockte Knotenelement Unity ist für die erste Expeditionsmannschaft nicht zugänglich, außer im Notfall, da die Station derzeit noch nicht über genügend Energie verfügt, um dieses großräumige Modul über dem Taupunkt warmzuhalten und unerwünschte Kondensation auszuschließen. Erst ab Dezember, wenn die große US-Photovoltaik-Anlage P6 mit dem nächsten Shuttle eintrifft, braucht die ISS ihre Bordenergie nicht mehr zu rationieren.

Um 13:23 Uhr tritt die ISS wieder in den Sichtbereich der fünf russischen Bodenstationen ein und damit beginnt endlich die lang erwartete Fernsehübertragung. Zunächst die drei Raumfahrer im schicken blauen Wegwerf-Borddress, dann minutenlang die Camcorder-Aufzeichnungen ihres ISS-Eintritts vor zwei Stunden. Dann wieder die Crew »live« mit Begrüßungsworten durch den Kommandanten. Dan Goldin, der NASA-Administrator, sitzt auf der Empore nicht weit von mir am Telefon und gratuliert mit bewegten Worten. Shep überrascht ihn mit der »ersten Bitte der Besatzung«: Er sucht bei Goldin um die Erlaubnis nach, als Radio-Rufnamen seiner Crew den Namen »Alpha« verwenden zu dürfen. Das war die von den Entwurfs-Konstrukteuren gewählte Bezeichnung für die ISS, als der von Präsident Reagan gewählte Name »Freedom« nach dem Hinzukommen Russlands als neuer Partner nicht mehr galt, und Bill Shepherd war damals Leiter des Alpha-Entwurfsteams gewesen. Als ehemaliger Angehöriger der SEALs, einer renommierten Elitekampftruppe der US-Marine, ist es für ihn wichtig, dass sein Schiff einen Namen hat. Lachend gewährt ihm Goldin die Bitte, jedenfalls »vorläufig«.

Für die drei Erstbewohner der neuen Wohnstatt im All beginnt damit eine viermonatige Tour in einer Umwelt, in der alles, was sie von der Erde her kennen, auf dem Kopf zu stehen scheint. Doch Novizen sind sie keineswegs: Den Rekord hält Krikaljow mit 16 Monaten bei vier Raumflügen auf der Mir und dem Shuttle, und sein Kumpan Gidsenko kann auf sechs Monate an Bord der Mir zurückblicken. Shepherd hat nur rund 18 Tage auf drei Shuttle-Missionen vorzuweisen.

Jeden Tag erleben die »Alpha«-Leute 16 Sonnenaufgänge und -untergänge, alle 90 Minuten. Ihr Bordleben richtet sich nach einem sorgfältig ausgearbeiteten Stundenplan. Nach internationalem Abkommen zeigen die Borduhren Greenwich Mean Time (GMT) als offiziellen Zeitstandard. Ihr Tag beginnt danach um 6 Uhr morgens und die erste Arbeitsschicht um 8:15 Uhr. Der Beginn der Schlafenszeit ist auf 21:30 Uhr festgesetzt. Ihre Arbeitswoche hat fünf Tage; Samstag und Sonntag sind Ruhetage, doch wird der Samstag zunächst noch für die dringendsten Aufgaben der arbeitsintensiven Inbetriebnahme der Station herhalten müssen. Es ist damit zu rechnen, dass Verzögerungen und Verspätungen eintreten, wenn die vom Boden vorbereiteten Timelines (Terminabläufe) sich als zu aggressiv erweisen sollten. Grundlegend handelt es sich bei der Expedition Eins um die erste Flugerprobung, den »shakedown cruise« der ISS und bei der Alpha-Besatzung um eine Testcrew, die unseren theoretisch-analytischen Planungskonzepten im Interesse späterer Bewohnungsphasen Aktualität und Realität verschaffen sollen.

Was dem Leben der Stationsinsassen gänzlich neue Aspekte gibt, ist die Geräumigkeit ihrer Behausung. Auch ohne den vorerst verschlossenen Unity-Knoten entspricht das Shepherd, Gidsenko und Krikaljow zugängliche Volumen dem eines Reisebusses. Da ist es nicht mehr so leicht, einen festen Haltepunkt zu finden, wenn man ihn gerade braucht. Alles muss festgemacht werden, um nicht in der Schwerelosigkeit davonzuschweben und sich irgendwo zu verlieren, und dazu dienen Mengen von Velcro-Klettmaterial, Nylongurte und Gummibänder. Es kann vorkommen, dass man die Hände voller Dinge hat und nicht weiß, wohin damit.

Alles ist neu. Auf alles muss man sich erst umstellen, an alles erst gewöhnen. Für den menschlichen Sehsinn, die entsprechenden »Filter« im Gehirn, ist es zum Beispiel ungewohnt, Gegenstände, die unmittelbar vor dem Gesicht im Raum schweben, zu erkennen, vor allem wenn die Augen auf weitere Entfernung fokussiert sind. Ein nur wenige Zentimeter vor einem schwebendes Handwerkzeug kann anfangs daher praktisch unsichtbar sein – bis es einem ins Gesicht stößt.

Umstellen muss man sich auch auf die Fortbewegung in drei

Dimensionen, anstatt nur in zwei, wie auf der Erde. Beim Herum-
bewegen von Frachtgut, Installieren von Instrumenten oder Über-
wechseln zu einer Nachbarkabine sind Kollisionen mit Kollegen
anfangs oft nicht zu vermeiden. Doch die Erfahrung hat gezeigt,
dass sich der Mensch sehr schnell daran gewöhnt, im dreidimensionalen Raum zu manövrieren, wie es auf der Erde nur Vögel und
Fische können, oder allenfalls Hubschrauberpiloten.

Schlafen in Schwerelosigkeit ist für viele angenehmer als auf der
Erde, da Matrazen oder Kissen unnötig sind und es keine »Druck-
punkte« am Körper gibt. Man braucht seinen Schlafsack nur irgendwo festzubinden. Und geträumt wird im All genauso wie auf
der Erde. Der Mir-Astronaut Dave Wolf berichtete, dass er nach etwa sechs Wochen auf Russisch zu träumen begann und im Traum
schwebende Menschen sah, wie im Wachzustand; er träumte von
schwerelosem Volleyball und erwachte darauf an einer Zwischen-
wand bei der Berührung durch einen Gegenstand.

Als ich abends nach Moskau ins Penta zurückkomme und mei-
nen Koffer für den morgigen Rückflug von Scheremetjewo nach
Washington packe, muss ich an die lange Evolutionstreppe denken,
die sich nun vor uns in die Zukunft erstreckt. Wir haben die ersten
Stufen bestiegen, und schon sehr bald werden die wundersamen
Abenteuer der neuen Lebensumwelt im Raum auch für den »nor-
malen« Erdenbürger, der sie schon in Kürze mit High-Definition-
TV-Übertragungen ständig im Wohnzimmer sehen kann, keine
Besonderheit mehr sein, sondern zur gewöhnlich-alltäglichen Rou-
tine werden.

Wir haben dann nach langen und mühseligen Anfängen ein
neues Plateau erreicht: das der ständigen Bewohnbarkeit des Alls,
auf dem wir durch Lernen mit der neuen Umwelt heimisch werden, bis der Lockruf des nächsten Plateaus übermächtig wird. Das
ist der techno-kulturelle Fortschritt des Menschen: im Mittel weder
linear noch exponentiell, sondern vom Stufen-Charakter einer
Treppe. Geprägt ist sie durch eine Folge immer höherer Leistungs-
plateaus, deren sich zyklisch wiederholendes Erklimmen durch uns
auf einem S-förmigen Anstieg von zunächst zögerlichem, dann ra-
scheren, dann wieder langsamerem Wachstum erfolgt. Auf jedem
Absatz legen wir eine Verschnaufpause ein, eine Zeit der Konsoli-

dierung, Rückkopplung und Assimilierung der neu gefundenen Fähigkeiten und Erkenntnisse in unser gesellschaftlich-kulturelles Gewebe. So lange, bis der nachdrängende Schub neuer Technologien und der Sog weiteren aus natürlichen Trieben geborenen menschlichen Verlangens den Sturm auf das nächste Plateau auslöst. Plateau Nr. 1 ist »Alpha«.

Die Pionierleistung von Shepherd, Gidsenko und Krikaljow in den nächsten vier Monaten, die wie von allen Pionieren Ausdauer, Belastbarkeit, Charakterstärke, Kreativität und Dynamik erfordert, setzt ein unübersehbares, prägnantes Beispiel für den Menschen des neuen Zeitalters. Sie bringt Wesenszüge der neuen Ethik zum Ausdruck, die für das globale Zusammen- und Weiterwachsen der Menschheit unverzichtbar sind: ihre vom Menschen selbst gesteuerte Evolution, ihre Befreiung von starren, bodenständigen Dogmen, Tabus und Vorurteilen, ihre prometheische Bevorzugung langfristigen Nutzens vor dem kurzfristigen Profit, ihre Legitimierung von Vision als gleichberechtigt neben der Pragmatik und ihre unausbleibliche Entwicklung einer Eigendynamik, die immer neues schöpferisches Wachstum und menschliche Transzendenz mit sich bringt.

Wir streben zu den Sternen ...

Nachwort:
Raumfahrt im 21. Jahrhundert

Visionen und Perspektiven

Januar 2001: Wieder beim Skifahren in Oberlech am Arlberg … Aber diesmal ist es nicht nur eine Jahreswende, sondern eine Jahrhundertwende und sogar eine Jahrtausendwende. Einen passenderen, besseren Anlass zur Vorausschau gibt es wohl nicht.

Die Zukunft vorauszusagen birgt jedoch Gefahren – für den Langfristdenker. Ich erinnere mich an Charles H. Duell, der im ausgehenden 19. Jahrhundert als Commissioner dem U.S. Patentausschuss vorstand: Er empfahl die Schließung des Patentamts, da alles, was erfunden werden könne, bereits erfunden worden sei. Mitte dieses Jahrhunderts, 1949, sagte die Publikation »Popular Mechanics« voraus, dass »Computer der Zukunft vielleicht nur 1,5 t wiegen« werden. Und noch näher am Jetzt finden wir den Ausspruch eines international anerkannten Computer-Gurus, dass »640K an Speicherkapazität für jedermann ausreichend sein müsse« – also sprach Microsofts Bill Gates noch 1981.

Trotzdem will ich versuchen, meine Erwartungen für die Raumfahrt-Zukunft hier zu skizzieren. Und um es gleich vorwegzunehmen: Eine eigentliche Raumfahrtzukunft gibt es nicht. Denn Raumfahrt wird zunehmend kein getrenntes Dasein mehr führen, sondern sich mehr und mehr mit unserem allgemeinen techno/sozio-kulturellen Leben verstricken und vernetzen. Wer die Zukunft der Raumfahrt einschätzen will, muss nach der Zukunft des Menschen fragen. Die erstere wird zu einem festen Bestandteil zukünftigen menschlichen Lebens und Wirkens.

Ja, der derzeitige extrem seltene Zeitenwechsel zu einem neuen Kalender-Jahrtausend zwingt zum Nachdenken über die um uns stattfindenden großen dynamischen Veränderungen, vor allem wissenschaftlich-technologische und damit gesellschaftlich-kulturelle Umschichtungen, ja Quantensprünge, die ständig und unaufhaltsam unsere Bewusstseins- und Begriffshorizonte erweitern. Das vergangene 20. Jahrhundert hat dafür gesorgt, dass die Raumfahrt ein maßgeblicher Motor dafür geworden ist – das belegen schon meine vorliegenden Journalaufzeichnungen oder auch die ihr von der NEA eingeräumte zwölfte Position der größten Ingenieurleistungen des Jahrhunderts. Stimmig und visionsträchtig eröffnet sie nun das 21. Jahrhundert mit der von 16 Nationen errichteten Raumstation ISS, die uns einen neuen Standort im All neben der Erde selbst gibt. Seit dem 2. November 2000 lebt ihre erste Stammbesatzung an Bord, und damit beendet sie für die USA und ihre Partner das, was die US-Präsidentschaftliche Weltraum-Kommission 1986 als »unseren Besucherstatus im Weltraum« bezeichnet hat. Mit der »Alpha«-Crew William Shepherd, Jurij Gidsenko und Sergeij Krikaljow hat das neue Zeitalter ständiger menschlicher Präsenz im All begonnen, das nach der Fertigstellung der ISS die bemannte Exploration des Mars bringen wird.

Der Kosmos gehört zur Zukunft des Menschen. Für mich und viele andere steht es außer Zweifel, dass die menschliche Rasse im dritten Jahrtausend den Weltraum kolonisieren wird, einerseits zur Gewinnung neuen Lebensraums, andererseits zur Ermöglichung weiteren Lebens auf der Erde. Denn die kulturellen, ja kultur-anthropologischen Auswirkungen und Regelkreise der horizont- und bewusstseinserweiternden Allbesiedlung wirken dann vom neuen Grenzland bis auf den Erdboden herunter und kommen so der Menschheitsentwicklung hier langfristig zugute.

Was zeigt der Blick nach vorne?

ISS: Testbett für Zukunftstechnologien

Die internationale Raumstation fördert mit ihren sechs Weltklasse-Laboratorien zunächst die Realisierung und Beschleunigung von Durchbrüchen in Technik und Medizin, in Wissenschaften und Technologien. Weil sie ständiges Leben und Arbeiten im All unter schwerefreien Bedingungen ermöglicht, ist sie das perfekte Testbett für die Entwicklung fortgeschrittener robuster Raumfahrttechnologien des 21. Jahrhunderts. In bewusster Vorbereitung für den gerüsteten Schritt ins neue Jahrtausend und die umsichtige Navigation auf dem Ozean der Zukunft macht die bemannte Raumfahrt somit einen wichtigen Schritt in der technologischen Evolution und in der Ausweitung unserer Befähigungen.

Am Horizont erscheinen neue Formen der Energiegewinnung, neue Wege zur Übermittlung und Verarbeitung von Information, von Zahlen, Worten und Bildern, und neue Möglichkeiten zur Erforschung weit entfernter Räume mit Techniken der Robotik, Telepräsenz und virtuellen Realität (VR). Zunehmend erleben wir heute auf der Schwelle des neuen Millenniums die Verdrängung der industriellen Revolution nach zwei Jahrhunderten durch das Informationszeitalter, und dieses Phänomen gewinnt weltweite Ausmaße. Ob man in Zukunft sein Glück macht, hängt in den kommenden Jahren eher davon ab, wie man sich Information zu Nutzen macht und sie vor seinen Karren spannt, und weniger von der Massenproduktion von Sachgut zumeist zweifelhafter Nützlichkeit. Bereits jetzt wetteifern überall auf der Welt fusionierte Firmenkolosse, ja ganze Nationen mit steigendem Eifer um die dem Informationszeitalter innewohnenden neuen Möglichkeiten, um daraus möglichst große Vorteile zu ziehen und den Zug nicht zu verpassen.

Den Beginn der digitalen Revolution mit ihren Faxmaschinen, Beepern, Handys, Laptop-Computern und optischen Disketten haben wir bereits hinter uns. Wer damit Schritt gehalten hat, ist besser dran, als wer ihm ferngeblieben ist. Jetzt geht der Trend dahin, diese und andere Technologien in einer Box zu integrieren. Der am Internet angeschlossene PC-Computer vereint in sich zunehmend die Eigenschaften eines Fernsehgeräts, Telefons, Nachrichtenanschlusses, Bankschalters und Einkaufsboten – ein ständig evolvierendes digitales Laboratorium. Und das Informationszeitalter konstruiert heute eine noch weitaus größere Herausforderung für die Technik: gewaltige planetenumspannende Networks, die diese Boxen mit Myriaden von Daten füttern und sie miteinander in Wechselwirkung treten lassen. Daraus entstehen neue Aufgaben, neue Wirtschaftszweige und neue Berufe, und die nötige Ausbildung für alles Neue wird man weltweit aus dem Internet selbst (be)ziehen können. Die Ausmaße der kommenden Entwicklung werden unser Leben total revolutionieren, angefangen von Satelliten in niederen Erdbahnen für mobile Radiofrequenzverbindungen bis hin zu kolossalen Datennetzen, die den Erdball umspannen und Millionen von verknüpften Anschlüssen mit der Geschwindigkeit des Lichts mit Information versorgen.

Von kritischer Bedeutung für die Einführung und Nutzung dieser Entwicklung ist die Beherrschung ihrer Hochtechnologien und des erforderlichen fortgeschrittenen Managementkönnens – und an diesem Punkt setzt die Raumfahrt ihren Hebel an. Die Raumstation ISS benötigt in ihrer Zusammenarbeit vieler Nationen genau diese Art globaler Systemintegration und Managementkenntnisse, der Zusammenführung zahlloser Bauteile aus aller Welt am Startort, ihre zuverlässige Beförderung ins All und den diffizilen und riskanten Zusammenbau der vielen Stücke zu einem funktionierenden Weltraumkomplex, gefolgt von seinem sicheren, effektiven und produktiven Dauerbetrieb. Computergestützte Erfassung von Design-Änderungen, anspruchsvolle Schulungsprogramme, komplexe Zeitplanführung, kurz- und langfristiges Timelining und andere fortgeschrittene Managementwerkzeuge sind speziell für das Raumstations-Programm entwickelt worden, und natürlich stehen sie auch für zukünftige Wirtschafts- und Forschungsaufgaben zur Verfügung. Andere Techniken, die in diese digitale Zukunft münden, sind Expertensysteme, Fuzzy Logik, Neuralnetzwerke, Automatisierung von Betriebsvorgängen und Mensch-Computer-Wechselwirkung – alles komplexe Bereiche, in denen das Raumfahrtprogramm an vorderster Front als »cutting edge« steht.

Raumfahrt bedeutet Umweltwissen

Aus dem Weltraum wird sich, wenn wir eines Tages die Instrumente dort haben und über die benötigten großen Informations- und Rechenanlagen verfügen, ein dynamisches Ganzheitsbild der Erde gewinnen lassen, d. h., wir werden dann die ständigen Veränderungen der Umwelt beobachten können, Stunde um Stunde, Tag um Tag, Woche um Woche, Monat um Monat, jahrzehntelang. Wir werden diese Veränderungen aufnehmen – dieses ständige

Überlagern und Ineinanderfließen von Ozean, Atmosphäre, Landmassen, Wüsten, Vegetation, Tierwelt und Menschen, Industrie und Agrikultur. Es werden riesige Datenbanken entstehen, die uns neues Wissen liefern, darunter Antworten auf Fragen wie: Woher kommt das Ozonloch wirklich – die Sprühdosen sind nur eine Theorie – und wie verhalten sich Kohlendioxidgehalt der Atmosphäre und globale Erwärmung tatsächlich? Wie unterscheidet sich die Dynamik der Umwelt der Industrieländer von der der Schwellen- und Entwicklungsländer? Nord gegenüber Süd, Ost gegenüber West?

In fünf, zehn, zwanzig Jahren wird es zunehmend alltäglicher werden, dass wir unsere Welt ständig aus dem Weltraum beobachten, dass wir diese Datenströme verarbeiten, dass die Umwelt besser erhalten und gepflegt werden kann, dass neue Berufe daraus entstehen werden, dass die Jugend sich dafür engagiert, nicht nur die Techniker und Ingenieure, sondern auch die humanen Berufe, auch die Psychologen, die Biologen, die Ärzte, die Philosophen, die Soziologen, die Volkswirtschaftler, die Bibliothekare, und alle mit in diese »Mission Planet Erde« einsteigen können. Dieses Programm wird das größte Unternehmen sein, das Menschen jemals unternommen haben, größer und komplexer als eine Marsexpedition.

Vernetzungen charakterisieren die Zukunft

Die Raumfahrt bleibt also nicht ein Randabenteuer einiger weniger, sondern sie wird im kommenden Jahrhundert voll in die menschliche Kultur integriert, denn ohne sie geht es nicht.

Auf dem kommerziellen Sektor entwickelt sich der Weltraumtourismus, und auf dem Wirtschaftssektor, auf dem bereits heute das Internet mit Dot-Coms und E-Commerce von sich reden macht, werden sich aus der Verbindung von Raumfahrt mit Informatik und Bionik neue revolutionierende Entwicklungen ergeben. Es sind diese drei Hochtechnologien, die das kommende Jahrhundert charakterisieren und sich dabei zunehmend komplex vernetzen: *1.* Biotechnologie und Genmanipulation, *2.* global mit

Satellitennetworks verknüpfte Informatik einschließlich Virtuelle Realität (VR) mit Neurochips bis hin zu mikroelektronischen Human-Implantaten, und 3. Raumfahrt mit ständiger Lebens- und Arbeitsmöglichkeit im All. Die Verknüpfungen sind schon heute visionär erkennbar: Die Forschung in der Mikrogravitation wird für Bionik, Medizin und Gentechnik bedeutende Innovationen, wahrscheinlich sogar große Durchbrüche hervorbringen, zum Beispiel in der Bekämpfung von Osteoporose (Knochenbrüchigkeit und -schwund) durch Entwicklung inorganischer Knochenersatzstoffe oder in der Korrektur genetischer Schäden durch induzierte DNA-Reparatur. Dabei wird die biomedizinische und gentechnische Forschung zunehmend von den Potenzialen der Informationsrevolution gestützt werden, man denke nur an die gegenwärtigen Bemühungen um die Entschlüsselung des menschlichen Genoms und die neuen kolossalen Speicher- und Rechenkapazitäten der Computertechnik: Der von Intel produzierte Gigahertz-Chip (1000 MHz) ist schon längst überholt, und die Leistung der Mikroprozessoren verdoppelt sich zurzeit alle 18 Monate. Aus der Mikrochipherstellung entsteht zusätzlich ein neuer Durchbruch: Mikrotechnologie mechanischer Systeme und, eines ferneren Tages, Nanotechnologie.

Fortschritte in der Nanotechnologie, Bionik und der Genom-Entschlüsselung werden uns schon bald aus dem sich derzeit entfaltenden Informationszeitalter in das Bio-Zeitalter bringen, charakterisiert durch patient-individualisierte und krankheitsortgezielte Pharmazeutika, Neuwachstum und Reparatur erkrankter Organe und Glieder, unblutige Operationen, besserer Bakterienschutz, genetischer Re-Design und Reparatur.

Mit VR-Technik üben Chirurgen schwierige und ihnen neue Operationen. Satelliten übertragen Telemedizin, Telediagnostik, ja Telepräsenz über globale Distanzen und bald auch zwischen irdischen und außerirdischen Stationen. In der Raumfahrt trainieren NASA-Astronauten bereits heute mit VR für die ISS, und in Zukunft wird VR den Weltraum und seine für die geistige Entwicklung wichtige Erfahrungswelt über den Cyberspace zunehmend auch jenen Menschen erfahrbar machen, die nicht selber physisch dorthin fliegen können; einen groben Vorgeschmack geben die heutigen IMAX-Filme. Doch mehr noch: Mit VR wird der Mensch »im Computer« auf Planeten landen, die uns ohne VR auf ewig verschlossen blieben, etwa Jupiter oder die näher liegende, aber glühend heiße Venus. Im VR-Cyberspace können wir schon bald unbeschadet ins Innere der Sonne fliegen, zu den Sternen reisen oder gar das Universum umrunden. Die Möglichkeiten sind schier unbegrenzt und weitaus mehr als reine Unterhaltung. Sie sind bewusstseinsbildend wie die physische Raumfahrt selbst. Unser Leben wird danach niemals wieder so wie vorher sein.

Nebenbei gefragt: Besteht da nicht die Gefahr, dass VR die Wirklichkeit »ersetzen« und an Stelle der Realität, etwa der realen Raumfahrt treten könnte? Keineswegs, denn VR ist zwar ein Fenster bzw. ein Portal zu unterschiedlichen Realitäten, aber sie ist seelenlos. Bemannte Raumfahrt hat jedoch Seele (man denke nur an die charismatische Ausstrahlung eines Wernher von Braun, eines coolen Neil Armstrong oder des bei seinem letzten Raumflug 77-jährigen John Glenn, an Apollo 13 oder die Nöte der Mir) und steht damit im Gegensatz zu robotischen Unternehmungen wie Mars Pathfinder und Sojourner 1997, bei denen man durch Verniedlichung und Cartoon-Namen so etwas wie Animismus-Beseeltheit evozieren wollte (mit Steinen namens »Yogi«, »Barnacle Bill« usw.). Deshalb wird sich der Mensch nicht mit virtueller Raumfahrt zufrieden geben, die ja den ihm ureigenen Pioniergeist und Entdeckungseifer nicht wirklich, sondern nur virtuell, »herüberbringt«, und damit letztendlich auch nicht die Selbstreflektion und die Suche nach einem Verständnis der Schöpfung und nach Gott. Jason und die Argonauten gingen im Mythos auf die Suche nach dem Goldenen Vlies, weil sie Menschen waren und nicht Maschinen. Der Mensch hat eine Seele, und ihr wird VR nicht genügen (wiewohl sie dadurch auf den Geschmack nach echter gelebter Körperlichkeit gebracht wird); deshalb wird der Mensch selber zum Mars fliegen, nachdem ihm seine Roboter und VR den Weg bereitet haben.

Die virtuelle Beteiligung breitester Kreise der Öffentlichkeit an der Raumfahrt ist bereits im Entstehen, beginnend mit der schon erwähnten Gründung einer revolutionären Partnerschaft der NASA mit supermodernen Multimedia-Unternehmen aus dem

Silicon Valley (Dreamtime). Daraus entsteht derzeit eine interaktive virtuelle Raumfahrt-Erlebniswelt und der freie öffentliche Zugriff, per Internet, auf einen gewaltigen Archivschatz an digitalisiertem Bild- und Filmmaterial aus 80 Jahren Luft- und Raumfahrt.

Menschliche Exploration ins All – eine Kulturpflicht

Die Raumstation ISS schafft die Voraussetzungen für die zukünftige menschliche Exploration und Besiedlung des Sonnensystems und darüber hinaus. Dabei befruchtet sie uns durch Inspiration der Jugend, Aufziehung der nächsten Generation von Wissenschaftlern, Ingenieuren und Unternehmern und Weiterführung einer langen Menschheitstradition der Neuland-Erforschung und -Entwicklung.

Aufbauend auf der ISS werden wir als nächstes großes Unternehmen die bemannte Erforschung über die erdnahen Bahnen hinaus ins Sonnensystem in Angriff nehmen, denn bemannte Missionen sind ein wesentliches zukünftiges Element der Planetenforschung, wo immer der Mensch Zugang hat. Ihrer natürlichen Veranlagung zu wissensdurst-getriebener Exploration folgend, werden Menschen daher weiter ins Unbekannte hinaus auf Abenteuersuche vorstoßen.

Das nächste logische Ziel ist der rote Planet Mars. Zu ihm sind wir bereits auf dem Weg: die heutigen Robot-Marssonden, alle 26 Monate starten ein Orbiter und ein Lander, sind unsere Späher, Vorboten und risikoreduzierenden Wegbereiter. Sie haben bereits untrügliche Anzeichen von Wasservorkommen gefunden und beginnen jetzt mit der globalen Charakterisierung des Planeten, wozu auch die Auskundschaftung der besten späteren Landestellen für Menschen gehört. Und in rund 20 Jahren frühestens, vielleicht am 50. Jahrestag der ersten Mondlandung (20. Juli 2019), wird die erste menschliche Expedition auf ihm landen.

Seine anschließende Großerforschung wird nicht aus einer oder auch nur aus sechs Missionen bestehen, wie das Apollo-Mondprogramm, sondern eine fortschreitende Entwicklung sein, über viele Jahrzehnte und Jahrhunderte hinweg. Der bei den ersten Landungen entstehende Brückenkopf wird sich Schritt für Schritt zu einer größeren Basisstation und dann zur Siedlung weiterentwickeln. Spätestens in 2035 wird der Mensch auf dem Mars festen Fuß gefasst und eine Infrastruktur entwickelt haben, durch die er sich weitgehend auf die Verwendung örtlich vorkommender Rohstoffe stützen kann.

Für den bemannten Flug zum Mars wird neues technologisches Rüstzeug benötigt, das eine lange Liste füllt; vieles davon gibt es derzeit noch nicht. Am kritischsten nach den eigentlichen Transportgeräten ist das menschliche Element. Können allen physischen und psychischen Bedürfnissen des Menschen Rechnung getragen werden, und zwar über niemals zuvor in der Geschichte erreichte Entfernungen und noch von keinen Raumflügen erforderte Zeiträume hinweg unter lebensabträglichen und fundamental »unirdischen« Umweltzuständen, voran das Fehlen der Schwerkraft und die kosmische und solare Strahlung?

Benötigt werden mehr Daten über den Einfluss der Schwerelosigkeit auf den menschlichen Körper und effektive Gegenmaßnahmen bei abträglichen Auswirkungen. Gebraucht werden Strahlenabschirmung und geschlossene, d.h. regenerative Lebenserhaltungssysteme mit weitgehendem Recycling von Wasser, Atemluft, Filtern, Absorbern und später auch Nahrungsstoffen, denn voll integrierte geschlossene Lebensversorgungssysteme sind eine der Schlüsseltechnologien für bemannte Langzeitmissionen auf erdfernen Reisen, bei denen eine Nachschubversorgung extrem teuer, unpraktisch oder unmöglich wäre. Benötigt werden ferner Hygieneanlagen, klinisch/medizinische Einrichtungen, raumerprobte Medikamente und Arzneien.

Es fehlen Bordenergieanlagen und nukleare Energiequellen für die Marsbasis. Benötigt werden auch neue Transportsysteme für Schwerlasten von der Erde zum Orbit, für den Flug zum und vom Mars und für die Marslandung, bei der wahrscheinlich neuartige Eintritts-Bremsschilde in Anwendung kommen. Bei den chemischen Antrieben liegt der Schwerpunkt auf der Weiterentwicklung des konventionellen Flüssigsauerstoff/Flüssigwasserstoff-Antriebs für den Erde-zu-Orbit-Einsatz durch Einbeziehung von Flüssigsauerstoff/Kohlenwasserstoff- und Dualbrennstofftriebwerken in

401

die aktive Forschung. Für den Einsatz bei Oberstufen und planetaren Einschuss-Stufen (Orbit-zu-Orbit) richtet sich die Technologie-
entwicklung auf fortgeschrittene kryogene (auf verflüssigten Gasen
beruhende) Antriebe, neue lagerbare Treibstoffe, elektrothermische
und elektrische Antriebe sowie Umgangs- und Speichertechniken
für superkalte kryogene Flüssigkeiten. Für die interplanetarischen
Flugabschnitte werden aus Leistungsgründen nuklear-thermische
oder nuklear-elektrische Antriebssysteme unverzichtbar sein.

Die Fußfassung auf einer anderen Welt hat fundamentale art-
erhaltende Bedeutung für uns und unser langfristiges Überleben als
Gattung, ja für deren Unsterblichkeit. Freilich wird es nicht der
heutige Mensch sein, der zum Mars fliegt, sondern ein Menschen-
typ, der den engen Horizont vieler heutiger Zeitgenossen gesprengt
und ihn (d. h.: sich selbst) transzendiert hat. Menschen mit dieser
Mentalität sind bereits heute im Kommen, und bezeichnenderwei-
se ist es die Raumfahrt selbst, die mit ihrer sichterweiternden
Grenzüberschreitungswirkung wesentlich zu ihrer Entstehung
beiträgt. Wenn wir den Schritt ins Universum tun, können wir uns
nicht auf die engen Perspektiven und Horizonte unserer traditionellen Umwelt beschränken. Seine einzig sinnvolle Begründung als
notwendige und logische Entwicklungsstufe kann nur von der
Warte der großen Linie der Geschichte unseres Planeten im Rahmen noch größerer Weltgesetze kommen.

Das heute gern kolportierte Gegenargument, die weitere bemannte Erforschung des Alls über den erdnahen Bereich hinaus
wäre zu teuer, kann als nachweislich falsch, ja absurd vom Tisch ge-
wischt werden. Dies gilt insbesondere für die USA, die in den vergangenen Jahren eine der größten Wirtschaftsexpansionen ihrer
Geschichte erlebt hat, aber auch für andere aufstrebende Industrieländer. Die Bundesrepublik allein hat in den vergangenen zehn Jahren jedes Jahr einen Betrag von 150-180 Milliarden Mark für die
fünf neuen Bundesländer ausgegeben, d. h. jährlich so viel, wie das
ganze Apollo-Mondlandeprogramm die USA über zehn Jahre verteilt gekostet hat: 24 Milliarden Dollar nach damaligem Wert. Die
Welt ist heute anders als noch vor zehn Jahren, als die von der
(früheren) Bush-Regierung geschätzten Kosten eines Mars-Pro-
gramms von 400 Milliarden Dollar dem US-Kongress noch unan-

nehmbar hoch erschienen. Der US-Haushaltsüberschuss wird für die nächsten Jahre auf weit über 1000 Milliarden (1 Billion) Dollar geschätzt. Die internationale Raumstation ist im Bau, ist bereits bemannt und ist größtenteils bezahlt. Fortschritte und Verbesserungen in Technologien und Management komplexer Megaprogramme wie das Marsunternehmen senken die Raumfahrtkosten für Behörden und Privatindustrien; außerdem werden alle in Frage kommenden Industriestaaten in 20 Jahren wesentlich reicher sein als heute.

Weltraumkommerzialisierung bedeutet Geschäfte mit dem All

Die Finanz- und Wirtschaftswelt wird das Grenzland Weltraum in den nächsten Jahrzehnten wie jede andere Investitionsgelegenheit ansehen. Dabei lassen sich schon heute drei Kategorien von Geschäftsunternehmen im All erkennen: raumfahrtstützende Industrien auf der Erde, im Weltraum stationierte Industrien mit Erdmärkten sowie Raumindustrien mit Märkten im All. Mit fallenden Transportkosten durch neu entwickelte Trägersysteme, schon heute in Arbeit, wird die Privatindustrie auch in die bemannte Raumfahrt einsteigen, gestützt durch NASA-Technologien. Unbemannte Träger und Nutzsatelliten fahren bereits heute Rendite ein: Mit einem Gesamtrückfluss von rund 27 Milliarden Mark bis 1999 hat zum Beispiel die europäische Ariane-Trägerraketenfamilie den öffentlichen Aufwand aus heutiger Sicht dreieinhalbfach refinanziert.

Der Schlüssel zum Weltraumtourismus ist nicht seine technische Machbarkeit, sondern die Kostensenkung auf dem Raumtransportsektor, zunächst um einen Faktor 10, dann 100. Da ein solcher Tourismus von der Sache her in privater Hand liegen muss (im Gegensatz zur Finanzierung durch die Regierungen und deren Raumfahrtbehörden), müssen sich zunächst interessierte Firmen zu einem Konsortium zusammenschließen, wahrscheinlich international, und zwar Firmen, die bereit sind, das Risiko der hierfür nötigen hohen Kapitalanlage zu übernehmen. Hoch sind sie deswegen, weil man zwar mit heutigen Technologien, plus einigen erforderlichen vorhersehbaren Weiterentwicklungen, passende Transportraumschiffe bauen kann, doch lägen ihre Betriebskosten unweigerlich auf einem Niveau, welches etwaige realisierbare Profitmargen so weit senkt, dass sie sich mit einem hohen Unsicherheitsfaktor verbinden, mit anderen Worten: sehr hohes Risiko. Optimale Transportkonzepte sind generell wiederverwendbare ballistische (ungeflügelte) Einstufer mit Vertikalstart- und landung, die es noch nicht gibt. Zu den hohen Betriebskosten trägt besonders die Verwendung existierender Raketentriebwerke bei; die Entwicklung fortgeschrittener Motoren ist jedoch eine teure Angelegenheit, bei der man wahrscheinlich nicht ohne staatliche Hilfe auskommen wird.

Mit der dieses Jahr, 2001, beginnenden »Space Launch Initiative« der NASA nehmen wir das größte Problem in Angriff, das der Erschließung der Grenze Weltraum im Weg steht: die Entwicklung von Raumtransportgeräten sehr hoher Zuverlässigkeit und niedriger Kosten. Wenn sich unsere gegenwärtigen Vorstellungen und Konzepte verwirklichen lassen, werden mit fallenden Transportkosten in absehbarer Zeit Flüge mit zahlenden Touristen in Erdumlaufbahnen, jüngst schon bei der russischen Mir realisiert, und in fernerer Zukunft auch zum Mond attraktiv und zunehmend lukrativ. Für Touristen, die heute für 20 000 Dollar zum Nordpol reisen, für 70 000 Dollar den Mount Everest besteigen oder für 150 000 Dollar per Flugzeug die Erde umrunden, ist der Ausflug ins All der logische nächste Schritt. Damit sie dort einen Ziel- und Aufenthaltsort vorfinden, wird in den kommenden Jahren ein Wettlauf einschlägiger Großunternehmen zur Errichtung des ersten Hotels in der Umlaufbahn einsetzen. Entwürfe dafür werden bereits heute auf Weltraumtouristik-Tagungen vorgestellt und diskutiert. Es steht für mich außer Zweifel, dass im Verlauf des kommenden Jahrhunderts Touristen in zunehmender Menge ins All reisen und in Weltraumhotels neue Horizonte erleben werden. Die Entfaltung eines Weltraumtourismus ist auf die Dauer schlichtweg nicht aufzuhalten, wird jedoch auch auf längere Sicht nur für begüterte Menschen erschwinglich sein. Aber über die kommenden Jahre und Jahrzehnte nimmt auch der individuelle Reichtum unweigerlich zu, d. h., in Zukunft wird es erheblich mehr reiche Menschen geben als heute, die sich kommerzielle Flüge in den Weltraum leisten können.

Zusammenfassend bin ich fest davon überzeugt, dass sich im 21. Jahrhundert der unternehmerische (d.h. flexible, opportunistische) Kapitalismus weltweit durchsetzen und über den heutigen vielerorts anzutreffenden Wohlfahrts-Kapitalismus und autokratischen Kapitalismus triumphieren wird. Es ist außerdem absehbar, dass heutige Wirtschaftssysteme weiter evolvieren und dabei immer globaler, komplexer und statistisch schwieriger erfassbar werden. Um uns bessere Lebensqualität zu garantieren, werden neue Technologien zunehmend unabdingbar sein, und als Gesamteffekt wird sich das Tempo des technologischen Wandels gegenüber der heutigen Zeit verdoppeln. Es beginnt das Zeitalter exotischer Technologien und – was besonders neu und bedeutsam ist – ihrer wachsenden Verflechtung miteinander.

Die Raumfahrt wird im 21. Jahrhundert mit der ISS volljährig. Auch sie vernetzt sich zunehmend, wie schon gesagt, und zwar zunächst mit Informationstechnologie (IT) und Gentechnik/Biotechnologie (Bionik), später mit Nanotechnologie, Robotik/künstlicher Intelligenz, neuen Methoden der Energiegewinnung und anderen exotischen Technologien. Daraus resultieren direkt neue globale Märkte, neue Berufe, neue Arbeitsstellen, neue Problemlösungen, eine unvorstellbare Fülle technologischer Durchbrüche, die die menschliche Gesellschaft dramatisch verändern und verbessern werden. Neue strategische Planungsansätze und Managementmethoden sind gefragt. Für den Privatinvestor wird damit schon heute eine Kapitalanlage in unternehmerischer Raumfahrt (Forschung, Produktion, Transport- und andere Dienstleistungen) zu einem Schlüssel zur Zukunft mit Breitenstreuung: längerfristig volkswirtschaftlich profitabel und wachstumssicher, dabei kulturell verantwortungsvoll, fördernd und aufbauend.

Menschen streben ins Sonnensystem

In fernerer Zukunft, nach begonnener Besiedlung des Mars, verlagert sich die menschliche Sphäre weiter hinaus, zunächst in den sonnenumkreisenden Asteroidengürtel, der 98 Prozent der rund 5000 derzeit bekannten Asteroiden und Planetoiden enthält, viele vermutlich mit reichhaltigen Minerallagern an Platin, Palladium, Iridium, Rubidium, mit Wassereis und anderen Rohstoffen, die auf Mars und Erde dann dringend benötigt werden und mit ihrer Prospektierung, Gewinnung und Beförderung eine neue Konsolidierungsphase der menschlichen Ausbreitung begründen. Danach folgt die Erforschung der noch weiter entfernten faszinierenden Jupiter- und Saturnmonde, von denen etwa Europa durch seine Atmosphäre, Eiskruste und darunter vermuteten Wasservorkommen mit möglicher Biota die Planetenforscher elektrisiert hat. Auch diese Region erkunden robotische Pfadfinder und vorgeschobene Beobachter bereits heute, um Menschen den Weg zu bereiten.

Mensch und Raumfahrt: Schlüssel zur Zukunft

Was werden uns die Weltraumwissenschaften im nächsten Jahrhundert im All und auf der Erde bringen? Fundamental gesehen hat sich die Schöpfung durch aufeinander folgende evolutive Schritte über Jahrmilliarden hinweg die Fähigkeit verschafft, sich selbst betrachten zu können. Der Mensch steht in staunender Ehrfurcht vor der Majestät des ihn umgebenden Universums. Kann es eine noch größere Herausforderung geben, als unseren Zutritt zum All zum Studium der Schöpfung und um den Platz der Menschheit in ihr zu nutzen?

Vorauszusagen vermag niemand die dramatischen wissenschaftlichen Entdeckungen der nächsten 50 oder 100 Jahre; die Möglichkeiten sind schier unermesslich. Nicht ausgeschlossen ist es zum Beispiel, dass man Lebensformen auf dem Mars und anderen Planeten und Monden unseres Sonnensystems findet, etwa auch Bio-Bausteine wie Aminosäuren in den Ozeanen von Titan, Europa und Uranus. Das erste Signal einer extraterrestrischen Zivilisation sollte entdeckt werden, wenn heutige Lauschprogramme breitbandig weitergeführt werden. Auf Mond, Mars, zahlreichen Monden und zugänglichen Asteroiden werden automatische Prospektor-Missionen ständig nützliche Materialien ausfindig machen und melden, gefolgt von Probenrückhol-Missionen und bemannten Besuchen. Aus geborgenen Eisstücken von Kometen werden Proben von Urmaterial sichergestellt, darunter auch aufschlussreiche Trümmer von Nova- und Supernova-Explosionen. Wir werden vom All aus die Umwelt auf der Erde hüten, die genauen Zusammenhänge zwischen der Sonnentätigkeit und unserem Wetter erkennen, monatliche Voraussagen von Sonneneruptionen auf wenige Stunden genau machen und Wirbelstürme sowie Erdbeben auf Stunden genau mit 80–100 km örtlicher Präzision voraussagen können. Dreißig-Tage-Wetterprognosen werden eine Genauigkeit von 95 Prozent erreichen.

Durch Langzeit-Forschung in der Mikrogravitation und auf der Erde, durch die Entschlüsselung des menschlichen Genoms und Entwicklung von Biochips wird die Medizin in den kommenden Jahrhunderten allen unseren Krankheiten Herr werden und unsere individuelle Lebensspanne verdoppeln, während die Entwicklung und Begrünung des Mars durch Terraformung (Ökosynthese) dem Menschengeschlecht eine zweite Planetenwelt geben könnte und damit größere Überlebenschancen und die Aussicht der Unsterblichkeit als Gattung.

Unser Verhältnis zur Technik und zur Maschine wird sich grundlegend ändern; schon heute zeichnet sich der Umschwung in unserem klassischen Maschinenbegriff in der Unbefangenheit der Jugend im Umgang mit neuer Computertechnik ab. Je menschenähnlicher die Maschine in ihren Funktionen wird, desto mehr wird sie zu unserem Partner: Ohne den Menschen kann sie nicht sinnvoll funktionieren und umgekehrt der Mensch ohne sie nicht weiterwachsen, schon gar nicht im All. Auch wenn es dort einst selbst-replikative Maschinen gibt, brauchen sie den Menschen, um ihrer Existenz Sinn zu verleihen. Der Mensch der Zukunft wird durch die Symbiose mit der von ihm hervorgebrachten Maschine ein neues Wesen werden: ein kybernetisches Wesen.

Raumfahrt ist offenkundig ein ständiger Quell starker, belebender Visionen. Ein Land ohne Visionen hat eine Jugend ohne Perspektiven. Und ohne solche Perspektiven für die Jugend hat ein Land keine Zukunft. Außerdem sind die Herausforderungen und Basistechnologien der bemannten Raumfahrt, wie aufgezeigt, von entscheidender Bedeutung für die Zukunft eines anspruchsvollen Industriestandorts, der mit anderen Ländern Schritt halten will, und sie gehört zunehmend zum Kulturgut, ja zur Kulturpflicht eines Landes. Das sollte gerade in Deutschland zu denken geben, wo es keine eigenständige nationale bemannte Raumfahrt mehr gibt, die Forschungspolitik gegen die ISS opponiert und derzeit die staatliche Subventionierung der Kohlebergwerke die der Beteiligung an der Euro-Raumfahrt um mindestens das Zwanzigfache übertrifft.

Der Blick von der Schwelle der großen Zeitenwende zeigt ganz klar, dass der Mensch in Sprüngen ins All hinausgehen wird, immer weiter und weiter, seinem Trieb zur Erforschung des Unbekannten folgend, und dabei das Leben auf der Erde physisch und psychisch entscheidend voranbringend. Die Neugier ist ein zentrales Attribut der Intelligenz. Wir sind Sucher, und ich glaube nicht, dass, so lange es intelligente Menschen unserer Art gibt, jemals der Moment kommen wird, wo sie stehen bleiben und sagen: »Bis hierher und nicht weiter!«. Es ist ein Imperativ.

Der Weltraum ist unsere Bestimmung, aber diese ist, wie der amerikanische Politiker William Jennings Bryan einmal gesagt hat, nicht eine Sache des Zufalls, sondern eine Sache bewusster Wahl. Bestimmung ist nicht eine Sache, auf die man warten kann, sondern eine Sache, die vollbracht werden muss.

Raumfahrt im Internet

Apollo Lunar Surface Journal
http://www.hq.nasa.gov/alsj/

Astronautik-Encyclopädie
http://www.friends-partners.org/mwade/

Astronomie – Bild des Tages
http://antwrp.gsfc.nasa.gov/apod/archivepix.html

Astronomie Leitseite für Heavens Above
http://www.astronomy.net/astroguide/General/Heavens-Above/

Astronomischer Unsinn: Schlechte Astronomie
http://www.badastronomy.com/

CNN Space Exploration Page
http://www.cnn.com/TECH/space/

Deep Space 1 Leitseite
http://nmp.jpl.nasa.gov/ds1/

Deep Space 2 Leitseite
http://nmp.jpl.nasa.gov/ds2/

Deutsches Zentrum für Luft- und Raumfahrt (DLR)
http://www.dlr.de/DLR-Leitseite

EarthKAM – Weltraumkameras sehen die Erde
http://www.earthkam.ucsd.edu/

Erdansichten aus dem All (NASA)
http://visibleearth.nasa.gov/

Erdaufnahmen aus dem All - Bildzentrale
http://eol.jsc.nasa.gov/sseop/

Erdbeobachtung aus dem All – Leitseite
http://earthobservatory.nasa.gov/

ESA – Human Space Flight Leitseite
http://www.esa.int/export/esaHS/

Fact Sheets für Spaceshuttle, ISS, und Experimente
http://www1.msfc.nasa.gov/NEWSROOM/background/facts.htm

Florida Today - Space Online
http://www.flatoday.com/space/today/index.htm

Gagarin Kosmonautentrainingszentrum in Swesdnij Gorodok
http://howe.iki.rssi.ru/GCTC/gctc_e.htm

Galileo (Jupitersonde) Leitseite
http://www.jpl.nasa.gov/galileo/

Hubble-Raumteleskop Leitseite
http://www.stsci.edu/top.html

Ingenieurleistungen des Jahrhunderts (die größten 20)
http://www.greatachievements.org/

ISS EXPRESS-Experimentschränke
http://www.scipoc.msfc.nasa.gov/

ISS Forschungszentrum (POC) Huntsville
http://www.scipoc.msfc.nasa.gov/

ISS Ortsbestimmung
http://liftoff.msfc.nasa.gov/temp/StationLoc.html

ISS Ortsbestimmung
http://spaceflight.nasa.gov/realdata/tracking/index.html

ISS Statusberichte
ftp://ftp.hq.nasa.gov/pub/pao/reports/station/

ISS/International Space Station Guide
http://www.mcs.net/~rusaerog/iss/ISS.html

ISS/Raumstation-Leitseite der NASA
http://spaceflight.nasa.gov/station/index.html

KSC – Bilderzentrale für Startfotos
http://www-pao.ksc.nasa.gov/kscpao/captions/index.htm

KSC Spaceshuttle-Countdown
http://163.205.10.51/shuttle/countdown/cdt/

Leben im All Leitseite
http://www.lifeinuniverse.org/

Lunar and Planetary Institute (Mond- und Planeten-Institut)
http://www.lpi.usra.edu/

Mars – MGS (Global Surveyor) Leitseite
http://mars.jpl.nasa.gov/mgs/

Mars – Namensammlung für Marsrover 2003
http://spacekids.hq.nasa.gov/2003/

Mars Bildarchive (Malin Space Science Systems)
http://www.msss.com/

Mars Exploration
http://mars.jpl.nasa.gov/index.html

Mars Katalog Leitseite
http://www.spaceref.com/mars/index.html

Mars Klimaforscher (MCO) Leitseite
http://mars.jpl.nasa.gov/msp98/orbiter/

Mars Missionen (NASA Ames Research Center)
http://mpfwww.arc.nasa.gov/

Mars Odyssey Leitseite
http://mars.jpl.nasa.gov/odyssey/mission/launch.html

Mars Pathfinder Leitseite
http://mars.sgi.com/default.html

Mikrogravitationsforschung Leitseite
http://www.microgravity.nasa.gov/

Mission and Spacecraft Library (NASA Jet Propulsion Laboratory)
http://leonardo.jpl.nasa.gov/msl/home.html

Mythologie-Encyclopädie
http://www.pantheon.org/mythica.html

NASA Bild-Archive
http://nix.nasa.gov/

NASA Geschichte (History) Leitseite
http://www.hq.nasa.gov/office/pao/History/

NASA Human Spaceflight Leitseite (Spaceshuttle, ISS)
http://spaceflight.nasa.gov/

NASA Informations-Zentrale
http://www.sti.nasa.gov/gils/

NASA Kennedy Space Center Video-Feeds
http://science.ksc.nasa.gov/shuttle/countdown/video/video45l.html

NASA Neueste Nachrichten
http://www.nasa.gov/today/index.html

NASA Spacelink (Edukation)
http://spacelink.nasa.gov/.index.html

NASA Tech Briefs (Technische Lösungen aus Luft- und Raumfahrt)
http://www.nasatech.com/

NASA Watch Leitseite
http://www.nasawatch.com/index.html

NASA Wissenschaftliche und technische Informationszentrale
http://www.sti.nasa.gov/STI-Leitseite.html

NASA-Bilderauswahl
http://grin.hq.nasa.gov/

NASA-HQ Office of Space Flight (OSF)
http://www.hq.nasa.gov/osf/

NASA-HQ Photozentrale
ftp://ftp.hq.nasa.gov/pub/pao/images/paoimages/

NASA-JPL Bildarchiv
http://www.jpl.nasa.gov/pictures/

NEAR Mission Leitseite
http://near.jhuapl.edu/

Raumfahrt-Grundlagen (Basics of Spaceflight)
http://www.jpl.nasa.gov/basics/

RKK-Energija (Russland)
http://www.energia.ru/index.html

Russia Today Leitseite
http://www.europeaninternet.com/russia/

Russische Raumfahrtagentur Rosaviakosmos (RKA)
http://liftoff.msfc.nasa.gov/rsa/rsa.html

Russische Raumfahrt-Leitseite
http://www.russianspaceweb.com/

Russische Raumfahrtindustrie
http://www.fas.org/spp/civil/russia/index.html

Russische Weltraum-Streitkräfte
http://www.rssi.ru/SFCSIC/SFCSIC_main.html

Russland: Luft- und Raumfahrtführer
http://www.mcs.net/~rusaerog/

Sichtbarkeiten von Erdsatelliten (Heavens Above Leitseite)
http://www.heavens-above.com/

Sichtbarkeitsdaten der ISS (weltweit)
http://www.hq.nasa.gov/osf/station/viewing/issvis.html

Sichtbarkeitsdaten der ISS (295 Städte)
http://spaceflight.nasa.gov/realdata/sightings/

Spaceclub in Berlin-Marzahn
http://www.kids-und-co.de/spaceclub/

Space Daily Leitseite
http://www.spacer.com/

Space News Leitseite
http://www.space.com/spacenews/

Space Night - Bayerischer Rundfunk
http://www.br-online.de/wissenschaft/spacenight/index.html

Space.com Leitseite
http://www.space.com

Spaceref.com Leitseite
http://www.spaceref.com/

Spaceshuttle Leitseite der NASA
http://spaceflight.nasa.gov/shuttle/index.html

Spaceshuttle – Countdown online
http://www-pao.ksc.nasa.gov/kscpao/shuttle/countdown/

Spaceshuttle Einsätze
http://science.ksc.nasa.gov/shuttle/missions/missions.html

Spaceshuttle-Missionen
http://science.ksc.nasa.gov/shuttle/missions/

Spaceshuttle Nachschlage-Handbuch
http://science.ksc.nasa.gov/shuttle/technology/sts-newsref/stsref-toc.html

Spaceshuttleflüge – Presseinformationen
http://www.shuttlepresskit.com/index.html

Star Trek Trekkies Leitseite
http://www.trekkie.de/mainmenu.html

Stardust Leitseite
http://stardust.jpl.nasa.gov/

United Space Alliance (USA) Leitseite
http://www.unitedspacealliance.com/index.htm

Weltraum-Kalender Leitseite
http://www.jpl.nasa.gov/calendar/

Personenregister

Adams, John Couch 188
Afanasjew, Wiktor 183, 195
Alawerdow, Walerij 384
Albring, Werner 26
Aldrin, Edwin »Buzz« 113, 124, 143,
 144, 158, 162, 163, 167, 215
Alighieri, Dante 136
Alioto, Bürgermeister 168
Altman, Scott 356
Anders, William 82, 83, 84, 113, 181,
 238
Ariosto, Ludovico 139
Armstrong, Neil A. 113, 124, 143,
 158, 162, 163, 167, 168, 215, 257,
 272, 275, 399
Artjuchin, Jurij 69
Ashby, Jeff 165, 183
Assurbanipal, Großkönig 345
Augustin, Norm 272
Awdejew, Sergeij 36, 66, 68, 183,
 193

Barmin, Wladimir 18, 30, 31
Barry, David 106, 149, 151
Baturin, Jurij 36, 193
Bean, Alan 155, 159, 169, 216, 217,
 218
Bergerac, Cyrano de 139
Berija, Lawrentij 28
Bessel, Friedrich Wilhelm 188
Bevis, John 271
Blagow, Wiktor 385
Blaha, John 193
Bode, Johann 345
Borman, Frank 82, 84
Brand, Vance D. 60, 332
Braun, Wernher von 13, 20, 24, 26,
 31, 42, 46, 47, 48, 78, 103, 112,
 115, 128, 141, 162, 173, 174,

175–180, 210, 211, 212, 215, 287,
 332, 338–340, 365, 373, 383, 384,
 399
Brinkley, Randy 42
Brown, Curt 59, 231
Bryan, William Jennings 408
Bugajskij, Wiktor 23
Burbank, Daniel 356, 359

Cabana, Robert 38, 61, 88, 380, 381
Cameron, James 316
Carr, Gerald 155
Carter, Jimmy (Präs.) 333
Cassini, Giovanni D. 53
Cernan, Eugene »Gene« 73, 141–144,
 169
Chaffee, Roger 181
Champollion, Jean François 171
Chandrasekhar, Subrahmanyan 165,
 190
Chiao, Leroy 372, 373
Christy, James 346
Chruschtschow, Nikita 18, 330, 331,
 362
Churchland, Paul u. Patricia 354
Clarke, Arthur 168
Clervoy, Jean-François 122, 232
Clinton, William »Bill« (Präs.) 40, 58,
 70, 93, 165, 235
Coleman, Catherine »Cady« 165, 183
Collins, Eileen 164, 165, 181–184,
 240
Collins, Michael 113, 162, 163
Conrad, Charles »Pete« 155, 156–161,
 169, 216, 217
Cook, James (Capt.) 199
Cooper, Gordon 158
Crippen, Robert 114, 197, 365
Culick, Fred 112

Cunningham, Walter   181
Currie, Nancy   33, 38, 43, 61, 88, 89
Cyrano, Hector-Savinien de   139

Debus, Kurt   176, 179, 340
Dobrowolskij, Georgij   25
Ducote, Gordon   146
Duell, Charles H.   393
Duffy, Brian   372, 373
Duke, Charlie   158

Ehricke, Krafft   132, 134
Eisele, Donn   181
Eisenhower, Dwight D. (Präs.)   47
Ellington, Duke   168
Engle, Joe   379, 380
Evans, Ronald   73
Ewald, Reinhold   194, 384
Eyraud, Achille   140

Fallaci, Oriana   159
Fedorow, Petr I.   27
Flade, Klaus-Dietrich   194
Foale, Michael   193, 232
Folie, Guillaume de La   139
Fontenelle, Bernard Le Bovier de   139
Ford, Gerald (Präs.)   197, 333

Gagarin, Jurij A.   13, 14, 19, 20, 58, 114, 126, 180, 334, 336, 363, 365, 385
Galilei, Galileo   53
Galle, Johann   188, 347
Garriott, Owen   155
Gates, Bill   393
Geißler, Ernst D.   179
Gibbons, John   272
Gibson, Edward   155
Gidsenko, Jurij P.   34, 107, 131, 267, 312, 343, 352, 386, 388, 389, 390
Glaskow, Jurij   383, 384
Glenn, John   58, 59, 60, 66, 95, 157,

166, 174, 197, 211, 249–251, 330, 337, 362, 399
Gluschko, Walentin P.   14, 25, 27, 28, 29, 30, 31, 32
Goddard, Robert H.   28, 46, 112, 126, 127, 141
Godwin, Francis   139
Goldin, Daniel   272, 380, 384, 388
Gonzales, Domingo   139
Gordon, Richard »Dick«   158, 216, 217
Gorie, Dominic   261
Gray, Captain   197
Gretschko, Georgij   19
Grissom, Gus   112, 174, 176, 181
Gröttrup, Helmut   26, 29, 30
Grunsfeld, John   232
Guericke, Otto von   128, 140

Haigneré, Jean-Pierre   183, 192, 207
Haise, Fred W.   285–287
Hall, Asaph   345
Halsell, James   298, 302, 310, 312
Harrington, Robert   346
Hatry, Julius   127
Häussermann, Walter   179
Hawley, Steven   165, 183
Heimburg, Karl   179
Heinisch, Kurt   128
Hellebrand, Emil   179
Helms, Susan   302, 311
Henning, Thomas   93
Hermann, Rudoph   177, 179
Herschel, Sir William   188, 345
Hipparch von Nikaia   137
Hoch, Johannes   26
Hohmann, Walter   141
Horn, Helmut   179
Horowitz, Scott »Doc«   298, 302, 310, 312
Hubble, Sir Edwin P.   121, 294
Hudson, Henry   198

Husband, Frederick »Rick« 106, 148, 149, 151
Huygens, Christiaan 53

Ingalls, Bill 376
Irwin, James 157, 159, 169

Jackson, Robert 198
Jähn, Sigmund 194, 336
Jamison, Mae 165
Jangel, Michail 20, 23, 32
Jarvis, Gregory 366
Jeltsin, Boris 193
Jernigan, Tamara »Tammy« 106, 148–150
Julio, Sergio De 288

Kant, Immanuel 27
Karman, Theodore von 339
Kavandi, Janet 261
Kelly, Scott 231
Kennedy, John F. (Präs.) 48, 58, 113, 141, 144, 161, 162, 173, 180, 181, 215, 330, 331
Kepler, Johannes 139
Kerwin, Joseph 155, 160
Kiesinger, Kurt Georg 168
Kindermann, Christian 140
Komarow, Wladimir 83
Kondakowa-Rjumin, Elena 333
Kondratjuk, Jurij 28
Koptjew, Jurij 15, 384
Koresh 128
Koroljow, Sergeij P. 14, 15, 18, 19, 20, 21, 22, 23, 24, 28, 29, 30, 31, 37, 50, 67, 88, 105, 130, 138, 149, 180, 212, 335, 362, 384
Kosygin, Alexej 331
Kregel, Kevin 261
Krikaljow, Sergeij 34, 38, 61, 89, 107, 131, 266, 312, 343, 352, 382, 386, 388, 390
Krukow, Sergeij 15
Kubasow, Walerij 332

Kuers, Werner 177
Kusnetzow, Nikolaj N. 28, 30

Lake, Simon 140
Lana, Francesco de 140
Le Verrier, Urbain Jean Joseph 188
Leonow, Alexeij 333, 387
Leshin, Laurie 328
Lilienthal, Otto 114
Lindbergh, Charles 215
Linenger, Jerry 193
Lopez-Alegria, Michael »LA« 372, 373
Lousma, Jack 155
Lovell, James 82, 83, 84, 113, 181, 238, 285
Low, George 83
Lu, Edward 356, 358, 359
Lucid, Shannon 60, 76, 165, 193
Lührsen, Hannes 177
Lukian von Samosata 138

Magnus, Kurt 26
Malentschenko, Jurij I. 106, 356, 358, 359
Malischew, Wjatscheslaw 15, 31
Marconi, Guglielmo 275
Maroko, Elena 384
Mastracchio, Richard 356, 358
Matthes, Franz 26
Mattingly, Thomas »Tom« 285
McArthur, William »Bill« 372, 373
McAuliffe, Christa 198, 256, 366
McDivitt, James 124, 125, 126
McNair, Ronald 366
Melroy, Pamela 372, 373
Mengering, Franz 128
Merbold, Ulf 165, 194
Metrodoros 325
Mischin, Wasilij P. 17, 23, 25, 29, 31
Mitchell, Ed 169
Mohri, Mamoru 107, 262
Morukow, Boris 106, 356, 359
Mukai, Chiaki 165
Musgrave, Story 60

Nebel, Rudolf 127, 128
Nedjelin, Mitrofan 10, 23
Nesterenko, Alexeij 382
Neubert, Erich 179
Neupert, Karl 128
Newman, James 33, 38, 43, 61, 89
Nichols, Nichelle 164
Nicollier, Claude 122, 231
Nikitin, Nikifor 16
Nikolajew, Andrian G. 362
Nixon, Richard (Präs.) 48, 167, 168,
    287, 331, 364

Oberth, Hermann 28, 46, 112, 126,
    127, 138, 141
Ochoa, Ellen 106, 148, 149, 150,
    151, 165
Odysseus 136
Onizuka, Ellison 366

Padalka, Gennadij 36, 66, 68
Payette, Julie 106, 148, 151, 152
Pazajew, Wiktor 25
Piljugin, Nikolai 24, 26, 30, 31
Pirquet, Guido von 80
Pogue, William 155
Poljakow, Walerij 193
Popowitsch, Pawel 68, 362
Powers, Francis G. 21, 378
Putin, Wladimir (Präs.) 384, 386

Readdy, William »Reads« 380, 381,
    386
Reagan, Ronald (Präs.) 40, 388
Rees, Eberhard 179
Reightler, Ken 380
Reiter, Thomas 194, 387
Remek, Wladimir 193
Resnick, Judith 366
Reuter, Ernst 127
Riasanskij, Michail 30
Ride, Sally 165
Riedel, Klaus 128
Rietz, Frank E. 127

Rjumin, Walerij 333
Roddenberry, Gene 197
Rodotà, Antonio 288
Rominger, Kent 106, 148, 149, 152
Rosenplenter, Günther 26
Ross, Jerry 33, 38, 43, 61, 89
Rothenberg, Joseph 383
Rothenberger, Anneliese 178
Rudolph, Arthur 179

Sachargei, Alexander 28
Sacharow, Andrej 31
Salama, Farid 93
Samwell, David 199
Sänger, Eugen 134, 141
Schajewitsch, Sergeij 38, 380
Schirra, Walter »Wally« 181
Schmitt, Harrison 73, 169
Schröder, Gerhard 95
Schukow, Georgij 15
Schweickart, Russell »Rusty« 124, 125,
    126
Scobee, Francis 366
Scott, David 124, 125, 126, 159, 169
Searle, John 354
Semjonow, Jurij P. 22, 25, 384
Shakespeare, William 346
Shaw, Brewster 380
Shepard, Alan B. 20, 112, 169, 173,
    176, 211
Shepherd, William »Bill« 34, 40, 61,
    107, 131, 266, 312, 343, 352, 382,
    386, 388, 389, 390
Siefarth, Günther 168
Slayton, Donald »Deke« 60, 157,
    332
Smith, Michael 366
Smith, Steven 232
Solowjow, Wladimir 385
Sorge, Richard 376
Stafford, Thomas »Tom« 142, 143,
    144, 332, 333, 379
Stalin, Josef 30, 176
Stapp, John 213–214

Steklow, Wladimir   266
Stever, Guyford   272
Stuhlinger, Ernst   179
Sturckow, Fredrick »Rick«   38, 61, 90
Sullivan, Kathy   165
Swigert, Jack   157, 285, 286, 287

Tasman, Abel   199
Teed, Cyrus T.   128
Thagard, Norman   193, 333
Thiele, Gerhard   106, 262
Thomas, Andrew   193
Tichonrawow, Michail   15
Tiefensee, Wolfgang   228
Titow, German   19, 361–362
Tognini, Michel   165, 183
Tokarew, Walerij I.   106, 148, 150, 151
Tombaugh, Clyde   346
Tschelomej, Wladimir N.   14, 24, 25, 28, 31
Tschertok, Boris   26, 31

Umpfenbach, Joachim   26
Usatschow, Jurij   302, 311

Valier, Max   127
Van Allen, James   112
Verne, Jules   140
Voss, James   302, 303, 310, 311
Voss, Janice   261

Wagner, Richard   343
Wakata, Koichi   372, 373
Walker, Joe   113
Wan, Hu   126
Webb, James   215
Weber, Mary Ellen   302, 303, 310
Weidner, Hermann   179
Weitz, Paul   155, 160
Wells, H.G.   141
Whipple, Fred   135
White, Edward   181
Wilcutt, Terrence »Terry«   356, 357, 359
Wilkins, John   139
Will, Wolfgang   168
Williams, Jeff   302, 303, 310
Wisoff, Jeff   372, 373
Wolf, David   194, 390
Wolfe, Thomas   58
Wolff, Waldemar   26
Wolkow, Wladislaw   25
Wosnjuk, Wasilij   15
Wright Brothers, Orville u. Wilbur   111, 114, 274

Young, John   114, 142, 143, 144, 197, 365

Ziblijew, Wasilij   384
Ziolkowskij, Konstantin   28, 112, 126, 141

Sachregister

A-4 18, 26, 27, 28, 29, 48, 107, 112, 175, 176, 338
ABMA 47
Alenia Aerospazia 39, 259, 290, 291
Almas (Raumstation) 24, 25, 68
Alpha (Raumstation) 40, 388, 389, 390, 394
Alter der Astronauten 60
Antimaterierakete 109
Apollo 13, 20, 39, 48, 60, 73, 82–84, 99, 113, 120, 123–126, 141–144, 154, 155, 157, 158, 159, 161, 162, 166–173, 177, 180, 181, 215, 216, 238, 252, 254, 277, 285, 286, 287, 288, 313, 331, 332, 333, 402
Apollo 1 181
Apollo 8 82–84, 113, 123, 162, 181, 238
Apollo 9 123–126, 142, 162
Apollo 10 141–144, 162, 380
Apollo 11 13, 48, 83, 113, 120, 124, 141, 143, 144, 157, 158, 161–163, 166–169, 170, 181, 197, 215, 277, 331
Apollo 12 158, 159, 168, 215–218, 400
Apollo 13 168, 254, 285–288, 399
Apollo 14 169
Apollo 15 169
Apollo 16 169
Apollo 17 73, 99, 169, 170, 198
Apollo 18 169
Apollo 19 169
Apollo 20 169
Apollo-Sojus-Test-Projekt (ASTP) 48, 60, 330, 331, 333, 380
Ariane 5 96, 102, 228, 291, 314, 315, 322
Asteroiden 279, 406

ASTP (s.u. Apollo-Sojus-Test-Projekt)
Astrobiologie 64, 323, 324, 325
Atlantis (Shuttle-Orbiter) 40, 48, 62, 63, 106, 198, 202, 298, 299, 300, 301, 302, 303, 309, 310, 311, 318, 351, 356, 357, 358, 359, 360, 361
Atlas 2A (Rakete) 57
AXAF 106
ATV (Automated Transfer Vehicle) 96, 102, 291, 315, 342

Baikonur 14, 20, 21, 22, 23, 26, 27, 33, 37, 50, 68, 88, 106, 130, 144, 145, 192, 264, 266, 316, 332, 334, 335, 336, 341, 350, 374, 375, 378–382
Beluga 39
Biotechnologie 259, 397, 405
Borelly (Komet) 57
Bumper (Rakete) 339, 340
Buran (UdSSR Shuttle) 25, 145, 213, 252, 362, 378

Canaveral, Cape 339, 340
Cassini/Huygens (Saturn-Sonde) 52–55, 184–187, 209
Challenger (Shuttle-Orbiter) 181–184, 198, 254, 256, 366, 370
Chandra 106, 164, 165, 190–192, 228, 240, 270, 271, 319, 367, 369
Charon (Plutomond) 209, 346
Chrunitschew Co. (Firma) 23, 33, 38, 68, 88, 129, 130, 145, 332, 334, 336, 380
Columbia (Shuttle-Orbiter) 48, 114, 164–166, 181–184, 197, 300, 369
Columbus (COF) 41, 95–98, 198, 288–291, 315

Compton (Forschungssatellit) 104, 165, 318–320, 367
Crew Return Vehicle (CRV) 77
CSA (Canadian Space Agency) 146

Deep Space 1 (DS-1) 55–57, 71–73
Delta 2 (Rakete) 57
Destiny (U.S. Lab) 147, 341
Deutschland 45–46, 97–98, 170, 172, 258–260
Discovery (Shuttle-Orbiter) 48, 57, 66, 121, 122, 147–153, 198, 231, 232, 233, 238, 240, 264, 292, 295, 300, 363, 368, 371, 372
Donatello (MPLM) 39, 41, 291
Dreamtime Co. 316–317

Endeavour (Shuttle-Orbiter) 33, 38, 42, 48, 50, 61, 88, 90, 106, 121, 147, 199, 233, 261, 262, 300, 381
Energija (Rakete) 145, 213
Energija (Firma RKK-Energija, NPO Energija) 22, 25, 27, 29, 34, 50, 67, 106, 129, 130, 264, 333, 336, 378, 384
Enterprise (Shuttle-Orbiter) 196–197
EOS (Umweltsatelliten) 304, 306, 323
ESA 39, 45, 52, 95-98, 135–138, 184, 187, 194, 205–207, 209, 228, 253, 258, 259, 288- 291, 294, 312–315, 342, 387
Europa 15, 41, 45, 54, 69, 95–98, 103, 111, 132, 145, 163, 228, 253, 258, 259, 260, 274, 289, 312–315, 320, 334, 342
Europa (Jupitermond) 63, 64, 120, 203, 204, 294, 323, 325, 406
Explorer 1 340

FAME 246
FGB (Sarja) 37, 43, 61, 68, 88, 89, 302, 351, 388
Freedom (Raumstation) 21, 40, 388

G-1 (Rakete) 30
Galileo (Jupitersonde) 85, 87, 202–205
Gammastrahlen-Observatorium 367
Ganymed (Jupitermond) 64
Gemini 39, 48, 155, 157, 211
Gemini 5 157, 158
Gemini 11 157, 158
Geminiden 68
Gerontologie 59, 60, 249
Giotto (Kometensonde) 68
Gorki-Park 362, 376–378

H-2 (Rakete) 102
Health Maintenance Facility (HMF) 77
Hipparcos (Forschungssatellit) 136
HTV (Raketen-Oberstufe) 102
Hubble-Raumteleskop 49, 85, 104, 114, 120–123, 165, 189, 190, 191, 230–234, 240, 243, 247, 248, 270, 271, 291–296, 297, 308, 317, 319, 323, 367
Huntsville 42, 47, 58, 153, 154, 156, 161, 173–181, 242, 283, 340
Huygens (Titan-Sonde) 54, 55, 184, 185, 187, 209

IBMP 14, 245
Information 214, 233, 236, 299, 318, 319, 324, 367, 395
Informationstechnologie 405
Infrarotobservatorium ISO 137, 138
Ingenieurleistungen 272–278, 394
Io (Jupitermond) 204
Ionentriebwerk 55–57, 71–73, 109

Japan 41, 45, 69, 79, 95, 97, 132, 152, 253
Juno (Rakete) 340
Jupiter (Planet) 183, 202–205, 279, 280, 344, 345, 367, 399
Jupiter (Rakete) 48, 65, 87, 100, 176, 188, 189, 211, 212

Kaliningrad 27, 29, 38, 50, 129, 130, 385

Kaliningrad (Königsberg) 27

Kanada 41, 45, 69, 95, 146, 148, 152, 197, 198, 253, 306

Kennedy Space Center (KSC) 18, 33, 38, 42, 61, 66, 82, 88, 146, 153, 238, 291, 304, 337–340, 341, 356

Kibo (JEM) 41

Kisil-Kum 13, 145, 334

Knoten 38, 42, 88, 89, 151, 291, 303, 310, 359, 372, 374, 380, 388

Kosmodrom 14, 22, 23, 33, 37, 68, 192, 264, 335, 349, 376, 378–382

Kosmonautik-Tag 126

Krainij 22, 335, 379, 380, 384

Krebs-Nebel 271

KSC (s.u. Kennedy Space Center)

Künstliche Intelligenz (KI) 353–355

Leben im All 63–65, 406

Leonardo (MPLM) 37, 38, 39, 41, 291

Leoniden 66–68

Lunar Prospector 73–76

Lunar Receiving Laboratory (LRL) 163

Magdeburger Pilotenrakete 127

Magellan (Venussonde) 367

Mars (Planet) 48, 54, 55, 63, 64, 70, 77, 80, 86, 90–92, 93, 101, 113, 114, 115–120, 132, 134, 140, 199–202, 212, 218–227, 244, 254, 255, 256, 261, 277, 278, 279, 294, 313, 316, 317, 321–323, 326–329, 333, 336, 344, 345, 346–349, 353, 371, 394, 398, 399, 400, 401, 402, 406, 407

Marsexpedition 81, 193, 364, 397, 403

Marsflug 119, 193

Mars-Millennium-Projekt 93

Marswasser 65, 326

MCC-H (Flugkontrollzentrum Houston) 105

MCC-M (ZUP, Flugkontrollzentrum Moskau) 105

MEDS 62, 299, 300

Mercury 20, 39, 48, 58, 59, 112, 155, 157, 173, 174, 211

Merkur (Planet) 113, 183, 344

Mikrogravitation 44, 45, 77, 95, 194, 205, 250, 251, 315, 368, 398, 407

Mir (Raumstation) 25, 35–37, 38, 39, 40, 44, 50, 60, 66, 67, 68, 69, 76, 114, 129, 145, 153, 165, 183, 192–195, 212, 231, 240, 265, 266–267, 283, 302, 315, 341, 343, 350, 384, 387, 388, 390, 399, 404

Mir/Shuttle (s.u. Shuttle/Mir)

Mission Planet Erde 253, 397

MKS (russ. f. ISS) 39, 386

Molnija (Firma) 362

Montage 18, 34, 37, 39, 49, 61, 69, 76, 88, 114, 144, 146, 152, 194, 349, 358, 371, 373

MPLM 39, 289–291

Mythologie 39, 343–346

N1 (Rakete) 23, 24, 25, 83, 145, 213, 331

NACA 47

Nanotechnologie 398, 405

NASA 13, 14, 18, 20, 25, 30, 35, 37, 38, 42, 46–49, 51, 55, 58, 64, 68, 69, 70, 71, 73, 80, 86, 88, 90, 93, 95, 99, 102, 111, 112, 113, 114, 129, 130, 131, 132, 136, 144, 157, 160, 162, 165, 172, 173, 176, 185, 186, 194, 196, 199, 200, 201, 204, 206, 211, 215, 219, 220, 221, 225, 231, 235, 236, 237, 238, 239, 240, 241, 242, 243, 244, 245, 246, 251, 256, 257, 259, 263, 264, 266, 271, 272, 278, 281, 282, 284, 290, 291, 297, 299, 304, 306, 307, 316, 317,

318, 319, 321, 323, 325, 326, 327,
330, 331, 332, 333, 334, 337, 340,
342, 346, 347, 349, 352, 356, 366,
367, 368, 370, 375, 376, 378, 379,
384, 385, 388, 399, 403
NEAR 267–270
Neptun (Planet) 48, 187, 188, 189,
279, 346
New Millennium 55, 73
Next Generation Space Telescope
(NGST) 86, 295
Node 38, 42

Osteoporose 59, 183, 250, 251, 398

Parabelflug 20, 205–207, 211
Pathfinder 63, 90, 91, 115, 116, 321,
322, 347, 348, 399
Peenemünde 26, 112, 127, 175, 179,
338–340
Perseiden 68
Pioneer 10 108, 114, 278–282
Pioneer 11 53, 108, 114
Pluto (Planet) 188, 208–209, 279,
346
Progress 36, 195, 266, 283, 342, 349,
350, 351, 359, 360, 384, 386
Proton (Rakete) 14, 23, 24, 25, 33,
34, 38, 69, 130, 145, 212, 264, 265,
334, 336, 382

Quecksilber 344

R-1 (Rakete) 29, 30, 212
R-2 (Rakete) 30
R-3 (Rakete) 31
R-5 (Rakete) 30, 31
R-7 (Rakete) 15, 17, 18, 19, 31, 212,
335, 382
R-16 (Rakete) 20, 23
Raffaello (MPLM) 39, 41, 291
Raumfähre 33, 250, 292, 295, 298,
300, 371
Raumfahrt 13, 14, 20, 21, 22, 24, 25,

28, 30, 31, 37, 44, 46–48, 58, 60,
69, 71, 79-82, 90, 95, 97, 101–104,
107, 111, 112, 115, 126, 127, 129,
131, 132, 135, 138–141, 156, 172,
173, 205, 206, 212, 213, 239, 242,
244, 245, 249, 252–254, 256–260,
263, 272, 276–278, 281, 288, 292,
307–309, 313–317, 323, 330, 336,
341, 343, 352, 359, 361, 362, 376,
384, 385, 393–408
Raumfahrtmuseum 21
Raumfahrttechnologien 277, 308,
394–396
Redstone (Rakete) 20, 173, 176, 211,
212, 340
RKA (Rosaviakosmos) 14, 36, 37, 51,
130, 263, 329, 334, 356, 384
RKK-Energija (s.u. Energija)
Robotik 395, 405
Röntgenstrahlen-Teleskop 106, 165,
181–184, 240, 367, 369
Russland 21, 22, 33, 34, 36, 39, 40,
41, 45, 49, 69, 70, 92, 95, 102, 114,
126, 145, 148, 194, 206, 244, 245,
253, 264, 265, 266, 302, 303, 310,
350, 351, 359, 380

SAFER 243, 373
Saljut (Raumstation) 25, 37, 39, 68,
145, 194, 212, 331, 350, 384
Sarja 16, 21, 33, 37, 38, 41, 42, 50,
61, 69, 88, 89, 104, 105, 107, 146,
148, 150, 152, 263, 265, 302, 303,
310, 311, 335, 342, 351, 358, 359,
380, 386, 387, 388
Saturn (Bahnverfolgungsstation) 23
Saturn (Planet) 37, 52–55, 65, 184,
185, 187–189, 209, 344, 345, 353
Saturn (Rakete) 25, 39, 48, 83, 102,
124, 142, 153, 154, 159, 162, 173,
176, 181, 210, 211, 212, 216, 332,
337, 340
Schwerelosigkeit 44, 59, 60, 77, 78,
119, 125, 134, 158, 183, 205–207,

242, 243, 244, 250, 256, 284, 308,
312, 360, 368, 389, 390, 401
Sciencefiction 44, 56, 108, 118, 111,
134, 138–141, 348
Semipalatinsk 15, 32
Semjorka (s.a. R-7) 15, 17, 32, 180,
212, 335, 382
Servicemodul (Swesda) 34, 50, 51,
106, 129, 130, 144–146, 152, 264,
265, 266, 301, 313, 336, 337,
340–343, 351, 359, 363, 386
Shimizu Corp. (Firma) 134
Spaceshuttle, Shuttle 25, 34, 38, 39,
42, 48, 58, 61, 62, 63, 65, 77, 88,
89, 90, 97, 102, 103, 106, 107, 109,
120, 121, 129, 133, 147, 148, 149,
150, 151, 155, 163–165, 181, 182,
190, 193, 194, 196–199, 202, 211,
231–233, 237, 240, 244, 248, 250,
252, 258, 261, 262, 264, 266, 291,
299, 300, 301, 303, 310, 315, 316,
318, 319, 351, 355, 357, 360, 361,
363–371, 372, 373, 374, 378, 380,
381, 388
Shuttle/Mir 40, 69, 129, 194
SIRTF 165, 319
Skylab 25, 39, 48, 153–156, 160,
161, 252, 318, 320
SOFIA 245
Sojourner 63, 90, 115, 317, 347, 348,
399
Sojus 14, 15, 16, 17, 19, 36, 39, 51,
66, 77, 102, 107, 145, 192, 193,
240, 266, 330, 332, 333, 336, 360,
374, 381, 382, 383, 384, 386, 387
SolarMax (SMM, Forschungssatellit)
49
Sowjetunion 14, 25, 27, 30, 31, 35,
39, 47, 83, 114, 129, 145, 162, 171,
176, 193, 210, 212, 252, 330, 333,
335, 376, 384
Sputnik 14, 131, 330
Sputnik 1 13, 18, 19, 47, 112, 145,
176, 210, 276, 334, 340

SRTM 260–263, 264
Stardust 99–101
Starshine 152
Stier (Sternbild) 271
STS-1 114
STS-7 165
STS-51L 366
STS-60 38
STS-61 121, 295
STS-63 164
STS-64 165
STS-82 121
STS-84 164
STS-88 38, 43, 61–63, 88, 107, 150,
152, 263, 381
STS-92 352, 363, 371–374
STS-93 106, 164–166, 181–184, 190,
369
STS-95 57, 58–60, 66, 94, 248, 251
STS-96 50, 106, 148, 149, 264, 310
STS-97 372
STS-99 106, 183, 260–263, 367
STS-100 39, 147
STS-101 106, 265, 291, 309–312
STS-103 122, 231, 238
STS-106 351, 361
Swesda (s.a. Servicemodul) 152, 264,
265, 266, 301, 303, 312, 316,
340–343, 350, 351, 358, 359, 360,
363, 387
Swesdnij Gorodok 14, 168, 266
Swift (Forschungssatellit) 246

Telepräsenz 395, 398
Terra (Umweltsatellit) 253, 304–307
Terraformung 118, 119, 407
Titan (Saturnmond) 53, 55, 209
Titan (Rakete) 211
Tjuratam 16, 21, 68, 83, 145, 334,
376, 381
Tjulpan 18

Ulysses (Sonnensonde) 136, 367
Unity (s.a. Knoten) 33, 37, 38, 42–43,

50, 61, 88, 89, 105, 147, 148, 150,
151, 152, 264, 291, 303, 310, 342,
351, 359, 372, 373, 374, 381, 388,
389
Universum   84, 85–87, 94, 109, 110,
121, 137, 164, 190, 208, 229,
246, 270, 271, 281, 292, 293, 294,
295–298, 308, 319, 323, 324, 325,
330, 355, 367, 399, 402, 406
Uranus (Planet)   188, 345
Urknall   121, 296–298

V2   18, 26, 27, 28, 48, 107, 112, 127,
175, 176, 210, 211, 212, 276, 335,
337–339, 382
Vanguard (Rakete)   210
Venus (Planet)   48, 53, 55, 64, 88,
134, 140, 183, 185, 199, 212, 261,
341, 344, 345, 367, 399
Viking 1, 2 (Marssonden)   63, 91, 114,
222, 347
Voyager 1   53, 87, 108, 114
Voyager 2   53, 108, 114, 187–189

VR (Virtuelle Realität)   243, 244, 395,
398, 399, 400

WAC-Corporal (Rakete)   339
Warp-Antriebe   109
Weltraumhotel   80, 132, 134, 404
Weltraumkommerzialisierung   80, 403
Weltraumstrahlung   77, 78, 119, 300
Weltraumtourismus   80, 89, 113,
131–134, 396, 397, 403, 404
Wnukowo   31, 334, 379
Woschod   39, 387
Wostok   39, 126, 180, 212, 362

X-15   379
X-38   77
X-43   241
XMM (Röntgenteleskop Newton)
228–230, 314

Zenit (Rakete)   335
ZNIIMasch   27
ZUP (MCC–M)   14, 27, 105, 385,
387

Inhaltsverzeichnis

Vorwort: Vorspiel der Zukunft 13
Auf Besuch im Kosmodrom 13

1 Internationale Raumstation ISS: Montagesequenz 33
2 Raumstation Mir: Legende Mir – quo vadis? 35
3 Internationale Raumstation ISS: Namensuche 37
4 Internationale Raumstation ISS: Unity ist fertig 42
5 Internationale Raumstation ISS: Wozu das alles? 43
6 NASA feiert 40-jähriges Jubiläum 46
7 Internationale Raumstation ISS: Neues aus Russland . . . 49
8 Saturnsonde Cassini bricht auf 52
9 Ionenantrieb DS-1 startet ins All 55
10 Spaceshuttle: John Glenns Rückkehr ins All 58
11 Internationale Raumstation ISS: STS-88 mit Unity 61
12 Neues vom Kosmos: Leben im All? 63
13 Spaceshuttle: STS-95 – John Glenns Mission 66
14 Neues vom Kosmos: Die Leoniden 66
15 Internationale Raumstation ISS: Sarjas Start in Baikonur 68
16 DS-1: Triebwerkstart gelingt! 71
17 Mondmission Lunar Prospector 73
18 Internationale Raumstation ISS:
Ständiges Leben an Bord? 76
19 Zukunftsnutzen der Raumfahrt 79
20 30. Jubiläum von Apollo 8 82
21 Neues vom Kosmos: Überraschungen im Universum . . 85
22 Internationale Raumstation ISS:
Ein neuer Stern am Himmel 87
23 Der Weg zum Mars: Neue Forschungssonden unterwegs 90
24 Der Weg zum Mars: Mars-Millennium-Projekt 93
25 Neues vom Kosmos: Lebensbausteine im Weltraum . . . 93
26 Internationale Raumstation ISS:
Europas und Deutschlands Rolle 95
27 Stardust – die Kometensonde 99

28 Raumfahrt: Kritische Fragen unter der Lupe 101

29 Internationale Raumstation ISS:
Neue Entwicklungen 104

30 Antriebssysteme: Letzter Stand 107

31 Geschichte: Meilensteine der Luft- und Raumfahrt 111

32 Der Weg zum Mars: NASAs Langfristziel 115

33 Spaceshuttle: Rettungsambulanz zum Hubble-Teleskop . 120

34 30. Jubiläum von Apollo 9 123

35 Geschichte: Anfänge der Raumfahrt 126

36 Internationale Raumstation ISS:
Das Servicemodul verzögert sich 129

37 Weltraumtourismus – Sinn oder Nonsens? 131

38 Europa im All: Die ESA bilanziert 135

39 Geschichte: Von Utopie und Sciencefiction
zur Raumfahrt 138

40 30. Jubiläum von Apollo 10 141

41 Internationale Raumstation ISS:
Zwei wichtige Schritte weiter 144

42 Spaceshuttle: Wartungsmission STS-96 zur Raumstation 147

43 Internationale Raumstation ISS:
Erster Besuch durch Menschen 148

44 Internationale Raumstation ISS:
Mission STS-96 erfolgreich! 149

45 Station Skylab: Feuriges Ende vor 20 Jahren 153

46 Helden der Raumfahrt: Charles »Pete« Conrad † 156

47 30. Jubiläum von Apollo 11 161

48 Spaceshuttle: STS-93 – Eine Frau führt das Kommando 164

49 Apollo 11 – Wie die Welt reagierte 166

50 Apollos Nutzen für die Welt 170

51 Huntsville, Alabama: Als wir die Saturn V bauten 173

52 Spaceshuttle: Röntgenobservatorium Chandra 181

53 Cassini nimmt Kurs auf Saturn 184

54 Besuch am Neptun: Zehn Jahre danach 187

55 Neues vom Kosmos:
Chandras »First Light« – eine Sensation 190

56 Raumstation Mir: Libelle im All! Kommt das Ende? . . . 192

57 Spaceshuttle: Die Namen der Orbiter 196

58 Der Weg zum Mars: MCO – Verlust am Roten Planeten 199

59 Neues vom Kosmos:
Supersonde Galileo auf Entdeckungsflug 202

60 Europa im All: ESA fliegt Achterbahn 205

61 Neues vom Kosmos: Pluto enthüllt sich im Okular 208

62 Geschichte: Geburtswehen der Weltraumrakete 210

63 Helden der Raumfahrt: Oberst John P. Stapp † 213

64 30. Jubiläum von Apollo 12 215

65 Der Weg zum Mars: MCO – Diagnose einer Panne . . . 218

66 Der Weg zum Mars: Mars-Polarforscher MPL 221

67 Der Weg zum Mars:
MPL – Enttäuschung Nummer zwei 225

68 Europa im All: Start des Röntgenteleskops XMM 228

69 Das Hubble-Teleskop versagt! 230

70 Das Ypsilon-Zwo-Kilo-Problem 234

71 Raumfahrt 1999: Rückblick 239

72 Spaceshuttle: Ergebnisse von John Glenns Raumflug . . 248

73 Raumfahrt und die Rolle des Menschen im All 252

74 Kalendernotiz 260

75 Spaceshuttle:
STS-99 – Radar-Topographie-Mission SRTM 260

76 Internationale Raumstation ISS:
Die doppelte Proton-Schlappe 263

77 Asteroidensonde NEAR am Ziel 267

78 Neues vom Kosmos:
Hubble und Chandra entdecken das All 270

79 Die größten Ingenieurleistungen des 20. Jahrhunderts . . 272

80 Pioneer 10 – Sonde der Rekorde 278

81 Internationale Raumstation ISS:
Wie stopft man ein Leck? 282

82 30. Jubiläum von Apollo 13 285

83 Internationale Raumstation ISS: Rollout von Columbus 288

84 Zehn Jahre Hubble-Teleskop: Eine Bilanz 291

85 Neues vom Kosmos: Die Anfänge des Universums 295

86 Spaceshuttle: Ein modernisiertes Cockpit 298

87 Internationale Raumstation ISS: Wartungsmission 2A.2a 301

88 Satellit Terra – Beobachtung der Erde 304

89 Aufgaben der bemannten Raumfahrt 307

90 Internationale Raumstation ISS:
STS-101 von ISS zurück! 309

91 Europa im All: 25 Jahre ESA 312

92 NASA wird multimedial! 315

93 Ende für Compton 318

94 Der Weg zum Mars: Neuer Wind und neue Pläne 321

95 Astrobiologie: Es geht ums nackte Leben 323

96 Der Weg zum Mars: Wasser in Hülle und Fülle? 326

97 25. Jubiläum von Apollo-Sojus-Testprojekt 329

98 Internationale Raumstation ISS:
Beim Swesda-Start in Kasachstan 334

99 Weltraumbahnhof Kennedy wird fünfzig! 337

100 Internationale Raumstation ISS:
SM »Swesda« – der Wendepunkt 340

101 Außerirdische Welten mit Götternamen 343

102 Der Weg zum Mars:
Neue Sondenmissionen in Vorbereitung 346

103 Internationale Raumstation ISS:
Neues auf der All-Baustelle 349

104 Intelligente Roboter im All? 352

105 Spaceshuttle: Wartungsmission 2A.2b 355

106 Internationale Raumstation ISS:
Letzte Schritte zur Bewohnung 356

107 Helden der Raumfahrt: German Titow † 361

108 Spaceshuttle: Der 100. Shuttleflug 363

109 Internationale Raumstation ISS:
Transport 3A bringt Zenit-1 371

110 Internationale Raumstation ISS: Wieder in Moskau . . . 374

111 Internationale Raumstation ISS:
Wosskressenje an der Moskwa 375

112 Internationale Raumstation ISS:
Russische Impressionen 376

113 Internationale Raumstation ISS: Abenteuer Baikonur . . 378

114 Internationale Raumstation ISS:
Menschen nun ständig im All! 385

Nachwort: Raumfahrt im 21. Jahrhundert 393

Visionen und Perspektiven 393

ISS: Testbett für Zukunftstechnologien 394

Raumfahrt bedeutet Umweltwissen 396

Vernetzungen charakterisieren die Zukunft 397

Menschliche Exploration ins All –
eine Kulturpflicht 400

Weltraumkommerzialisierung bedeutet
Geschäfte mit dem All 403

Menschen streben ins Sonnensystem 405

Mensch und Raumfahrt: Schlüssel zur Zukunft . . . 406

Anhang 409

Raumfahrt im Internet 409

Personenregister 415

Sachegister 421

Inhaltsverzeichnis 427

272 Seiten · ISBN 3-7844-2834-7

Horst Löb

Die zweite Schöpfung

**Ein Geschöpf wird zum Schöpfer:
Die Chancen und Gefahren der
Gen-Revolution**

*Der Mensch als Schöpfer seiner selbst? – Die
Gentechnik als Experiment mit irreversiblen
Ausgang birgt zahlreiche Für und Wider. In all-
gemein verständlicher Sprache hinterfragt der
Autor die drohenden Langzeitgefahren der
Gentechnik und die Gründe für die Manipulation
am Erbgut.*

Langen Müller

Besuchen Sie uns im Internet unter http://www.herbig.net